R2012a

MATLAB® & SIMULINK®

STUDENT VERSION

MATLAB & Simulink
Student Version Software 포함

ALSO INCLUDES:

- Control System Toolbox™
- DSP System Toolbox™
- Image Processing Toolbox™
- Optimization Toolbox™
- Signal Processing Toolbox™
- Simulink Control Design™
- Statistics Toolbox™
- Symbolic Math Toolbox™

MATLAB & Simulink 입문

A-JIN 도서출판 아진

MathWorks®
Accelerating the pace of engineering and science

www.ajin.to

Numerical Methods in Engineering With MATLAB®

공학 설계를 위한

MATLAB® 수치해석 입문

박전수 역

Jaan KIUSALAAS

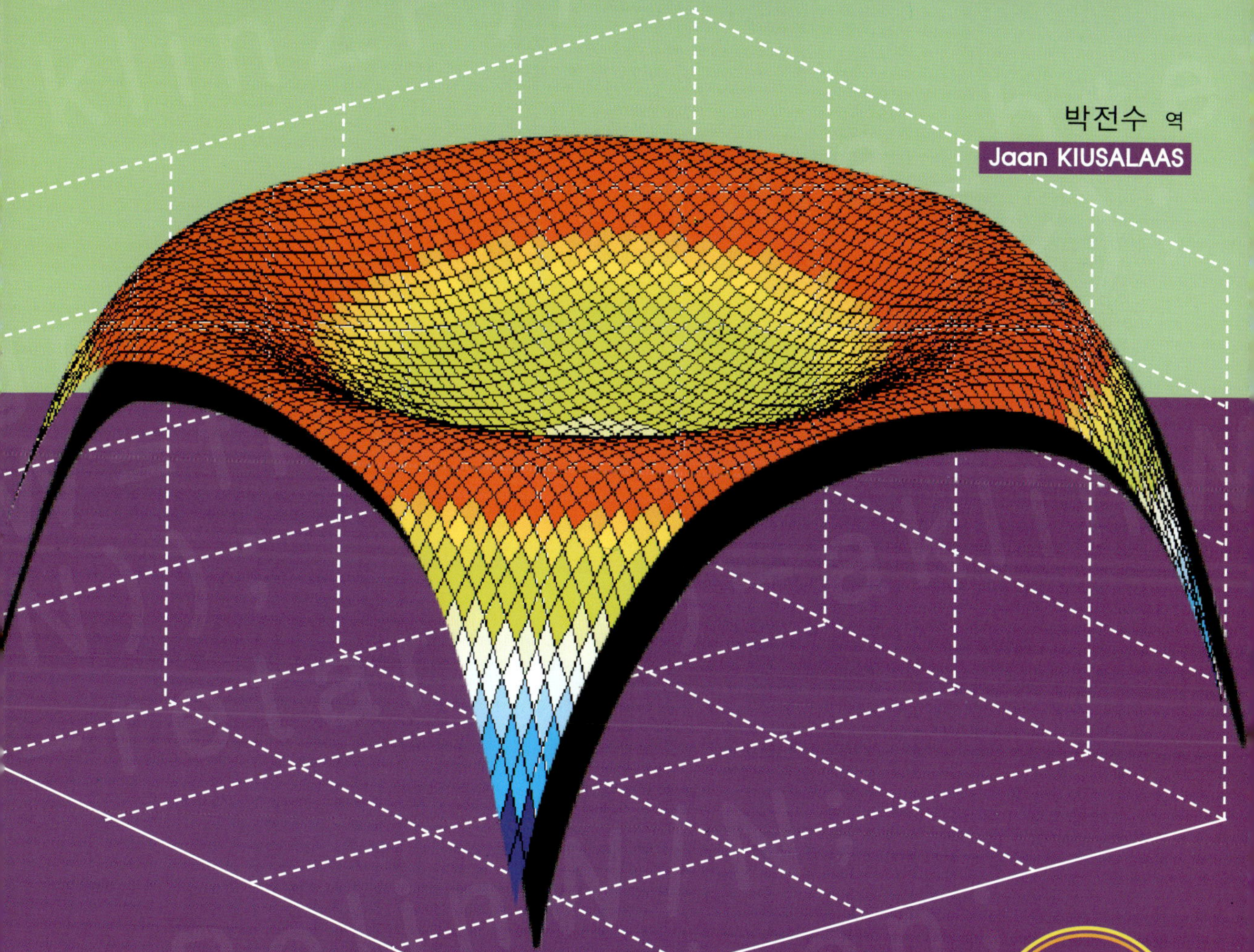

CAMBRIDGE UNIVERSITY PRESS

A-JIN 도서출판 아진

MATLAB® version 7

Numerical Methods in Engineering with MATLAB®

Jaan KIUSALAAS

"나의 가는 길은 오직 그가 아시나니 그가 나를 단련하신 후에는
내가 정금같이 나오리라 (욥23 : 10)"

ISBN : 978-0-521-85288-3
Translated by A-jin Publishing Co.
Printed in Korea

< 목 차 >

1. MATLAB® 소개

2. 선형 대수 방정식

3. 보간과 곡선 맞추기

4. 방정식의 근

5. 수치 미분

6. 수치 적분

7. 초기값 문제

8. 두 점 경계값 문제

9. 대칭 행렬 고유값 문제

10. 최적화의 기초

부 록

저자서문

이 책은 공학의 실무자와 대학에서 공학 문제를 컴퓨터로 다루어야 하는 학생들(대학원생도 포함)을 위해 썼는데 컴퓨터 언어와는 어느 정도 친숙해졌다고 보고 프로그래밍 기법보다는 공학 문제에 대한 수치적인 접근 방법에 초점을 맞추려고 한다. 이는 비록 필수 조건은 아니지만 공학의 여러 기초적인 문제를 아는 것이 자기 전공 분야에 훨씬 유리할 것이며, 또 공학도 자신은 프로그래머가 아니라 문제를 잘 푸는 사람이 되고 싶을 것이기 때문이다.

공학도는 주어진 문제에 어떤 수치적 방법을 적용해야 하고, 각 방법들의 장단점은 무엇이며, 그리고 선택한 방법을 어떻게 실제로 써먹을 수 있느냐를 알고 싶어한다. 처음부터 컴퓨터 코드를 작성하는 일에 매달릴 필요 없이 이미 작성되고 잘 검증된 함수나 서브루틴을 이용하면 그만이다. 그래서 공학도가 하는 프로그래밍이란 문제를 즉각 풀 수 있도록 여러 프로그램 코드를 논리에 맞게 조립하는 일로 한정될 뿐이다.

프로그램 코드 혹은 '조각'은 대개 특정한 작업을 수행하는 함수로 이의 사용자가 그 구조를 자세히 알 필요는 없고 인터페이스 즉, 어떤 데이터(혹은 정보)가 들어가고 나오느냐 하는 것과 이 작업의 기본이 되는 알고리즘을 이해할 수 있으면 된다. 그리고 이런 알고리즘은 원리가 확실하기 때문에 이의 바탕에 깔린 내용을 아는 것이 가장 중요하고 이것이 바로 수치적인 접근 방법들을 배우는 기본인 것이다.

이 책은 앞서 언급한 점들을 그대로 따르기 위해 먼저 각 수치 방법들을 자세히 설명하면서 이의 장단점을 분명히 제시한다. 그리고 각 주제에 따라 나오는 문제는 두 유형으로 나누어지는데 하나는 각 수치 방법들의 내부적인 작동원리를 보여줄 수 있도록 손으로 직접 계산할 수 있는 문제이고, 다른 하나는 주어진 문제를 푸는데 컴퓨터 코드를 어떻게 이용할 수 있느냐를 제시하는 프로그램 문제로 쉽게 따라올 수 있도록 프로그램 크기가 작도록 했으며 문제에 ■를 붙여 구분해 놓았다.

이 책의 내용은 수치 방법에 대한 공학 과정에서 다루는 일반적인 주제 즉, 방정식의 해, 보간과 데이터 적합, 수치 미분 및 적분, 상미분 방정식의 해, 그리고 고유값 문제 따위이다. 각 주제 안에서 수치 방법을 적당히 선택하는 일은 주어진 공학 문제와 관련이 있는데, 무엇보다도 명확성(표현이 분명하고 이해하기 쉬운 알고리즘)이 그 중심 잣대가 되어야 한다. 알고리즘이 복잡하고 이를 이해하기 위해서는 두꺼운 책을 옆에 두어야 할 정도이면 이의 효율성이나 강인성(조건이 달라도 여전히 사용할 수 있는 알고리즘)과 관계없이 폐기해야 한다. 이런 선택 기준은 옛날에는 사람들이 크게 거부감을 보였지만 오늘날에는 공학도가 프로그램에 집중해서는 안 된다는 취지에 따라 자연스럽게 받아들여지고 있다. 또한, 알고리즘의 선택은 실제 적용하는데 있어서 현실적인 문제에 영향을 받는 경우도 있는데, 이런 기준은 옛날부터 아주 잘 알려진 몇몇 수치 방법들을 새로운 방법을 개발해 대체하는 분위기를 만든다. 예를들어, 방정식의 해를 찾는데 지금껏 사용해 왔던 Secant 법은 오늘날 개발된 Brent 법보다 거의 이점이 없기에 사라져 간다거나, 또는 미분 방정식을 풀 때 사용해 온 Milne 이나 Adams 법들과 같은 다단계 방법은 적응식 Runge-Kutta나 Bulirsch-Stoer 법에 밀려 추방될 위기에 몰려 있는 경우가 되겠다.

이 책은 편미분 방정식에 대한 내용을 의도적으로 뺐다. 이 주제는 이 책이 다루려는 내용에서 벗어나 있는 유한요소법이나 경계요소법에서 취급해야 하기 때문으로 수치 분야에서 흔히 소개되는 유한차분 모델로는 다차원 경계치 문제를 푸는데 너무 비현실적이다. 또한 이 책은 대학에서 3학점 강의로 개설하여 듣기에는 좀 많은 내용을 담고 있다. 따라서 내용의 연속성을 상실하지 않은 채 넘어갈 수 있는 주제는 별표(★)를 붙여 두었으니 참고하면 좋겠다.

이 책에 나타나 있는 프로그램은 Window® XP 환경에서 MATLAB® 7.1.0으로 테스트했고, 이의 소스 코드는 이 책의 웹사이트인 www.cambridge.org/0521852889에서 내려받을 수 있다.

저자는 처음 원고를 훨씬 좋게 개선시키는데 많은 제안을 준 이름 모를 여러 검토자와 Andrew Pytel 교수께 감사를 드리고 싶고, 또 이 책을 쓰면서 수치 방법에 대한 여러 표현을 향상시켜 준 수치 분야의 고전인 *Numerical Recipes*(Cambridge University 출판)의 저자들에게도 마찬가지다.

역자서문

공학 문제를 컴퓨터로 푸는 신기한 시대에서 반드시 풀어야 공학 전공자의 자격을 갖추는 시대가 왔고, 머지않아 이전엔 도저히 문제가 될 것이라고 생각도 못한 것들이 컴퓨터와 고급 알고리즘 때문에 새로운 문제로 다가오는 시대와 맞서 싸워야 할 것이다. 그렇다고 공학도가 컴퓨터 전문가나 유능한 프로그래머가 될 필요는 없다. 공학도는 자신의 전공 문제를 잘 풀 수 있으면 그만이고, 여기에 덧붙여 새로운 개발과 이의 응용을 위해 새로운 전공 문제를 스스로 만들 수 있으면 더할 나위 없다.

역자는 10여 년 전부터 FORTRAN이나 C/C++ 따위와 같은 컴퓨터 언어로 수치 해석을 공부하면서 학생들에게 가르쳐 왔다. 기존에 잘 발달된 수치 해석 기법을 이론으로 살펴보니 별 것 아니다 싶었지만 막상 프로그램으로 이식하는 부분으로 넘어가면 학생이나 가르치는 사람이나 보통 애가 타는 것이 아니었다. 수치 알고리즘의 이해보다는 다른 요인(컴파일 문제, 메모리 관리 문제, 오류 수정 문제 따위)에 대처하는데 시간과 노력을 훨씬 많이 들여야 했기 때문이다. 지금은 몇 년 전부터 배워온 MATLAB을 써서 수치 문제를 풀고 새로운 응용을 찾곤 하니 새삼 격세지감을 아니 느낄 수 없는 형편이다.

이 책은 MATLAB®으로 수치 문제를 풀었다. 저자의 공학에 대한 탁월한 식견에 견주어 전혀 손색이 없을 정도로 여러 응용 분야에서 기본이 되는 원리를 발췌하여 예제나 연습문제로 제시한 점, 이런 문제마다 바로 실행이 가능하면서 알기 쉽게 짠 MATLAB 코드를 누구나 사용할 수 있게 제공한 점, 그리고 무엇보다도 수치 해석 분야에서 꼭 필요한 내용을 기초에서 활용까지 친절하게 설명하되 전혀 군더더기가 없다는 점 등이 출판사의 번역 의뢰를 받아들인 까닭이다. 외국 원서라 하여 모두다 체계가 잘 잡힌 것은 아니다. 꼭 써야 할 말로 이해하기 쉽게 적은 책은 더더구나 발견하기 어렵다. 제 전공을 자랑 삼아 늘어놓듯이 잘 아는 분야는 너무 깊이 다루고 잘 모르는 분야는 대강 넘어가서 책이 균형을 잡지 못하는 일은 우리나 저쪽이나 별반 차이가 없는 것 같다.

이 책을 번역하면서 역자 스스로도 많이 배웠다. 수치 해석 분야를 새로 배웠다기 보다는 영어 단어가 갖는 추상적인 뜻과 저자가 간혹 보인 어려운 문체나 말버릇 따위를 될 수 있으면 우리말로 쓴 것 같이 자연스럽게 번역하려다 보니 아무래도 더 깊은 지식이 필요했기 때문이다. 그렇다고 원 책의 내용을 크게 고쳤다거나 임의로 여러 말을 갖다 붙였다거나 하는 일은 전혀 없었다. 다만, 어디에나 있기 마련인 오타나 제시된 MATLAB 코드와 다르게 나온 결과, 처음부터 MATLAB 코드를 잘못 쓴 경우는 수정하여 바로 잡았다. 그리고 독자의 이해를 좀더 높이기 위해 덧붙인 설명이 필요한 곳이나 번역할 때 원 말의 뜻을 예부터 사용해 온 말로 하기에는 좀 어색한 곳에서는 각주를 달아 역자가 하고 싶은 말을 적었고, 대신에 원 책에서 각주에 나와 있는 개별적인 참고 문헌은 본문의 해당 위치에 괄호를 사용하여 옮겨 놓았다. 나름대로 열심히 번역하였다. 문장과 문장, 그리고 문단과 문단 사이가 매끄럽게 읽힐 것으로 생각하지만 그래도 부족한 곳이 있다면 역자의 아쉬운 지식을 드러낸 꼴이니 현명한 여러분이 직접 새겨 읽어주면 좋겠다.

MATLAB®과 수치 해석, 아니 MATLAB과 공학은 이젠 뗄래야 뗄 수 없는 관계이다. 앞서 지적했듯이 공학 문제를 잘 푸는 시대에서 공학 문제를 새로 만들어 효율적인 응용거리를 찾아야 하는 시대로 넘어가는 마당엔 응용 과학자인 공학도는 무엇보다 자신감을 갖는 게 제일 중요하다. 할 수 있다는 자신감 말이다. 공학의 대부분 분야에서 다루는 미분 방정식을 적절한 수치 적분법을 써서 유한차분 식으로 바꾸는 일과 이것이 연립으로 여러 개 나타날 때는 초기값 문제, 그리고 컴퓨터 처리에 합당한 벡터와 행렬로 바꾸어 고유값 문제로 푸는 일 따위는 너무 중요하다. 써먹지 못할 아주 어려운 것보다 쉽지만 중요한 것을 아는 것이 자신감을 채우는 지름길이다. 아무쪼록 이 책이 여러분의 MATLAB 및 수치 해석의 지식을 높이고 아울러 자신의 전공 분야를 자신감으로 맞서 싸우는데 도움이 되었으면 싶다. 부족하지만 이와 관련된 질문을 하면 성실히 답해 줄 것도 함께 약속한다.

박전수

1. MATLAB® 소개

1.1 개략적인 정보

개요

이 장은 MATLAB®에 대한 완벽한 매뉴얼보다는 독자에게 학습을 시작하는데 충분한 정보만을 제공하는 것이 목적이다. 이미 그럴 것이라고 믿지만 독자가 MATLAB이 아닌 다른 컴퓨터 언어에 익숙하다 하더라도 이 책의 어느 곳에 있는 프로그램이든 그렇게 어렵지는 않을 것이다.

MATLAB®은 대화형 프로그램 환경에서 과학 계산 및 그래픽을 전문으로 다루는 고급 컴퓨터 언어로 교육 기관이나 연구소의 핵심 도구로 점점 자리 잡고 있는 추세이다. 컴퓨터 언어가 대화형의 특징을 갖는다는 것은 직접 작성한 프로그램을 테스트나 디버그를 빨리 수행할 수 있다는 뜻으로 프로그래밍 자체보다는 프로그램 안에 숨어있는 원리에 더 집중할 수 있게 해준다. 아울러 MATLAB은 고급 언어로 프로그램 오류를 수정한 후에 컴파일이나 링크가 전혀 필요치 않기 때문에 같은 기능을 수행할 수 있는 FORTRAN이나 C 프로그램보다 더 빨리 실행할 수 있다. 비록 MATLAB으로 짜진 프로그램이 일반적인 실행 파일이 아니라 반드시 MATLAB이라는 독립된 프로그램이 컴퓨터에 설치되어야만 실행될 수 있는 측면도 있긴 하지만.

MATLAB®이 프로그램을 빨리 개발하는데 다른 주요 컴퓨터 언어보다 좋은 점은 다음과 같다.

- LINPACK과 EISPACK과 같은 수치 해석 분야의 우수한 라이브러리를 그대로 받아 쓸 수 있는 수많은 함수를 포함하고, 이는 연립 방정식의 해를 구하는 것과 같은 여러 공학적인 작업들을 그냥 하나의 함수로 불러 이용할 수 있다는 뜻이기도 하다.
- MATLAB® 문장 몇 줄로 공학 문제의 계산 결과를 여러 유용한 그래프로 나타낼 수 있는 수많은 기능이 있다.

• 모든 수치 계산을 배밀도(double-precision) 배열로 직접 수행하기 때문에 일반적인 컴퓨터 언어와는 달리 데이터 형(type)의 선언이나 형 변환을 할 필요가 없다.

MATLAB® 언어의 문법은 FORTRAN과 닮았다. 두 언어의 사용 방법이 비슷하다는 것을 보기 위해 연립 방정식 $\mathbf{Ax} = \mathbf{b}$의 해를 Gauss 소거법으로 푸는 프로그램을 각각 살펴보기로 하자. 이에 대한 FORTRAN 90의 서브루틴은 다음과 같다.

```
subroutine gauss(A,b,n)
   use prec_mod
   implicit none
   real(DP), dimension(:,:), intent(in out) :: A
   real(DP), dimension(:),   intent(in out) :: b
   integer, intent(in)                       :: n
   real(DP) :: lambda
   integer  :: i,k
! ------ 소거 단계 ------
  do k = 1,n-1
     do i = k+1,n
        if(A(i,k) /= 0) then
          lambda = A(i,k)/A(k,k)
          A(i,k+1:n) = A(i,k+1:n) - lambda*A(k,k+1:n)
          b(i) = b(i) - lambda*b(k)
        end if
     end do
  end do
! ----- 후방대입 단계 -----
  do k = n,1,-1
     b(k) = (b(k) - sum(A(k,k+1:n)*b(k+1:n)))/A(k,k)
  end do
  return
end subroutine gauss
```

문장 use prec_mod는 FORTRAN 90 컴파일러에게 부동소숫점 DP 변수의 메모리 할당 길이를 위해 prec_mod라는 서브루틴(여기서 이의 내용은 표시되지 않았음)을 사용하라는 명령이고, 또한 A(k, k+1:n)와 같이 배열(FORTRAN 90 이전 버전에는 사용할 수 없는 특징)을 뜻하는 표현을 썼다.

이와 똑같은 MATLAB 함수(MATLAB에서는 서브루틴보다는 함수라고 함)는 다음과 같다.

```
function b = gauss(A,b)
n = length(b);
%------- 소거 단계 --------
for k = 1:n-1
   for i = k+1:n
      if A(i,k) ~= 0
         lambda = A(i,k)/A(k,k);
         A(i,k+1:n) = A(i,k+1:n) - lambda*A(k,k+1:n);
         b(i)= b(i) - lambda*b(k);
      end
   end
end
%------- 후방대입 단계 --------
for k = n:-1:1
   b(k) = (b(k) - A(k,k+1:n)*b(k+1:n))/A(k,k);
end
```

연립 방정식은 MATLAB에서 위와 같이 프로그램으로 짜지 않고 간단히 A\b와 같은 간단한 명령으로도 계산할 수 있다.(아래 참조)

MATLAB®은 명령창(command window)을 통해 사용자가 입력하는 각 명령을 대화식으로 직접 실행할 수 있다. 다시 말하면, MATLAB이 전자계산기와 같이 쓸 수 있다는 뜻인데 앞의 연립 방정식을 예로 들어보면 다음과 같다.

```
>> A=[2 1 0; -1 2 2; 0 1 4];        % 3x3 행렬 입력
>> b=[1; 2; 3];                     % 열벡터(column vector) 입력
>> soln = A\b                       % 왼쪽 나누기(left division) 명령으로 A*x = b 풀기
soln =
    0.2500
    0.5000
    0.6250
```

여기서 기호 >>는 MATLAB에서 입력을 대기하는 프롬프트(prompt)이고, 퍼센트 기호(%)는 이 기호 다음은 모두 주석으로 처리하라는 표시이다. 그리고 세미콜론(;)은 두 가지 기능 즉, 각 문장의 결과 값을 명령창에 표시하지 말라는 것과 행렬의 각 데이터를 행(row)으로

구분하는 일을 한다. 그래서 앞의 코드에서 행렬 A를 정의하는 문장의 마지막에 세미콜론을 생략하면

```
>> A = [2 1 0; -1 2 2; 0 1 4]
A =
     2     1     0
    -1     2     2
     0     1     4
```

와 같이 자동적으로 A의 결과값이 화면에 나타나게 될 것이다.

MATLAB®에서 함수나 프로그램은 위와 같이 명령창에서 직접 입력할 수 있을 뿐만 아니라 MATLAB이 독립적으로 제공하는 MATLAB 편집기/디버거를 통해 하나의 컴퓨터 파일(확장자가 .m이기 때문에 보통 M-파일이라 함)로 작성할 수도 있다. 다만 컴퓨터에 저장되는 파일의 물리적인 이름과 작성한 함수나 프로그램의 문법적인 이름을 똑같도록 해주어야 하는데, 이를테면 앞서 보인 Gauss 소거법에 대한 함수를 gauss.m으로 저장하여 나중에 MATLAB에서 다시 불러 쓸 때는 이미 MATLAB에서 지원하는 다른 함수를 이용할 때처럼 하면 된다. 즉,

```
>> A = [2 1 0; -1 2 2; 0 1 4];
>> b = [1; 2; 3];
>> soln = gauss(A,b)
soln =
    0.2500
    0.5000
    0.6250
```

1.2 데이터 형과 변수

데이터 형(data types)

MATLAB®에서 가장 많이 쓰는 데이터 형(MATLAB은 객체지향 언어로 클래스(class)라고도 함)은 수치형 double, 문자형 char, 그리고 논리형 logical인데 이 모두를 MATLAB은 말 그대로 배열로 다룬다. double은 배열의 각 요소가 숫자이면서 이의 계산을 배밀도

(double-precision)로 하고, char는 문자열(string)을 표시하고, 그리고 logical은 오직 숫자 1과 0만으로 구성되는데 논리연산에서 참(true)과 거짓(false)을 각각 뜻한다.

MATLAB®의 또다른 데이터 형으로 MATLAB에서만 유일하게 지원해주는 함수핸들(function handle)이 있다. 함수핸들은 실행할 임의의 함수에 대한 필요한 정보를 담고 있는데 보통 함수 이름(예를 들어, sin) 앞에 @를 붙여 @sin과 같이 나타낸다. 예를 들어, 사용자가 정의한 임의의 함수(예를 들어, func)를 구간 x1에서 x2까지 그려주는 MATLAB 함수 plot(func, x1, x2)가 있다고 하면 plot(@sin, 0, pi)와 같이 호출할 수 있다. 그 밖에 여러 데이터 형을 MATLAB은 지원해 주고 있지만 이 책에서는 쓸 기회가 없기 때문에 생략하고 다만, 이런 데이터 형이 MATLAB의 어떤 클래스에 속하는지를 알려면 MATLAB 명령어인 class를 사용할 수 있다는 것만 보이기로 한다. 즉,

```
>> x = 1 + 3i   % 복소수
>> class(x)
ans =
double
```

변수(variables)

변수 이름은 반드시 문자로 시작해야 하며 대· 소문자를 항상 구분한다. xstart와 xStart는 서로 다른 두 변수라는 말이다. 또, 변수 이름의 길이는 얼마가 되든 제약이 없지만 자신이 쓰는 컴퓨터의 능력에 따라 N 자리까지만 인식할 수 있다. 자신의 컴퓨터에서 MATLAB이 N을 얼마로 갖는지 알고 싶으면 명령창에서

```
>> namelengthmax
ans =
    63
```

와 같이 해보면 되겠다.

MATLAB® 안에서 정의되는 변수는 참조영역 측면에서 기본적으로 지역변수(local variables)이다. 다른 컴퓨터 언어에서와 같이 프로그램의 다른 함수에서는 참조할 수 없고, 또 함수 호출이 끝나면 컴퓨터 메모리에서도 사라진다는 뜻이다. 그래서 어떤 변수를 함수와 이를 호출하는 다른 함수(혹은 프로그램)에서 동시에 참조하려면 이 변수를 global 명령어를 써서 전역변수(global variables)로 선언하는 작업이 먼저 이루어져야 한다. 이를테면, 전역변수로 쓸 X

와 Y에 대해 호출하는 함수와 호출될 함수 모두에 global X Y와 같은 문장을 프로그램 코드의 앞에 넣어두어야 하는데, 이때 전역변수는 다른 지역변수와의 구별을 위해 보통 대문자로 표현하는 것이 좋다.

MATLAB은 공학에서 중요한 뜻을 갖는 몇몇 MATLAB 상수와 변수를 미리 정해놓고 있는데 이를 요약하면

ans	기본적인 출력 변수
eps	1+ eps > 1 를 만족하는 가장 작은 값
inf	무한대
NaN	일반적인 수가 아닌 값 (Not a number의 약자)
i or j	$\sqrt{-1}$
pi	π
realmin	가장 작은 양의 값
realmax	가장 큰 양의 값

와 같고, 이의 몇 가지 예는 다음과 같다.

```
>> warning off              % 경고 메세지의 출력을 제한
>> 5/0
ans =
   Inf

>> 0/0
ans =
   NaN

>> 5*NaN                    % NaN와의 연산은 대부분 NaN
ans =
   NaN

>> NaN == NaN               % 각 NaN은 모두 다르기 때문에 논리적으로 같지 않음
ans =
     0

>> eps
ans =
  2.2204e-016
```

배열(arrays)

MATLAB®에서의 배열은 여러 방법으로 생성할 수 있는데, 그 하나는 배열 요소들을 각 행으로는 공백문자나 콤마를 써서 모두 대괄호 안에 묶어두면 된다. 즉,

```
>> A = [ 2 -1 0
        -1 2 -1
        0 -1 1]

A =
     2    -1     0
    -1     2    -1
     0    -1     1
```

그리고 배열의 각 요소를 한 줄에 쓸 수도 있는데, 이때는 세미콜론으로 열을 구분한다. 즉,

```
>> A = [ 2 -1 0; -1 2 -1; 0 -1 1]
A =
     2    -1     0
    -1     2    -1
     0    -1     1
```

MATLAB®은 다른 컴퓨터 언어와는 달리 열벡터와 행벡터를 다음과 같이 따로 구분한다.(이 특징은 실제 프로그램과 수학적 지식을 그대로 맞추어 이해를 더욱 높이고자 한 바람인데 오히려 이 때문에 프로그래밍이나 데이터를 입력할 때 잘못을 범하는 흔한 요인이 되기도 한다)

```
>> b = [1 2 3]            % 행벡터
b =
     1     2     3

>> b = [1; 2; 3]          % 열벡터
b =
     1
     2
     3
```

```
>> b = [1 2 3]'            % 행벡터의 전치
b =
     1
     2
     3
```

여기서 홑따옴표(')는 MATLAB의 전치연산자(transpose operator)로 b'는 b의 전치행렬이라는 말이다.

임의의 행렬 요소가

$$\mathbf{A} = \begin{bmatrix} A_{11} & A_{12} & A_{13} \\ A_{21} & A_{22} & A_{23} \\ A_{31} & A_{32} & A_{33} \end{bmatrix}$$

와 같을 때 MATLAB 문장 A(i,j)는 i번째 행과 j번째 열에 있는 데이터를 참조한다. 그리고 어떤 행렬의 부분은 콜론(colon)을 써서 끄집어낼 수 있다. 즉,

```
>> A = [8 1 6; 3 5 7; 4 9 2]
A =
     8     1     6
     3     5     7
     4     9     2

>> A(2,3)            % 2번째 행과 3번째 열의 요소
ans =
     7

>> A(:,2)            % 2번째 열 전부
ans =
     1
     5
     9

>> A(2:3,2:3)        % 아래 오른쪽에 있는 2x2 행렬
ans =
     5     7
     9     2
```

MATLAB®의 행렬에서 데이터 참조는 첨자를 하나만 써서 A(i)와 같이 나타낼 수도 있다. 즉, A(i)는 행렬 A의 요소를 첫번째 열부터 아래로 번호를 붙여 갈 때 i번째 요소로 A(7)은 3X3 행렬에서 A(1,3)과 같은 요소를 참조한다.

세포체

MATLAB®의 세포체 배열(cell arrays)은 임의의 데이터 형을 요소로 담을 수 있는데, 각 요소를 모두 중괄호({와})로 둘러싸서 생성한다. 예를들어, 세포체 c에 데이터 형이 서로 다른 세 요소를 담는다면 다음과 같이 쓸 수 있다.

```
>> c = {[1 2 3], 'one two three', 6 + 7i}
c =
    [1x3 double]     'one two three'     [6.0000 + 7.0000i]
```

위에서 보는 것처럼 세포체가 명령창에 나타날 때는 공간을 절약하기 위해 각 요소의 내용이 기본적으로 표현되지 않는데 다음과 같이 MATLAB의 celldisp 명령어를 쓰면 이를 바로 알 수 있다.

```
>> celldisp(c)
c{1} =
     1     2     3
c{2} =
one two three
c{3} =
   6.0000 + 7.0000i
```

또한 세포체 연산자인 중괄호와 배열을 참조할 때 쓰는 첨자를 함께 써서 각 요소를 개별적으로 확인할 수도 있다. 즉,

```
>> c{1}                    % 첫번째 세포체 요소
ans =
     1     2     3
>> c{1}(2)                 % 첫번째 세포체 요소의 두번째 요소
ans =
```

```
      2
>> c{2}                    % 두번째 세포체 요소
ans =
one two three
```

문자열

문자열(string)은 말 그대로 문자를 줄지어 놓은 데이터로 홑따옴표를 써서 만들면 된다. 그리고 MATLAB® 함수 strcat로 각 문자열을 연결할 수도 있고, 배열에서와 같이 콜론 연산자(:)를 써서 문자열의 부분도 참조할 수 있다. 즉,

```
>> s1 = 'Press return to exit';        % 문자열 생성
>> s2 = ' the program';                % 또 다른 문자열 생성
>> s3 = strcat(s1,s2)                  % 문자열 s1과 s2를 연결
s3 =
Press return to exit the program
>> s4 = s1(1:12)                       % 문자열 s1에서 1-12까지 문자를 참조
s4 =
Press return
```

1.3 연산자

산술연산자

MATLAB®은 다음 표와 같이 보통의 산술연산자(arithmetic operator)를 지원한다.

+	덧셈
−	뺄셈
*	곱셈
^	지수셈

연산자를 행렬에 적용할 때는 아래 예처럼 수학적으로 정의된 행렬 규칙을 그대로 따른다는 것에 주목해야 한다.

```
>> A = [1 2 3; 4 5 6]; B = [7 8 9; 0 1 2];
>> A + B                          % 행렬 덧셈
ans =
     8    10    12
     4     6     8

>> A * B'                         % 행렬 곱셈
ans =
    50     8
   122    17

>> A * B                          % 규칙에 어긋난 행렬 곱셈
??? Error using ==> mtimes
Inner matrix dimensions must agree.
```

MATLAB®에서는 나눗셈인 경우 다음과 같은 두 가지를 제공한다.

/	오른쪽 나눗셈
\	왼쪽 나눗셈

만약 a와 b가 스칼라이면 오른쪽 나눗셈 a/b는 a를 b로 나누고 왼쪽 나눗셈은 이와 반대여서 a\b는 오른쪽 나눗셈으로 표시하면 b/a와 같다. 따라서 A와 B가 행렬인 경우는 행렬 규칙에 따라 A/B는 X*A = B의 해를, 그리고 A\B는 A*X = B의 해를 돌려주게 된다.

MATLAB®에서는 흔히 *, /, 그리고 ^와 같은 연산자를 행렬에 적용할 때 행렬 규칙이 아닌 요소 규칙(element-by-element rule)으로 계산해야 하는 경우가 종종 있는데, 이는 다음 표처럼 각 연산자 앞에 점(.)을 찍어 수행하면 된다.

.*	요소 곱셈
./	요소 나눗셈
.^	요소 지수셈

간단히 $C_{ij} = A_{ij}B_{ij}$를 계산하는 예에 적용하면 다음과 같다.

```
>> A = [1 2 3; 4 5 6]; B = [7 8 9; 0 1 2];
>> C = A.*B
```

```
C =
     7    16    27
     0     5    12
```

비교연산자

MATLAB®의 비교연산자(comparison operator)(혹은 관계연산자(relational operator))는 참이면 1을, 그리고 거짓이면 0을 돌려주는데 다음 표와 같은 종류가 있다.

<	작음
>	큼
<=	작거나 같음
>=	크거나 같음
==	같음
~=	같지 않음

비교연산자가 행렬에 적용될 때는 항상 요소 규칙에 따르기 때문에 이의 결과는 논리형 데이터인 logical이 된다. 즉,

```
>> A = [1 2 3; 4 5 6]; B = [7 8 9; 0 1 2];
>> A > B
ans =
     0     0     0
     1     1     1
```

논리연산자

MATLAB®의 논리연산자(logical operator)는 다음과 같다.

&	논리곱
|	논리합
~	부정

논리연산자는 주로 복잡한 관계식을 나타낼 때 쓰는데 아래에 보인 예와 같다.

```
>> A = [1 2 3; 4 5 6]; B = [7 8 9; 0 1 2];
>> (A > B) | (B > 5)
ans =
     1     1     1
     1     1     1
```

1.4 프로그램 제어

조건문

if, else, elseif

if문의 기본 구성은

```
if condition
   block
end
```

와 같다. 여기서 *condition*이 참이면 *block*이라 표시된 문장들이 수행되고, 만약 거짓이면 *block* 문장은 실행되지 않고 그냥 지나간다. if문에는 보통 elseif를 횟수에 관계없이 계속 붙여갈 수 있는데 이의 구조는 다음과 같다.

```
if condition
   block
elseif condition
   block
⋮
end
```

또한 if문에는 if-elseif에서 어떤 조건도 참이 되지 않을 때 실행되어야 하는 문장들을 따로 정할 수도 있는데, 이는 다음과 같이 else로 나타낸다. 아래의 예는 함수 signum을 작성할 때 이와 같은 조건문을 사용한 경우이다.

```
function sgn = signum(a)
if a > 0
```

```
   sgn = 1;
elseif a < 0
   sgn = -1;
else
   sgn = 0;
end

>> signum(-1.5)
ans =
     -1
```

switch

switch문의 기본 구성은

```
switch expression
    case value1
        block
    case value2
        block
  ⋮
    otherwise
        block
end
```

와 같다. 여기서 표현식 *expression*의 값을 평가하여 다음 실행을 각 값에 맞는 case문으로 옮겨간다. 예를들어, *expression*의 값이 *value2*이면 case *value2* 다음에 있는 *block* 문장들이 실행되는 식이다. 이때, *expression*의 값이 어떤 case 값과도 일치하지 않으면 선택적으로 switch문에 붙일 수 있는 otherwise 다음에 있는 문장으로 제어가 넘어가는데 그 예는 다음과 같다.

```
function y = trig(func, x)
switch func
      case 'sin'
            y = sin(x);
      case 'cos'
            y = cos(x);
```

```
        case 'tan'
            y = tan(x);
        otherwise
            error('No such function defined')
end

>> trig('tan', pi/3)
ans =
    1.7321
```

반복문

while

while문의 기본 구조는 다음과 같다.

```
while condition
    block
end
```

여기서 while문의 문장 *block*은 조건식 *condition*이 참일 때만 실행된다. 그리고 *block*이 한번 실행되었다 해도 *condition*을 다시 평가하여 참이면 거짓이 될 때까지 계속 반복되는 특징이 있다. 다음 예는 원금 $1,000이 년이자 6%로 불려질 때 $10,000가 되는 해를 계산하는 프로그램이다.

```
>> p = 1000; years = 0;
>> while p < 10000
        years = years + 1;
        p = p*(1 + 0.06);
   end
>> years
years =
    40
```

for

for문은 필요한 횟수만큼 루프를 돌리고자 할 때 다음에 나타낸 바와 같이 루프변수와 이의 범위에 해당하는 *target*과 *sequence*가 꼭 필요하다.

```
for target = sequence
   block
end
```

함수 cos x를 $x = 0$에서 $\pi/2$까지 $\pi/10$씩 증가시키면서 계산하는 예로 for문을 사용해 보면 다음과 같다.

```
>> for n = 0:5                    % 수열 [0 1 2 3 4 5]로 지정된 n 루프
        y(n+1) = cos(n*pi/10);
   end
>> y
y =
    1.0000    0.9511    0.8090    0.5878    0.3090    0.0000
```

한편, 반복문은 MATLAB®의 특징을 살려 벡터화 표현(vectorized expression)으로 계산할 수 있는 곳에서는 될 수 있으면 사용을 금하는 것이 좋다. 왜냐하면 벡터화 표현이 반복문보다 훨씬 더 빨리 실행되기 때문이다. 앞의 예에 대하여 벡터화 표현을 써서 계산하면 다음과 같다.

```
>> n = 0:5;
>> y = cos(n*pi/10)
y =
    1.0000    0.9511    0.8090    0.5878    0.3090    0.0000
```

break

반복문에서 반복 루프를 강제적으로 탈출시키고자 할 때 break문을 사용한다. 이는 프로그램 제어가 break를 만나면 루프의 바깥쪽에 있는 첫 문장으로 옮겨지기 때문이다. 다음 예는 사용자의 입력을 벡터의 요소로 순차적으로 만들어 갈 때 사용자가 공백 문자를 넣으면 벡터 생성을 그만두라는 프로그램에서 break를 이용한 경우이다.

```
function x = buildvec
for i = 1:1000
```

```
    elem = input('==>  ');              % 사용자 입력을 위한 프롬프트
    if isempty(elem)                    % 공백 문자인지 확인
        break
    end
    x(i) = elem;
end

>> x = buildvec
==> 3
==> 5
==> 7
==> 2
==>
x =
      3    5    7    2
```

continue

반복문에서 continue문을 만나면 현재 반복 과정에 있는 문장들을 수행하지 않고 그냥 건너뛴 후에 다음 번 반복의 시작 부분으로 프로그램 제어가 옮겨간다. 하나의 예로, 임의의 문자열 s1에서 공백 문자를 빼내는 일을 하는 함수 strip을 생각해 볼 수 있다. 즉,

```
function s2 = strip(s1)
s2 = ' ';                               % 빈 문자열 생성
for i = 1:length(s1)
    if s1(i) == ' '
        continue
    else
        s2 = strcat(s2, s1(i));         % 문자열 연결
    end
end

>> s2 = strip('This is too bad')
s2 =
Thisistoobad
```

return

호출된 함수가 호출 함수로 제어가 넘어갈 때는 보통 자체의 문장을 다 수행하고 난 다음인데 이를 사용자가 임의의 곳에서 강제적으로 돌릴 수 있는 명령어가 return문이다. Newton-Raphson 방법으로 $f(x) = \sin x - 0.5x$의 해를 찾는 함수 solve인 경우를 예로 살펴보자. 입력 x(처음 가정한 해)는 $x \leftarrow x + \Delta x$라는 과정을 거쳐 Δx가 충분히 작아질 때까지 계속해서 갱신되는데, 여기서 Δx는 $-f(x)/f'(x)$이다. 이 방식은 해의 수렴 조건보다 더 많이 반복하도록 설정해 놓은 for문 안에서 적당한 조건과 함께 return문을 만나면 결국 종료되는데 이의 프로그램 코드는 다음과 같다.

```
function x = solve(x)
for numIter = 1:30
    dx = -(sin(x) - 0.5*x)/(cos(x) - 0.5);          % -f(x)/f'(x)
     x = x + dx;
    if abs(dx) < 1.0e-6                     % 해의 수렴조건 검사
        return
    end
end
error('Too many iterations')

>> x = solve(2)
x =
     1.8955
```

error

함수나 프로그램은 error문을 써서 강제적으로 실행을 종료할 수 있을 뿐만 아니라 종료된 까닭을 밝혀주는 메시지도 덤으로 제공할 수 있는데 이의 형식은 다음과 같다.

error ('*message*')

임의의 행렬이 정방행렬(square matrix)이 아니면 더 이상 프로그램을 실행하지 말도록 코드를 작성하려면 error문을 다음과 같이 쓸 수 있다.

```
[m, n] = size(A);   % m에는 행렬 A의 행의 수, 그리고 n에는 열의 수를 저장
```

```
if m ~= n
    error('Matrix must be square')
end
```

1.5 함수

함수의 정의

함수를 작성하려면 다음과 같은 함수선언문을 반드시 맨 앞에 두어야 한다.

function [*output_args*] = *function_name*(*input_args*)

여기서 입력과 출력 인수(위의 함수선언문에 있는 *output_args* 와 *input_args*)가 여럿 있을 때는 콤마를 써서 서로 구분하고, 아예 인수가 하나도 없을 수도 있고, 또 출력 인수가 하나만 있을 때는 대괄호를 생략할 수도 있다. 그리고 이런 함수를 다른 함수나 프로그램에서 참조할 수 있도록 하려면 반드시 함수의 이름인 *function_name*이 파일의 이름이 되도록 *function_name*.m와 같이 먼저 저장해 두어야 한다.

함수의 호출

함수를 호출할 때는 경우에 따라 앞의 함수선언문에 나온 입력 인수보다 적은 개수를 이용할 수도 있다. 실제 함수 호출에 필요한 입·출력 인수의 개수는 각각 MATLAB® 함수인 nargin와 nargout로 확인할 수 있는데, 이의 예를 위해 앞에서 다룬 solve 함수를 2개의 입력과 2개의 출력으로 다시 한 번 작성해 보기로 한다. 다시 말하면, 프로그램에서 목적 달성을 위해 수렴 조건으로 사용한 임의의 작은 수(1.0e-6)를 사용자가 직접 지정할 수 있도록 새로운 입력 인수 epsilon을 첨가하고, 또 출력 인수에는 구하고자 하는 해뿐만 아니라 몇 번 루프를 돌아 구했는지에 대한 정보인 numIter도 함께 얻을 수 있도록 한다는 말이다.

```
function [x, numIter] = solve(x, epsilon)
if nargin == 1                    % 함수 호출시 입력 인수의 개수를 조사하여
```

```
    epsilon = 1.0e-6;          % 부족하면 나머지 인수의 값을 미리 지정
end
for numIter = 1:30
    dx = -(sin(x) – 0.5*x)/(cos(x) – 0.5);
    x = x + dx;
    if abs(dx) < epsilon       % 조건이 맞으면(수렴하면) 호출함수로 바로 복귀
        return
    end
end
error('Too many iterations')

>> x = solve(2)                % 출력이 하나이므로 두번째 출력 numIter는 나타나지 않음
x =
    1.8955

>> [x, numIter] = solve(2)
x =
    1.8955
numIter =
     4

>> format long
>> x = solve(2,1.0e-12)        % 오차 조건을 사용자가 직접 입력
x =
    1.89549426703398
```

함수의 평가

다시 앞에 예로 든 함수 solve를 아래와 같이 수정했을 때를 생각해 보자. 즉, solve 함수의 코드 내에 있는 dx 변수(수학적으로는 $\Delta x = -f(x)/f'(x)$)를 새로운 함수 myfunc를 작성하여 계산하는 경우이다. 물론 이 함수는 myfunc.m이라는 파일로 따로 저장되어 있어야만 가능할 것이다.

```
function [x, numIter] = solve(x, epsilon)
if nargin == 1; epsilon = 1.0e-6; end
for numIter = 1:30
    dx = myfunc(x);
```

```
    x = x + dx;
    if abs(dx) < epsilon; return; end
end
error('Too many iterations')

function y = myfunc(x)
y = -(sin(x) – 0.5*x)/(cos(x) – 0.5);

>> x = solve(2)
x =
    1.8955
```

이 예를 살펴보면, dx를 돌려주는 함수는 바로 함수 이름인 myfunc이다. 그러니까 myfunc이 아닌 다른 함수 이름을 적어 놓는다면 solve 함수는 제대로 동작하지 않는다.(물론 함수 이름이 달라도 함수 내부의 코드가 myfunc의 코드와 같으면 문제가 없다) 한번 작성하여 검사와 디버그를 거친 코드를 바꾸지 않는 것이 프로그래밍의 일반 상식이고, 또 어떤 함수이든 필요한 모든 데이터는 함수의 인수를 통해서 교감을 하기 때문에 다음과 같이 myfunc을 함수의 인수로 사용하는 것도 가능하다.

```
function [x, numIter] = solve(func, x, epsilon)
if nargin == 2; epsilon = 1.0e-6; end
for numIter = 1:30
    dx = feval(func, x);        % feval은 임의의 함수를 평가하는 MATLAB 함수
    if abs(dx) < epsilon; return; end
end
error('Too many iterations')

>> x = solve(@myfunc, 2)    % @myfunc은 함수 myfunc의 함수핸들
x =
    1.8955
```

위 예에서 solver 함수의 호출 즉, solve(@myfunc, 2)는 myfunc에 대한 함수핸들을 만들어 이를 solve 함수의 인수로 쓰기 때문에 solve 함수의 func 변수에 이 핸들이 저장되는 것이다. 그리고 함수핸들을 평가하는 MATLAB 함수인 feval의 기본 형식은

feval(*function_handle,arguments*)

와 같고, 따라서 이 함수를 이용하면 f(x)가 어떤 형태라 하더라도 이의 해는 $\Delta x = -f(x)/f'(x)$만 코드로 만들어 이의 핸들을 solve 함수에 넣어주면 다 찾을 수 있다.

즉석함수

작성하려는 함수의 코드가 쉽고 간단하면 다음의 형식을 갖는 즉석함수(inline function)로 바로 만들어 쓸 수 있다.

function_name = inline(*'expression'*, *'var1'*, *'var2'*,...)

여기서 *express*는 함수의 코드이고 *var1*, *var2*, … 등은 함수 코드 속에 포함되는 변수인데, 이의 장점은 함수를 파일로 만들 필요 없이 작성하는 코드에 직접 삽입할 수 있다는 것이다. 즉석함수의 사용 예는 다음과 같다.

```
>> myfunc = inline('x^2 + y^2', 'x', 'y');
>> myfunc(3,5)
ans =
    34
```

1.6 입력/출력

데이터 입력

사용자 입력을 프로그램에 받아들이는 MATLAB® 함수 input의 기본 형식은 다음과 같다.

value = input(*'prompt'*)

이 함수는 사용자를 위해 프롬프트 *prompt*를 화면에 표시해 주고 데이터가 들어올 때까지 대기하며, 이때 입력 데이터가 MATLAB의 어떤 표현식이면 이를 평가하여 그 값을 *value*에 저장한다. 간단히 예로 보이면 다음과 같다.

```
>> a = input('Enter expression: ')
Enter expression: tan(0.15)
a =
    0.1511

>> s = input('Enter string: ')
Enter string: 'Black sheep'
s =
Black sheep
```

데이터 출력

이 장의 앞부분에서 언급했듯이 MATLAB®은 문장의 끝에 세미콜론을 붙이지 않으면 그 결과를 당연히 출력해 주는데, 이것이 MATLAB에서 결과를 화면에 표시하는 가장 간단한 방법으로 기본 자릿수는 보통 5이다. 이때, 표시되는 자릿수를 바꾸려면 다음의 명령을 사용한다.

format long	16 자릿수 표현
format short	5 자릿수 표현

데이터를 형식에 맞게 출력하려면 다음과 같은 fprintf 함수를 사용한다.

fprintf('*format*',*list*)

여기서 *format*은 데이터의 형식을 지정하고 *list*는 표시 될 데이터로 여러 개일 때는 콤마로 구분한다. 흔히 쓰이는 데이터 형식은

%*w.d*f	부동 소수점 형식
%*w.d*e	지수 형식
\n	줄바꿈 형식

인데, 여기서 *w*는 자릿수의 전체 폭, *d*는 소수점 이하 자릿수를 뜻한다. 따라서 sin *x*를 0.2씩 증가해 가면서 형식에 맞게 표로 출력하고자 하면 다음과 같은 코드로 쓸 수 있을 것이다.

```
>> x = 0:0.2:1;
>> for i = 1:length(x)
        fprintf('%4.1f %11.6f\n', x(i), sin(x(i)))
   end
 0.0     0.000000
 0.2     0.198669
 0.4     0.389418
 0.6     0.564642
 0.8     0.717356
 1.0     0.841471
```

1.7 행렬의 조작

행렬 생성

앞에서 행렬(혹은 배열)을 생성할 때는 다음과 같이 행렬의 각 요소를 대괄호 안에 넣으면 된다고 했다.

```
>> x = [0 0.25 0.5 0.75 1]
x =
         0    0.2500    0.5000    0.7500    1.0000
```

콜론연산자

행렬의 각 요소가 같은 간격으로 이루어졌다면 다음과 같은 콜론연산자를 사용할 수 있다.

x = first_elem:increment:last_elem

이의 사용 예는 다음과 같다.

```
>> x = 0:0.25:1
x =
         0    0.2500    0.5000    0.7500    1.0000
```

linspace

요소 사이의 간격이 같은 행렬을 생성하는 또 다른 방법에는

$$x = \text{linspace}(xfirst, xlast, n)$$

와 같이 linspace 함수를 사용할 수 있다. 이는 *xfirst*에서 *xlast* 사이를 간격이 똑같은 *n*개의 데이터를 만들라는 명령으로 이의 예는 다음과 같다.

```
>> x = linspace(0,1,5)
x =
         0    0.2500    0.5000    0.7500    1.0000
```

logspace

linspace가 데이터의 간격을 선형적으로 똑같이 만든다면 logspace는 지수적으로 똑같이 만들어 주는데, 이의 기본 형식은 다음과 같다.

$$x = \text{logspace}(zfirst, zlast, n)$$

다시 말하면, 이 함수는 시작점이 10^{zfirst}이고 끝점이 10^{zlast}라는 말이다.

```
>> x = logspace(0,1,5)
x =
    1.0000    1.7783    3.1623    5.6234   10.0000
```

zeros

zeros 함수는 모든 요소가 0인 영행렬을 만들어 주는데 행과 열은 다음과 같이 정한다.

$$X = \text{zeros}(m, n)$$

만약 입력이 zeros(n)와 같이 하나이면 *n*X*n*의 정방행렬이 된다.

ones

함수 ones는 앞의 zeros와 모든 점에서 같지만 다만, 행렬의 요소가 1이라는 것만 다르다.

X = ones(m,n)

rand

행렬의 요소를 0과 1 사이에서 임의로 선택할 때는 다음과 같은 rand 함수를 쓴다.

X = rand(m,n)

eye

마지막으로, 행렬의 대각 요소는 1이고 나머지 요소는 모두 0인 단위행렬의 생성은

X = eye(n)

와 같이 eye 함수를 사용한다.

행렬 함수

MATLAB®은 행렬 연산과 행렬과 관계된 많은 유용한 작업을 해줄 수 있는 많은 행렬 함수를 가지고 있는데 여기서 몇 가지를 살펴보기로 한다.

length

임의의 벡터에 대한 길이(벡터 요소의 개수)를 찾아주는 함수이다.

n = length(x)

size

임의의 행렬에 대한 크기(행과 열의 정보)를 찾아주는 함수이다.

```
[m,n] = size(X)
```

여기서 행렬의 크기는 보통 두 개이기 때문에 출력 인수가 두 개 즉, *m*에는 행의 개수, 그리고 *n*에는 열의 개수가 담긴다. 만약 출력을 하나만으로 쓸 때는 입력 인수에 행과 열의 정보(이를 전문 용어로 차원(dimension)이라 함) 중 어떤 것이 필요한지를 지정하는 여유의 입력을 다음과 같이 더 넣어주면 된다.

```
m = size(X,dim)
```

여기서 *dim*이 1이면 행, 그리고 2이면 열이다.

reshape

이미 생성되어 있는 행렬을 재구성하는 함수이다.

```
Y = reshape(X,m,n)
```

즉, 입력 행렬 *X*의 각 요소들을 *m*X*n* 행렬 *Y*로 새로 만드는데(*X*의 요소 개수는 반드시 *m*X*n*이어야 함), 이때 *X*의 요소들을 열 방향으로 *m*개씩 차례대로 *n*번 추출한다.

```
>> a = 1:2:11
a =
     1     3     5     7     9    11
>> A = reshape(a,2,3)

A =
     1     5     9
     3     7    11
```

dot

임의의 두 벡터에 대한 스칼라곱(dot product)을 돌려주는 함수이다.

$$a = \mathrm{dot}(x,y)$$

prod

행렬의 각 요소를 서로 곱하는 함수이다.

$$a = \mathrm{prod}(x)$$

만약 입력 행렬 x가 벡터이면 **prod(x)**는 x의 요소들을 그냥 곱한 값(스칼라)을 돌려주지만, 행렬인 경우이면 각 열의 요소만 각각 곱한 결과를 보여준다. 즉, 행벡터를 돌려준다는 말이다.

```
>> a = [1 2 3 4 5 6];
>> A = reshape(a,2,3)
A =
      1     3     5
      2     4     6

>> prod(a)
ans =
   720

>> prod(A)
ans =
      2    12    30
```

sum

행렬의 각 요소를 서로 합하는 함수이다.

$$a = \mathrm{sum}(x)$$

이 함수는 곱과 합의 차이만 있을 뿐 prod 함수와 똑같다.

cross

임의의 두 벡터에 대한 벡터곱(cross product)을 돌려주는 함수이다.

```
c = cross(a,b)
```

여기서 벡터곱 $c = a \times b$를 수행할 때 입력 벡터 a와 b의 길이는 반드시 같아야 한다.

1.8 프로그램의 작성과 실행

MATLAB®은 프로그램을 작성할 때 기본적으로 두 개의 환경 즉, 명령창(command window)과 편집기/디버그(editor/debugger)를 제공한다. 명령창은 MATLAB 기동과 함께 항상 대화식으로 열려 있기 때문에 어떤 문장이라도 즉시 실행되는데, 이 환경은 MATLAB 언어 자체를 실험해 본다거나 프로그래밍에 대해서 이것저것 생각해 보는데 참 유용하다.

MATLAB®은 새로운 M-파일을 만들 때라든가 기존의 M-파일을 열 때 편집기/디버그를 함께 띄운다. 이 편집창은 간단한 코드(흔히 스크립트 파일(script files)이라 함)나 함수(앞과 대응하여 보통 함수 파일(function files)이라 함)를 작성하여 저장하는데 쓸 수도 있고, 또 다른 컴퓨터 편집창과 같이 문자를 편집하는데도 이용할 수 있지만 MATLAB 프로그램의 독특한 특징(코드에 따라 다른 색깔을 사용한다거나 자동 들여쓰기 기능이 있는 따위)을 갖는다는 것이 다르다.

프로그램이 실행되는 동안 임의의 함수가 처음 호출될 때는 이후의 빠른 실행을 위해서 먼저 P-코드(pseudo-code)로 자동적으로 번역되는데, 만약 사용자가 자신의 함수를 미리 P-코드(M-파일과 달리 확장자는 .p)로 저장해 두고 싶다면

```
pcode function_name
```

와 같은 명령을 사용할 수 있다. 그러면 이 함수가 호출될 때 MATLAB은 M-파일이

아니라 이의 .p 버전을 메모리로 불러들이게 된다.

MATLAB®이 실행되는 동안 생성된 변수들은 MATLAB 작업장(workspace)이라는 곳에 따로 저장되는데 이를 강제로 지우지만 않는다면 언제든 다시 쓸 수 있다. 이렇게 저장된 변수들의 목록을 확인하려면 **who** 명령어, 그리고 이에 대한 자세한 정보(크기나 데이터형, 메모리를 차지하는 규모 따위)까지도 함께 필요하면 **whos** 명령어를 사용한다. 또한, MATLAB에 저장된 변수들을 작업장에서 지우려면

```
clear a b ...
```

와 같이 **clear** 명령어 다음에 지울 변수들을 죽 적으면 되고, 이때 변수 이름이 빠지고 **clear**만 있으면 작업장의 모든 변수들이 다 지워지는 것에 주의해야 한다.

끝으로, MATLAB이 지원하는 모든 함수들에 대한 도움말을 얻으려면 명령창에서 다음과 같은 **help** 명령어를 써서 이의 기능과 입출력 변수의 종류, 다른 비슷한 함수, 사용법 등을 모두 확인할 수 있다.

```
help function_name
```

1.9 그래프 그리기

MATLAB®은 데이터를 그래프로 그리는 수많은 명령어를 가지고 있다. 하지만 여기서는 sin *x*와 cos *x*에 대한 2차원 그래프를 함께 붙여 그릴 때 필요한 명령어만 간단히 보이기로 한다.

```
>> x = 0:0.2:pi;            % x 데이터 생성
>> y = sin(x);              % y 데이터 생성
>> plot(x,y,'k:o')          % 지정한 색과 기호로 x-y 그래프 그리기('k' = 검은색, 'o' = 원)
>> hold on                  % 현재 그래프에 덮쳐 그리기 허용
>> z = cos(x);              % z 데이터 생성
>> plot(x,z,'k:x')          % x-z 그래프 그리기('x' = 십자표시)
>> grid on                  % 좌표축 격자선 표시
```

```
>> xlabel('x')                % x축 제목 표시
>> ylabel('x')                % y축 제목 표시
>> gtext('sin x')             % 마우스를 이용하여 문자열 삽입하기
>> gtext('cos x')
```

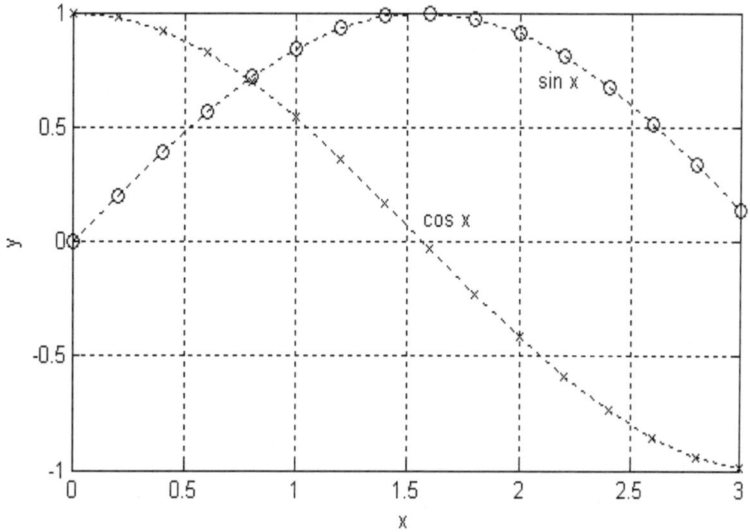

MATLAB®은 M-파일 안에 작성된 함수도 아래와 같이 한 줄의 명령어로 쉽게 그래프로 나타낼 수 있다.

```
function y = testfunc(x)          % 저장된 M-파일
y = (x.^3).*sin(x) – 1./x;

>> fplot(@testfunc,[1 20])        % x = 1에서 20까지 그리기
>> grid on
```

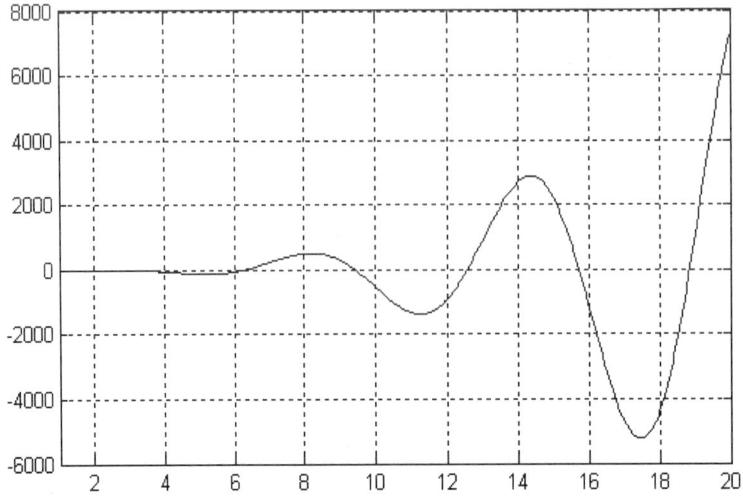

이 책에 나오는 위와 같은 그래프는 실제 MATLAB®에서 그려주는 그래프를 그대로 옮겨 놓은 것이 아니다. MATLAB은 그래프도 하나의 독립된 창으로 보여주는데, 여기에는 그래프 이외에도 메뉴나 아이콘과 같은 다른 요소를 많이 갖고 있기 때문에 책의 출판용으로는 바람직하지 않다고 판단했다. 그래서 그래프 부분만 그대로 책에 넣을 수 있도록 MATLAB에서 계산한 수치 데이터를 엑셀 프로그램에서 그렸음을 밝혀둔다.

2. 선형 대수 방정식

연립 방정식 Ax = b를 푼다

2.1 개요

이 장에서는 n개의 미지수를 갖는 n개의 선형 대수 방정식에 대한 해를 찾아보는데, 이는 이 책에서 지면 비중이 가장 많고 가장 할 말도 많으면서 학문적으로 가장 중요한 주제이다. 왜냐하면, 연립 방정식을 풀지 않고는 어떤 수치 해석도 수행하기 어렵기 때문이고, 나아가 현실적인 문제에서 발생하는 방정식들은 대부분 규모가 커서 컴퓨터로 계산할 때 자원(메모리나 시간 측면에서)을 많이 소모해야 하는 것도 한 까닭이 되겠다. 이런 자원을 줄이기 위해 임의의 행렬을 특별한 특징을 갖는 상수 행렬(coefficient matrix)로 만들어 다루어야 할 필요가 있다는 말이다.(예를 들면, 대부분의 요소가 0이 되는 압축 행렬(sparse matrix) 따위) 따라서 연립 방정식의 해를 찾는 데는 각 방정식의 계수가 특별한 행렬(대칭이나 띠 모양, 혹은 데이터를 압축하는 따위)이 되도록 해야 하는데 이런 과정에 적용할 수 있는 알고리즘이 너무 많아 배울 내용도 그만큼 많은 것이다.

하지만 제한된 지면 때문에 이 모든 알고리즘을 다 설명할 수는 없다. 이 책에서는 연립 방정식의 해를 구하는 기본 방법만 선별하여 나타내고 띠 행렬(banded matrix)이나 압축 행렬 등에 관한 좀더 고급스러운 알고리즘은 필요할 경우 관련 서적을 별도로 참고하면 좋겠다.

기호

대수 방정식이 여러 개일 때는 기본적으로 다음과 같이 표시한다.

$$
\begin{aligned}
A_{11}x_1 + A_{12}x_2 + \cdots + A_{1n}x_n &= b_1 \\
A_{21}x_1 + A_{22}x_2 + \cdots + A_{2n}x_n &= b_2 \\
A_{31}x_1 + A_{32}x_2 + \cdots + A_{3n}x_n &= b_3 \\
&\vdots \\
A_{n1}x_1 + A_{n2}x_2 + \cdots + A_{nn}x_n &= b_n
\end{aligned} \tag{2.1}
$$

여기서 계수 A_{ij}와 상수 b_j는 아는 알고 있고, 그리고 x_i는 미지수이다. 이 연립 방정식을 행렬 표시로 나타내면 다음과 같다.

$$
\begin{bmatrix} A_{11} & A_{12} & \cdots & A_{1n} \\ A_{21} & A_{22} & \cdots & A_{2n} \\ \vdots & \vdots & \ddots & \vdots \\ A_{n1} & A_{n2} & \cdots & A_{nn} \end{bmatrix} \begin{bmatrix} x_1 \\ x_2 \\ \vdots \\ x_n \end{bmatrix} = \begin{bmatrix} b_1 \\ b_2 \\ \vdots \\ b_n \end{bmatrix} \tag{2.2}
$$

또는 간단히

$$
\mathbf{Ax} = \mathbf{b} \tag{2.3}
$$

와 같고, 여기서 연립 방정식의 수치 계산의 효용성을 위해 상수 벡터인 **b**와 계수 행렬인 **A**를 다음과 같이 연결한 표현을 확장된 계수 행렬(augmented coefficient matrix)(혹은 이 행렬의 모든 요소가 숫자이기 때문에 상수 행렬이라고도 함)이라 한다.

$$
[\mathbf{A}|\mathbf{b}] = \left[\begin{array}{cccc|c} A_{11} & A_{12} & \cdots & A_{1n} & b_1 \\ A_{21} & A_{22} & \cdots & A_{2n} & b_2 \\ \vdots & \vdots & \ddots & \vdots & \vdots \\ A_{n1} & A_{n2} & \cdots & A_{nn} & b_n \end{array}\right] \tag{2.4}
$$

해의 유일성

미지수가 n개이고 식도 n개인 선형 방정식은 계수 행렬의 행렬식(determinant)이 0이 아닐 때에만 즉, $|\mathbf{A}| \neq 0$일 때에만 유일한 해를 갖는다. 행렬 측면에서는 이런 행렬의

각 행(혹은 각 열)은 어떤 다른 행(혹은 열)과 선형 결합(linear combination)으로 이루어지지 않기 때문에 서로 독립되어 있다고 말한다.

만약 계수 행렬이 특이 행렬(singular matrix) 즉, $|\mathbf{A}| = 0$이면 연립 방정식은 해를 여러 개 가질 수 있고, 또 상수 벡터의 값에 따라 해를 전혀 갖지 않을 수도 있다. 간단한 예로, 다음의 방정식을 생각해 보자.

$$2x + y = 3 \qquad 4x + 2y = 6$$

먼저, 두번째 식은 첫번째 식에 2를 곱하면 되니까 첫번째 식을 만족하는 x와 y의 어떤 조합도 모두 두번째 식의 해가 될 것이므로 이 연립 방정식의 해는 무한하다. 그러나

$$2x + y = 3 \qquad 4x + 2y = 0$$

인 경우는 첫번째 식이 $2x + y = 0$(이 식에 2를 곱하면 두번째 식이 됨)이 아니기 때문에 이 연립 방정식은 해를 하나도 갖지 않는다.

허약 조건

이제 연립 방정식의 계수가 특이 행렬에 가까울 때 즉, $|\mathbf{A}|$이 아주 작을 때는 어떤 일이 벌어지는가 하는 흔하지만 중요한 문제에 대하여 생각해 보자. 우선, 계수 행렬의 행렬식이 작은지를 판단하려면 어떤 측정 방법을 써서 어떤 기준으로 살필 지를 정해야 하는데 보통 행렬의 노옴(norm) $\|\mathbf{A}\|$을 선택하여

$$|\mathbf{A}| << \|\mathbf{A}\|$$

일 때를 행렬의 행렬식이 작다고 판단한다. 그리고 행렬의 노옴은 몇몇 방법으로 정의할 수 있는데 대표적으로

$$\|\mathbf{A}\| = \sqrt{\sum_{i=1}^{n}\sum_{j=1}^{n} A_{ij}^2} \qquad \|\mathbf{A}\| = \max_{1\le i\le n}\sum_{j=1}^{n}|A_{ij}| \tag{2.5a}$$

와 같은 것들을 많이 쓴다. 이때, 연립 방정식에 대한 행렬의 조건이 허약한지 강한지를 나타내는 조건수(condition number)는

$$\text{cond}(\mathbf{A}) = \|\mathbf{A}\|\|\mathbf{A}^{-1}\| \tag{2.5b}$$

와 같다. 만약 이 수가 1에 가까우면 행렬은 강한 조건을 가졌다(well-conditioned)라고 하는 반면에 약한 조건(ill-condition)의 정도가 커질수록 점점 커져 특이 행렬이 되면 거의 무한대에 가까워진다. 다만, 하나 주의할 것은 행렬의 조건수는 식 (2.5a)에서 보듯이 정의가 여럿 있기 때문에 유일한 값이 될 수 없으며, 또한 규모가 큰 행렬이면 이의 계산에 수고를 엄청 아끼지 않아야 한다. 그렇지만 대부분의 경우에는 행렬을 구성하는 각 요소들의 크기와 행렬식을 서로 비교해서 판단하는 것만으로도 충분하다.

연립 방정식(혹은 계수 행렬)이 약한 조건을 갖는다면 계수가 약간만 변해도 해는 큰 차이가 난다는 것을 뜻한다. 간단한 예로

$$2x + y = 3 \qquad 2x + 1.001y = 0$$

에서 해를 구해보면 $x = 1501.5$와 $y = -3000$인데, 이때 $|\mathbf{A}| = 2(1.001) - 2(1) = 0.002$이므로 식의 계수와 견주어 아주 작아 연립 방정식이 약한 조건을 갖는다. 만약 두번째 식이 $2x + 1.002y = 0$으로 바뀐다면 어떻게 될까? 이 경우엔 해가 $x = 751.5$와 $y = -1500$이 되는데 계수가 0.1% 변했지만 해는 100% 바뀌었음을 알 수 있다.

조건이 약한 연립 방정식은 이의 수치 해에 대한 정확도를 거의 신뢰할 수 없다. 왜냐하면, 컴퓨터로 계산할 때 발생하는 어쩔 수 없는 오차로 식의 계수 값이 약간 바뀌는 것은 당연하기 때문이다. 그래서 해의 신뢰도에 의심이 갈 때는 계수 행렬의 행렬식을 수시로 점검하여 약한지 강한지의 정도를 반드시 다시 평가해 보아야 한다.

선형 시스템

선형인 대수 방정식은 수치 해석 분야의 어느 곳이나 흔히 나타나지만 이를 공학에 실제로 응용하는 경우에는 또다른 말로 선형 시스템(linear system) – 입력에 비례하는 응답을 보이는 모든 시스템 - 이라 한다. 선형 시스템은 공학 교과 과정에서 중요하게 가르치는 구조물, 탄성체, 열전달, 유체흐름, 전자기장, 그리고 전기회로 따위를 모두 포함하고 있다.

만약 시스템이 트러스(truss)나 전기회로와 같이 이산 시스템(discrete system)이면 이는 당연히 선형 대수 방정식일 수밖에 없다. 예를 들어, 정적 하중을 받는 트러스인 경우이면 각 결점의 평형 방정식을 작성하여 선형 방정식을 바로 구할 수 있는데 이때,

미지수 x_1, x_2, …, x_n은 각 부재에 작용하는 힘과 지지점에서의 반력, 그리고 상수 b_1, b_2, …, b_n은 이미 정해진 외력이 되겠다.

연속 시스템(continuous system)은 대수 방정식이 아닌 미분 방정식으로 표시된다. 하지만 이를 수치적으로 해석하는 경우엔 미지수를 어쩔 수 없이 이산 변수로 다룰 수밖에 없기에 미분 방정식을 이산 방정식으로 근사화하는 과정이 꼭 필요하다. 이른바 유한차분(finite difference), 유한요소(finite element), 그리고 경계요소(boundary element) 방법 등과 같이 서로 접근 방법은 다르지만 '이산화(discretization)'를 거쳐 결국 선형 대수 방정식을 푸는 일로 좁혀질 수밖에 없다.

요약하면, 선형 시스템의 표현식(혹은 모델) 형태는 언제나 **Ax** = **b**이다. 입력 **b**와 출력(응답) **x**는 환경에 따라 바뀔 수 있지만 시스템의 고유한 특징을 반영하는 계수 행렬 **A**는 항상 독립적이다. 따라서 시스템의 입력이 다르면 **b**만 교체할 뿐 **A**는 그대로 둔 채 식을 풀면 되기 때문에 문제 풀이 알고리즘(problem-solving algorithm)보다는 임의의 상수 벡터에 대한 식 풀이 알고리즘(equation-solving algorithm)을 터득해 놓는 것이 계산의 수고를 덜어줄 수 있는 바람직한 태도가 된다.

직접법과 반복법

선형 대수 방정식의 해는 크게 두 가지 방법 즉, 직접법(direct method)과 반복법(iterative method)으로 찾을 수 있다. 직접법의 기본 특징은 원래의 식을 좀더 쉽게 풀 수 있도록 해는 똑같지만 모습만 바뀐 등가의 식(equivalent equation)으로 변환한다는 것이다. 이 변환은 아래와 같이 기본적인 세 가지 연산(이를 보통 기본연산(elementary operations)이라 함)을 통해 이루어지는데 방정식의 해는 바꾸지 않고 계수 행렬의 행렬식에만 영향을 미친다.

- 두 방정식의 순서를 교체(|**A**|의 부호가 바뀌는 효과)
- 하나의 방정식에 0이 아닌 상수를 곱함(|**A**|에 똑같은 상수를 곱하는 효과)
- 하나의 방정식에 0이 아닌 상수를 곱하여 다른 방정식에서 뺌(|**A**|는 불변)

반복, 혹은 간접법(indirect method)은 처음 임의의 해를 가정한 후에 어떤 수렴 조건이 만족될 때까지 해를 계속해서 갱신해 간다. 이 방법은 일반적으로 직접법에 견주어 큰 반복 횟수 때문에 덜 효율적이라고 평가 받지만 계수 행렬이 아주 크거나 계수 행렬이 압축 행렬로 바뀔 수 있는 경우에는 계산의 수고를 크게 덜어주는 장점도 있다.

직접법의 간단한 소개

표 2.1은 가장 흔히 사용하는 직접법인데 기본연산을 통해 마지막으로 풀어야 할 식의 표현도 함께 보여주고 있다.

방법	원식	등가식
Gauss 소거법	**Ax = b**	**Ux = c**
LU 분해법	**Ax = b**	**LUx = b**
Gauss-Jordan 소거법	**Ax = b**	**Ix = c**

표 2.1

표 2.1에서 **U**는 윗삼각 행렬, **L**은 아랫삼각 행렬, 그리고 **I**는 단위행렬이다. 여기서 삼각 행렬은 정방 행렬에서 대각 요소를 중심으로 어느 한 쪽에만 0인 행렬을 말한다. 따라서 3X3 윗삼각 행렬은

$$\mathbf{U} = \begin{bmatrix} U_{11} & U_{12} & U_{13} \\ 0 & U_{22} & U_{23} \\ 0 & 0 & U_{33} \end{bmatrix}$$

와 같은 형태이고, 아랫삼각 행렬의 모습은

$$\mathbf{L} = \begin{bmatrix} L_{11} & 0 & 0 \\ L_{21} & L_{22} & 0 \\ L_{31} & L_{32} & L_{33} \end{bmatrix}$$

이다.

삼각 행렬은 많은 계산을 줄여줄 수 있기 때문에 선형 대수학에서 중요한 일을 맡는다. 하나의 예로, 식 **Lx** = **c**, 혹은

$$\begin{aligned} L_{11}x_1 &= c_1 \\ L_{21}x_1 + L_{22}x_2 &= c_2 \\ L_{31}x_1 + L_{32}x_2 + L_{33}x_3 &= c_3 \\ &\vdots \end{aligned}$$

을 생각해 보자. 만약 이 식들을 첫 번째 식부터 위에서 아래로 풀어간다면 풀 때마다 미지수가 하나밖에 없기 때문에 아주 쉽게 계산할 수 있을 것이다. 즉,

$$
\begin{aligned}
x_1 &= c_1/L_{11} \\
x_2 &= (c_2 - L_{21}x_1)/L_{22} \\
x_3 &= (c_3 - L_{31}x_1 - L_{32}x_2)/L_{33} \\
&\vdots
\end{aligned}
$$

와 같고, 이런 풀이 절차를 전방 대입(forward substitution)이라 한다. 비슷한 방식을 적용하면, Gauss 소거법에서 흔히 만나는 **Ux** = **c**는 앞과는 반대로 마지막 식부터 아래에서 위로 절차를 밟아갈 수 있는데, 이는 후방 대입(backward substitution)이 되겠다.

한편, LU 분해법과 관계있는 **LUx** = **b**는 두 개의 식인 **Ly** = **b**와 **Ux** = **y**로 대체하여 풀면 된다. 다시 말하면, **Ly** = **b**를 **y**에 대해 전방 대입으로 푼 후에 **Ux** = **y**를 다시 후방 대입을 통해 푼다는 말이다. Gauss-Jordan 소거법의 식 **Ix** = **c**는 단위행렬의 특징에 따라 **x** = **c**와 같기 때문에 해는 위와는 달리 어떤 절차를 수행할 필요 없이 구해진 꼴이다.

예제 2.1

다음 행렬이 특이 행렬인지 확인하라.

$$
\mathbf{A} = \begin{bmatrix} 2.1 & -0.6 & 1.1 \\ 3.2 & 4.7 & -0.8 \\ 3.1 & -6.5 & 4.1 \end{bmatrix}
$$

풀이 행렬 A의 첫 번째 행에 대하여 Laplace의 행렬식 적용법(부록 A2 참조)을 이용하면

$$
\begin{aligned}
|\mathbf{A}| &= 2.1\begin{vmatrix} 4.7 & -0.8 \\ -6.5 & 4.1 \end{vmatrix} + 0.6\begin{vmatrix} 3.2 & -0.8 \\ 3.1 & 4.1 \end{vmatrix} + 1.1\begin{vmatrix} 3.2 & 4.7 \\ 3.1 & -6.5 \end{vmatrix} \\
&= 2.1(14.07) + 0.6(15.60) + 1.1(-35.37) = 0
\end{aligned}
$$

와 같고, 따라서 행렬식이 0이기 때문에 **A**는 특이 행렬이다. 식 자체를 살펴서 행이 서로 종속한다는 사실 즉, (세 번째 행) = (3 X 첫 번째 행) – (두 번째 행)임을 발견할 수 있다면 이 역시 **A**가 특이 행렬이라는 것을 말해준다.

예제 2.2

방정식 **Ax** = **b**를 풀어라. 여기서

$$\mathbf{A} = \begin{bmatrix} 8 & -6 & 2 \\ -4 & 11 & -7 \\ 4 & -7 & 6 \end{bmatrix} \qquad \mathbf{b} = \begin{bmatrix} 28 \\ -40 \\ 33 \end{bmatrix}$$

이고, 또한 **A**를 LU 분해하면 다음과 같다.(실제 행렬 곱셈을 통해 확인해 볼 것)

$$\mathbf{A} = \mathbf{LU} = \begin{bmatrix} 2 & 0 & 0 \\ -1 & 2 & 0 \\ 1 & -1 & 1 \end{bmatrix} \begin{bmatrix} 4 & -3 & 1 \\ 0 & 4 & -3 \\ 0 & 0 & 2 \end{bmatrix}$$

풀이 먼저, 전방 대입으로 **Ly** = **b**를 풀면

$$\begin{aligned} 2y_1 &= 28 & y_1 &= 28/2 = 14 \\ -y_1 + 2y_2 &= -40 & y_2 &= (-40 + y_1)/2 = (-40 + 14)/2 = -13 \\ y_1 - y_2 + y_3 &= 33 & y_3 &= 33 - y_1 + y_2 = 33 - 14 - 13 = 6 \end{aligned}$$

이고, 따라서 이 식의 해 **x**는 **Ux** = **y**에 후방 대입 과정을 적용하면 된다. 즉,

$$\begin{aligned} 2x_3 &= y_3 & x_3 &= y_3/2 = 6/2 = 3 \\ 4x_2 - 3x_3 &= y_2 & x_2 &= (y_2 + 3x_3)/4 = [-13 + 3(3)]/4 = -1 \\ 4x_1 - 3x_2 + x_3 &= y_1 & x_1 &= (y_1 + 3x_2 - x_3)/4 = [14 + 3(-1) - 3]/4 = 2 \end{aligned}$$

와 같고, 이를 다시 순서대로 쓰면 **x** = $[2 \quad -1 \quad 3]^T$이다.

2.2 Gauss 소거법

개요

Gauss 소거법은 연립 방정식을 푸는데 가장 널리 쓰이는 방법으로 두 단계 즉, 소거 단계와 풀이 단계를 차례로 진행한다. 표 2.1에 보인 바와 같이 소거 단계는 원식을 **Ux** = **c**의 형태로 변환하는 일을, 그리고 풀이 단계는 말 그대로 **Ux** = **c**를 후방 대입을 써서 해를 찾는 일을 담당한다. 간단한 예로 설명하기 위해 다음의 식을 생각해 보자.

$$4x_1 - 2x_2 + x_3 = 11 \qquad \text{(a)}$$

$$-2x_1 + 4x_2 - 2x_3 = -16 \qquad \text{(b)}$$

$$x_1 - 2x_2 \; 4x_3 = 17 \qquad \text{(c)}$$

소거 단계 이 단계에서는 앞서 언급한 기본연산을 써서 원식과 등가인 식을 찾는데, 여기서는 위 식 중에서 어느 한 식(j로 표시)에 상수 λ를 곱하고 이를 다시 다른 식(i로 표시)에서 빼는 절차를 밟아갈 것이다. 이 과정을 기호로 표시하면

$$\text{식 (i)} \leftarrow \text{식 (i)} - \lambda \times \text{식 (j)} \qquad (2.6)$$

와 같고, 이때 다른 식에서 빼지는 식(여기서는 식 (j))을 피봇식(pivot equation)이라 한다.

우선, 식 (a)를 피봇식으로 하여 식 (b)와 (c)에서 x_1을 소거할 수 있도록 상수 λ를 선택한다. 즉,

$$\text{식 (b)} \leftarrow \text{식 (b)} - (-0.5) \times \text{식 (a)}$$
$$\text{식 (c)} \leftarrow \text{식 (c)} - 0.25 \times \text{식 (a)}$$

와 같은 변환을 수행하여 다음의 식을 구한다.

$$4x_1 - 2x_2 + x_3 = 11 \qquad \text{(a)}$$

$$3x_2 - 1.5x_3 = -10.5 \qquad \text{(b)}$$

$$-1.5x_2 + 3.75x_3 = 14.25 \qquad \text{(c)}$$

여기까지가 소거 단계의 첫 번째 과정이다. 이제 식 (b)를 피봇식으로 선택하여 식 (c)에서 x_2를 소거하는 일이 남았다. 이를 기호로 표시하면

$$\text{식 (c)} \leftarrow \text{식 (c)} - (-0.5) \times \text{식 (b)}$$

와 같고, 이를 수행하면

$$4x_1 - 2x_2 + x_3 = 11 \qquad \text{(a)}$$

$$3x_2 - 1.5x_3 = -10.5 \qquad \text{(b)}$$

$$3x_3 = 9 \qquad \text{(c)}$$

을 얻을 수 있다. 이 문제에서 진행할 소거 단계를 다 거친 셈이다. 이제 원식을 위의 등가식으로 교체하여 후방 대입 과정을 적용하기만 하면 되는 것이다.

다음 단계로 넘어가기 앞서 원식과 등가식을 미리 행렬로 표시해 두기로 한다. 다음은 원식을 계수 행렬 A와 입력 행렬 b를 함께 나타낸 확장행렬(augmented matrix)이다.

$$\left[\begin{array}{ccc|c} 4 & -2 & 1 & 11 \\ -2 & 4 & -2 & -16 \\ 1 & -2 & 4 & 17 \end{array}\right]$$

그리고 소거 단계의 첫 번째와 두 번째 과정을 거친 등가식의 확장행렬은 각각 다음과 같다.

$$\left[\begin{array}{ccc|c} 4 & -2 & 1 & 11.00 \\ 0 & 3 & -1.5 & -10.50 \\ 0 & -1.5 & 3.75 & 14.25 \end{array}\right]$$

$$\left[\begin{array}{ccc|c} 4 & -2 & 1 & 11.0 \\ 0 & 3 & -1.5 & -10.5 \\ 0 & 0 & 3 & 9.0 \end{array}\right]$$

여기서 한 가지 짚어야 할 점. 식 (2.6)과 같이 행으로 이루어지는 기본연산은 계수 행렬의 행렬식에는 전혀 영향을 주지 않는다는 것을 알아야 한다. 따라서 행렬식이 바뀌지 않은 상태로 마지막 삼각 행렬까지 왔으니 원식의 행렬식은 당연히 삼각 행렬의 대각 요소를 서로 곱하여 구할 수 있겠다. 즉,

$$|\mathbf{A}| = |\mathbf{U}| = U_{11} \times U_{22} \times U_{33} \times \cdots \times U_{nn} \qquad (2.7)$$

와 같다.

풀이 단계 이제 앞에서 구한 삼각 행렬을 후방 대입을 적용하여 주어진 연립

방정식의 해를 찾는다. 앞의 식을 식 (c), (b), 그리고 (a)의 순서로 풀면 다음과 같다.

$$x_3 = 9/3 = 3$$
$$x_2 = (-10.5+1.5x_3)/3 = [-10.5+1.5(3)]/3 = -2$$
$$x_1 = (11+2x_2-x_3)/4 = [11+2(-2)-3]/4 = 1$$

Gauss 소거법의 알고리즘

소거 단계 소거 단계를 진행할 때 어떤 특정한 순간에 연립 방정식에는 어떤 일이 벌어질 수 있는지 살펴보기로 하자. 설명을 매끄럽게 하기 위해 행렬 $\mathbf{A}$의 k번째 행까지는 미리 삼각 행렬로 변환되었다고 가정한다. 다시 말하면, 현재의 피봇식을 k번째 식으로 보고 지금부터는 이 아래에 있는 식들을 변환해 간다는 말이다. 이 상황을 확장 행렬로 나타내면 다음과 같다.

$$\left[\begin{array}{cccccccc|c}
A_{11} & A_{12} & A_{13} & \cdots & A_{1k} & \cdots & A_{1j} & \cdots & A_{1n} & b_1 \\
0 & A_{22} & A_{23} & \cdots & A_{2k} & \cdots & A_{2j} & \cdots & A_{2n} & b_2 \\
0 & 0 & A_{33} & \cdots & A_{3k} & \cdots & A_{3j} & \cdots & A_{3n} & b_3 \\
\vdots & \vdots & \vdots & & \vdots & & \vdots & & \vdots & \vdots \\
0 & 0 & 0 & \cdots & A_{kk} & \cdots & A_{kj} & \cdots & A_{kn} & b_k \\
\hline
\vdots & \vdots & \vdots & & \vdots & & \vdots & & \vdots & \vdots \\
0 & 0 & 0 & \cdots & A_{ik} & \cdots & A_{ij} & \cdots & A_{in} & b_i \\
\vdots & \vdots & \vdots & & \vdots & & \vdots & & \vdots & \vdots \\
0 & 0 & 0 & \cdots & A_{nk} & \cdots & A_{nj} & \cdots & A_{nn} & b_n
\end{array}\right]
\begin{array}{l} \\ \\ \\ \\ \leftarrow \text{피봇행} \\ \\ \leftarrow \text{변환될 행} \\ \\ \\ \end{array}$$

피봇식 아래에 있는 i번째 행 즉, 요소 A_{ik}를 소거해 보도록 하자. 이는 피봇식에 $\lambda = A_{ik}/A_{kk}$를 먼저 곱하고 이를 다시 i번째 식에서 빼면 될 것이고, 그러면 확장 행렬의 i번째 행은

$$A_{ij} \leftarrow A_{ij} - \lambda A_{kj},\quad j = k,\ k+1,\ \cdots,\ n \tag{2.8a}$$

$$b_i \leftarrow b_i - \lambda b_k \tag{2.8b}$$

와 같아진다. 물론 처음부터 계수 행렬을 삼각 행렬로 변환하고자 한다면 피봇식을 뜻하는 k를 $k = 1, 2, \cdots, n-1$로 하고 소거할 식을 뜻하는 i를 $i = k+1, k+2, \cdots, n$로 범위를 확대하면 될 것이다. 그리고 소거 단계의 알고리즘을 MATLAB® 코드로 작성하면 다음과 같다.

```
for k = 1:n-1
    for i = k+1:n
        if A(i,k) ~= 0
            lambda = A(i,k)/A(k,k);
            A(i,k+1:n) = A(i,k+1:n) – lambda*A(k,k+1:n);
            b(i) = b(i) – lambda*b(k);
        end
    end
end
```

소거 단계를 거칠 때 중간 중간 불필요한 연산이 발생해 이를 피하려고 한다면 위 알고리즘을 다음과 같이 조금 수정할 수도 있다.

- 만약 A_{ik}가 0이면 i번째 행의 변환을 건너뛴다.
- 식 (2.8a)에서 j를 k가 아닌 $k+1$부터 시작하여 A_{ik}를 0으로 바꾸지 않고 원래 값을 그대로 유지토록 한다.

후방 대입 단계 위에서 Gauss 소거 단계가 끝나면 확장 행렬은 다음과 같은 형태가 될 것이다.

$$[\mathbf{A}|\mathbf{b}] = \left[\begin{array}{ccccc|c} A_{11} & A_{12} & A_{13} & \cdots & A_{1n} & b_1 \\ 0 & A_{22} & A_{23} & \cdots & A_{2n} & b_2 \\ 0 & 0 & A_{33} & \cdots & A_{3n} & b_3 \\ \vdots & \vdots & \vdots & & \vdots & \vdots \\ 0 & 0 & 0 & \cdots & A_{nn} & b_n \end{array}\right]$$

따라서 마지막 식 $A_{nn}x_n = b_n$부터

$$x_n = b_b / A_{nn} \tag{2.9}$$

와 같이 미지수를 차례로 찾는다. 결론적으로 이런 과정을 일반화했을 때 k번째 식

$$A_{kk}x_k + A_{k,k+1}x_{k+1} + \cdots + A_{kn}x_n = b_k$$

에서 x_k는

$$x_k = \left(b_k - \sum_{j=k+1}^{n} A_{kj} x_j \right) \frac{1}{A_{kk}}, \qquad k = n-1, n-2, \ldots, 1 \tag{2.10}$$

와 같이 구할 수 있다. 다음은 후방 대입에 대한 MATLAB 코드이다.

```
for k = n:-1:1
      b(k) = (b(k) – A(k,k+1:n)*b(k+1:n))/A(k,k);
end
```

gauss

함수 gauss는 소거와 후방 대입 단계를 함께 수행하는 함수로 후방 대입 과정 동안에 해 x는 입력 벡터 b에 덮어써져 모든 작업이 끝날 때까지 여기에 저장된다.

```
function [x,det] = gauss(A,b)
% Gauss 소거법으로 A*x = b을 풀고 det(A)을 계산한다
% 사용법: [x,det] = gauss(A,b)

if size(b,2) > 1; b = b'; end                    % b는 반드시 열벡터이어야 한다
n = length(b);
for k = 1:n-1                                    % 소거 단계
     for i= k+1:n
          if A(i,k) ~= 0
               lambda = A(i,k)/A(k,k);
               A(i,k+1:n) = A(i,k+1:n) - lambda*A(k,k+1:n);
               b(i)= b(i) - lambda*b(k);
          end
     end
end
if nargout == 2; det = prod(diag(A)); end
for k = n:-1:1                                    % 풀이 단계(후방 대입)
     b(k) = (b(k) - A(k,k+1:n)*b(k+1:n))/A(k,k);
end
x = b;
```

여러 연립 방정식

앞에서 언급했듯이 연립 방정식 $\mathbf{Ax} = \mathbf{b}$를 상수 벡터를 여러 개 두고 풀어야 하는 경우가 종종 있다. 상수 벡터 **b**가 m개 즉, $\mathbf{b}_1, \mathbf{b}_2, \cdots, \mathbf{b}_m$인 경우를 생각해 본다는 말이다. 먼저, 각 상수 벡터에 대한 해를 각각 $x_1, x_2, \cdots, x_m$이라 하고, 이를 AX = B와 같은 행렬 표현으로 나타낸다. 여기서

$$\mathbf{X} = [\mathbf{x}_1 \quad \mathbf{x}_2 \quad \cdots \quad \mathbf{x}_m] \quad \mathbf{B} = [\mathbf{b}_1 \quad \mathbf{b}_2 \quad \cdots \quad \mathbf{b}_m]$$

이고, 모두 $n \times m$ 행렬로 이의 열에는 각각 해 벡터와 상수 벡터가 차지한다.

여러 연립 방정식을 소거 단계에서 아주 경제적으로 다루는 방법은 상수 벡터 모두를 확장 행렬에 한꺼번에 포함시켜 각 상수 벡터가 동시에 변환될 수 있도록 하고 나중에 풀이 단계에서는 한 번에 한 벡터씩 보통처럼 후방 대입을 통하여 구하면 좋다. 하지만 상수 벡터가 여럿 있는 경우는 이 방법보다는 다음 절에서 배울 LU 소거법이 훨씬 효과적이기 때문에 여기서는 자세한 언급을 자제하고 그냥 몇몇 문제를 통해서 그 절차를 간략히 소개하고자 한다.

예제 2.3

Gauss 소거법을 이용하여 식 $\mathbf{AX} = \mathbf{B}$를 풀어라. 단, 각 행렬의 값은 다음과 같다.

$$\mathbf{A} = \begin{bmatrix} 6 & -4 & 1 \\ -4 & 6 & -4 \\ 1 & -4 & 6 \end{bmatrix} \qquad \mathbf{B} = \begin{bmatrix} -14 & 22 \\ 36 & -18 \\ 6 & 7 \end{bmatrix}$$

풀이 이 식에 대한 확장 행렬은

$$\left[\begin{array}{ccc|cc} 6 & -4 & 1 & -14 & 22 \\ -4 & 6 & -4 & 36 & -18 \\ 1 & -4 & 6 & 6 & 7 \end{array}\right]$$

와 같으므로 아래와 같은 과정을 거쳐 소거 단계를 진행한다.

두번째 행 ← 두번째 행 + (2/3) X 첫번째 행

세번째 행 ← 세번째 행 - (1/6) X 첫번째 행

$$\left[\begin{array}{ccc|cc} 6 & -4 & 1 & -14 & 22 \\ 0 & 10/3 & -10/3 & 80/3 & -10/3 \\ 0 & -10/3 & 35/6 & 25/3 & 10/3 \end{array}\right]$$

그리고

세 번째 행 ← 세 번째 행 + 두 번째 행

$$\left[\begin{array}{ccc|cc} 6 & -4 & 1 & -14 & 22 \\ 0 & 10/3 & -10/3 & 80/3 & -10/3 \\ 0 & 0 & 5/2 & 35 & 0 \end{array}\right]$$

이다. 풀이 단계는 **B** 행렬의 각 열에 대하여 후방 대입을 진행하여 구한다. 먼저, $\mathbf{x}_1$에 대하여는

$$X_{31} = \frac{35}{5/2} = 14$$

$$X_{21} = \frac{80/3 + (10/3)X_{31}}{10/3} = \frac{80/3 + (10/3)14}{10/3} = 22$$

$$X_{11} = \frac{-14 + 4X_{21} - X_{31}}{6} = \frac{-14 + 4(22) - 14}{6} = 10$$

와 같이 찾을 수 있고, 이의 벡터 표현은 다음과 같다.

$$\mathbf{x}_1 = \begin{bmatrix} X_{11} & X_{21} & X_{31} \end{bmatrix}^T = \begin{bmatrix} 10 & 22 & 14 \end{bmatrix}^T$$

두 번째 해인 $\mathbf{x}_2$도 B의 두 번째 열을 사용하는 것을 제외하고는 이와 똑같은 과정을 거치면 된다. 즉,

$$X_{32} = 0$$
$$X_{22} = \frac{-10/3+(10/3)X_{32}}{10/3} = \frac{-10/3+0}{10/3} = -1$$
$$X_{12} = \frac{22+4X_{22}-X_{32}}{6} = \frac{22+4(-1)-0}{6} = 3$$

그리고

$$\mathbf{x}_2 = [X_{12} \quad X_{22} \quad X_{32}]^T = [3 \quad -1 \quad 0]^T$$

이다.

예제 2.4

n X n Vandermode 행렬 **A**는 임의의 벡터 **v**에 대하여

$$A_{ij} = v_i^{n-j}, \quad j=1,2,\cdots,n$$

와 같이 정의되고, 이때 MATLAB에서는 이를 **vander(v)**라는 명령어로 만들 수 있다. 식 Ax = b의 해를 앞에서 보인 **gauss** 함수를 이용하여 찾아라. 여기서, **A**는 다음과 같은 벡터에서 만들어지는 6 X 6 Vandermode 행렬이다.

$$\mathbf{v} = [1.0 \quad 1.2 \quad 1.4 \quad 1.6 \quad 1.8 \quad 2.0]^T$$

그리고

$$\mathbf{b} = [0 \quad 1 \quad 0 \quad 1 \quad 0 \quad 1]^T$$

이다. 또한 일반적으로 Vandermode 행렬은 허약 조건(ill-condition)을 갖는데 정말 그런지 위에서 구한 해의 정밀도를 평가해 보라.

풀이 함수 **gauss**를 이용하여 해를 찾는 프로그램은 아래와 같다. 여기서 **A**와 **b**를 생성한 후에 해를 좀더 엄격히 확인하기 위해 format 함수를 써서 수를 14자리까지 볼 수 있도록 했다.

```
% 예제 2.4 (Gauss 소거법)
>> A = vander(1:0.2:2);
>> b = [0 1 0 1 0 1]';
>> format long
>> [x,det] = gauss(A,b)
x =
  1.0e+004 *
   0.04166666666701
  -0.31250000000247
   0.92500000000697
  -1.35000000000972
   0.97093333334002
  -0.27510000000181

det =
   -1.132462079991823e-006
```

행렬식의 값이 **A**의 요소들에 견주어 상대적으로 아주 작으므로(실제 MATLAB에서 **A**를 확인해 보기 바람) 해를 구할 때 컴퓨터 오차가 발생했을 것으로 짐작할 수 있고, 실제로 컴퓨터로 구한 **x**를 살펴보면 손으로 직접 풀었을 때의 엄밀해

$$\mathbf{x} = \left[1250/3 \quad -3125 \quad 9250 \quad -13500 \quad 29128/3 \quad -2751\right]^T$$

와 차이가 있음을 알 수 있다. 한편, 해의 정밀도를 측정해 보는 또 다른 방법으로는 **Ax**를 계산하여 **b**와 직접 비교해 볼 수도 있다. 즉,

```
>> A*x
ans =
  -0.00000000000091
   0.99999999999955
  -0.00000000000045
   0.99999999999864
  -0.00000000002683
   0.99999999994998
```

2.3 LU 분해법

개요

임의의 정방 행렬(square matrix) **A**는 일반적으로 윗삼각 행렬 **U**와 아랫삼각 행렬 **L**의 곱으로 나타낼 수 있다. 즉,

$$\mathbf{A} = \mathbf{LU} \tag{2.11}$$

이며, 이때 **A**에 대하여 **L**과 **U**를 구하는 과정을 LU 분해법이라 한다. LU 분해는 **L**과 **U**에 어떤 제약조건을 달지 않는 한 꼭 하나로만 구해지는 것은 아니다. 같은 A를 나타내더라도 L과 U를 무한정 찾을 수 있다는 말인데, 그래서 특별한 L과 U를 구하기 위해서는 반드시 조건을 붙여야만 한다. LU 분해법에서 흔히 쓰이는 3가지 제약조건은 표 2.2와 같다.

분해 종류	제약조건
Doolittle 분해	$L_{ii} = 1,\ i = 1,2,\cdots,n$
Crout 분해	$U_{ii} = 1,\ i = 1,2,\cdots,n$
Choleski 분해	$\mathbf{L} = \mathbf{U}^T$

표 2.2

A를 **L**과 **U**로 분해하고 나면 연립 방정식 **Ax** = **b**의 풀이는 2.1절의 예에서 다룬 것처럼 대체로 쉽게 진행할 수 있다. 즉, **Ax** = **b**를 **LUx** = **b**로 다시 표현한 후 **Ux** = **y**를 이용하여

$$\mathbf{Ly} = \mathbf{b}$$

로 먼저 바꾸어 **y**에 대하여 전방 대입을 적용하고, 그러면 **Ax** = **b**에 대한 해인 **x**는

$$\mathbf{Ux} = \mathbf{y}$$

에서 후방 대입 과정을 거쳐 찾으면 되는 것이다.

LU 분해법이 Gauss 소거법보다 나은 장점은 **A**를 분해하고 난 다음에 **Ax** = **b**를 풀 때 상수 벡터 **b**가 여러 개인 경우에도 적은 수고를 들여 다룰 수 있다는 것이다. 이는

전방 및 후방 대입 과정이 행렬을 분해하는 과정에 견주어 훨씬 적은 시간을 소비하기 때문으로 각 여유의 해를 구하는 비용이 상대적으로 아주 작다는 말이다.

Doolittle 분해법

분해 단계 Doolittle 분해는 Gauss 소거와 깊은 관계가 있다. 이 관계를 살피기 위해 우선, 다음과 같은 삼각 행렬이 존재하여 $\mathbf{A} = \mathbf{LU}$의 관계를 만족하는 임의의 3 X 3 행렬 $\mathbf{A}$를 생각해 보자.

$$\mathbf{L} = \begin{bmatrix} 1 & 0 & 0 \\ L_{21} & 1 & 0 \\ L_{31} & L_{32} & 1 \end{bmatrix} \qquad \mathbf{U} = \begin{bmatrix} U_{11} & U_{12} & U_{13} \\ 0 & U_{22} & U_{23} \\ 0 & 0 & U_{33} \end{bmatrix}$$

다음, 식 $\mathbf{A} = \mathbf{LU}$에서 다음과 같이 등식 오른쪽을 직접 곱셈한다.

$$\mathbf{A} = \begin{bmatrix} U_{11} & U_{12} & U_{13} \\ U_{11}L_{21} & U_{12}L_{21} + U_{22} & U_{13}L_{21} + U_{23} \\ U_{11}L_{31} & U_{12}L_{31} + U_{22}L_{32} & U_{13}L_{31} + U_{23}L_{32} + U_{33} \end{bmatrix} \tag{2.12}$$

이제 식 (2.12)에 Gauss 소거법을 적용하는데, 알다시피 소거 단계의 첫 과정은 첫 행을 피봇식으로 선택하여 다음과 같은 기본연산을 사용한다.

두 번째 행 ← 두 번째 행 − L_{21} X 첫 번째 행 (A_{21} 소거)

세 번째 행 ← 세 번째 행 − L_{31} X 첫 번째 행 (A_{31} 소거)

즉,

$$\mathbf{A}' = \begin{bmatrix} U_{11} & U_{12} & U_{13} \\ 0 & U_{22} & U_{23} \\ 0 & U_{22}L_{32} & U_{23}L_{32} + U_{33} \end{bmatrix}$$

와 같고, 다시

세 번째 행 ← 세 번째 행 − L_{32} X 두 번째 행 (A_{32} 소거)

을 적용하면 결국 다음을 얻을 수 있다.

$$\mathbf{A}'' = \mathbf{U} = \begin{bmatrix} U_{11} & U_{12} & U_{13} \\ 0 & U_{22} & U_{23} \\ 0 & 0 & U_{33} \end{bmatrix}$$

지금까지 진행해 온 내용을 살펴보면 Doolittle 분해법의 두 가지 중요한 특징을 밝힐 수 있다. 즉,

- 행렬 **U**는 Gauss 소거법에서 찾은 삼각 행렬과 같다.
- 행렬 **L**의 비대각 요소(off-diagonal element)는 Gauss 소거법에서 사용한 피봇식의 곱수이다. 다시 말하면, L_{ij}가 A_{ij}를 소거하는데 쓰인다.

Doolittle 분해법에 대한 실제적인 노하우 하나. 계수 행렬 **A**를 소거해 갈 때 각 계수가 소거될 때마다 계수 행렬의 아랫삼각 부분에 곱수를 저장한다. 예를 들어, A_{ij}가 소거되면 이를 L_{ij}로 대체한다. 물론 행렬 **L**의 대각 요소는 1이기 때문에 $i = j$일 때는 저장할 필요가 없고. 이런 과정을 끝까지 밟아 가면 결국 **L**과 **U**에 대한 마지막 모습은 다음과 같이 될 것이다.

$$[\mathbf{L} \backslash \mathbf{U}] = \begin{bmatrix} U_{11} & U_{12} & U_{13} \\ L_{21} & U_{22} & U_{23} \\ L_{31} & L_{32} & U_{33} \end{bmatrix} \tag{2.13}$$

Doolittle 분해법의 알고리즘은 각 곱수를 **A**의 아랫삼각 부분에 차례대로 저장한다는 것을 제외하면 함수 **gauss**에서 보인 Gauss 소거법과 완전히 같다.

■ LUdec

이 알고리즘은 처음의 계수 행렬 **A**가 점차 없어지고 이 자리에 **L**과 **U**로 분해된 형태 즉, **[L\U]**가 대신한다.

```
function A = LUdec(A)
% 행렬 A를 A = [L\U]와 같이 LU 분해한다.
```

```
% 사용법: A = LUdec(A)

n = size(A,1);
for k = 1:n-1
    for i = k+1:n
        if A(i,k) ~= 0.0
            lambda = A(i,k)/A(k,k);
            A(i,k+1:n) = A(i,k+1:n) - lambda*A(k,k+1:n);
            A(i,k) = lambda;
        end
    end
end
```

풀이 단계 식 $\mathbf{Ly} = \mathbf{b}$를 전방 대입으로 풀기 위해 우선 이 식을 다음과 같이 스칼라 표현으로 나타내고, 이때 $L_{ii} = 1$ 임을 기억하기 바란다.

$$\begin{aligned} y_1 &= b_1 \\ L_{21}y_1 + y_2 &= b_2 \\ &\vdots \\ L_{k1}y_1 + L_{k2}y_2 + \cdots + L_{k,k-1}y_{k-1} + y_k &= b_k \\ &\vdots \end{aligned}$$

k번째 방정식의 해는

$$y_k = b_k - \sum_{j=1}^{k-1} L_{kj} y_j, \qquad k = 2, 3, \ldots, n \tag{2.14}$$

이고, 이의 알고리즘은 다음과 같다.

```
for k = 2:n
    y(k) = b(k) – A(k,1:k-1)*y(1:k-1);
end
```

그리고 $\mathbf{Ux} = \mathbf{b}$를 풀기 위한 후방 대입 과정은 Gauss 소거법에서 했던 것과 똑같다.

■ LUsol

이 함수는 앞에서 보인 풀이 단계(전방 및 후방 대입)를 수행한다. 원래의 계수 행렬은 분해되었다고 가정하여 작성하였기에 입력은 **A** = **[L\U]**이다. 그리고 전방 대입 과정에서 **b**를 **y**로 대체하고, 비슷한 관점에서 **y**를 후방 대입 과정에서 해 **x**로 덮어쓴다.

```
function x = LUsol(A,b)
% L*U*b = x를 풀고, 이때 A = [L\U]이다.
% 사용법: x = LUsol(A,b)

if size(b,2) > 1; b = b'; end
n = length(b);
for k = 2:n
    b(k) = b(k) - A(k,1:k-1)*b(1:k-1);
end
for k = n:-1:1
    b(k) = (b(k) - A(k,k+1:n)*b(k+1:n))/A(k,k);
end
x = b;
```

Choleski 분해법

Choleski 분해 $\mathbf{A} = \mathbf{L}\mathbf{L}^T$는 다음과 같은 두 가지 제약조건을 갖는다.

- 행렬의 곱 $\mathbf{L}\mathbf{L}^T$는 대칭이기 때문에 **A**는 대칭 행렬(symmetric matrix)이어야 한다.
- 분해 과정에서 **A**의 요소들의 조합을 제곱근하는 계산이 있기 때문에 음수의 제곱근을 회피하기 위해 **A**는 양의 한정 행렬(positive definite matrix)이어야 한다.

Choleski 분해법은 다른 분해법처럼 연산이 길고 횟수도 많다는 점을 고려한다 하더라도 위에서 언급한 제약조건 때문에 연립 방정식을 푸는 일반적인 방법은 아니다. 하지만 이를 교재에서 다루는 까닭은 다른 응용 분야 (예를 들어, 고유값 문제로 변환할 때 등)에 빠지지 않고 등장하기 때문이다.

이제부터 임의의 3 X 3 행렬 **A**에 대한 다음과 같은 Choleski 분해를 시작해 보자.

$$\mathbf{A} = \mathbf{LL}^T \tag{2.15}$$

즉,

$$\mathbf{A} = \begin{bmatrix} A_{11} & A_{12} & A_{13} \\ A_{21} & A_{22} & A_{23} \\ A_{31} & A_{32} & A_{33} \end{bmatrix} = \begin{bmatrix} L_{11} & 0 & 0 \\ L_{21} & L_{22} & 0 \\ L_{31} & L_{32} & L_{33} \end{bmatrix} \begin{bmatrix} L_{11} & L_{21} & L_{31} \\ 0 & L_{22} & L_{32} \\ 0 & 0 & L_{33} \end{bmatrix}$$

와 같은 분해이다. 우선, 오른쪽에 있는 행렬을 곱하면

$$\begin{bmatrix} A_{11} & A_{12} & A_{13} \\ A_{21} & A_{22} & A_{23} \\ A_{31} & A_{32} & A_{33} \end{bmatrix} = \begin{bmatrix} L_{11}^2 & L_{11}L_{21} & L_{11}L_{31} \\ L_{11}L_{21} & L_{21}^2 + L_{22}^2 & L_{21}L_{31} + L_{22}L_{32} \\ L_{11}L_{31} & L_{21}L_{31} + L_{22}L_{32} & L_{31}^2 + L_{32}^2 + L_{33}^2 \end{bmatrix} \tag{2.16}$$

와 같고, 이때 오른쪽 행렬은 앞에서 언급한 대로 대칭이다. 따라서 **A**와 $\mathbf{LL}^T$를 각 요소끼리 등가할 때 윗삼각이나 아랫삼각 요소만 고려하여 6개 방정식을 얻을 수 있고, 아울러 미지수도 L의 요소 6개뿐이다.

식 (2.16)의 각 행렬에 대한 아랫삼각 부분(혹은 윗삼각 부분)만 생각하고 미지수 L_{ij}를 찾아보자. 각 행렬에서 첫 번째 열의 요소들을 같게 놓고 첫 번째 행부터 아래로 계산해 가면

$$\begin{aligned} A_{11} &= L_{11}^2 & L_{11} &= \sqrt{A_{11}} \\ A_{21} &= L_{11}L_{21} & L_{21} &= A_{21}/L_{11} \\ A_{31} &= L_{11}L_{31} & L_{31} &= A_{31}/L_{11} \end{aligned}$$

와 같고, 두 번째 및 세 번째 열에서는

$$\begin{aligned} A_{22} &= L_{21}^2 + L_{22}^2 & L_{22} &= \sqrt{A_{22} - L_{21}^2} \\ A_{32} &= L_{21}L_{31} + L_{22}L_{32} & L_{32} &= (A_{32} - L_{21}L_{31})/L_{22} \\ A_{33} &= L_{31}^2 + L_{32}^2 + L_{33}^2 & L_{33} &= \sqrt{A_{33} - L_{31}^2 - L_{32}^2} \end{aligned}$$

와 같이 얻을 수 있다.

이 결과를 근거로 Choleski 분해를 임의의 $n \times n$ 행렬로 확장할 수 있겠는가? 여기서는 지면 때문에 간단히 요약 정리하기로 한다. $\mathbf{LL}^T$의 아랫삼각 부분의 전형적인 모습은 다음과 같다.

$$(\mathbf{LL}^T)_{ij} = L_{i1}L_{j1} + L_{i2}L_{j2} + \cdots + L_{ij}L_{jj} = \sum_{k=1}^{j} L_{ik}L_{jk}, \quad i \ge j$$

따라서 위 식의 항을 A와 관계있는 요소와 등가하면

$$A_{ij} = \sum_{k=1}^{j} L_{ik}L_{jk}, \ i=j, j+1, \ldots, n, \ j=1,2,\ldots,n \tag{2.17}$$

이 된다. 여기서 첨자의 사용을 아랫삼각 부분으로 제한했음을 확인하길 바란다. 첫 번째 열(j=1)에 대하여 식 (2.17)을 적용해 보면

$$L_{11} = \sqrt{A_{11}} \quad L_{i1} = A_{i1}/L_{11}, \quad i=2,3,\ldots,n \tag{2.18}$$

이고, 이를 다음 열로 계속 진행하다 보면 식 (2.17)에서 미지수는 L_{ij}임을 발견할 수 있을 것이다. (L의 다른 요소들은 이미 계산되어 있음) 그래서 식 (2.17)에서 L_{ij} 항을 합기호 밖으로 끄집어내어

$$A_{ij} = \sum_{k=1}^{j-1} L_{ik}L_{jk} + L_{ij}L_{jj}$$

와 같이 나타내고, 이때 $i = j$ 즉, 대각 요소이면 해는

$$L_{jj} = \sqrt{A_{jj} - \sum_{k=1}^{j-1} L_{jk}^2}, \quad j=2,3,\ldots,n \tag{2.19}$$

와 같고, 그리고 대각 요소가 아닐 때에는

$$L_{ij} = \left(A_{ij} - \sum_{k=1}^{j-1} L_{ik}L_{jk} \right) / L_{jj}, \quad j=2,3,\ldots,n, \quad i=j+1, j+2, \ldots, n \tag{2.20}$$

이다.

■ choleski

식 (2.19)와 (2.20)에서 A_{ij}는 L_{ij}를 구하는 식에만 나타나는 것에 주의하면 L_{ij}를 계산하고 난 후에는 A_{ij}에 대한 정보가 더 이상 필요하지 않음을 알 수 있고, 이는 **L**의 요소들을 계산하고 나면 이를 **A**의 아랫삼각 부분에 바로 저장하는 것이 가능함을 뜻한다. 물론 **A**의 윗삼각 요소들은 전혀 바뀌지 않은 채 남아 있을 것이다. 그리고 분해 과정에서 음의 L_{ij}^2을 만나면 에러 메시지를 출력하고 프로그램을 끝내고, 그렇지 않으면 분해 행렬 **L**은 MATLAB 함수 tril을 써서 **A**로부터 추출한다.

```
function L = choleski(A)
% Choleski 분해 A = LL'에서 L을 계산한다.
% 사용법: L = choleski(A)

n = size(A,1);
for j = 1:n
    temp = A(j,j) - dot(A(j,1:j-1),A(j,1:j-1));
    if temp < 0.0
        error('Matrix is not positive definite')
    end
    A(j,j) = sqrt(temp);
    for i = j+1:n
        A(i,j) = (A(i,j) - dot(A(i,1:j-1),A(j,1:j-1)))/A(j,j);
    end
end
L = tril(A);
```

연립 방정식 **Ax** = **b**를 푸는데 필요한 전방 및 후방 대입에 대한 알고리즘도 역시 작성할 수 있을 것이지만, Choleski 분해법은 연립 방정식의 해를 찾는데 Doolittle 방법보다 별다른 장점이 없기 때문에 이 부분은 생략하기로 한다.

예제 2.5

Doolittle 분해법을 써서 식 **Ax** = **b**를 풀어라. 여기서

$$\mathbf{A} = \begin{bmatrix} 1 & 4 & 1 \\ 1 & 6 & -1 \\ 2 & -1 & 2 \end{bmatrix} \quad \mathbf{b} = \begin{bmatrix} 7 \\ 13 \\ 5 \end{bmatrix}$$

이다.

풀이 먼저, **A**를 Gauss 소거법으로 분해하는데, 이때 첫 과정으로 다음과 같은 기본연산을 수행한다.

두번째 행 ← 두번째 행 - 1 X 첫번째 행(A_{21} 소거)

세번째 행 ← 세번째 행 - 2 X 첫번째 행(A_{31} 소거)

그리고 소거된 항의 자리에 곱수 L_{21} = 1와 L_{31} = 2를 저장하여 다음을 얻는다.

$$\mathbf{A}' = \begin{bmatrix} 1 & 4 & 1 \\ 1 & 2 & -2 \\ 2 & -9 & 0 \end{bmatrix}$$

다음에 적용할 기본연산은

세 번째 행 ← 세 번째 행 - (-4.5) X 두 번째 행(A_{32} 소거)

이고, 역시 곱수 L_{32} = -4.5를 A_{32} 자리에 넣으면

$$\mathbf{A}'' = [\mathbf{L} \backslash \mathbf{U}] = \begin{bmatrix} 1 & 4 & 1 \\ 1 & 2 & -2 \\ 2 & -4.5 & -9 \end{bmatrix}$$

을 얻을 수 있다. 따라서 **A**의 분해는 다음과 같다.

$$\mathbf{L} = \begin{bmatrix} 1 & 0 & 0 \\ 1 & 1 & 0 \\ 2 & -4.5 & 1 \end{bmatrix} \quad \mathbf{U} = \begin{bmatrix} 1 & 4 & 1 \\ 0 & 2 & -2 \\ 0 & 0 & -9 \end{bmatrix}$$

이제 **Ly** = **b**를 전방 대입을 써서 풀기로 한다. 이 방정식의 확장 행렬은

$$[\mathbf{L}|\mathbf{b}] = \left[\begin{array}{ccc|c} 1 & 0 & 0 & 7 \\ 1 & 1 & 0 & 13 \\ 2 & -4.5 & 1 & 5 \end{array}\right]$$

이고, 이때 해는 다음과 같다.

$$\begin{aligned} y_1 &= 7 \\ y_2 &= 13 - y_1 = 13 - 7 = 6 \\ y_3 &= 5 - 2y_1 + 4.5y_2 = 5 - 2(7) + 4.5(6) = 18 \end{aligned}$$

끝으로, 식 **Ux** = **y** 혹은

$$[\mathbf{U}|\mathbf{y}] = \left[\begin{array}{ccc|c} 1 & 4 & 1 & 7 \\ 0 & 2 & -2 & 6 \\ 0 & 0 & -9 & 18 \end{array}\right]$$

에 대하여 후방 대입을 적용하여 해를 찾으면 다음과 같다.

$$\begin{aligned} x_3 &= \frac{18}{-9} = -2 \\ x_2 &= \frac{6 + 2x_3}{2} = \frac{6 + 2(-2)}{2} = 1 \\ x_1 &= 7 - 4x_2 - x_3 = 7 - 4(1) - (-2) = 5 \end{aligned}$$

예제 2.6

다음 행렬에 대하여 Choleski 분해를 하라.

$$\mathbf{A} = \begin{bmatrix} 4 & -2 & 2 \\ -2 & 2 & -4 \\ 2 & -4 & 11 \end{bmatrix}$$

풀이 행렬 **A**는 대칭이기 때문에 양의 한정(positive definite) 조건만 만족한다면 Choleski 분해가 가능함을 알 수 있다. 하지만 본문에서 작성한 알고리즘 안에는 자체로 이를 검사하고 있기 때문에 양의 한정에 대하여 직접 조사할 필요는 없다.

행렬 **A**를 식 (2.16)에 대입하면

$$\begin{bmatrix} 4 & -2 & 2 \\ -2 & 2 & -4 \\ 2 & -4 & 11 \end{bmatrix} = \begin{bmatrix} L_{11}^2 & L_{11}L_{21} & L_{11}L_{31} \\ L_{11}L_{21} & L_{21}^2 + L_{22}^2 & L_{21}L_{31} + L_{22}L_{32} \\ L_{11}L_{31} & L_{21}L_{31} + L_{22}L_{32} & L_{31}^2 + L_{32}^2 + L_{33}^2 \end{bmatrix}$$

와 같고, 따라서 아랫삼각(혹은 윗삼각) 요소들을 서로 같게 놓고 풀면 다음과 같이 행렬 **L**을 찾을 수 있다.

$$\begin{aligned} L_{11} &= \sqrt{4} = 2 \\ L_{21} &= -2/L_{11} = -2/2 = 1 \\ L_{31} &= 2/L_{11} = 2/2 = 1 \\ L_{22} &= \sqrt{2 - L_{21}^2} = \sqrt{2 - 1^2} = 1 \\ L_{32} &= \frac{-4 - L_{21}L_{31}}{L_{22}} = \frac{-4 - (-1)(1)}{1} = -3 \\ L_{33} &= \sqrt{11 - L_{31}^2 - L_{32}^2} = \sqrt{11 - (1)^2 - (-3)^2} = 1 \end{aligned}$$

즉,

$$\mathbf{L} = \begin{bmatrix} 2 & 0 & 0 \\ -1 & 1 & 0 \\ 1 & -3 & 1 \end{bmatrix}$$

이고, 이는 행렬 곱셈 $\mathbf{LL}^T$를 수행함으로써 쉽게 검증할 수도 있다.

예제 2.7

Doolittle 분해법으로 **AX** = **B**를 풀고, 또 행렬식 |**A**|를 찾아라. 여기서

$$\mathbf{A} = \begin{bmatrix} 3 & -1 & 4 \\ -2 & 0 & 5 \\ 7 & 2 & -2 \end{bmatrix} \qquad \mathbf{B} = \begin{bmatrix} 6 & -4 \\ 3 & 2 \\ 7 & -5 \end{bmatrix}$$

이다.

풀이 다음 프로그램은 계수 행렬 **A**를 LUdec를 써서 먼저 분해하고, 이를 다시 한번에 한 벡터씩 해를 찾기 위해 LUsol를 사용한다.

```
% 예제 2.7 (Doolittle 분해)
A = [3 -1 4; -2 0 5; 7 2 -2];
B = [6 -4; 3 2; 7 -5];
A = LUdec(A);
det = prod(diag(A))
for i = 1:size(B,2)
    X(:,i) = LUsol(A,B(:,i));
end
X
```

(프로그램 결과)

```
det =
    -77
X =
      1.0000    -1.0000
      1.0000     1.0000
      1.0000     0.0000
```

예제 2.8

다음 행렬을 분해하면서 함수 choleski를 시험해 보라.

$$\mathbf{A} = \begin{bmatrix} 1.44 & -0.36 & 5.52 & 0.00 \\ -0.36 & 10.33 & -7.78 & 0.00 \\ 5.52 & -7.78 & 28.40 & 9.00 \\ 0.00 & 0.00 & 9.00 & 61.00 \end{bmatrix}$$

풀이

```
% 예제 2.8 (Choleski 분해)
A = [1.44 -0.36 5.52 0.00
    -0.36 10.33 -7.78 0.00
     5.52 -7.78 28.40 9.00
```

```
    0.00 0.00 9.00 61.00];
L = choleski(A)
Check = L*L';                 % 결과를 검증

L =
    1.2000         0         0         0
   -0.3000    3.2000         0         0
    4.6000   -2.0000    1.8000         0
         0         0    5.0000    6.0000

Check =
    1.4400   -0.3600    5.5200         0
   -0.3600   10.3300   -7.7800         0
    5.5200   -7.7800   28.4000    9.0000
         0         0    9.0000   61.0000
```

문제 2.1

1. 행렬식을 평가하여 특이(singular) 행렬, 허약조건(ill-conditioned) 행렬, 혹은 강한 조건(well-conditioned) 행렬인지를 결정하라.

(a) $\mathbf{A} = \begin{bmatrix} 1 & 2 & 3 \\ 2 & 3 & 4 \\ 3 & 4 & 5 \end{bmatrix}$ (b) $\mathbf{A} = \begin{bmatrix} 2.11 & -0.80 & 1.72 \\ -1.84 & 3.03 & 1.29 \\ -1.57 & 5.25 & 4.30 \end{bmatrix}$

(c) $\mathbf{A} = \begin{bmatrix} 2 & -1 & 0 \\ -1 & 2 & -1 \\ 0 & -1 & 2 \end{bmatrix}$ (d) $\mathbf{A} = \begin{bmatrix} 4 & 3 & -1 \\ 7 & -2 & 3 \\ 5 & -18 & 13 \end{bmatrix}$

2. LU 분해 $\mathbf{A} = \mathbf{LU}$가 다음과 같이 주어졌을 때 $\mathbf{A}$와 $|\mathbf{A}|$를 구하라.

(a) $\mathbf{L} = \begin{bmatrix} 1 & 0 & 0 \\ 1 & 1 & 0 \\ 1 & 5/3 & 1 \end{bmatrix}$ $\mathbf{U} = \begin{bmatrix} 1 & 2 & 4 \\ 0 & 3 & 21 \\ 0 & 0 & 0 \end{bmatrix}$

(b) $\mathbf{L} = \begin{bmatrix} 2 & 0 & 0 \\ -1 & 1 & 0 \\ 1 & -3 & 1 \end{bmatrix}$ $\mathbf{U} = \begin{bmatrix} 2 & -1 & 1 \\ 0 & 1 & -3 \\ 0 & 0 & 1 \end{bmatrix}$

3. $\mathbf{Ax} = \mathbf{b}$를 풀 때 다음의 LU 분해에 대한 결과를 이용하라, 여기서 $\mathbf{b}^T = [1 \quad -1 \quad 2]$이다.

$$\mathbf{A} = \mathbf{LU} = \begin{bmatrix} 1 & 0 & 0 \\ 3/2 & 1 & 0 \\ 1/2 & 11/13 & 1 \end{bmatrix} \begin{bmatrix} 2 & -3 & -1 \\ 0 & 13/2 & -7/2 \\ 0 & 0 & 32/13 \end{bmatrix}$$

4. Gauss 소거법을 써서 $\mathbf{Ax} = \mathbf{b}$를 풀어라. 여기서

$$\mathbf{A} = \begin{bmatrix} 2 & -3 & -1 \\ 3 & 2 & -5 \\ 2 & 4 & -1 \end{bmatrix} \qquad \mathbf{b} = \begin{bmatrix} 3 \\ -9 \\ -5 \end{bmatrix}$$

이다.

5. Gauss 소거법으로 $\mathbf{AX} = \mathbf{B}$를 풀어라. 여기서

$$\mathbf{A} = \begin{bmatrix} 2 & 0 & -1 & 0 \\ 0 & 1 & 2 & 0 \\ -1 & 2 & 0 & 1 \\ 0 & 0 & 1 & -2 \end{bmatrix} \qquad \mathbf{B} = \begin{bmatrix} 1 & 0 \\ 0 & 0 \\ 0 & 1 \\ 0 & 0 \end{bmatrix}$$

이다.

6. Gauss 소거법으로 $\mathbf{Ax} = \mathbf{b}$를 풀어라. 여기서

$$\mathbf{A} = \begin{bmatrix} 0 & 0 & 2 & 1 & 2 \\ 0 & 1 & 0 & 2 & -1 \\ 1 & 2 & 0 & -2 & 0 \\ 0 & 0 & 0 & -1 & 1 \\ 0 & 1 & -1 & 1 & -1 \end{bmatrix} \qquad \mathbf{b} = \begin{bmatrix} 1 \\ 1 \\ -4 \\ -2 \\ -1 \end{bmatrix}$$

이다. (힌트: 식을 풀기 전에 방정식의 순서를 미리 바꾼다)

7. 다음을 만족하는 **L**과 **U**를 (a) Doolittle 분해법과 (b) Choleski 분해법으로 찾아라.

$$\mathbf{A} = \mathbf{LU} = \begin{bmatrix} 4 & -1 & 0 \\ -1 & 4 & -1 \\ 0 & -1 & 4 \end{bmatrix}$$

8. Doolittle 분해법을 써서 **Ax** = **b**를 풀어라. 여기서

$$\mathbf{A} = \begin{bmatrix} -3 & 6 & -4 \\ 9 & -8 & 24 \\ -12 & 24 & -26 \end{bmatrix} \qquad \mathbf{b} = \begin{bmatrix} -3 \\ 65 \\ -42 \end{bmatrix}$$

이다.

9. Doolittle 분해법으로 **Ax** = **b**를 풀어라. 여기서

$$\mathbf{A} = \begin{bmatrix} 2.34 & -4.10 & 1.78 \\ -1.98 & 3.47 & -2.22 \\ 2.36 & -15.17 & 6.18 \end{bmatrix} \qquad \mathbf{b} = \begin{bmatrix} 0.02 \\ -0.73 \\ -6.63 \end{bmatrix}$$

이다.

10. Doolittle 분해법으로 **AX** = **B**를 풀어라. 여기서

$$\mathbf{A} = \begin{bmatrix} 4 & -3 & 6 \\ 8 & -3 & 10 \\ -4 & 12 & -10 \end{bmatrix} \qquad \mathbf{B} = \begin{bmatrix} 1 & 0 \\ 0 & 1 \\ 0 & 0 \end{bmatrix}$$

이다.

11. Choleski 분해법을 써서 **Ax** = **b**를 풀어라. 여기서

$$\mathbf{A} = \begin{bmatrix} 1 & 1 & 1 \\ 1 & 2 & 2 \\ 1 & 2 & 3 \end{bmatrix} \qquad \mathbf{b} = \begin{bmatrix} 1 \\ 3/2 \\ 3 \end{bmatrix}$$

이다.

12. 다음 식을 Doolittle 분해법으로 풀어라.

$$\begin{bmatrix} 4 & -2 & -3 \\ 12 & 4 & -10 \\ -16 & 28 & 18 \end{bmatrix}\begin{bmatrix} x_1 \\ x_2 \\ x_3 \end{bmatrix} = \begin{bmatrix} 1.1 \\ 0 \\ -2.3 \end{bmatrix}$$

13. 다음과 같은 대각 행렬을 Choleski 분해법을 써서 **L**을 찾아라.

$$\mathbf{A} = \begin{bmatrix} \alpha_1 & 0 & 0 & \cdots \\ 0 & \alpha_2 & 0 & \cdots \\ 0 & 0 & \alpha_3 & \cdots \\ \vdots & \vdots & \vdots & \ddots \end{bmatrix}$$

14. 본문에 있는 gauss 함수를 m개의 상수 벡터에 대해서도 쓸 수 있도록 수정하고, 이를 **AX** = **B**를 풀어서 검사해 보라. 여기서

$$\mathbf{A} = \begin{bmatrix} 2 & -1 & 0 \\ -1 & 2 & -1 \\ 0 & -1 & 1 \end{bmatrix} \qquad \mathbf{B} = \begin{bmatrix} 1 & 0 & 0 \\ 0 & 1 & 0 \\ 0 & 0 & 1 \end{bmatrix}$$

이다.

15. ■ 다음과 같은 Hilbert 행렬은 허약조건 행렬의 대표적 예이다.

$$\mathbf{A} = \begin{bmatrix} 1 & 1/2 & 1/3 & \cdots \\ 1/2 & 1/3 & 1/4 & \cdots \\ 1/3 & 1/4 & 1/5 & \cdots \\ \vdots & \vdots & \vdots & \ddots \end{bmatrix}$$

Doolittle 방법으로 방정식 **Ax** = **b**를 풀 수 있는 프로그램을 작성하라. 여기서 **A**는 임의의 n X n Hilbert 행렬이고 **b**는 다음과 같다.

$$b_i = \sum_{j=1}^{n} A_{ij}$$

그리고 이 프로그램은 오직 행렬의 크기 n만 입력으로 갖는데, 이때 해가 다음의 엄밀해와 여섯 자리 내에 있게 될 때의 가장 큰 n을 결정하라.(물론 n의 값은 사용하는 소프트웨어와 하드웨어에 따라 달라질 수 있다)

$$\mathbf{x} = \begin{bmatrix} 1 & 1 & 1 & \cdots \end{bmatrix}^T$$

16. ■ Choleski 분해법의 풀이 단계에 대한 함수를 작성하고, 이를 Ax = b를 푸는데 써서 확인해 보라. 여기서

$$\mathbf{A} = \begin{bmatrix} 4 & -2 & 2 \\ -2 & 2 & -4 \\ 2 & -4 & 11 \end{bmatrix} \qquad \mathbf{b} = \begin{bmatrix} 6 \\ -10 \\ 27 \end{bmatrix}$$

이고, 분해 단계에서는 본문에서 설명한 choleski 함수를 사용하라.

17. ■ 점 (0,10), (1,35), (3,31), 그리고 (4,2)를 지나는 다항식 $y = a_0 + a_1 x + a_2 x^2 + a_3 x^3$의 계수를 결정하라.

18. ■ 점 (0,-1), (1,1), (3,3), (5,2), 그리고 (6,-2)을 지나는 차수가 4인 다항식 $y(x)$를 결정하라.

19. ■ 점 (0,1), (0.75,-0.25), 그리고 (1,1)을 지나고, 또 (0,1)과 (1,1)에서는 곡률이 0이 되는 차수가 4인 다항식 $y(x)$를 찾아라.

20. ■ 방정식 **Ax** = **b**를 풀어라. 여기서

$$\mathbf{A} = \begin{bmatrix} 3.50 & 2.77 & -0.76 & 1.80 \\ -1.80 & 2.68 & 3.44 & -0.09 \\ 0.27 & 5.07 & 6.90 & 1.61 \\ 1.71 & 5.45 & 2.68 & 1.71 \end{bmatrix} \qquad \mathbf{b} = \begin{bmatrix} 7.31 \\ 4.23 \\ 13.85 \\ 11.55 \end{bmatrix}$$

이고, 아울러 $|\mathbf{A}|$와 **Ax**를 계산하여 이 해의 정확도에 대하여 설명해 보라.

2.4 대칭과 띠 모양의 상수 행렬

개요

공학 문제에는 행렬의 대부분 요소가 0으로 구성된 상수 행렬이 종종 나타난다. 이때, 0이 아닌 모든 요소를 행렬의 대각 요소를 중심으로 모을 때 띠 모양이 되었다 라고 하고, 이런 띠 행렬(banded matrix)의 예는 다음과 같다.

$$\mathbf{A} = \begin{bmatrix} X & X & 0 & 0 & 0 \\ X & X & X & 0 & 0 \\ 0 & X & X & X & 0 \\ 0 & 0 & X & X & X \\ 0 & 0 & 0 & X & X \end{bmatrix}$$

여기서 X 표시는 띠를 따라 펴져있는 0이 아닌 요소를 뜻한다.(물론 이 중 몇몇 요소들은 0이 될 수도 있다) 이런 행렬은 각 행(혹은 열)에 많아 봐야 0이 아닌 요소가 3개 뿐이기 때문에 띠폭(bandwidth)이 3으로 3중 대각선 행렬(tridiagonal matrix)이라 한다.

만약 임의의 띠 행렬이 **A** = **LU**와 같은 형태로 분해되면 **L**과 **U** 모두 **A**와 같은 띠 모양의 구조를 갖게 된다. 예를 들어, 위의 행렬을 분해했다고 하면 아마 다음과 같은 행렬이 될 것이다.

$$\mathbf{L} = \begin{bmatrix} X & 0 & 0 & 0 & 0 \\ X & X & 0 & 0 & 0 \\ 0 & X & X & 0 & 0 \\ 0 & 0 & X & X & 0 \\ 0 & 0 & 0 & X & X \end{bmatrix} \qquad \mathbf{U} = \begin{bmatrix} X & X & 0 & 0 & 0 \\ 0 & X & X & 0 & 0 \\ 0 & 0 & X & X & 0 \\ 0 & 0 & 0 & X & X \\ 0 & 0 & 0 & 0 & X \end{bmatrix}$$

상수 행렬이 띠구조를 갖는다는 것은 메모리를 절약하고 계산 시간을 줄일 수 있고, 여기에다 대칭의 특징까지 갖는다면 훨씬 더 경제적이라고 말할 필요도 없다. 따라서 이 절에서는 앞서 학습한 연립 방정식의 해를 구하는 여러 방식들이 이와 같은 띠 및 대칭 행렬에 어떻게 적용될 수 있는지를 다루고자 한다.

3중대각 행렬

Doolittle 분해법으로 푼 연립 방정식 $\mathbf{Ax} = \mathbf{b}$의 해를 생각해 보자. 여기서 $\mathbf{A}$는 다음과 같은 n X n 3중 대각 행렬(tridiagonal matrix)이다.

$$\mathbf{A} = \begin{bmatrix} d_1 & e_1 & 0 & 0 & \cdots & 0 \\ c_1 & d_2 & e_2 & 0 & \cdots & 0 \\ 0 & c_2 & d_3 & e_3 & \cdots & 0 \\ 0 & 0 & c_3 & d_4 & \cdots & 0 \\ \vdots & \vdots & \vdots & \vdots & \ddots & \vdots \\ 0 & 0 & \cdots & 0 & c_{n-1} & d_n \end{bmatrix}$$

그리고 $\mathbf{A}$의 0인 아닌 요소들은 다음과 같은 벡터에 따로 저장되어 있다고 하자.

$$\mathbf{c} = \begin{bmatrix} c_1 \\ c_2 \\ \vdots \\ c_{n-1} \end{bmatrix} \quad \mathbf{d} = \begin{bmatrix} d_1 \\ d_2 \\ \vdots \\ d_{n-1} \\ d_n \end{bmatrix} \quad \mathbf{e} = \begin{bmatrix} e_1 \\ e_2 \\ \vdots \\ e_{n-1} \end{bmatrix}$$

이런 방법으로 데이터를 저장하면 그 효과가 엄청나다. 예를 들어, 보통 10,000개의 데이터를 필요로 하는 100 X 100 행렬이 3중 대각 행렬이면 오직 99 + 100 + 99 = 298개 요소만 사용되는데, 이는 압축률이 약 33:1이다.

우선, LU 분해를 적용해 보자. 다음과 같은 기본연산을 써서 k번째 행을 소거한다.

$$k\text{번째 행} \leftarrow k\text{번째 행} - (c_{k-1}/d_{k-1}) \times (k-1)\text{번째 행}$$

그러면 d_k의 변화는

$$dk \leftarrow dk - (c_{k-1}/d_{k-1})e_{k-1} \tag{2.21}$$

이지만 e_k는 영향이 없다. Doolittle 분해를 [L\U]의 형태로 완성하려면 곱수 $\lambda = c_{k-1}/d_{k-1}$를 앞서 c_{k-1}가 차지한 위치에 저장하는 것이 필요하다. 즉,

$$c_{k-1} \leftarrow c_{k-1}/d_{k-1} \tag{2.22}$$

의 과정을 거치면 되고, 결국 분해 알고리즘은 다음과 같다.

```
for k = 2:n
    lambda = c(k-1)/d(k-1);
    d(k) = d(k) – lambda*e(k-1);
    c(k-1) = lambda;
end
```

다음, 풀이 단계 즉, **Ly** = **b**와 **Ux** = **y**의 해를 찾아보자. 방정식 **Ly** = **b**는 다음과 같은 확장 행렬로 나타낼 수 있다.

$$[\mathbf{L}\,|\,\mathbf{b}] = \left[\begin{array}{cccccc|c} 1 & 0 & 0 & 0 & \cdots & 0 & b_1 \\ c_1 & 1 & 0 & 0 & \cdots & 0 & b_2 \\ 0 & c_2 & 1 & 0 & \cdots & 0 & b_3 \\ 0 & 0 & c_3 & 1 & \cdots & 0 & b_4 \\ \vdots & \vdots & \vdots & \vdots & \ddots & \vdots & \vdots \\ 0 & 0 & \cdots & 0 & c_{n-1} & 1 & b_n \end{array}\right]$$

따라서 **c**의 원래 요소들은 분해 과정에서 없어지고 곱수로 대체되는 것에 주의하면서 다음과 같은 전방 대입으로 푼 **y**에 대한 알고리즘을 확인해 보라.

```
y(1) = b(1);
for k = 2:n
    y(k) = b(k) – c(k-1)*y(k-1);
end
```

방정식 **Ux** = **y**에 대한 확장 행렬은 다음과 같다.

$$
[\mathbf{U} \mid \mathbf{y}] = \left[\begin{array}{cccccc|c}
d_1 & e_1 & 0 & \cdots & 0 & 0 & y_1 \\
0 & d_2 & e_2 & \cdots & 0 & 0 & y_2 \\
0 & 0 & d_3 & \cdots & 0 & 0 & y_3 \\
\vdots & \vdots & \vdots & & \vdots & \vdots & \vdots \\
0 & 0 & 0 & \cdots & d_{n-1} & e_{n-1} & y_{n-1} \\
0 & 0 & 0 & \cdots & 0 & d_n & y_n
\end{array}\right]
$$

여기서도 **d**의 요소들이 분해 과정에서 바뀐다는 것을 주목하라. (단, **e**는 바뀌지 않는다) 따라서 해 **x**를 위해 후방 대입을 쓴 알고리즘은 다음과 같다.

```
x(n) = y(n)/d(n);
for k = n-1:-1:1
    x(k) = (y(k) – e(k)*x(k+1))/d(k);
end
```

■ LUdec3

함수 LUdec3은 분해 과정에 대한 코드를 담고 있다. 여기서 원래 벡터 **c**와 **d**의 요소들은 없어지고 대신 분해된 행렬에 대한 벡터가 차지한다.

```
function [c,d,e] = LUdec3(c,d,e)
% 3중 대각 행렬 A = [c\d\e]에 대한 LU 분해
% 사용법: [c,d,e] = LUdec3(c,d,e)

n = length(d);
for k = 2:n
    lambda = c(k-1)/d(k-1);
    d(k) = d(k) - lambda*e(k-1);
    c(k-1) = lambda;
end
```

■ LUsol3

이 함수는 풀이 과정에 대한 코드이다. 벡터 **y**는 전방 대입 과정에서 벡터 **b**에 저장되고,

후방 대입 과정에서는 해 벡터 **x**가 다시 **y**에 기록된다.

```
function x = LUsol3(c,d,e,b)
% A*x = b를 푼다. 여기서 A = [c\d\e]는 3중 대각 행렬 A의 LU 분해이다.
% 사용법: x = LUsol3(c,d,e,b)

n = length(d);
for k = 2:n                        % 전방 대입
    b(k) = b(k) - c(k-1)*b(k-1);
end
b(n) = b(n)/d(n);                  % 후방 대입
for k = n-1:-1:1
    b(k) = (b(k) -e(k)*b(k+1))/d(k);
end
x = b;
```

대칭 행렬

공학 문제에서 나타나는 행렬은 띠 모습일 뿐만 아니라 대칭인 경우도 아주 흔하다. 따라서 이와 같은 대칭 행렬(symmetric matrix)의 특징을 밝히고 효과적으로 알고리즘을 구성하는 법을 배우는 것은 나름대로 가치가 있다.

만약 행렬 **A**가 대칭이면 이의 LU 분해는 다음과 같은 형태로 나타낼 수 있나.

$$\mathbf{A} = \mathbf{LU} = \mathbf{LDL}^T \tag{2.23}$$

여기서 **D**는 대각 행렬이다. 앞에서 배운 Choleski 분해 $\mathbf{A} = \mathbf{LL}^T$도 $\mathbf{D} = \mathbf{I}$로 생각하면 한 예가 될 수 있고, 또 Doolittle 분해인 경우에는

$$\mathbf{U} = \mathbf{DL}^T = \begin{bmatrix} D_1 & 0 & 0 & \cdots & 0 \\ 0 & D_2 & 0 & \cdots & 0 \\ 0 & 0 & D_3 & \cdots & 0 \\ \vdots & \vdots & \vdots & \ddots & 0 \\ 0 & 0 & 0 & \cdots & D_n \end{bmatrix} \begin{bmatrix} 1 & L_{21} & L_{31} & \cdots & L_{n1} \\ 0 & 1 & L_{32} & \cdots & L_{n2} \\ 0 & 0 & 1 & \cdots & L_{n3} \\ \vdots & \vdots & \vdots & \ddots & \vdots \\ 0 & 0 & 0 & \cdots & 1 \end{bmatrix}$$

로 나누어 생각해 볼 수도 있는데, 이는 원래의 윗삼각 행렬 **U**를 다음과 같이 표현한다는 말이다.

$$\mathbf{U}=\begin{bmatrix} D_1 & D_1L_{21} & D_1L_{31} & \cdots & D_1L_{n1} \\ 0 & D_2 & D_2L_{32} & \cdots & D_2L_{n2} \\ 0 & 0 & D_3 & \cdots & D_3L_{n3} \\ \vdots & \vdots & \vdots & \ddots & \vdots \\ 0 & 0 & 0 & \cdots & D_n \end{bmatrix} \tag{2.24}$$

대칭 행렬을 분해하는 과정에서는 오직 **U**만 저장하는데, 이는 **U**에서 **D**와 **L**을 쉽게 얻을 수 있기 때문이다. 따라서 식 (2.24)와 같이 윗삼각 행렬로 결과를 돌려주는 Gauss 소거법으로도 대칭 행렬을 분해하는데 충분히 이용할 수 있다.

L과 **U**로 분해할 때 데이터를 다음과 같은 행렬로 저장하는 것도 새로운 기법이라 할 수 있다.

$$\mathbf{U}^*=\begin{bmatrix} D_1 & L_{21} & L_{31} & \cdots & L_{n1} \\ 0 & D_2 & L_{32} & \cdots & L_{n2} \\ 0 & 0 & D_3 & \cdots & L_{n3} \\ \vdots & \vdots & \vdots & \ddots & \vdots \\ 0 & 0 & 0 & \cdots & D_n \end{bmatrix} \tag{2.25}$$

여기서 원래의 **U**는 $U_{ij} = D_iL_{ji}$의 관계로부터 쉽게 회복할 수 있다. 이 기법은 수치 계산에서 아주 효과적으로 풀이 단계를 이끌 수 있다고 알려져 있으며, 그래서 여기서도 대칭 및 띠 행렬의 계산에 쓰기로 한다.

대칭이면서 5중 대각 행렬

차수가 4인 상미분 방정식을 유한차분(finite difference)으로 풀면 해는 띠폭이 5인 5중 대각 행렬(pentadiagonal matrix)이다. 그리고 이런 행렬은 보통 대칭이기도 하는데 임의의 $n \times n$ 행렬로 보면 다음과 같은 형태이다.

$$
\mathbf{A} = \begin{bmatrix}
d_1 & e_1 & f_1 & 0 & 0 & 0 & \cdots & 0 \\
e_1 & d_2 & e_2 & f_2 & 0 & 0 & \cdots & 0 \\
f_1 & e_2 & d_3 & e_3 & f_3 & 0 & \cdots & 0 \\
0 & f_2 & e_3 & d_4 & e_4 & f_4 & \cdots & 0 \\
\vdots & \vdots & \vdots & \vdots & \vdots & \vdots & \ddots & \vdots \\
0 & \cdots & 0 & f_{n-4} & e_{n-3} & d_{n-2} & e_{n-2} & f_{n-2} \\
0 & \cdots & 0 & 0 & f_{n-3} & e_{n-2} & d_{n-1} & e_{n-1} \\
0 & \cdots & 0 & 0 & 0 & f_{n-2} & e_{n-1} & d_n
\end{bmatrix} \tag{2.26}
$$

그리고 3중 대각 행렬에서와 같이 0이 아닌 요소들은 다음과 같은 3개의 벡터에 따로 저장한다.

$$
\mathbf{d} = \begin{bmatrix} d_1 \\ d_2 \\ \vdots \\ d_{n-2} \\ d_{n-1} \\ d_n \end{bmatrix}
\qquad
\mathbf{e} = \begin{bmatrix} e_1 \\ e_2 \\ \vdots \\ e_{n-2} \\ e_{n-1} \end{bmatrix}
\qquad
\mathbf{f} = \begin{bmatrix} f_1 \\ f_2 \\ \vdots \\ f_{n-2} \end{bmatrix}
$$

이제 Doolittle 분해법을 써서 식 $\mathbf{Ax} = \mathbf{b}$의 해를 찾아보도록 하자. 첫 단계는 Gauss 소거법으로 $\mathbf{A}$를 윗삼각 행렬로 변환시키는 일인데, 만약 소거 과정을 진행하여 k번째 행이 피봇식이 된 경우라면 다음의 상황이 될 것이다.

$$
\mathrm{A} = \left[\begin{array}{cc|ccc|cccc}
\ddots & \vdots & \vdots & \vdots & \vdots & \vdots & \vdots & \vdots & \\
\hline
\cdots & 0 & d_k & e_k & f_k & 0 & 0 & 0 & \cdots \\
\cdots & 0 & e_k & d_{k+1} & e_{k+1} & f_{k+1} & 0 & 0 & \cdots \\
\cdots & 0 & f_k & e_{k+1} & d_{k+2} & e_{k+2} & f_{k+2} & 0 & \cdots \\
\hline
\cdots & 0 & 0 & f_{k+1} & e_{k+2} & d_{k+3} & e_{k+3} & f_{k+3} & \cdots \\
 & \vdots & \vdots & \vdots & \vdots & \vdots & \vdots & \vdots & \ddots
\end{array}\right]
$$

그러면 피봇식 아래에 있는 요소 e_k와 f_k는

$$(k+1)\text{번째 행} \leftarrow (k+1)\text{번째 행} - (e_k/d_k) \times k\text{번째 행}$$

$$(k+2)\text{번째 행} \leftarrow (k+2)\text{번째 행} - (f_k/d_k) \times k\text{번째 행}$$

와 같은 기본연산을 통하여 소거할 수 있고, 이때 소거되는 항을 제외하고 위 연산으로 바뀌는 항은

$$\begin{aligned} d_{k+1} &\leftarrow d_{k+1} - (e_k / d_k) e_k \\ e_{k+1} &\leftarrow e_{k+1} - (e_k / d_k) f_k \\ d_{k+2} &\leftarrow d_{k+2} - (f_k / d_k) f_k \end{aligned} \tag{2.27a}$$

이고, 또 곱수를 행렬의 윗삼각 부분에 저장하면 결과는 다음과 같다.

$$e_k \leftarrow e_k / d_k \qquad f_k \leftarrow f_k / d_k \tag{2.27b}$$

따라서 소거 단계의 마지막에 나타나는 행렬의 모습은

$$\mathbf{U}^* = \begin{bmatrix} d_1 & e_1 & f_1 & 0 & \cdots & 0 \\ 0 & d_2 & e_2 & f_2 & \cdots & 0 \\ 0 & 0 & d_3 & e_3 & \cdots & 0 \\ \vdots & \vdots & \vdots & \vdots & \ddots & \vdots \\ 0 & 0 & \cdots & 0 & d_{n-1} & e_{n-1} \\ 0 & 0 & \cdots & 0 & 0 & d_n \end{bmatrix}$$

이다.

이제, 풀이 단계를 거칠 차례이다. 식 $\mathbf{Ly} = \mathbf{b}$에 대한 확장 행렬은

$$[\mathbf{L} \mid \mathbf{b}] = \left[\begin{array}{cccccc|c} 1 & 0 & 0 & 0 & \cdots & 0 & b_1 \\ e_1 & 1 & 0 & 0 & \cdots & 0 & b_2 \\ f_1 & e_2 & 1 & 0 & \cdots & 0 & b_3 \\ 0 & f_2 & e_3 & 1 & \cdots & 0 & b_4 \\ \vdots & \vdots & \vdots & \vdots & \ddots & \vdots & \vdots \\ 0 & 0 & 0 & f_{n-2} & e_{n-1} & 1 & b_n \end{array}\right]$$

이고, 이를 전방 대입하면 다음을 얻을 수 있다.

$$
\begin{aligned}
y_1 &= b_1 \\
y_2 &= b_2 - e_1 y_1 \\
&\vdots \\
y_k &= b_k - f_{k-2} y_{k-2} - e_{k-1} y_{k-1}, \quad k = 3, 4, \ldots, n
\end{aligned}
\tag{2.28}
$$

그리고 후방 대입으로 풀어야 할 식 **Ux** = **y**의 확장 행렬은

$$
[\mathbf{U}\,|\,\mathbf{y}] = \left[\begin{array}{cccccc|c}
d_1 & d_1 e_1 & d_1 f_1 & 0 & \cdots & 0 & y_1 \\
0 & d_2 & d_2 e_2 & d_2 f_2 & \cdots & 0 & y_2 \\
0 & 0 & d_3 & d_3 e_3 & \cdots & 0 & y_3 \\
\vdots & \vdots & \vdots & \vdots & \ddots & \vdots & \vdots \\
0 & 0 & \cdots & 0 & d_{n-1} & d_{n-1} e_{n-1} & y_{n-1} \\
0 & 0 & \cdots & 0 & 0 & d_n & y_n
\end{array}\right]
$$

와 같고, 이를 풀면 다음과 같다.

$$
\begin{aligned}
x_n &= y_n / d_n \\
x_{n-1} &= y_{n-1} / d_{n-1} - e_{n-1} x_n \\
x_k &= y_k / d_k - e_k x_{k+1} - f_k x_{k+2}, \quad k = n-2, n-3, \ldots, 1
\end{aligned}
\tag{2.29}
$$

■ LUdec5

함수 LUdec5는 **A** = [**f\e\d\e\f**]로 저장된 대칭이면서 5중 대각 행렬을 분해한다. 이때, 원래 벡터 **d**, **e**, 그리고 **f**는 사라지고 분해된 행렬의 각 벡터가 이를 대체한다.

```
function [d,e,f] = LUdec5(d,e,f)
% 5중 대각 행렬 A = [f\e\d\e\f]의 LU 분해
% 사용법: [d,e,f] = LUdec5(d,e,f)

n = length(d);
for k = 1:n-2
    lambda = e(k)/d(k);
    d(k+1) = d(k+1) - lambda*e(k);
```

```
        e(k+1) = e(k+1) - lambda*f(k);
        e(k) = lambda;
        lambda = f(k)/d(k);
        d(k+2) = d(k+2) - lambda*f(k);
        f(k) = lambda;
end
lambda = e(n-1)/d(n-1);
d(n) = d(n) - lambda*e(n-1);
e(n-1) = lambda;
```

■ LUsol5

함수 LUsol5는 대칭이면서 5중 대각 행렬을 풀이하는데, 이때 벡터 **y**는 전방 대입 과정에서 **b** 벡터에 저장되고 후방 대입 과정에서 다시 **y** 벡터에 해인 **x**가 들어간다.

```
function x = LUsol5(d,e,f,b)
% A*x = b를 푼다. 여기서 A = [f\e\d\e\f]는 5중 대각 행렬 A의 LU 분해이다.
% 사용법: x = LUsol5(d,e,f,b)

n = length(d);
b(2) = b(2) - e(1)*b(1);                    % 전방 대입
for k = 3:n
    b(k) = b(k) - e(k-1)*b(k-1) - f(k-2)*b(k-2);
end
b(n) = b(n)/d(n);                           % 후방 대입
b(n-1) = b(n-1)/d(n-1) - e(n-1)*b(n);
for k = n-2:-1:1
    b(k) = b(k)/d(k) - e(k)*b(k+1) - f(k)*b(k+2);
end
x = b;
```

예제 2.9

Gauss 소거법을 써서 임의의 대칭 행렬 **A**를 다음과 같이 윗삼각 행렬로 변환하였을 때 원래의 행렬 **A**를 다시 구하라.

$$\mathbf{U} = \begin{bmatrix} 4 & -2 & 1 & 0 \\ 0 & 3 & -3/2 & 1 \\ 0 & 0 & 3 & -3/2 \\ 0 & 0 & 0 & 35/12 \end{bmatrix}$$

풀이 먼저, $\mathbf{A} = \mathbf{LU}$를 만족하는 $\mathbf{L}$을 찾는다. $\mathbf{U}$의 각 행을 자신의 대각 요소로 나누면

$$\mathbf{L}^T = \begin{bmatrix} 1 & -1/2 & 1/4 & 0 \\ 0 & 1 & -1/2 & 1/3 \\ 0 & 0 & 1 & -1/2 \\ 0 & 0 & 0 & 1 \end{bmatrix}$$

와 같고, 따라서 $\mathbf{A} = \mathbf{LU}$는 다음과 같이 구할 수 있다.

$$\mathbf{A} = \begin{bmatrix} 1 & 0 & 0 & 0 \\ -1/2 & 1 & 0 & 0 \\ 1/4 & -1/2 & 1 & 0 \\ 0 & 1/3 & -1/2 & 1 \end{bmatrix} \begin{bmatrix} 4 & -2 & 1 & 0 \\ 0 & 3 & -3/2 & 1 \\ 0 & 0 & 3 & -3/2 \\ 0 & 0 & 0 & 35/12 \end{bmatrix}$$
$$= \begin{bmatrix} 4 & -2 & 1 & 0 \\ -2 & 4 & -2 & 1 \\ 1 & -2 & 4 & -2 \\ 0 & 1 & -2 & 4 \end{bmatrix}$$

예제 2.10

다음과 같은 대칭 행렬을 Doolittle 분해법을 써서 $\mathbf{A} = \mathbf{LDL}^T$로 나누었을 때 행렬 $\mathbf{L}$과 $\mathbf{D}$를 구하라.

$$\mathbf{A} = \begin{bmatrix} 3 & -3 & 3 \\ -3 & 5 & 1 \\ 3 & 1 & 10 \end{bmatrix}$$

풀이 Gauss 소거법을 사용하는데, 이때 곱수를 **A**의 윗삼각 행렬에 저장한다. 따라서 소거 작업이 끝나면 식 (2.25)의 $\mathbf{U}^*$와 같은 형태가 될 것이다. 우선, 소거의 첫 단계에서 다룰 항은 A_{21}와 A_{31}로 여기에 적용될 기본연산은 다음과 같다.

두번째 행 ← 두번째 행 - (-1) X 첫번째 행

세번째 행 ← 세번째 행 - (1) X 첫번째 행

이때, 곱수(-1와 1)를 A_{12}와 A_{13}의 자리에 저장하면

$$\mathbf{A}' = \begin{bmatrix} 3 & -1 & 1 \\ 0 & 2 & 4 \\ 0 & 4 & 7 \end{bmatrix}$$

와 같다. 두 번째 단계에서 쓸 기본연산은

세번째 행 ← 세번째 행 - 2 X 두번째 행

이고 역시 곱수(2)를 A_{23}에 기입하면

$$\mathbf{A}'' = \left[\mathbf{0} \backslash \mathbf{D} \backslash \mathbf{L}^T\right] = \begin{bmatrix} 3 & -1 & 1 \\ 0 & 2 & 2 \\ 0 & 0 & -1 \end{bmatrix}$$

이 된다. 따라서

$$\mathbf{L} = \begin{bmatrix} 1 & 0 & 0 \\ -1 & 1 & 0 \\ 1 & 2 & 1 \end{bmatrix} \qquad \mathbf{D} = \begin{bmatrix} 3 & 0 & 0 \\ 0 & 2 & 0 \\ 0 & 0 & -1 \end{bmatrix}$$

이다.

예제 2.11

$\mathbf{Ax} = \mathbf{b}$를 풀어라. 여기서

$$\mathbf{A} = \begin{bmatrix} 6 & -4 & 1 & 0 & 0 & \cdots \\ -4 & 6 & -4 & 1 & 0 & \cdots \\ 1 & -4 & 6 & -4 & 1 & \cdots \\ & \ddots & \ddots & \ddots & \ddots & \\ \cdots & 0 & 1 & -4 & 6 & -4 \\ \cdots & 0 & 0 & 1 & -4 & 7 \end{bmatrix} \begin{bmatrix} x_1 \\ x_2 \\ x_3 \\ \vdots \\ x_9 \\ x_{10} \end{bmatrix} = \begin{bmatrix} 3 \\ 0 \\ 0 \\ \vdots \\ 0 \\ 4 \end{bmatrix}$$

이다.

풀이 계수 행렬 **A**가 대칭이고 5중 대각이기 때문에 함수 LUdec5와 LUsol5를 사용한다.

```
% 예제 2.11 (5중 대각 행렬 방정식의 해)
n = 10;
d = 6*ones(n,1); d(n) = 7;
e = -4*ones(n-1,1);
f = ones(n-2,1);
b = zeros(n,1); b(1) = 3; b(n) = 4;
[d,e,f] = LUdec5(d,e,f);
x = LUsol5(d,e,f,b)
```

(프로그램 결과)

```
x =
    2.3872
    4.1955
    5.4586
    6.2105
    6.4850
    6.3158
    5.7368
    4.7820
    3.4850
    1.8797
```

2.5 피봇 재조정

개요

해를 구할 때 방정식이 나타나는 순서가 종종 중요한 구실을 한다. 예를 들어, 다음 방정식을 생각해 보자.

$$\begin{aligned} 2x_1 - x_2 &= 1 \\ -x_1 + 2x_2 - x_3 &= 0 \\ -x_2 + x_3 &= 0 \end{aligned}$$

이때, 이 방정식의 확대 행렬은

$$[\mathbf{A}|\mathbf{b}] = \left[\begin{array}{ccc|c} 2 & -1 & 0 & 1 \\ -1 & 2 & -1 & 0 \\ 0 & -1 & 1 & 0 \end{array}\right] \qquad \text{(a)}$$

이다. 식 (a)는 Gauss 소거법이나 LU 분해법으로 $x_1 = x_2 = x_3 = 1$와 같은해를 찾는데 별 어려움이 없다는 관점에서 "바른 순서(right order)에 놓여있다" 라고 한다. 이제 식 (a)를 첫번째와 세번째 방정식이 서로 바뀌도록 하는데, 이때 이의 확대 행렬은 다음과 같다.

$$[\mathbf{A}|\mathbf{b}] = \left[\begin{array}{ccc|c} 0 & -1 & 1 & 0 \\ -1 & 2 & -1 & 0 \\ 2 & -1 & 0 & 1 \end{array}\right] \qquad \text{(b)}$$

방정식의 순서만 바꾸었지 방정식 자체를 바꾼 것은 아니기 때문에 식 (b)의 해도 역시 $x_1 = x_2 = x_3 = 1$임에 틀림없지만 Gauss 소거법은 피봇 요소(A_{11} 요소)가 0이기에 이 경우에는 적용할 수 없다.

이 예는 소거를 할 때 방정식의 순서를 다시 세운다는 것이 때때로 아주 중요하다는 사실을 보여주고 있다. 이와같이 방정식의 순서를 다시 세우는 작업 즉, 피봇 재조정(row pivoting)은 피봇 요소가 꼭 0인 경우만 해당되지 않고 다른 요소에 견주어 아주 작은 경우에도 마찬가지로 해야 한다. 이에 대한 예를 위해 다음의 방정식을 생각해 보자.

$$[\mathbf{A}|\mathbf{b}] = \left[\begin{array}{ccc|c} \varepsilon & -1 & 1 & 0 \\ -1 & 2 & -1 & 0 \\ 2 & -1 & 0 & 1 \end{array}\right] \quad \text{(c)}$$

식 (c)는 A_{11}의 요소에 아주 작은 수 ε가 들어 있다는 것을 제외하고는 식 (b)와 같다. 따라서 $\varepsilon \to 0$이면 두 식의 해는 같을 수밖에 없다. 식 (c)에 Gauss 소거법의 첫 단계를 적용한 후의 확장 행렬은

$$[\mathbf{A}'|\mathbf{b}'] = \left[\begin{array}{ccc|c} \varepsilon & -1 & 1 & 0 \\ 0 & 2-1/\varepsilon & -1+1/\varepsilon & 0 \\ 0 & -1+2/\varepsilon & -2/\varepsilon & 1 \end{array}\right] \quad \text{(d)}$$

이 될 것이다. 컴퓨터는 항상 길이가 유한한 메모리에 수를 담기 때문에 모든 수의 표현은 오차가 있게 마련이다. 그래서 ε이 아주 작으면(혹은 $1/\varepsilon$이 아주 크면) $(2-1/\varepsilon)$와 같은 수는 $-1/\varepsilon$로 반올림되어 나타나고, 이런 사실을 식 (d)에 적용하면

$$[\mathbf{A}'|\mathbf{b}'] = \left[\begin{array}{ccc|c} \varepsilon & -1 & 1 & 0 \\ 0 & -1/\varepsilon & 1/\varepsilon & 0 \\ 0 & 2/\varepsilon & -2/\varepsilon & 1 \end{array}\right]$$

와 같다. 하지만 이 역시 두 번째 및 세 번째 방정식이 서로 모순되므로 해를 푸는 과정이 다시 실패할 수밖에 없고, 이를 해결하기 위해서는 소거 작업을 하기 전에 식 (c)의 첫 번째와 두 번째, 혹은 첫 번째와 세 번째 방정식을 서로 바꾸어야만 한다.

위의 마지막 예는 ε가 아주 작은 극단적인 경우는 말할 것도 없고 ε를 약간 크게 한다 하더라도 컴퓨터 오차는 어쩔 수 없어 해의 신뢰도를 해치기에 충분하다는 사실을 보여준다. 다시 말해, 이런 어려움은 반드시 피봇 재조정을 통해서만 피할 수 있다는 말이다.

대각 우세성

각 대각 요소가 같은 행의 다른 요소들의 합보다 큰 임의의 n X n 행렬을 대각적으로 우세하다라고 한다.(크기는 절대값으로 따진다) 따라서 대각 우세성(diagonal dominance)의

조건은

$$|A_{ii}| > \sum_{\substack{j=1 \\ j\neq i}}^{n} |A_{ij}| \, (i = 1,2,\ldots,n) \tag{2.30}$$

와 같다. 하나의 예로, 행렬

$$\begin{bmatrix} -2 & 4 & -1 \\ 1 & -1 & 3 \\ 4 & -2 & 1 \end{bmatrix}$$

는 대각적으로 우세하지 않지만 이를 다음과 같이 행을 재배치하여 대각 우세성을 갖게 할 수 있다.

$$\begin{bmatrix} 4 & -2 & 1 \\ -2 & 4 & -1 \\ 1 & -1 & 3 \end{bmatrix}$$

방정식 **Ax** = **b**에서 계수 행렬 **A**가 대각 우세성의 특징이 있으면 피봇 재조정을 할 필요가 없다. 이미 최적의 순서로 배치되어 있기 때문이다. 따라서 피봇 재조정의 전략은 계수 행렬을 될 수 있으면 대각적으로 우세하도록 만드는 것이라고 말할 수 있고, 이는 이어서 배울 피봇 스케일하여 재조정하기(scaled row pivoting)에 숨어있는 기본 원리가 된다.

피봇 스케일하여 재조정하기를 통한 Gauss 소거

피봇 재조정을 통한 Gauss 소거법으로 **Ax** = **b**의 해를 생각해 보자. 피봇 재조정은 계수 행렬의 대각 우세성을 달성하는 것 즉, 피봇 요소를 피봇 행에 있는 다른 요소들과 비교해 가능하면 크게 만드는 것이 목적이므로 우선 비교하는 잣대를 하나의 도구로 갖는 것이 좋겠다. 그래서 다음과 같은 새로운 벡터 **s**를 정의한다.

$$s_i = \max_j |A_{ij}|, \quad i = 1,2,\ldots,n \tag{2.31}$$

여기서 s_i는 A의 i번째 행에 있는 요소 중에서 절대값이 가장 큰 요소를 담고 있는데, 이를 i번째 행의 스케일 인수(scale factor)라 한다. 스케일 벡터 **s**를 구하는 알고리즘은 다음과 같다.

```
for i = 1:n
    s(i) = max(abs(A(i,1:n)));
end
```

임의의 행렬 요소 A_{ij}의 상대 크기(relative size) 즉, i번째 행의 가장 큰 요소와 견준 크기는 다음과 같다.

$$r_{ij} = \frac{|A_{ij}|}{s_i} \tag{2.32}$$

그리고 소거 단계에서 k번째 행이 피봇 행이라고 가정할 때 확장 행렬은

$$\left[\begin{array}{cccccc|c}
A_{11} & A_{12} & A_{13} & A_{14} & \cdots & A_{1n} & b_1 \\
0 & A_{22} & A_{23} & A_{24} & \cdots & A_{2n} & b_2 \\
0 & 0 & A_{33} & A_{34} & \cdots & A_{3n} & b_3 \\
\vdots & \vdots & \vdots & \vdots & \cdots & \vdots & \vdots \\
\hline
0 & \cdots & 0 & A_{kk} & \cdots & A_{kn} & b_k \\
\vdots & \cdots & \vdots & \vdots & \cdots & \vdots & \vdots \\
0 & \cdots & 0 & A_{nk} & \cdots & A_{nn} & b_n
\end{array}\right] \leftarrow$$

와 같고, 여기서 A_{kk}를 당연한 피봇 요소로 받아들이지 말고 좀더 좋은 피봇을 찾기 위해 k번째 열에서 A_{kk} 아래에 있는 요소들을 살펴보아야 한다. 이때, 피봇으로 가장 적합한 요소는 상대 크기가 가장 큰 요소 A_{pk}로 상대 크기는

$$r_{pk} = \max_{j \ge k} r_{jk}$$

이다. 만약 이런 요소를 찾을 수 있다면 k번째와 p번째 행을 바꾼 후에 보통의 방법처럼 소거 단계를 진행하면 된다. 꼭 주의할 것은 이렇게 행을 바꾸어야 할 때는 스케일 벡터 **s**의 요소들도 그 위치에 맞도록 반드시 바꾸어 주어야 한다. 다음은 이런 모든 작

업을 수행하는 알고리즘이다.

```
for k = 1:n-1
   % 상대 크기가 가장 큰 요소와 이의 행 번호를 찾는다
   [Amax,p] = max(abs(A(k:n,k))./s(k:n));
   p = p + k – 1;
   % 아주 작은 요소이면 'singular'라는 에러 메시지를 띄운다
   if Amax < eps
      error('Matrix is singular')
   end
   % 필요하면 k번째와 p번째 행을 바꾼다
   if p ~= k
     b = swapRows(b,k,p);
     s = swapRows(s,k,p);
     A = swapRows(A,k,p);
   end
   % 소거 단계
    ⋮
end
```

■ swapRows

함수 swapRows는 임의의 행렬이나 벡터에 대한 i번째와 j번째 행을 바꾸어 준다.

```
function v = swapRows(v,i,j)
% 행렬이나 벡터 v의 i번째와 j번째 행을 바꾼다
% 사용법: v = swapRows(v,i,j)

temp = v(i,:);
v(i,:) = v(j,:);
v(j,:) = temp;
```

■ gaussPiv

함수 gaussPiv는 Gauss 소거법을 피봇 재조정과 함께 수행한다. 행의 자리를 바꾸는 것을 제외하면 2.2절의 gauss 함수와 똑같다.

```
function x = gaussPiv(A,b)
% 피봇 재조정을 통한 Gauss 소거법으로 A*x = b을 푼다
% 사용법: x = gaussPiv(A,b)

if size(b,2) > 1; b = b'; end
n = length(b); s = zeros(n,1);
%----------스케일 벡터 작성-----------
for i = 1:n; s(i) = max(abs(A(i,1:n))); end
%---------필요하면 행 교체-------------
for k = 1:n-1
    [Amax,p] = max(abs(A(k:n,k))./s(k:n));
    p = p + k - 1;
    if Amax < eps; error('Matrix is singular'); end
    if p ~= k
        b = swapRows(b,k,p);
        s = swapRows(s,k,p);
        A = swapRows(A,k,p);
    end
%-------------소거 단계----------------
    for i = k+1:n
        if A(i,k) ~= 0
            lambda = A(i,k)/A(k,k);
            A(i,k+1:n) = A(i,k+1:n) - lambda*A(k,k+1:n);
            b(i) = b(i) - lambda*b(k);
        end
    end
end
%-----------후방 대입 과정------------
for k = n:-1:1
    b(k) = (b(k) - A(k,k+1:n)*b(k+1:n))/A(k,k);
end
x = b;
```

■ LUdecPiv

Gauss 소거법을 약간 손질하여 Doolittle 분해법으로 바꿀 수 있는데, 이와 원래의 분해법 사이의 큰 차이는 분해를 해 갈 때 행 교체에 대한 정보를 기록한다는 점이다. LUdecPiv 함수는 이 정보를 처음 $[1,2,\cdots,n]^T$로 초기화된 순열 벡터 perm에 보관하고,

두 행을 교체할 때마다 perm 변수 안에서도 똑같이 일어난다. 따라서 perm은 나중에 원래의 행들이 어떻게 바뀌었는지를 보여주고, 이 정보는 다시 함수 LUsolPiv로 보내져 전방 및 후방 대입을 수행하기 전에 상수 벡터를 같은 순서대로 재조정하는데 쓴다.

```
function [A,perm] = LUdecPiv(A)
% 행렬 A의 LU 분해 A = [L\U]와 순열 벡터 'perm'를 반환한다
% 사용법: [A,perm] = LUdecPiv(A)

n = size(A,1); s = zeros(n,1);
perm = (1:n)';
%---------스케일 벡터 작성----------
for i = 1:n; s(i) = max(abs(A(i,1:n))); end
%---------필요하면 행 교체-----------
for k = 1:n-1
    [Amax,p] = max(abs(A(k:n,k))./s(k:n));
    p = p + k - 1;
    if Amax < eps
        error('Matrix is singular')
    end
    if p ~= k
        s = swapRows(s,k,p);
        A = swapRows(A,k,p);
        perm = swapRows(perm,k,p);
    end
%-------------소거 단계--------------
    for i = k+1:n
        if A(i,k) ~= 0
            lambda = A(i,k)/A(k,k);
            A(i,k+1:n) = A(i,k+1:n) - lambda*A(k,k+1:n);
            A(i,k) = lambda;
        end
    end
end
```

■ LUsolPiv

```
function x = LUsolPiv(A,b,perm)
% L*U*x = b를 푼다. 여기서, A = [L\U]이고 벡터 'perm'는 순열 데이터를 담고 있다
```

```
% 사용법:  x = LUsolPiv(A,b,perm)
%---------b를 재조정하여 x에 저장--------
if size(b,2) > 1; b = b'; end
n = size(A,1);
x = b;
for i = 1:n; x(i) = b(perm(i)); end
%-----------후방 및 전방 대입---------------
for k = 2:n
    x(k) = x(k) - A(k,1:k-1)*x(1:k-1);
end
for k = n:-1:1
    x(k) = (x(k) - A(k,k+1:n)*x(k+1:n))/A(k,k);
end
```

피봇 재조정 시점에 대하여

피봇 재조정은 몇몇 단점을 가지고 있다. 즉, 계산 비용을 늘리고, 또 계수 행렬의 대칭 및 띠 특성을 사용할 수 없게 한다. 특히 후자의 경우가 치명적인데, 이는 공학 계산에서 대칭 및 띠 행렬이 자주 등장하지만 앞 절에서 언급한 이런 행렬들의 여러 장점들이 피봇 재조정으로 사라지기 때문이다. 하지만 다행스럽게도, 이런 행렬들은 역시 대각 우수성을 가지고 있어 피봇 재조정이 필요없는 경우도 아주 흔하다.

피봇 재조정을 언제 해야 하는가 라는 질문에 대한 뚜렷한 답은 없다. 단지 경험으로 보면, 계수 행렬이 띠 모양이거나 양의 한정 행렬, 아니면 좀더 느슨하게 말해서 대칭 행렬이면 피봇 재조정으로 별로 덕 볼게 없거나 오히려 작업의 효율을 떨어뜨리는 경우가 많다. 그리고 컴퓨터의 수 표기 오차를 다루는 수단으로 피봇 재조정만 생각할 것이 아니라 배밀도 계산과 같이 계산의 정밀도를 높일 수 있도록 하는 것도 한 방법이 된다는 사실을 잊어서는 안 된다.

끝으로, 위의 경험 법칙(rule of thumb)으로 밝힌 내용들은 모두 공학 문제에서 실제로 나오는 방정식에만 국한된다는 것을 힘주어 강조해 두고 싶다. 이런 법칙과 관계없이 오로지 교육용이라면 얼마든지 멋진 예제들을 꾸며낼 수 있다.

예제 2.12

Gauss 소거법을 피봇 스케일하여 재조정하기와 함께 써서 방정식 $\mathbf{Ax} = \mathbf{b}$를 풀어라. 여기서

$$\mathbf{A}=\begin{bmatrix}2 & -2 & 6\\ -2 & 4 & 3\\ -1 & 8 & 4\end{bmatrix} \qquad \mathbf{b}=\begin{bmatrix}16\\ 0\\ -1\end{bmatrix}$$

이다.

풀이 확장 행렬과 스케일 벡터는 각각 다음과 같다.

$$[\mathbf{A}\,|\,\mathbf{b}]=\left[\begin{array}{ccc|c}2 & -2 & 6 & 16\\ -2 & 4 & 3 & 0\\ -1 & 8 & 4 & -1\end{array}\right] \qquad \mathbf{s}=\begin{bmatrix}6\\ 4\\ 8\end{bmatrix}$$

s에는 **A**의 각 행에서 가장 큰 요소의 절대값이 담겨 있다. 이제, 어떤 행이 피봇 행이 될 수 있는지 살펴보기로 하자. 물론 이 단계에서는 **A**의 첫 번째 열에 있는 모든 요소가 다 피봇이 될 여지는 있다. 문제는 무엇이 가장 좋은 피봇이 되는지를 결정하는 일인데, 이를 위해 첫 번째 열의 요소에 대하여 다음과 같이 상대 크기를 계산한다.

$$\begin{bmatrix}r_{11}\\ r_{21}\\ r_{31}\end{bmatrix}=\begin{bmatrix}|A_{11}|/s_1\\ |A_{21}|/s_2\\ |A_{31}|/s_3\end{bmatrix}=\begin{bmatrix}1/3\\ 1/2\\ 1/8\end{bmatrix}$$

여기서 r_{21}이 가장 크기 때문에 A_{21}을 가장 좋은 피봇으로 선정한다. 따라서 확대 행렬과 스케일 벡터의 첫 번째와 두 번째 행을 바꾸면

$$[\mathbf{A}\,|\,\mathbf{b}]=\left[\begin{array}{ccc|c}-2 & 4 & 3 & 0\\ 2 & -2 & 6 & 16\\ -1 & 8 & 4 & -1\end{array}\right]\leftarrow \qquad \mathbf{s}=\begin{bmatrix}4\\ 6\\ 8\end{bmatrix}$$

을 얻을 수 있다. 다음, Gauss 소거법의 첫 단계를 수행한다.(위에서 화살표는 피봇 행을 뜻한다) 즉,

$$[\mathbf{A}'\,|\,\mathbf{b}']=\left[\begin{array}{ccc|c}-2 & 4 & 3 & 0\\ 0 & 2 & 9 & 16\\ 0 & 6 & 5/2 & -1\end{array}\right] \qquad \mathbf{s}=\begin{bmatrix}4\\ 6\\ 8\end{bmatrix}$$

Gauss 소거법의 다음 단계에서 피봇이 될 수 있는 요소는 A_{22}와 A_{32}이다. 물론 최적의 피봇은

$$\begin{bmatrix} * \\ r_{22} \\ r_{32} \end{bmatrix} = \begin{bmatrix} * \\ |A_{22}|/s_2 \\ |A_{32}|/s_3 \end{bmatrix} = \begin{bmatrix} * \\ 1/3 \\ 3/4 \end{bmatrix}$$

을 살펴 r_{32}가 r_{22}보다 크므로 세 번째 행이다. 여기서 r_{12}는 첫 번째 행을 이미 피봇 행으로 썼기 때문에 더 이상 고려할 필요가 없어 *로 표시해 놓았다. 따라서 두 번째와 세 번째 행을 바꾸면

$$[\mathbf{A}'|\mathbf{b}'] = \left[\begin{array}{ccc|c} -2 & 4 & 3 & 0 \\ 0 & 6 & 5/2 & -1 \\ 0 & 2 & 9 & 16 \end{array}\right] \leftarrow \qquad \mathbf{s} = \begin{bmatrix} 4 \\ 8 \\ 6 \end{bmatrix}$$

와 같고, 여기에 역시 소거 단계를 거치면 다음과 같다.

$$[\mathbf{A}''|\mathbf{b}''] = [\mathbf{U}|\mathbf{c}] = \left[\begin{array}{ccc|c} -2 & 4 & 3 & 0 \\ 0 & 6 & 5/2 & -1 \\ 0 & 0 & 49/6 & 49/3 \end{array}\right]$$

소거 단계의 작업을 모두 마쳤다. 여기서 **U**는 **A**를 다음과 같은 행-방향 순열 행렬(row-wise permutation matrix) 즉, 피봇 재조정에 따라 행으로 자리를 바꾼 행렬을 LU 분해하면 나오는 행렬이라는 것에 주목할 필요가 있다.

$$\begin{bmatrix} -2 & 4 & 3 \\ -1 & 8 & 4 \\ 2 & -2 & 6 \end{bmatrix}$$

끝으로, 해를 구하려면 $\mathbf{Ux} = \mathbf{c}$를 후방 대입으로 풀면 되는데, 이는 피봇 재조정과 상관없는 문제이므로 자세한 계산은 생략하기로 한다. 다만, 답은 $\mathbf{x}^T = [1\ \ -1\ \ 2]$이다.

다른 풀이 피봇 재조정을 할 때 방정식을 실제로 바꾸는 작업이 반드시 필요한 것은

아니다. 즉, Gauss 소거 단계에서 방정식을 제 위치에 그대로 두고 수행할 수도 있겠다. 아래와 같이.(간단히 나타내기 위해 피봇식을 선정하는 방식에 대한 자세한 설명은 뺐다)

$$[\mathbf{A}|\mathbf{b}] = \left[\begin{array}{ccc|c} 2 & -2 & 6 & 16 \\ -2 & 4 & 3 & 0 \\ -1 & 8 & 4 & -1 \end{array}\right] \leftarrow$$

$$[\mathbf{A}'|\mathbf{b}'] = \left[\begin{array}{ccc|c} 0 & 2 & 9 & 16 \\ -2 & 4 & 3 & 0 \\ 0 & 6 & 5/2 & -1 \end{array}\right] \leftarrow$$

$$[\mathbf{A}''|\mathbf{b}''] = \left[\begin{array}{ccc|c} 0 & 0 & 49/6 & 49/3 \\ -2 & 4 & 3 & 0 \\ 0 & 6 & 5/2 & -1 \end{array}\right]$$

후방 대입 과정은 풀어야 할 방정식의 순서가 섞여 있기 때문에 다소 복잡하지만, 만약 손으로 푼다고 하면 이는 별 문제가 안 된다. 왜냐하면 방정식의 순서를 직관으로 알 수 있기 때문이다. 하지만, 컴퓨터는 직관이 없다. 그래서 컴퓨터를 사용할 때는 소거 단계를 거치는 동안에 방정식의 순서에 대한 정보를 담는 새로운 벡터 **p**를 써서 추적할 수 있도록 한다. 즉, **p**의 내용을 피봇 행을 선택한 순서가 되도록 한다는 말이다. 예를 들어, 이 문제를 풀 때 소거 단계가 끝나면

$$\mathbf{p} = \begin{bmatrix} 2 \\ 3 \\ 1 \end{bmatrix}$$

와 같은 벡터를 함께 만들면 되고, 이는 첫 번째 소거 과정에서는 두 번째 행을, 그리고 두 번째 과정에서는 세 번째 행을 피봇 행으로 사용했다는 뜻이다. 따라서 방정식을 후방 대입으로 풀 때는 이와는 반대 순서 즉, $\mathbf{x}_3$에 대해서 첫 번째 식을 먼저 푼 다음에 세 번째 식에서 $\mathbf{x}_2$, 그리고 두 번째 식에서 $\mathbf{x}_1$을 차례로 찾으면 된다.

피봇을 위해 순서를 바꾸지 않고 연립 방정식을 푸는 이 방법은 알고리즘의 구조는 좀 복잡할지 몰라도 실행 속도 측면에서는 아마 gaussPiv보다 더 빠를 것이다. 물론 방정식의 개수가 아주 많아야 컴퓨터에서 이 차이를 느낄 수 있겠지만.

문제 2.2

1. Doolittle 분해법을 써서 $\mathbf{Ax} = \mathbf{b}$를 풀어라. 여기서

$$\mathbf{A} = \begin{bmatrix} 3 & -3 & 3 \\ -3 & 5 & 1 \\ 3 & 1 & 5 \end{bmatrix} \qquad \mathbf{b} = \begin{bmatrix} 9 \\ -7 \\ 12 \end{bmatrix}$$

이다.

2. $\mathbf{Ax} = \mathbf{b}$를 Doolittle 분해법으로 풀어라. 여기서

$$\mathbf{A} = \begin{bmatrix} 4 & 8 & 20 \\ 8 & 13 & 16 \\ 20 & 16 & -91 \end{bmatrix} \qquad \mathbf{b} = \begin{bmatrix} 24 \\ 18 \\ -119 \end{bmatrix}$$

이다.

3. 다음의 행렬을 Doolittle 분해하여 $\mathbf{L}$과 $\mathbf{D}$를 찾아라.

$$\mathbf{A} = \begin{bmatrix} 2 & -2 & 0 & 0 & 0 \\ -2 & 5 & -6 & 0 & 0 \\ 0 & -6 & 16 & 12 & 0 \\ 0 & 0 & 12 & 39 & -6 \\ 0 & 0 & 0 & -6 & 14 \end{bmatrix}$$

4. Doolittle 분해법으로 삼중 대각 행렬 방정식 $\mathbf{Ax} = \mathbf{b}$를 풀어라. 여기서

$$\mathbf{A} = \begin{bmatrix} 6 & 2 & 0 & 0 & 0 \\ -1 & 7 & 2 & 0 & 0 \\ 0 & -2 & 8 & 2 & 0 \\ 0 & 0 & 3 & 7 & -2 \\ 0 & 0 & 0 & 3 & 5 \end{bmatrix} \qquad \mathbf{b} = \begin{bmatrix} 2 \\ -3 \\ 4 \\ -3 \\ 1 \end{bmatrix}$$

이다.

5. Gauss 소거법을 피봇 스케일하여 재조정하기와 함께 써서 다음을 풀어라.

$$\begin{bmatrix} 4 & -2 & 1 \\ -2 & 1 & -1 \\ -2 & 3 & 6 \end{bmatrix} \begin{bmatrix} x_1 \\ x_2 \\ x_3 \end{bmatrix} = \begin{bmatrix} 2 \\ -1 \\ 0 \end{bmatrix}$$

6. 문제 5와 같은 방법으로 $\mathbf{Ax} = \mathbf{b}$를 풀어라. 여기서

$$\mathbf{A} = \begin{bmatrix} 2.34 & -4.10 & 1.78 \\ -1.98 & 3.47 & -2.22 \\ 2.36 & -15.17 & 6.81 \end{bmatrix} \quad \mathbf{b} = \begin{bmatrix} 0.02 \\ -0.73 \\ -6.63 \end{bmatrix}$$

이다.

7. 문제 5와 같은 방법으로 다음의 방정식을 풀어라.

$$\begin{bmatrix} 2 & -1 & 0 & 0 \\ 0 & 0 & -1 & 1 \\ 0 & -1 & 2 & -1 \\ -1 & 2 & -1 & 0 \end{bmatrix} \begin{bmatrix} x_1 \\ x_2 \\ x_3 \\ x_4 \end{bmatrix} = \begin{bmatrix} 1 \\ 0 \\ 0 \\ 0 \end{bmatrix}$$

8. ■ 다음의 방정식을 풀어라.

$$\begin{bmatrix} 0 & 2 & 5 & -1 \\ 2 & 1 & 3 & 0 \\ -2 & -1 & 3 & 1 \\ 3 & 3 & -1 & 2 \end{bmatrix} \begin{bmatrix} x_1 \\ x_2 \\ x_3 \\ x_4 \end{bmatrix} = \begin{bmatrix} -3 \\ 3 \\ -2 \\ 5 \end{bmatrix}$$

9. ■ 다음과 같은 대칭이면서 3중 대각 행렬 방정식을 풀어라. 단, $n = 10$이다.

$$\begin{aligned} 4x_1 - x_2 &= 9 \\ -x_{i-1} + 4x_i - x_{i+1} &= 5, \quad i = 2, \ldots, n-1 \\ -x_{n-1} + 4x_n &= 5 \end{aligned}$$

10. ■ 방정식 $\mathbf{Ax} = \mathbf{b}$를 풀어라. 여기서

$$\mathbf{A} = \begin{bmatrix} 1.3174 & 2.7250 & 2.7250 & 1.7181 \\ 0.4002 & 0.8278 & 1.2272 & 2.5322 \\ 0.8218 & 1.5608 & 0.3629 & 2.9210 \\ 1.9664 & 2.0011 & 0.6532 & 1.9945 \end{bmatrix} \qquad \mathbf{b} = \begin{bmatrix} 8.4855 \\ 4.9874 \\ 5.6665 \\ 6.6152 \end{bmatrix}$$

이다.

11. ■ 다음의 방정식을 풀어라.

$$\begin{bmatrix} 10 & -2 & -1 & 2 & 3 & 1 & -4 & 7 \\ 5 & 11 & 3 & 10 & -3 & 3 & 3 & -4 \\ 7 & 12 & 1 & 5 & 3 & -12 & 2 & 3 \\ 8 & 7 & -2 & 1 & 3 & 2 & 2 & 4 \\ 2 & -15 & -1 & 1 & 4 & -1 & 8 & 3 \\ 4 & 2 & 9 & 1 & 12 & -1 & 4 & 1 \\ -1 & 4 & -7 & -1 & 1 & 1 & -1 & -3 \\ -1 & 3 & 4 & 1 & 3 & -4 & 7 & 6 \end{bmatrix} \begin{bmatrix} x_1 \\ x_2 \\ x_3 \\ x_4 \\ x_5 \\ x_6 \\ x_7 \\ x_8 \end{bmatrix} = \begin{bmatrix} 0 \\ 12 \\ -5 \\ 3 \\ -25 \\ -26 \\ 9 \\ -7 \end{bmatrix}$$

12. ■ 그림 (a)와 같은 시스템은 n개의 질량을 지지하는 n개의 선형 스프링으로 구성되어 있다. 이때, 스프링 상수는 k_i, 질량의 무게는 W_i, 그리고 질량의 변위(스프링이 늘어나지 않은 위치에서 측정한 길이)는 x_i이다. 각 질량에 평형 방정식을 적용하고, 또 스프링의 힘 $F_i = k_i(x_{i+1} - x_i)$를 생각하면 이른바 변위 공식(displacement formulation)을 다음과 같은 대칭이면서 3중 대각 행렬 방정식으로 구할 수 있다.

$$\begin{aligned} (k_1 + k_2)x_1 - k_2 x_2 &= W_1 \\ -k_i x_{i-1} + (k_i + k_{i+1})x_i - k_{i+1}x_{i+1} &= W_i, \quad i = 2,3,\ldots,n-1 \\ -k_n x_{n-1} + k_n x_n &= W_n \end{aligned}$$

이 방정식을 푸는 프로그램을 작성하고 직접 실행해 보라. 단, $n = 5$이고, k와 W는 다음과 같다.

$$k_1 = k_2 = k_3 = 10 \text{ N/mm} \qquad k_4 = k_5 = 5 \text{ N/mm}$$
$$W_1 = W_3 = W_5 = 100 \text{ N} \qquad W_2 = W_4 = 50 \text{ N}$$

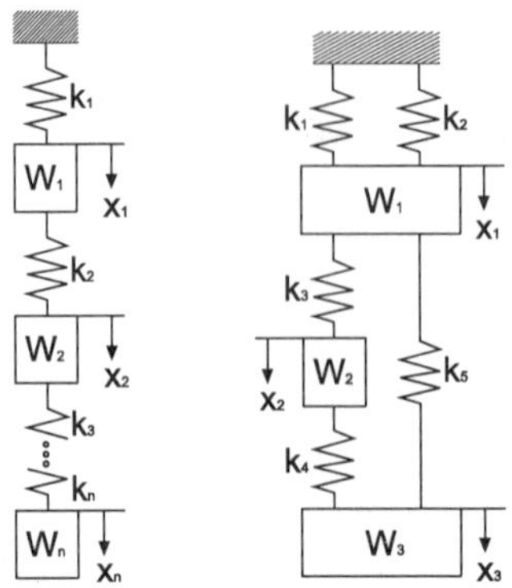

(a) (b)

13. 그림 (b)와 같은 질량-스프링 시스템에 대한 변위 공식은 다음과 같은 질량에 대한 평형 방정식으로 나타난다.

$$\begin{bmatrix} k_1+k_2+k_3+k_4 & -k_3 & -k_5 \\ -k_3 & k_3+k_4 & -k_4 \\ -k_5 & -k_4 & k_4+k_5 \end{bmatrix} \begin{bmatrix} x_1 \\ x_2 \\ x_3 \end{bmatrix} = \begin{bmatrix} W_1 \\ W_2 \\ W_3 \end{bmatrix}$$

여기서 k_i는 스프링 상수, W_i는 질량의 무게, 그리고 x_i는 시스템이 변형되지 않았을 때의 위치에서 측정한 질량의 변위이다. k와 W가 주어졌을 때 이 방정식을 푸는 프로그램을 작성하고, 다음의 값에서 프로그램을 돌려 변위를 찾아라.

$$k_1 = k_3 = k_4 = k \qquad k_2 = k_5 = 2k$$
$$W_1 = W_3 = 2W \qquad W_2 = W$$

14. ■

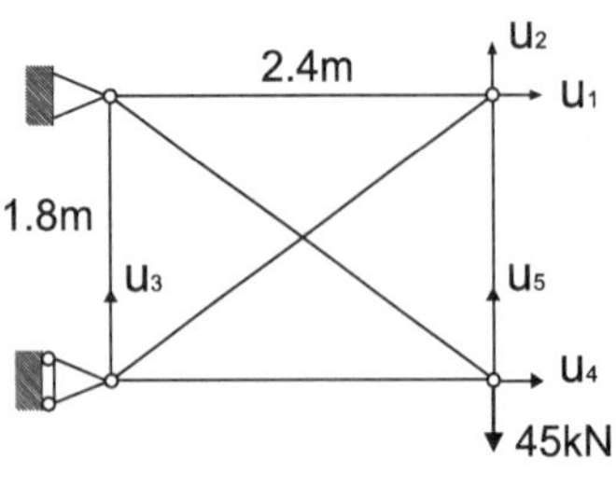

그림과 같은 평면 트러스(plane truss)에 대한 변위 공식은 질량-스프링 시스템과 비슷한데, 단지 차이는 (1) 부재의 강도는 스프링 상수와 달리 $k_i = (EA/L)_i$이며, 이때 E는 탄성계수, A는 단면적, 그리고 L은 부재의 길이이다. (2) 각 절점(joint)에는 두 개의 변위 성분이 나타난다. 이 트러스에 대한 변위 공식이 다음과 같은 대칭 행렬 방정식 $\mathbf{Ku} = \mathbf{p}$일 때 각 절점에서의 변위 u_i를 구하라. 여기서

$$\mathbf{K} = \begin{bmatrix} 27.58 & 7.004 & -7.004 & 0.0000 & 0.0000 \\ 7.004 & 29.57 & -5.253 & 0.0000 & -24.32 \\ -7.004 & -5.253 & 29.57 & 0.0000 & 0.0000 \\ 0.0000 & 0.0000 & 0.0000 & 27.58 & -7.004 \\ 0.0000 & -24.32 & 0.0000 & -7.004 & 29.57 \end{bmatrix} \text{ MN/m}$$

$$\mathbf{p} = \begin{bmatrix} 0 & 0 & 0 & 0 & -45 \end{bmatrix}^T \text{ kN}$$

이다.

15. ■

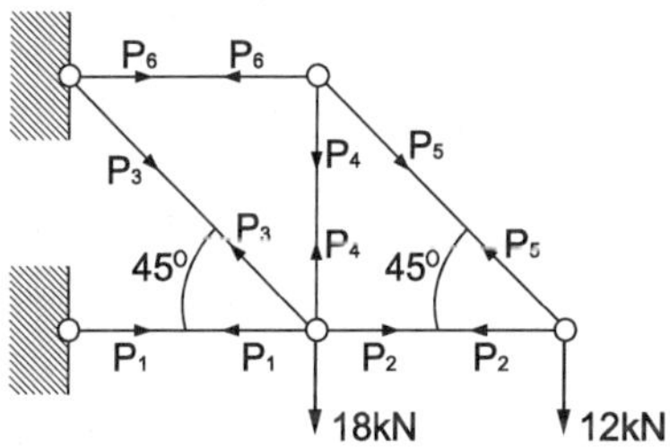

그림과 같은 트러스에서 힘 공식(force formulation)의 미지수는 부재에 작용하는 힘 P_i이고, 다음과 같은 평형 방정식으로 표현된다.

$$\begin{bmatrix} -1 & 1 & -1/\sqrt{2} & 0 & 0 & 0 \\ 0 & 0 & 1/\sqrt{2} & 1 & 0 & 0 \\ 0 & -1 & 0 & 0 & -1/\sqrt{2} & 0 \\ 0 & 0 & 0 & 0 & 1/\sqrt{2} & 0 \\ 0 & 0 & 0 & 0 & 1/\sqrt{2} & 1 \\ 0 & 0 & 0 & -1 & -1/\sqrt{2} & 0 \end{bmatrix} \begin{bmatrix} P_1 \\ P_2 \\ P_3 \\ P_4 \\ P_5 \\ P_6 \end{bmatrix} = \begin{bmatrix} 0 \\ 18 \\ 0 \\ 12 \\ 0 \\ 0 \end{bmatrix}$$

여기서 P_i의 단위는 kN이다. (a) 이 방정식을 선호하는 컴퓨터 프로그램을 써서 풀어라. (b) 행과 열을 적당히 자리바꿈하여 계수 행렬이 아랫삼각 행렬이 되도록 하고, 이를 손과 계산기로 후방 대입을 써서 각각 풀어라.

16. ■

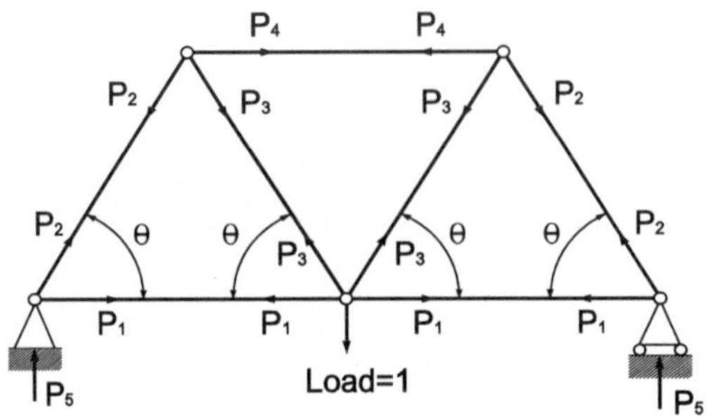

그림과 같은 대칭 트러스의 힘 공식은 각 절점에서 평형 방정식을 적용하여 다음과 같이 구하였다.

$$\begin{bmatrix} c & 1 & 0 & 0 & 0 \\ 0 & s & 0 & 0 & 1 \\ 0 & 0 & 2s & 0 & 0 \\ 0 & -c & c & 1 & 0 \\ 0 & s & s & 0 & 0 \end{bmatrix} \begin{bmatrix} P_1 \\ P_2 \\ P_3 \\ P_4 \\ P_5 \end{bmatrix} = \begin{bmatrix} 0 \\ 0 \\ 1 \\ 0 \\ 0 \end{bmatrix}$$

여기서 $s = \sin\theta$와 $c = \cos\theta$이고, P_i는 미지수로 힘이다. 각 θ가 주어졌을 때 힘을 계산하는 프로그램을 작성하고 이를 $\theta = 53°$에서 실행해 보라.

17. ■

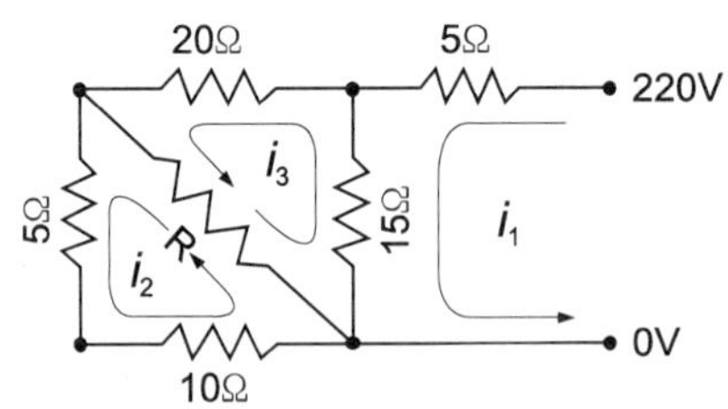

그림과 같은 전기망(electrical network)은 3개의 루프로 구성되어 있다. 각 루프에 Kirhoff의 법칙(∑전압강하 = ∑전압공급)을 적용하여 루프 전류 i_1, i_2, 그리고 i_3에

대한 방정식을 찾으면 다음과 같다.

$$5i_1 + 15(i_1 - i_3) = 220\text{V}$$
$$R(i_2 - i_3) + 5i_2 + 10i_2 = 0$$
$$20i_3 + R(i_3 - i_2) + 15(i_3 - i_1) = 0$$

R = 5, 10, 그리고 20 Ω에 대하여 루프 전류를 모두 계산하라.

18. ■

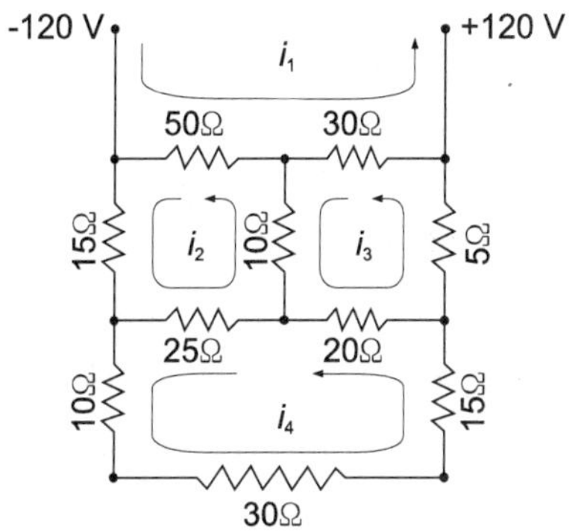

그림과 같은 전기망에 대하여 루프 전류 i_1에서 i_4까지를 구하라.

19. ■ 다음과 같은 n개의 연립 방정식이 있다고 할 때 이의 해는 $\mathbf{x}$ = [1 1 ⋯ 1]^{T}이다.

$$A_{ij} = (i+j)^2 \quad b_i = \sum_{j=0}^{n-1} A_{ij}, \quad i=0,1,\ldots,n-1, \quad j=0,1,\ldots,n-1$$

임의의 n에 대하여 이 방정식을 푸는(피봇 재조정을 포함) 프로그램을 작성하고, n = 2, 3, 그리고 4일 때 실행한 후에 결과에 대하여 나름대로 설명을 달아보라.

*2.6 역행렬

행렬을 역수로 바꾸는 것과 연립 방정식을 푼다는 것은 서로 밀접한 관계가 있다. 임의의 $n \times n$ 행렬을 역수로 바꾸는 가장 경제적인 방법은 다음과 같은 방정식을 푸는 것이다.

$$\mathbf{AX} = \mathbf{I} \tag{2.33}$$

여기서 $\mathbf{I}$는 $n \times n$ 단위 행렬이고, 역시 $n \times n$인 해 $\mathbf{X}$가 바로 $\mathbf{A}$의 역행렬(inverse matrix)이다. 즉, 식 (2.33)의 양변 앞쪽에 $\mathbf{A}^{-1}$을 곱하면 $\mathbf{A}^{-1}\mathbf{AX} = \mathbf{A}^{-1}\mathbf{I}$가 되어 결국 $\mathbf{X} = \mathbf{A}^{-1}$인 것이다.

식 (2.33)에서 알수 있듯이 $\mathbf{A}$의 역수는 $\mathbf{Ax}_i = \mathbf{b}_i (i = 1,2, \cdots, n$이고 $\mathbf{b}_i$는 $\mathbf{I}$의 i번째 열이다)를 푼다는 것과 같다. 만약 LU 분해법으로 해를 찾는다면 풀이 과정(전방 및 후방 대입)을 각 $\mathbf{b}_i$에 대하여 한번씩 모두 n번 반복해야 한다. 따라서 이의 계산 횟수는 분해 과정에서는 n^3에, 그리고 풀이 과정에서는 각 벡터에 대해 n^2에 비례하므로 행렬을 역수로 바꾸는 일은 $\mathbf{Ax} = \mathbf{b}$의 해를 직접 찾는 일보다 대단한 수고와 비용이 든다.

행렬의 역수는 또다른 심각한 단점도 갖고 있다. 즉, 띠 행렬을 역수로 취하면 원래의 성질을 상실한다. $\mathbf{A}$가 띠 모양이거나 몇몇 요소에만 데이터를 갖고 나머지는 $\mathbf{0}$으로 압축된 경우에 $\mathbf{A}^{-1}$는 데이터가 전체로 퍼져버린다는 말이다. 하지만 삼각 행렬의 역수는 여전히 삼각 행렬이다.

예제 2.13

임의의 행렬을 LU 분해법(피봇 재조정 포함)으로 역수로 만드는 프로그램을 작성하고 이를 다음의 행렬에 적용하여 검사해 보라.

$$\mathbf{A} = \begin{bmatrix} 0.6 & -0.4 & 1.0 \\ -0.3 & 0.2 & 0.5 \\ 0.6 & -1.0 & 0.5 \end{bmatrix}$$

풀이 아래의 함수 matInv는 행렬 $\mathbf{A}$의 역행렬을 구한다.

```
function Ainv = matInv(A)
% LU 분해법으로 A의 역행렬을 찾는다
```

```
% 사용법: Ainv = matInv(A)

n = size(A,1);
Ainv = eye(n);              % RHS 벡터를 Ainv에 저장
[A,perm] = LUdecPiv(A);  % A를 분해
% 각 RHS 벡터를 풀고 이 결과를 Ainv에 다시 저장
for i = 1:n
    Ainv(:,i) = LUsolPiv(A,Ainv(:,i),perm);
end
```

위 프로그램에서 RHS(right-hand side) 벡터는 $\mathbf{Ax} = \mathbf{b}$와 같은 식에서 등식의 오른쪽에 해당하는 벡터이다. 이 프로그램의 실행과 검사는 다음과 같다.

```
% 예제 2.13 (역행렬)
>> A = [0.6 -0.4 1.0
       -0.3  0.2 0.5
        0.6 -1.0 0.5];
>> Ainv = matInv(A);
>> check = A*Ainv
```

(프로그램 결과)

```
Ainv =
    1.6667   -2.2222   -1.1111
    1.2500   -0.8333   -1.6667
    0.5000    1.0000         0
check =
    1.0000   -0.0000   -0.0000
         0    1.0000    0.0000
         0   -0.0000    1.0000
```

예제 2.14

다음의 역행렬을 찾아라.

$$\mathbf{A} = \begin{bmatrix} 2 & -1 & 0 & 0 & 0 & 0 \\ -1 & 2 & -1 & 0 & 0 & 0 \\ 0 & -1 & 2 & -1 & 0 & 0 \\ 0 & 0 & -1 & 2 & -1 & 0 \\ 0 & 0 & 0 & -1 & 2 & -1 \\ 0 & 0 & 0 & 0 & -1 & 5 \end{bmatrix}$$

풀이 3중 삼각 행렬이므로 함수 LUdec3과 LUsol3을 이용하여 $\mathbf{AX} = \mathbf{I}$를 푼다. 이 예의 결과로 확인해 볼 것은 $\mathbf{A}^{-1}$은 3중 삼각 행렬이 아니라 뜻있는 데이터가 전체에 걸쳐 퍼져 있다는 것이다.

```
% 예제 2.14 (역행렬)
n = 6;
d = ones(n,1)*2;
e = -ones(n-1,1);
c = e;
d(n) = 5;
[c,d,e] = LUdec3(c,d,e);
for i = 1:n
   b = zeros(n,1);
   b(i) = 1;
   Ainv(:,i) = LUsol3(c,d,e,b);
end
```

(프로그램 결과)

```
Ainv =
    0.8400    0.6800    0.5200    0.3600    0.2000    0.0400
    0.6800    1.3600    1.0400    0.7200    0.4000    0.0800
    0.5200    1.0400    1.5600    1.0800    0.6000    0.1200
    0.3600    0.7200    1.0800    1.4400    0.8000    0.1600
    0.2000    0.4000    0.6000    0.8000    1.0000    0.2000
    0.0400    0.0800    0.1200    0.1600    0.2000    0.2400
```

*2.7 반복법

개요

지금까지 연립 방정식의 해를 찾는 방법 중에서 직접법에 대하여 논의해 왔다. 이의 특징은 해의 계산에 필요한 연산이 유한하다는 것이고, 나아가 만약 컴퓨터가 무한 정밀도(infinite precision)를 갖는다면(숫자 표시 에러가 없다면) 해도 정확하다는 것이다.

반복법(iterative method)(혹은 간접법(indirect method))은 처음에 해 **x**를 가정한 후 이의 변화가 무시할만할 때까지 해를 계속 갱신해 가는 방법이다. 따라서 필요한 반복 횟수가 아주 클 수 있기 때문에 이 방법은 일반적으로 직접법보다 더 느리지만 다음과 같은 장점이 있기에 문제에 따라 어떨 때는 아주 매력적일 수 있다.

1. 계수 행렬의 0이 아닌 요소만 저장하는 것이 가능하고, 이는 반드시 띠 모양은 아니라 하더라도 데이터가 넓게 퍼져 있으면 규모가 아주 큰 행렬도 다룰 수 있게 해준다. 어떤 문제에서는 계수 행렬의 데이터를 전혀 저장할 필요가 없는 경우도 있다.
2. 반복법은 자기 수정(self-correcting) 기능이 있다. 즉, 하나의 반복 사이클 동안에 발행한 오차는 다음 반복 사이클에서 자동 수정된다는 말이다.

반복법의 단점은 이를 진행해 갈 때 해에 항상 수렴하는 것이 아니라는 것이다. 수렴성(convergence)은 오직 계수 행렬이 대각 우세성을 가질 때에만 보장된다. 그래서 처음에 가정하는 해의 값은 이와 같은 수렴성에 대하여 아무런 구실도 하지 못하고(임의의 시작점에서 수렴했다면 다른 값에서도 역시 수렴한다), 이는 수렴할 때까지 반복해야 할 횟수에만 영향을 미친다.

Gauss-Seidel 법

식 $\mathbf{Ax} = \mathbf{b}$를 스칼라 표현으로 나타내면

$$\sum_{j=1}^{n} A_{ij} x_j = b_i, \quad i=1,2,\ldots,n$$

와 같고, 이때 x_i 항을 합기호에서 빼내면

$$A_{ii}x_i + \sum_{\substack{j=1 \\ j\neq i}}^{n} A_{ij}x_j = b_i, \qquad i = 1,2,\ldots,n$$

이고, 이를 다시 x_i에 대해 풀면 다음을 얻을 수 있다.

$$x_i = \frac{1}{A_{ii}}\left(b_i - \sum_{\substack{j=1 \\ j\neq i}}^{n} A_{ij}x_j\right), \quad i = 1,2,\ldots,n$$

이 식을 통해 반복법을 어떻게 써야 하는지를 알 수 있다. 즉,

$$x_i \leftarrow \frac{1}{A_{ii}}\left(b_i - \sum_{\substack{j=1 \\ j\neq i}}^{n} A_{ij}x_j\right), \quad i = 1,2,\ldots,n \tag{2.34}$$

로, 해 벡터 **x**를 처음에 적당히 선정하여 반복법을 진행할 수 있겠다. 만약 **x**에 대해 좋은 가정이 떠오르지 않으면 임의로 지정한들 아무 상관이 없다. 해가 선정되면 식 (2.34)를 x_j의 가장 최근값으로 **x**의 각 요소를 다시 계산하고, 이와 같은 한 번의 반복 사이클을 **x**에서 일어난 변화가 아주 작을 때까지 계속 반복한다.

Gauss-Seidel 법의 수렴성은 완화(relaxation)와 같은 기법을 써서 크게 증진시킬 수 있고, 이는 x_i의 새 값을 정할 때 이전의 값과 식 (2.34)가 예측한 값에 대한 가중평균을 취하는 것이다. 이런 생각을 반영하면 이 방법에 대한 반복 공식은

$$x_i \leftarrow \frac{\omega}{A_{ii}}\left(b_i - \sum_{\substack{j=1 \\ j\neq i}}^{n} A_{ij}x_j\right) + (1-\omega)x_i, \quad i = 1,2,\ldots,n \tag{2.35}$$

와 같이 바뀌고, 이때 ω를 완화계수(relaxation factor)라 한다. $\omega = 1$이면 당연히 완화 기법이 적용되는 않은 꼴이므로 식 (2.34)와 (2.35)는 같은 결과를 나타낼 것이고, $\omega <$ 1이면 식 (2.35)는 옛 값 x_i와 식 (2.34)에서 구한 값 사이의 보간(두 값 사이의 값으로 내삽법(interpolation)을 적용한다)을 반영한다. 그리고 $\omega >$ 1이면 외삽법(extrapolation)으로 구한 보간(두 값의 바깥에 있는 값)이 되며, 이를 과완화(overrelaxation)라 한다.

(이와는 반대로 ω < 1인 경우는 경완화(underrelaxation)라 한다)

완화 계수 ω를 최적화하는 실제적인 방법은 없다. 하지만 이의 추정은 반복법을 컴퓨터로 돌리면서 실시간으로 할 수 있다. 즉, 완화 기법을 적용하지 않은 상태(ω = 1)에서 k번째 반복 사이클이 일어나는 동안 **x**의 변화를 $\Delta x^{(k)} = |\mathbf{x}^{(k-1)} - \mathbf{x}^{(k)}|$로 둘 때 만약 k가 충분히 크면(보통 $k \geq 5$) ω의 최적값은 근사적으로 다음과 같다.(Terrence J. Akai, *Applied Numerical Methods for Engineers*, John Wiley & Sons(1994), pp. 100 참조)

$$\omega_{opt} \approx \frac{2}{1+\sqrt{1-(\Delta x^{(k+p)}/\Delta x^{(k)})^{1/p}}} \tag{2.36}$$

여기서 p는 양의 정수이다.

완화 기법을 탑재한 Gauss-Seidel 알고리즘의 기본적인 작업은 다음과 같다.

1. ω = 1로 하여k번 반복하고(보통 k = 10), k번째 반복 후에 $\Delta x^{(k)}$를 저장한다.
2. 다시 p번 더 반복하고(보통 $p \geq 1$) $\Delta x^{(k+p)}$를 저장한다.
3. 이후 반복은 $\omega = \omega_{opt}$로 두고 실시하며, 이때 ω_{opt}는 식 (2.36)으로 계산한다.

■ gaussSeidel

함수 gaussSeidel은 완화 기법을 탑재한 Gauss-Seidel 법을 실제 이식한 프로그램으로 식 (2.36)의 ω_{opt}을 k = 10와 p = 1을 이용하여 자동으로 계산해 준다. 하지만 사용자는 식 (2.35)의 반복 공식을 이용해 **x**를 갱신하는 iterEqs라는 함수를 반드시 제공해야 한다. (예제 2.17 참조)

```
function [x,numIter,omega] = gaussSeidel(func,x,maxIter,epsilon)
% 완화 기법을 탑재한 Gauss-Seidel 법으로 Ax = b를 푼다
% 사용법: [x,numIter,omega] = gaussSeidel(func,x,maxIter,epsilon)
% 입력:
% func          = 식 (2.35)의 반복 공식을 이용하여 개선된 x값을 돌려주는 함수 핸들
% x             = 처음 가정한 해 벡터
% maxIter       = 반복 횟수의 최대값(기본값은 500)
% epsilon       = 허용 오차(기본값은 1.0e-9)
% 출력:
% x             = 해 벡터
```

```
% numIter        = 프로그램에서 수행한 반복 횟수
% omega          = 완화 계수

if nargin < 4; epsilon = 1.0e-9; end
if nargin < 3; maxIter = 500; end
k = 10; p = 1; omega = 1;
for numIter = 1:maxIter
    xOld = x;
    x = feval(func,x,omega);
    dx = sqrt(dot(x - xOld,x - xOld));
    if dx < epsilon return; end
    if numIter == k; dx1 = dx; end
    if numIter == k + p
        omega = 2/(1 + sqrt(1 - (dx/dx1)^(1/p)));
    end
end
error('Too many iterations')
```

켤레(혹은 비간섭) 구배법

다음과 같은 스칼라 함수를 최소화하는 벡터 $\mathbf{x}$를 찾는 문제를 생각해 보자.

$$f(\mathbf{x}) = \frac{1}{2}\mathbf{x}^T\mathbf{A}\mathbf{x} - \mathbf{b}^T\mathbf{x} \tag{2.37}$$

여기서 $\mathbf{A}$는 대칭이고 양의 한정 행렬이다. $f(\mathbf{x})$는 이의 구배 $\nabla f = \mathbf{Ax} - \mathbf{b}$이 0일 때 최소가 되므로 이 문제는 다음 식을 푸는 일과 똑같다는 것을 알 수 있다.

$$\mathbf{Ax} = \mathbf{b} \tag{2.38}$$

구배법(gradient method)은 초기 벡터 $\mathbf{x}_0$에서 계속 반복하여 최소화를 수행하는데, k번째 반복 사이클에서 갱신한 해는 다음과 같다.

$$\mathbf{x}_{k+1} = \mathbf{x}_k + \alpha_k \mathbf{s}_k \tag{2.39}$$

여기서 스텝 길이(step length) α_k는 $\mathbf{x}_{k+1}$이 탐색 방향(search direction) $\mathbf{s}_k$을 따라

$f(\mathbf{x}_{k+1})$를 최소화하도록 선정된다. 즉, $\mathbf{x}_{k+1}$은 (2.38)을 반드시 만족하므로

$$\mathbf{A}(\mathbf{x}_k + \alpha_k \mathbf{s}_k) = \mathbf{b} \tag{a}$$

이고, 이때 나머지(residual)를

$$\mathbf{r}_k = \mathbf{b} - \mathbf{A}\mathbf{x}_k \tag{2.40}$$

와 같이 정의하면 식 (a)는 $a\mathbf{A}\mathbf{s}_k = \mathbf{s}_k$가 되고 $\mathbf{s}_k^T$를 양쪽 앞에 곱하여 α_k를 찾으면

$$\alpha_k = \frac{\mathbf{s}_k^T \mathbf{r}_k}{\mathbf{s}_k^T \mathbf{A}\mathbf{s}_k} \tag{2.41}$$

이 되는 것이다.

이제, 탐색 방향 $\mathbf{s}_k$를 결정해야 한다. 우선 직관으로 살펴보면 $\mathbf{s}_k = -\nabla f = \mathbf{r}_k$을 예상할 수 있는데, 이는 이렇게 하는 것이 $f(\mathbf{x})$가 음으로 가장 크게 변하는 방향이기 때문이다. 이렇게 결정하는 방법을 빠른 하향법(method of steepest descent)이라 하는데 수렴이 너무 늦어 별로 추천할만한 방법은 아니다. 따라서 좀더 효과적인 방법으로 켤레 구배법(conjugate gradient method)을 쓰는데, 이는 탐색 방향을

$$\mathbf{s}_{k+1} = \mathbf{r}_{k+1} + \beta_k \mathbf{s}_k \tag{2.42}$$

와 같이 정의한다. 여기서 β_k는 두 개의 연속된 탐색 방향이 서로 켤레(혹은 비간섭) 즉, $\mathbf{s}_{k+1}{}^T\mathbf{A}\mathbf{s}_k = 0$이 되도록 잡는다. 따라서 이 관계식에 식 (2.42)의 $\mathbf{s}_{k+1}$을 전치하여 대입하면 $(\mathbf{r}_{k+1}{}^T + \beta_k\mathbf{s}_k{}^T)\mathbf{A}\mathbf{s}_k = 0$이므로

$$\beta_k = -\frac{\mathbf{r}_{k+1}^T \mathbf{A}\mathbf{s}_k}{\mathbf{s}_k^T \mathbf{A}\mathbf{s}_k} \tag{2.43}$$

와 같다.

지금까지 설명한 켤레 구배법을 요약하면 다음과 같다.

- $\mathbf{x}_0$를 선택한다. (임의의 벡터로 선정할 수 있지만 반복 횟수를 줄일 수 있도록 가능하면 해와 가깝도록 하는 것이 좋다)
- $\mathbf{r}_0 \leftarrow \mathbf{b} - \mathbf{A}\mathbf{x}_0$

- $\mathbf{s}_0 \leftarrow \mathbf{r}_0$ (앞 반복 사이클에서 탐색 방향을 정하지 않았다면 빠른 하향법으로 한다)
- k = 0, 1, 2, …로 두고 다음을 반복한다.

$$\alpha_k \leftarrow \frac{\mathbf{s}_k^T \mathbf{r}_k}{\mathbf{s}_k^T \mathbf{A}\mathbf{s}_k}$$

$$\mathbf{x}_{k+1} \leftarrow \mathbf{x}_k + \alpha_k \mathbf{s}_k$$

$$\mathbf{r}_{k+1} \leftarrow \mathbf{b} - \mathbf{A}\mathbf{x}_{k+1}$$

만약 $|\mathbf{r}_{k+1}| \le \varepsilon$이면 루프를 탈출한다(여기서 ε는 허용 오차이다)

$$\beta_k \leftarrow \frac{\mathbf{r}_{k+1}^T \mathbf{A}\mathbf{s}_k}{\mathbf{s}_k^T \mathbf{A}\mathbf{s}_k}$$

$$\mathbf{s}_{k+1} \leftarrow \mathbf{r}_{k+1} + \beta_k \mathbf{s}_k$$

위의 알고리즘에서 만들어지는 나머지 벡터 $\mathbf{r}_1$, $\mathbf{r}_2$, $\mathbf{r}_3$, …는 서로 직교한다. 즉, $\mathbf{r}_i \cdot \mathbf{r}_j = 0(i \neq j)$이다. 여기서 n개의 나머지 벡터 모두를 계산할 수 있도록 반복 횟수를 충분히 크게 했다고 생각해 보자. 그러면 다음 번 반복 사이클에서 나머지 벡터는 반드시 영벡터(null vector) 즉, $\mathbf{r}_{n+1} = 0$이 될 것인데, 이는 해를 구했다는 뜻으로 켤레 구배법은 n번 반복하면 엄밀해에 도착한다는 측면에서 더 이상 반복법이 아님을 말하기도 한다. (물론 실제에서는 n보다 훨씬 작은 횟수로 수렴하지만)

켤레 구배법은 방정식 수가 작은 연립 방정식을 푸는데 있어서 직접법에 견주어 경쟁력을 갖는다고 할 수 없다. 다만, 시스템 규모가 크고 압축 행렬(**A**의 대부분 요소가 0)인 경우를 다룰 때에만 장점이 있다. 그리고 위 알고리즘에 **A**를 입력할 때는 임의의 벡터 **v**(예를 들면, $\mathbf{x}_{k+1}$나 $\mathbf{s}_k$)를 곱하여 **Av**의 모습이 되어야 한다는 점이 중요하다. 그래서 켤레 구배법을 쓸 때에는 이와 같은 곱셈을 수행해 줄 수 있는 함수를 따로 작성해 두는 것이 필요하기도 한다.

■ conjGrad

함수 conjGrad는 켤레 구배법을 실제 이식한 프로그램으로 최대 허용 반복 횟수는 n으로 지정되어 있다. 그리고 이 함수는 곱셈 **Av**를 돌려주는 또 다른 함수 Av(v)를 호출하는데, 이는 반드시 사용자가 제공해야만 한다. (예제 2.18 참조)

```
function [x,numIter] = conjGrad(func,x,b,epsilon)
% 켤레 구배법으로 Ax = b를 푼다
% 사용법: [x,numIter] = conjGrad(func,x,b,epsilon)
% 입력:
% func          = 벡터 A*v를 돌려주는 함수
% x             = 처음 시작하는 해 벡터
% b             = A*x = b에서 상수 벡터
% epsilon       = 허용 오차(기본값 = 1.0e-9)
% 출력:
% x             = 해 벡터
% numIter       = 프로그램에서 수행한 반복 횟수

if nargin == 3; epsilon = 1.0e-9; end
n = length(b);
r = b - feval(func,x); s = r;
for numIter = 1:n
    u = feval(func,s);
    alpha = dot(s,r)/dot(s,u);
    x = x + alpha*s;

    r = b - feval(func,x);
    if sqrt(dot(r,r)) < epsilon
        return
    else
        beta = -dot(r,u)/dot(s,u);
        s = r + beta*s;
    end
end
error('Too many iterations')
```

예제 2.15

Gauss-Seidel 법을 완화 기법을 적용하지 말고 다음 방정식을 풀어라.

$$\begin{bmatrix} 4 & -1 & 1 \\ -1 & 4 & -2 \\ 1 & -2 & 4 \end{bmatrix} \begin{bmatrix} x_1 \\ x_2 \\ x_3 \end{bmatrix} = \begin{bmatrix} 12 \\ -1 \\ 5 \end{bmatrix}$$

풀이 문제의 데이터를 가지고 식 (2.34)의 반복공식을 적용하면

$$x_1 = \frac{1}{4}(12 + x_2 - x_3)$$

$$x_2 = \frac{1}{4}(-1 + x_1 + 2x_3)$$

$$x_3 = \frac{1}{4}(5 - x_1 + 2x_2)$$

이고, 여기에 시작 값을 $x_1 = x_2 = x_3 = 0$로 하여 첫 번째 반복 루프를 돌리면

$$x_1 = \frac{1}{4}(12+0-0) = 3$$

$$x_2 = \frac{1}{4}[-1+3+2(0)] = 0.5$$

$$x_3 = \frac{1}{4}[5-3+2(0.5)] = 0.75$$

와 같다. 두 번째 반복 루프 후에는

$$x_1 = \frac{1}{4}(12+0.5-0.75) = 2.9375$$

$$x_2 = \frac{1}{4}[-1+2.9375+2(0.75)] = 0.85938$$

$$x_3 = \frac{1}{4}[5-2.9375+2(0.85938)] = 0.94531$$

그리고 세 번째 반복 루프를 마치면

$$x_1 = \frac{1}{4}(12+0.85938-0.94531) = 2.97852$$

$$x_2 = \frac{1}{4}[-1+2.97852+2(0.94531)] = 0.96729$$

$$x_3 = \frac{1}{4}[5-2.97852+2(0.96729)] = 0.98902$$

이다. 좀더 루프를 돌려 즉, 5번 이상 반복하면 해는 소수점 다섯 자리 범위 안에서 정확하게 $x_1 = 3$, $x_2 = x_3 = 1$와 일치할 것이다.

예제 2.16

예제 2.15를 켤레 구배법으로 풀어라.

풀이 켤레 구배법을 쓰면 아마 3번만 반복해도 해가 수렴할 것이다. 마찬가지로 시작하는 해 벡터를

$$\mathbf{x}_0 = \begin{bmatrix} 0 & 0 & 0 \end{bmatrix}^T$$

로 정하고 본문에서 설명한 절차대로 다음과 같이 수행한다.

$$\mathbf{r}_0 = \mathbf{b} - \mathbf{A}\mathbf{x}_0 = \begin{bmatrix} 12 \\ -1 \\ 5 \end{bmatrix} - \begin{bmatrix} 4 & -1 & 1 \\ -1 & 4 & -2 \\ 1 & -2 & 4 \end{bmatrix} \begin{bmatrix} 0 \\ 0 \\ 0 \end{bmatrix} = \begin{bmatrix} 12 \\ -1 \\ 5 \end{bmatrix}$$

$$\mathbf{s}_0 = \mathbf{r}_0 = \begin{bmatrix} 12 \\ -1 \\ 5 \end{bmatrix}$$

$$\mathbf{A}\mathbf{s}_0 = \begin{bmatrix} 4 & -1 & 1 \\ -1 & 4 & -2 \\ 1 & -2 & 4 \end{bmatrix} \begin{bmatrix} 12 \\ -1 \\ 5 \end{bmatrix} = \begin{bmatrix} 54 \\ -26 \\ 34 \end{bmatrix}$$

$$\alpha_0 = \frac{\mathbf{s}_0^T \mathbf{r}_0}{\mathbf{s}_0^T \mathbf{A}\mathbf{s}_0} = \frac{12^2 + (-1)^2 + 5^2}{12(54) + (-1)(-26) + 5(34)} = 0.20142$$

$$\mathbf{x}_1 = \mathbf{x}_0 + \alpha_0 \mathbf{s}_0 = \begin{bmatrix} 0 \\ 0 \\ 0 \end{bmatrix} + 0.20142 \begin{bmatrix} 12 \\ -1 \\ 5 \end{bmatrix} = \begin{bmatrix} 2.41704 \\ -0.20142 \\ 1.00710 \end{bmatrix}$$

$$\mathbf{r}_1 = \mathbf{b} - \mathbf{A}\mathbf{x}_1 = \begin{bmatrix} 12 \\ -1 \\ 5 \end{bmatrix} - \begin{bmatrix} 4 & -1 & 1 \\ -1 & 4 & -2 \\ 1 & -2 & 4 \end{bmatrix} \begin{bmatrix} 2.41704 \\ -0.20142 \\ 1.00710 \end{bmatrix} = \begin{bmatrix} 1.12332 \\ 4.23692 \\ -1.84828 \end{bmatrix}$$

$$\beta_0 = \frac{\mathbf{r}_1^T \mathbf{A}\mathbf{s}_0}{\mathbf{s}_0^T \mathbf{A}\mathbf{s}_0} = \frac{1.12332(54) + 4.23692(-26) - 1.84828(34)}{12(54) + (-1)(-26) + 5(34)} = 0.133107$$

$$\mathbf{s}_1 = \mathbf{r}_1 + \beta_0 \mathbf{s}_0 = \begin{bmatrix} 1.12332 \\ 4.23692 \\ -1.84828 \end{bmatrix} + 0.133107 \begin{bmatrix} 12 \\ -1 \\ 5 \end{bmatrix} = \begin{bmatrix} 2.72076 \\ 4.10380 \\ -1.18268 \end{bmatrix}$$

$$\mathbf{A}\mathbf{s}_1 = \begin{bmatrix} 4 & -1 & 1 \\ -1 & 4 & -2 \\ 1 & -2 & 4 \end{bmatrix} \begin{bmatrix} 2.72076 \\ 4.10380 \\ -1.18268 \end{bmatrix}$$

$$\begin{aligned} \alpha_1 &= \frac{\mathbf{s}_1^T \mathbf{r}_1}{\mathbf{s}_1^T \mathbf{A}\mathbf{s}_1} \\ &= \frac{2.72076(1.12332) + 4.10380(4.23692) + (-1.18268)(-1.84828)}{2.72076(5.59656) + 4.10380(16.05980) + (-1.18268)(-10.21760)} \\ &= 0.24276 \end{aligned}$$

$$\mathbf{x}_2 = \mathbf{x}_1 + \alpha_1 \mathbf{s}_1 = \begin{bmatrix} 2.41704 \\ -0.20142 \\ 1.00710 \end{bmatrix} + 0.24276 \begin{bmatrix} 2.72076 \\ 4.10380 \\ -1.18268 \end{bmatrix} = \begin{bmatrix} 3.07753 \\ 0.79482 \\ 0.71999 \end{bmatrix}$$

$$\mathbf{r}_2 = \mathbf{b} - \mathbf{A}\mathbf{x}_2 = \begin{bmatrix} 12 \\ -1 \\ 5 \end{bmatrix} - \begin{bmatrix} 4 & -1 & 1 \\ -1 & 4 & -2 \\ 1 & -2 & 4 \end{bmatrix} \begin{bmatrix} 3.07753 \\ 0.79482 \\ 0.71999 \end{bmatrix} = \begin{bmatrix} -0.23529 \\ 0.33823 \\ 0.63215 \end{bmatrix}$$

$$\beta_1 = \frac{\mathbf{r}_2^T \mathbf{A}\mathbf{s}_1}{\mathbf{s}_1^T \mathbf{A}\mathbf{s}_1}$$

$$= \frac{(-0.23529)(5.59656)+0.33823(16.05980)+0.63215(-10.21760)}{2.72076(5.59656)+4.10380(16.05980)+(-1.18268)(-10.21760)}$$

$$= 0.0251452$$

$$\mathbf{s}_2 = \mathbf{r}_2 + \beta_1 \mathbf{s}_1 = \begin{bmatrix} -0.23529 \\ 0.33823 \\ 0.63215 \end{bmatrix} + 0.0251452 \begin{bmatrix} 2.72076 \\ 4.10380 \\ -1.18268 \end{bmatrix} = \begin{bmatrix} -0.166876 \\ 0.441421 \\ 0.602411 \end{bmatrix}$$

$$\mathbf{A}\mathbf{s}_2 = \begin{bmatrix} 4 & -1 & 1 \\ -1 & 4 & -2 \\ 1 & -2 & 4 \end{bmatrix} \begin{bmatrix} -0.166876 \\ 0.441421 \\ 0.602411 \end{bmatrix} = \begin{bmatrix} -0.506514 \\ 0.727738 \\ 1.359930 \end{bmatrix}$$

$$\alpha_2 = \frac{\mathbf{r}_2^T \mathbf{s}_2}{\mathbf{s}_2^T \mathbf{A}\mathbf{s}_2}$$

$$= \frac{(-0.23529)(-0.166876)+0.33823(0.441421)+0.63215(0.602411)}{(-0.166876)(-0.506514)+0.441421(0.727738)+0.602411(1.359930)}$$

$$= 0.46480$$

$$\mathbf{x}_3 = \mathbf{x}_2 + \alpha_2 \mathbf{s}_2 = \begin{bmatrix} 3.07753 \\ 0.79482 \\ 0.71999 \end{bmatrix} + 0.46480 \begin{bmatrix} -0.166876 \\ 0.441421 \\ 0.602411 \end{bmatrix} = \begin{bmatrix} 2.99997 \\ 0.99999 \\ 0.99999 \end{bmatrix}$$

이 해 $\mathbf{x}_3$은 소수점 다섯 자리까지 거의 정확하다. 다만, 아주 작은 차이가 발생한 것은 계산기로 계산할 때 숫자의 표시 오차 때문이다.

예제 2.17

완화 기법을 탑재한 Gauss-Seidel 법으로 다음과 같은 n개의 연립 방정식을 푸는 프로그램을 작성하고 $n = 20$으로 하여 실행해 보라. 엄밀해가 $x_i = -n/4 + i/2(i = 1, 2, \cdots, n)$인지도 확인하라. (이런 형태를 회전식 3중 대각 행렬(cyclic tridiagonal matrix)

이라 하고, 이는 주로 2차 미분 방정식을 주기적인 경계조건을 써서 유한차분법으로 풀 때 나타난다.)

$$\begin{bmatrix} 2 & -1 & 0 & 0 & \cdots & 0 & 0 & 0 & 1 \\ -1 & 2 & -1 & 0 & \cdots & 0 & 0 & 0 & 0 \\ 0 & -1 & 2 & -1 & \cdots & 0 & 0 & 0 & 0 \\ \vdots & \vdots & \vdots & \vdots & & \vdots & \vdots & \vdots & \vdots \\ 0 & 0 & 0 & 0 & \cdots & -1 & 2 & -1 & 0 \\ 0 & 0 & 0 & 0 & \cdots & 0 & -1 & 2 & -1 \\ 1 & 0 & 0 & 0 & \cdots & 0 & 0 & -1 & 2 \end{bmatrix} \begin{bmatrix} x_1 \\ x_2 \\ x_3 \\ \vdots \\ x_{n-2} \\ x_{n-1} \\ x_n \end{bmatrix} = \begin{bmatrix} 0 \\ 0 \\ 0 \\ \vdots \\ 0 \\ 0 \\ 1 \end{bmatrix}$$

풀이 이 경우 식 (2.35)의 반복 공식은 다음과 같다.

$$\begin{aligned} x_1 &= \omega(x_2 - x_n)/2 + (1-\omega)x_1 \\ x_i &= \omega(x_{i-1} + x_{i+1})/2 + (1-\omega)x_i, \quad i = 2,3,\ldots,n-1 \\ x_n &= \omega(1 - x_1 + x_{n-1})/2 + (1-\omega)x_n \end{aligned} \tag{a}$$

그리고 다음 함수는 식 (a)를 평가한다.

```
function x = fex2_17(x,omega)
% 예제 2.17을 위한 반복 공식인 식 (2.35)

n = length(x);
x(1) = omega*(x(2) - x(n))/2 + (1-omega)*x(1);
for i = 2:n-1
    x(i) = omega*(x(i-1) + x(i+1))/2 + (1-omega)*x(i);
end
x(n) = omega *(1 - x(1) + x(n-1))/2 + (1-omega)*x(n);
```

이 해는 아래와 같이 단 한 줄의 명령만으로 얻을 수 있다. (시작 벡터는 **x = 0**이다)

```
>> [x,numIter, omega] = gaussSeidel(@fex2_17,zeros(20,1))
x =
   -4.5000
   -4.0000
```

```
    -3.5000
    -3.0000
    -2.5000
    -2.0000
    -1.5000
    -1.0000
    -0.5000
     0.0000
     0.5000
     1.0000
     1.5000
     2.0000
     2.5000
     3.0000
     3.5000
     4.0000
     4.5000
     5.0000
numIter =
   259
omega =
     1.7055
```

이 문제에서 보듯 반복 횟수가 259로 수렴 속도가 아주 느린데, 이는 계수 행렬이 대각 우세성을 갖지 못하기 때문이다. 즉, 식 (2.30)에 **A**의 요소를 대입하면 부등식이 아니라 등식이다. 만약 계수 행렬의 각 대각 요소를 2에서 4로 바꾸면 **A**는 대각적으로 우세한 행렬이 될 것이며, 따라서 수렴 속도도 22번의 반복 횟수밖에 걸리지 않아 매우 빠를 것이다. 직접 확인해 보길 바란다.

예제 2.18

예제 2.17을 켤레 구배법으로 풀어라. 단, n = 20이다.

풀이 행렬 **A**에 대해 벡터 **Av**의 각 성분은

$$(\mathbf{Av})_1 = 2v_1 - v_2 + v_n$$
$$(\mathbf{Av})_i = -v_{i-1} + 2v_i - v_{i+1}, \quad i = 2,3,\ldots,n-1$$
$$(\mathbf{Av})_n = -v_{n-1} + 2v_n + v_1$$

이고, 이는 다음 함수로 계산할 수 있다.

```
function Av = fex2_18(v)
% 예제 2.18의 곱셈 A*v을 계산한다

n = length(v);
Av = zeros(n,1);
Av(1) = 2*v(1) - v(2) + v(n);
Av(2:n-1) = -v(1:n-2) + 2*v(2:n-1) - v(3:n);
Av(n) = -v(n-1) + 2*v(n) + v(1);
```

아래에 보인 프로그램은 conjGrad 함수를 이용하는데, 여기서 해 벡터 **x**와 상수 벡터 **b**를 모두 0으로 초기화하였다.

```
% 예제 2.18 (켤레 구배법)
n = 20;
x = zeros(n,1);
b = zeros(n,1); b(n) = 1;
[x,numIter] = conjGrad(@fex2_18,x,b)
```

(프로그램 결과)

```
x =
   -4.5000
   -4.0000
   -3.5000
   -3.0000
   -2.5000
   -2.0000
   -1.5000
   -1.0000
   -0.5000
         0
    0.5000
    1.0000
    1.5000
    2.0000
    2.5000
    3.0000
```

```
     3.5000
     4.0000
     4.5000
     5.0000
numIter =
     10
```

문제 2.3

1. 다음의 두 행렬(**B**는 **A**의 처음 두 행을 바꾸어 만들었음)에 대하여 $\mathbf{A}^{-1}$을 알 때 $\mathbf{B}^{-1}$을 구하라.

$$\mathbf{A}=\begin{bmatrix} 3 & -1 & 2 \\ 0 & 1 & 3 \\ -2 & 2 & -4 \end{bmatrix} \qquad \mathbf{B}=\begin{bmatrix} 0 & 1 & 3 \\ 3 & -1 & 2 \\ -2 & 2 & -4 \end{bmatrix}$$

여기서

$$\mathbf{A}^{-1}=\begin{bmatrix} 0.5 & 0 & 0.25 \\ 0.3 & 0.4 & 0.45 \\ -0.1 & 0.2 & -0.15 \end{bmatrix}$$

이다.

2. 다음과 같은 삼각 행렬의 역행렬을 각각 찾아라.

$$\mathbf{A}=\begin{bmatrix} 2 & 4 & 3 \\ 0 & 6 & 5 \\ 0 & 0 & 2 \end{bmatrix} \qquad \mathbf{B}=\begin{bmatrix} 2 & 0 & 0 \\ 3 & 4 & 0 \\ 4 & 5 & 6 \end{bmatrix}$$

3. 다음의 삼각 행렬을 역수로 만들어라.

$$\mathbf{A}=\begin{bmatrix} 1 & 1/2 & 1/4 & 1/8 \\ 0 & 1 & 1/3 & 1/9 \\ 0 & 0 & 1 & 1/4 \\ 0 & 0 & 0 & 1 \end{bmatrix}$$

4. 다음과 같은 행렬의 역행렬을 구하라.

(a) $\mathbf{A} = \begin{bmatrix} 1 & 2 & 4 \\ 1 & 3 & 9 \\ 1 & 4 & 16 \end{bmatrix}$ (b) $\mathbf{B} = \begin{bmatrix} 4 & -1 & 0 \\ -1 & 4 & -1 \\ 0 & -1 & 4 \end{bmatrix}$

5. 다음 행렬을 역수로 하라.

$$\mathbf{A} = \begin{bmatrix} 4 & -2 & 1 \\ -2 & 1 & -1 \\ 1 & -2 & 4 \end{bmatrix}$$

6. ■ 다음 행렬을 선호하는 방법을 써서 역행렬로 바꾸어라.

$$\mathbf{A} = \begin{bmatrix} 5 & -3 & -1 & 0 \\ -2 & 1 & 1 & 1 \\ 3 & -5 & 1 & 2 \\ 0 & 8 & -4 & -3 \end{bmatrix} \qquad \mathbf{B} = \begin{bmatrix} 4 & -1 & 0 & 0 \\ -1 & 4 & -1 & 0 \\ 0 & -1 & 4 & -1 \\ 0 & 0 & -1 & 4 \end{bmatrix}$$

7. ■ 다음 행렬에 대하여 본문에서 설명한 한 방법을 써서 역행렬을 찾고 그 결과의 신뢰성에 대하여 언급해 보라.

$$\mathbf{A} = \begin{bmatrix} 1 & 3 & -9 & 6 & 4 \\ 2 & -1 & 6 & 7 & 1 \\ 3 & 2 & -3 & 15 & 5 \\ 8 & -1 & 1 & 4 & 2 \\ 11 & 1 & -2 & 18 & 7 \end{bmatrix}$$

8. ■ 문제 2.2의 14번인 평면 트러스에서 절점 변위 **u**는 절점에 작용하는 힘 **p**와 다음의 관계에 있다.

$$\mathbf{Ku} = \mathbf{p} \tag{a}$$

여기서

$$\mathbf{K} = \begin{bmatrix} 27.580 & 7.004 & -7.004 & 0.000 & 0.000 \\ 7.004 & 29.570 & -5.253 & 0.000 & -24.320 \\ -7.004 & -5.253 & 29.570 & 0.000 & 0.000 \\ 0.000 & 0.000 & 0.000 & 27.580 & -7.004 \\ 0.000 & -24.320 & 0.000 & -7.004 & 29.570 \end{bmatrix} \text{MN/m}$$

이고, 이를 트러스의 강성 행렬(stiffness matrix)이라 한다. 식 (a)의 양변에 $\mathbf{K}^{-1}$을 곱하면 $\mathbf{u} = \mathbf{K}^{-1}\mathbf{p}$을 얻을 수 있는데, 이때 $\mathbf{K}^{-1}$은 연성 행렬(flexibility matrix)로 K_{ij}^{-1}는 단위 하중 $p_j = 1$로 발생하는 변위 $u_i(i = 1,2, \cdots, 5)$라는 물리적인 뜻을 갖는다. (a) 트러스의 연성 행렬을 계산하라. (b) 하중 $p_5 = -45$kN로 생기는 각 절점의 변위를 구하라. (문제2.2의 14번 그림을 참조)

9. ■ 다음 행렬의 역행렬을 구하라.

$$\mathbf{A} = \begin{bmatrix} 3 & -7 & 45 & 21 \\ 12 & 11 & 10 & 17 \\ 6 & 25 & -80 & -24 \\ 17 & 55 & -9 & 7 \end{bmatrix} \qquad \mathbf{B} = \begin{bmatrix} 1 & 1 & 1 & 1 \\ 1 & 2 & 2 & 2 \\ 2 & 3 & 4 & 4 \\ 4 & 5 & 6 & 7 \end{bmatrix}$$

10. ■ 임의의 n X n 아랫삼각 행렬에 대한 역행렬을 구하는 프로그램을 작성하고, 이를 다음 행렬에 적용해 보고 이 결과를 $\mathbf{AA}^{-1}$를 계산하여 검토하라. 단, 역행렬을 구하는 과정에 전방 대입법만 포함하도록 한다.

$$\mathbf{A} = \begin{bmatrix} 36 & 0 & 0 & 0 \\ 18 & 36 & 0 & 0 \\ 9 & 12 & 36 & 0 \\ 5 & 4 & 9 & 36 \end{bmatrix}$$

11. Gauss-Seidel 법을 써서 다음 방정식을 풀어라.

$$\begin{bmatrix} -2 & 5 & 9 \\ 7 & 1 & 1 \\ -3 & 7 & -1 \end{bmatrix} \begin{bmatrix} x_1 \\ x_2 \\ x_3 \end{bmatrix} = \begin{bmatrix} 1 \\ 0 \\ -26 \end{bmatrix}$$

12. 다음 방정식을Gauss-Seidel 법으로 풀어라.

$$\begin{bmatrix} 12 & -2 & 3 & 1 \\ -2 & 15 & 6 & -3 \\ 1 & 6 & 20 & -4 \\ 0 & -3 & 2 & 9 \end{bmatrix}\begin{bmatrix} x_1 \\ x_2 \\ x_3 \\ x_4 \end{bmatrix} = \begin{bmatrix} 0 \\ 0 \\ 20 \\ 0 \end{bmatrix}$$

13. 완화 기법을 탑재한 Gauss-Seidel 법으로 $\mathbf{Ax} = \mathbf{b}$를 풀어라. 여기서

$$\mathbf{A} = \begin{bmatrix} 4 & -1 & 0 & 0 \\ -1 & 4 & -1 & 0 \\ 0 & -1 & 4 & -1 \\ 0 & 0 & -1 & 3 \end{bmatrix} \qquad \mathbf{b} = \begin{bmatrix} 15 \\ 10 \\ 10 \\ 10 \end{bmatrix}$$

이고, 시작 벡터로는 $x_i = b_i/A_{ii}$, 그리고 완화 계수는 $\omega = 1.1$을 이용한다.

14. 켤레 구배법을 써서 다음 방정식을 풀어라. 단, 시작하는 해는 $\mathbf{x} = \mathbf{0}$이다.

$$\begin{bmatrix} 2 & -1 & 0 \\ -1 & 2 & -1 \\ 0 & -1 & 1 \end{bmatrix}\begin{bmatrix} x_1 \\ x_2 \\ x_3 \end{bmatrix} = \begin{bmatrix} 1 \\ 1 \\ 1 \end{bmatrix}$$

15. 다음 방정식을 켤레 구배법에서 처음 $\mathbf{x} = \mathbf{0}$로 하여 풀어라.

$$\begin{bmatrix} 3 & 0 & -1 \\ 0 & 4 & -2 \\ -1 & -2 & 5 \end{bmatrix}\begin{bmatrix} x_1 \\ x_2 \\ x_3 \end{bmatrix} = \begin{bmatrix} 4 \\ 10 \\ -10 \end{bmatrix}$$

16. ■ 연립 방정식 $\mathbf{Ax} = \mathbf{b}$와 $\mathbf{Bx} = \mathbf{b}$를 완화 기법을 탑재한 Gauss-Seidel 법으로 풀어라. 여기서

$$\mathbf{b} = \begin{bmatrix} 10 & -8 & 10 & 10 & -8 & 10 \end{bmatrix}^T$$

$$\mathbf{A} = \begin{bmatrix} 3 & -2 & 1 & 0 & 0 & 0 \\ -2 & 4 & -2 & 1 & 0 & 0 \\ 1 & -2 & 4 & -2 & 1 & 0 \\ 0 & 1 & -2 & 4 & -2 & 1 \\ 0 & 0 & 1 & -2 & 4 & -2 \\ 0 & 0 & 0 & 1 & -2 & 3 \end{bmatrix}$$

$$\mathbf{B} = \begin{bmatrix} 3 & -2 & 1 & 0 & 0 & 0 \\ -2 & 4 & -2 & 1 & 0 & 0 \\ 1 & -2 & 4 & -2 & 1 & 0 \\ 0 & 1 & -2 & 4 & -2 & 1 \\ 0 & 0 & 1 & -2 & 4 & -2 \\ 1 & 0 & 0 & 1 & -2 & 3 \end{bmatrix}$$

이고, 참고로 **A**는 대각적으로 우세하지는 않지만 이것이 해의 수렴성을 방해하는 것은 아니다.

17. ■ 예제 2.17(Gauss-Seidel 법)에서 사용한 프로그램을 수정하여 다음 방정식이 풀릴 수 있도록 하라. 여기서

$$\begin{bmatrix} 4 & -1 & 0 & 0 & \cdots & 0 & 0 & 0 & 1 \\ -1 & 4 & -1 & 0 & \cdots & 0 & 0 & 0 & 0 \\ 0 & -1 & 4 & -1 & \cdots & 0 & 0 & 0 & 0 \\ \vdots & \vdots & \vdots & \vdots & & \vdots & \vdots & \vdots & \vdots \\ 0 & 0 & 0 & 0 & \cdots & -1 & 4 & -1 & 0 \\ 0 & 0 & 0 & 0 & \cdots & 0 & -1 & 4 & -1 \\ 1 & 0 & 0 & 0 & \cdots & 0 & 0 & -1 & 4 \end{bmatrix} \begin{bmatrix} x_1 \\ x_2 \\ x_3 \\ \vdots \\ x_{n-2} \\ x_{n-1} \\ x_n \end{bmatrix} = \begin{bmatrix} 0 \\ 0 \\ 0 \\ \vdots \\ 0 \\ 0 \\ 100 \end{bmatrix}$$

이고, 또 이 프로그램을 n = 20으로 실행하여 예제 2.17에서 보인 반복 횟수와 비교해 보라.

18. ■ 문제 17의 방정식을 켤레 구배법으로 풀 수 있도록 예제 2.18에서 사용한 프로그램을 수정하여 n = 20에서 실행하라.

19.

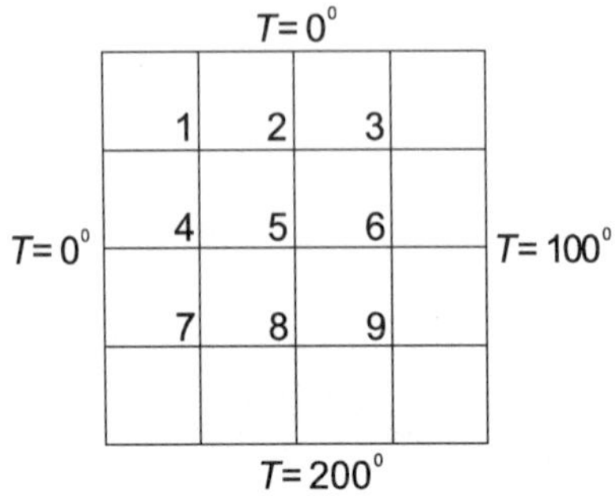

사각 평판은 끝 면의 온도가 그림과 같이 유지되고 있다. 이때, 정상상태(steady-state) 열전도를 가정하면 평판 내부의 온도를 지배하는 미분 방정식은 다음과 같다.

$$\frac{\partial^2 T}{\partial x^2}+\frac{\partial^2 T}{\partial y^2}=0$$

그리고 이 미분방정식을 그림과 같이 그물(mesh)을 그려 유한차분을 적용하면 다음과 같은 대수 방정식으로 근사화할 수 있다.

$$\begin{bmatrix} -4 & 1 & 0 & 1 & 0 & 0 & 0 & 0 & 0 \\ 1 & -4 & 1 & 0 & 1 & 0 & 0 & 0 & 0 \\ 0 & 1 & -4 & 0 & 0 & 1 & 0 & 0 & 0 \\ 1 & 0 & 0 & -4 & 1 & 0 & 1 & 0 & 0 \\ 0 & 1 & 0 & 1 & -4 & 1 & 0 & 1 & 0 \\ 0 & 0 & 1 & 0 & 1 & -4 & 0 & 0 & 1 \\ 0 & 0 & 0 & 1 & 0 & 0 & -4 & 1 & 0 \\ 0 & 0 & 0 & 0 & 1 & 0 & 1 & -4 & 1 \\ 0 & 0 & 0 & 0 & 0 & 1 & 0 & 1 & -4 \end{bmatrix} \begin{bmatrix} T_1 \\ T_2 \\ T_3 \\ T_4 \\ T_5 \\ T_6 \\ T_7 \\ T_8 \\ T_9 \end{bmatrix} = - \begin{bmatrix} 0 \\ 0 \\ 100 \\ 0 \\ 0 \\ 100 \\ 200 \\ 200 \\ 300 \end{bmatrix}$$

켤레 구배법으로 이 방정식을 풀어라.

MATLAB® 함수

x = A\b **Ax** = **b**의 해 **x**를 Gauss 소거법을 써서 돌려준다. 만약 방정식의 개수가 미지수보다 더 많으면(혹은 행렬 **A**에서 열보다 행이 더 많으면) 최소제곱법(least-square method)을 써서 해를 구한다.

[L,U] = lu(A) Doolittle 분해법으로 **A** = **LU**을 찾는다. 여기서 U는 윗삼각 행렬이고, L은 아랫삼각 행렬과 행 방향의 순서를 결정하는 순열 행렬(permutation matrix)의 곱이다.

[M,U,P] = lu(A) 위와 똑같은 U를 돌려주지만, 이젠 M이 아랫삼각 행렬이고 P는 순열 행렬이다. 즉, M = P*L이다. 참고로 이 명령에서는 P*A = M*U가 성립한다.

L = chol(A) Choleski 분해법으로 $\mathbf{A} = \mathbf{LL}^T$을 찾는다.

B = inv(A) A의 역행렬인 B를 돌려준다. (여기서는 사용 방법을 지정하지 않았다)

n = norm(A,1) 노옴 $n = \max_j \sum_i |A_{ij}|$을 돌려준다. 즉, **A**의 열 요소를 다 합했을 때 가장 큰 값을 돌려준다.

c = cond(A) 행렬 A의 조건수(condition number)를 돌려준다.

MATLAB®은 띠 행렬에 대한 함수는 제공하지 않지만 이는 MATLAB이 아주 폭넓게 지원하고 있는 압축 행렬(sparse matrix)로 쉽게 취급할 수 있다. 띠 행렬을 압축 형태로 만드는 명령과 이를 다루는 예는 다음과 같다.

A = spdiags(B,d,n,n) 행렬 B의 열을 d로 지정된 대각선을 따라 배치함으로써 임의의 n X n 압축 행렬을 만들어 돌려준다. B의 열은 실제로 나타나는 대각선보다 더 길 수도 있다. A의 위쪽 대각 요소는 B의 열의 아래 부분에서 취하는 반면 아래 대각 요소는 B의 위 부분에서 가져온다.

하나의 예로 다음과 같은 5 X 5 3중 대각 행렬을 만들어 보자.

$$\mathbf{A} = \begin{bmatrix} 2 & -1 & 0 & 0 & 0 \\ -1 & 2 & -1 & 0 & 0 \\ 0 & -1 & 2 & -1 & 0 \\ 0 & 0 & -1 & 2 & -1 \\ 0 & 0 & 0 & -1 & 2 \end{bmatrix}$$

```
>> c = ones(5,1);
>> A = spdiags([-c 2*c -c],[-1 0 1],5,5)
A =
   (1,1)          2
   (2,1)         -1
   (1,2)         -1
   (2,2)          2
   (3,2)         -1
   (2,3)         -1
   (3,3)          2
   (4,3)         -1
   (3,4)         -1
   (4,4)          2
   (5,4)         -1
   (4,5)         -1
   (5,5)          2
```

만약 행렬을 sparse로 선언했다면 MATLAB은 이 행렬의 0이 아닌 요소와 이의 행렬 안에서 놓인 위치에 대한 정보만을 저장한다. 그리고 화면에 나타낼 때는 이 값과 행과 열의 위치에 대한 첨자를 괄호로 싸서 보여준다.

MATLAB®의 거의 모든 행렬 함수(위에서 보인 ones도 포함)는 압축 행렬에도 잘 작용한다. 예를 들어, [L,U] = lu(A)는 만약 A가 압축 행렬이면 L과 U도 압축 행렬로 반환한다. 그 밖에 특별한 수많은 압축 행렬 함수가 있지만 몇몇 예만 들면 다음과 같다.

A = full(S) 압축 행렬 S를 완전 행렬(full matrix) A로 돌려준다.

S = sparse(A) 완전 행렬 A를 압축 행렬 S로 바꾼다.

x = lsqr(A,b) 켤레 구배법으로 **Ax** = **b**를 푼다.

spy(S) 압축 행렬 S의 0 아닌 요소를 그림으로 보여준다.

3. 보간과 곡선 맞추기

n개의 데이터 $(x_i, y_i)(i = 1,2,...,n)$로 $y(x)$를 찾는다

3.1 개요

이산 데이터나 다음과 같은 데이터의 표 형태는 공학적인 계산 문제에서 흔히 나타난다.

x_1	x_2	x_3	…	x_5
y_1	y_2	y_3	…	y_5

물론 이런 데이터는 실험이나 관찰을 하거나 수치 계산 따위를 통하여 얻을 수 있다. 보간과 곡선 맞추기는 서로 차이가 있다. 보간(interpolation)은 데이터가 정확하고 서로 구분된다는 가정을 두고 이 데이터로부터 곡선을 찾는 것이고, 곡선 맞추기(curve fitting)는 이른바 잡음(noise)이 섞여있는 데이터에 적용하여 이 데이터를 근사화하여 부드러운 곡선으로 바꾸는 것이다. 즉, 곡선 맞추기에서는 곡선이 데이터 점을 꼭 지날 필요가 없다. 이 둘의 차이를 그림으로 보이면 그림 3.1과 같다.

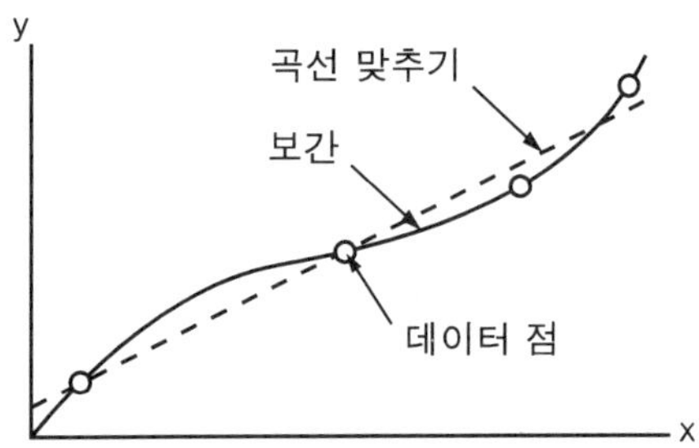

그림 3.1 데이터의 보간과 곡선 맞추기

3.2 보간 다항식

Lagrange 법

보간의 가장 간단한 형태는 다항식(polynomial)이다. 그리고 n개의 서로 다른 데이터 점을 지나는 차수가 n-1인 다항식 $P_{n-1}(x)$을 꼭 하나 만드는 일도 항상 가능하다. 이런 다항식을 얻는 여러 방법 중의 하나인 Lagrange 공식은 다음과 같다.

$$P_{n-1}(x) = \sum_{i=1}^{n} y_i l_i(x) \tag{3.1a}$$

여기서

$$\begin{aligned} l_i(x) &= \frac{x-x_1}{x_i-x_1}\cdot\frac{x-x_2}{x_i-x_2}\cdots\frac{x-x_{i-1}}{x_i-x_{i-1}}\cdot\frac{x-x_{i+1}}{x_i-x_{i+1}}\cdots\frac{x-x_n}{x_i-x_n} \\ &= \prod_{\substack{j=1 \\ j\neq i}}^{n}\frac{x-x_j}{x_i-x_j},\quad i=1,2,\ldots,n \end{aligned} \tag{3.1b}$$

이고, 이를 기본함수(cardinal function)라 한다.

예를 들어, n = 2이면 보간식(interpolant)은 직선인 $P_1(x) = y_1l_1(x) + y_2l_2(x)$이며, 이때

$$l_1(x) = \frac{x-x_2}{x_1-x_2} \qquad l_2(x) = \frac{x-x_1}{x_2-x_1}$$

이다. 그리고 n = 3이면 포물선 $P_2(x) = y_1l_1(x) + y_2l_2(x) + y_3l_3(x)$로 보간식을 찾을 수 있고, 여기서 각 기본함수는 다음과 같다.

$$l_1(x) = \frac{(x-x_2)(x-x_3)}{(x_1-x_2)(x_1-x_3)}$$

$$l_2(x) = \frac{(x-x_1)(x-x_3)}{(x_2-x_1)(x_2-x_3)}$$

$$l_3(x) = \frac{(x-x_1)(x-x_2)}{(x_3-x_1)(x_3-x_2)}$$

기본함수는 일반적으로 차수가 $n-1$이고 다음과 같은 특징을 갖는다.

$$l_i(x_j) = \begin{cases} 0 & \text{if } i \neq j \\ 1 & \text{if } i = j \end{cases} = \delta_{ij} \tag{3.2}$$

여기서 δ_{ij}는 Kronecker 델타이다. 이런 특징을 x_1 = 0, x_2 = 2, 그리고 x_3 = 3에 대하여 3점 보간인 경우를 예로 들면 그림 3.2와 같다.

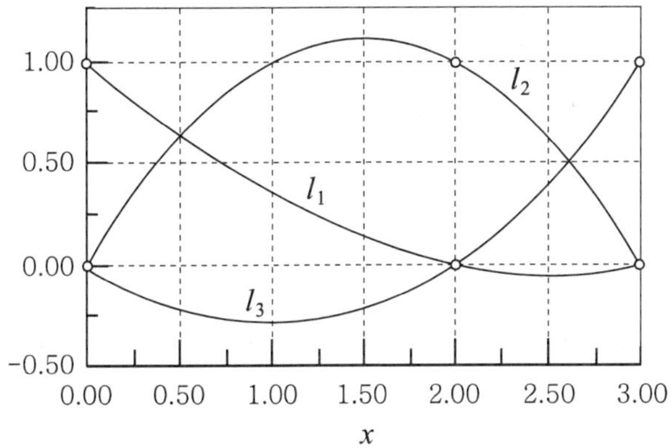

그림 3.2 기본함수가 2차인 예

보긴식이 각 데이터 점을 지나는지를 증명하기 위해 $x = x_j$를 식 (3.1a)에 대입한 후 식 (3.2)를 이용해 보자. 이 결과는

$$P_{n-1}(x_j) = \sum_{i=1}^{n} y_i l_i(x_j) = \sum_{i=1}^{n} y_i \delta_{ij} = y_j$$

와 같아서 증명을 쉽게 끝낼 수 있다.

보간 다항식의 오차는

$$f(x) - P_{n-1}(x) = \frac{(x-x_1)(x-x_2)\cdots(x-x_n)}{n!} f^{(n)}(\xi) \tag{3.3}$$

와 같다. 여기서 ξ는 구간 $(x_1,\ x_n)$ 안에 있지만 그 값은 알지 못한다. 복잡한 식이라 더 이상 설명하는 것보다 교육적인 관점에서 데이터가 x에서 멀어지면 질수록 x에서의 오차는 더 크다는 사실만 기억해두도록 하자.

Newton 법

다항식의 평가

Lagrange 법이 개념적으로는 비록 간단하지만 효과적인 알고리즘으로 바꾸기에는 곤란하다. 그래서 좀더 계산하기 편리한 절차를 위해 Newton 법을 쓰는데 이의 보간 다항식은 다음과 같다.

$$P_{n-1}(x) = a_1 + (x - x_1)a_2 + (x - x_1)(x - x_2)a_3 + \cdots + (x - x_1)(x - x_2)\cdots(x - x_{n-1})a_n$$

이 다항식은 효과적인 평가(혹은 알고리즘 생성)가 가능하다. 예를 들어, 4개의 데이터 ($n = 4$) 즉,

$$\begin{aligned} P_3(x) &= a_1 + (x - x_1)a_2 + (x - x_1)(x - x_2)a_3 + (x - x_1)(x - x_2)(x - x_3)a_4 \\ &= a_1 + (x - x_1)\{a_2 + (x - x_2)[a_3 + (x - x_3)a_4]\} \end{aligned}$$

와 같은 보간 다항식은 뒤에서부터 평가할 수 있는데 다음과 같은 순환 관계(recurrence relation)를 갖게 된다.

$$\begin{aligned} P_0(x) &= a_4 \\ P_1(x) &= a_3 + (x - x_3)P_0(x) \\ P_2(x) &= a_2 + (x - x_2)P_1(x) \\ P_3(x) &= a_1 + (x - x_1)P_2(x) \end{aligned}$$

따라서 임의의 n에 대해서는

$$P_0(x) = a_n \quad P_k(x) = a_{n-k} + (x - x_{n-k})P_{k-1}(x), \ \ k = 1, 2, \ldots, n-1 \tag{3.4}$$

와 같다.

■ newtonPloy

데이터의 x축 값을 xData, 그리고 데이터의 개수를 n으로 나타내면 $P_{n-1}(x)$를 계산하는 알고리즘은 다음과 같다.

```
function p = newtonPoly(a,xData,x)
% x에서 Newton 다항식의 값을 돌려준다
% 사용법: p = newtonPoly(a,xData,x)
% a              = 다항식의 계수 행렬로 newtonCoeff를 써서 먼저 계산되어야 한다
% xData          = 데이터의 x축 값

n = length(xData);
p = a(n);
for k = 1:n-1;
    p = a(n-k) + (x - xData(n-k))*p;
end
```

계수 계산

$P_{n-1}(x)$의 계수는 다항식에 각 데이터 값을 대입하여 결정할 수 있다. 즉, $y_i = P_{n-1}(x_i)(i = 1,2,\ldots, n)$로 다음과 같은 연립 방정식의 형태가 된다.

$$
\begin{aligned}
y_1 &= a_1 \\
y2 &= a_1 + (x_2 - x_1)a_2 \\
y_3 &= a_1 + (x_3 - x_1)a_2 + (x_3 - x_1)(x_3 - x_2)a_3 \\
&\vdots \\
y_n &= a_1 + (x_n - x_1)a_2 + \cdots + (x_n - x_1)(x_n - x_2)\cdots(x_n - x_{n-1})a_n
\end{aligned} \tag{a}
$$

그리고 이를 좀더 간단히 풀기 위해 분할차분(divided difference)을

$$
\begin{aligned}
\nabla y_i &= \frac{y_i - y_1}{x_i - x_1}, \quad i = 2,3,\ldots,n \\
\nabla^2 y_i &= \frac{\nabla y_i - \nabla y_2}{x_i - x_2}, \quad i = 2,3,\ldots,n \\
\nabla^3 y_i &= \frac{\nabla^2 y_i - \nabla^2 y_3}{x_i - x_3}, \quad i = 2,3,\ldots,n \\
&\vdots \\
\nabla^n y_n &= \frac{\nabla^{n-1} y_n - \nabla^{n-1} y_{n-1}}{x_n - x_{n-1}}
\end{aligned} \tag{3.5}
$$

와 같이 정의하면 식 (a)의 해는 다음과 같다.

$$a_1 = y_1 \quad a_2 = \nabla y_2 \quad a_3 = \nabla^2 y_3 \ \cdots \ a_n = \nabla^{n-1} y_n \tag{3.6}$$

만약 이와 같은 계수를 손으로 직접 계산해 보려면 표 3.1의 형태(n = 5인 경우)를 써서 작업하는 것이 편하고 좋다.

x_1	y_1				
x_2	y_2	∇y_2			
x_3	y_3	∇y_3	$\nabla^2 y_3$		
x_4	y_4	∇y_4	$\nabla^2 y_4$	$\nabla^3 y_4$	
x_5	y_5	∇y_5	$\nabla^2 y_5$	$\nabla^3 y_5$	$\nabla^4 y_5$

표 3.1

표 3.1에서 대각 요소(y_1, ∇y_2, $\nabla^2 y_3$, $\nabla^3 y_4$, 그리고 $\nabla^4 y_5$)가 보간 다항식의 계수이다. 혹시 데이터가 순서를 달리하여 제시되면 표 3.1의 내용은 달라지겠지만 다항식의 결과는 변하지 않는데, 이는 앞에서 설명했듯이 n개의 서로 다른 데이터를 보간하는 n-1차의 보간 다항식은 꼭 하나만 있기 때문이다.

■ newtonCoeff

컴퓨터처럼 기계로 하는 계산은 범위가 1차원 배열 즉, 벡터일 때 가장 잘 수행할 수 있기에 이 알고리즘도 벡터로 취급하였다.

```
function a = newtonCoeff(xData,yData)
% Newton 다항식의 계수를 돌려준다
% 사용법: a = newtonCoeff(xData,yData)
% xData          = 데이터의 x좌표 값
% yData          = 데이터의 y좌표 값

n = length(xData);
```

```
a = yData;
for k = 2:n
    a(k:n) = (a(k:n) - a(k-1))./(xData(k:n) - xData(k-1));
end
```

벡터 **a**는 처음에는 데이터의 y값을 담고 있으므로 표 3.1의 첫 번째 열과 같지만 알고리즘의 for-루프를 돌 때마다 다음 열을 계산하여 **a**에 다시 덮어쓰기를 한다. 따라서 모든 for-루프가 끝나면 **a**에는 표 3.1의 대각 요소 즉, 보간 다항식의 계수만 남는다.

Neville 법

앞에서 배운 Newton 법은 기본적으로 두 단계 즉, 계수의 계산 단계와 다항식의 평가 단계를 포함하는데, 이는 다항식을 x의 여러 값에 대하여 반복적으로 수행하는 경우에만 아주 적합하다. 만약 데이터의 오직 한 점에서만 보간을 한다면 어떨까. 이럴 경우에는 한 번의 단계를 거쳐 보간 다항식을 계산해 내는 방법이 필요한데, 이때 가장 잘 들어맞는 방법이 Neville 알고리즘이다.

$P_k[x_i, x_{i+1},\ldots, x_{i+k}]$를 $(k+1)$개의 데이터 $(x_i, y_i), (x_{i+1}, y_{i+1}),\ldots,(x_{i+k}, y_{i+k})$를 지나는 차수가 k인 다항식이라 두자. 그러면 하나의 데이터에 대해서는

$$P_0[x_i] = y_i \tag{3.7}$$

이고, 데이터가 두 개인 경우에는 $P_1[x_i, x_{i+1}]$이 $x = x_i$일 때는 $P_1[x_i, x_{i+1}] = y_i$, 그리고 $x = x_{i+1}$일 때는 $P_1[x_i, x_{i+1}] = y_{i+1}$이 되도록 하면 두 점을 지나는 다항식이 되므로

$$P_1[x_i, x_{i+1}] = \frac{(x - x_{i+1})P_0[x_i] + (x_i - x)P_0[x_{i+1}]}{x_i - x_{i+1}}$$

와 같다. 그리고 세 점을 지나는 보간 다항식은

$$P_2[x_i, x_{i+1}, x_{i+2}] = \frac{(x - x_{i+2})P_1[x_i, x_{i+1}] + (x_i - x)P_1[x_{i+1}, x_{i+2}]}{x_i - x_{i+2}}$$

와 같을 텐데 이 역시 각 데이터 점을 지난다는 것을 보이기 위해 우선, $x = x_i$를 대입하면

$$P_2[x_i, x_{i+1}, x_{i+2}] = P_1[x_i, x_{i+1}] = y_i$$

이고, 똑같은 방법으로 $x = x_{i+2}$이면

$$P_2[x_i, x_{i+1}, x_{i+2}] = P_1[x_{i+1}, x_{i+2}] = y_{i+2}$$

그리고 $x = x_{i+1}$에서는 먼저 앞의 두 점을 지나는 다항식에 넣어

$$P_1[x_i, x_{i+1}] = P_1[x_{i+1}, x_{i+2}] = y_{i+1}$$

을 찾아서 이를 다시 대입하면

$$P_2[x_i, x_{i+1}, x_{i+2}] = \frac{(x_{i+1} - x_{i+2})y_{i+1} + (x_i - x_{i+1})y_{i+1}}{x_i - x_{i+2}} = y_{i+1}$$

와 같이 증명할 수 있는 것이다.

이제 이 모습을 알았으므로 Neville 법에 대한 일반적인 반복 공식을 유도하면 다음과 같다.

$$\begin{aligned} &P_k[x_i, x_{i+1}, \ldots, x_{i+k}] \\ &= \frac{(x - x_{i+k})P_{k-1}[x_i, x_{i+1}, \ldots, x_{i+k-1}] + (x_i - x)P_{k-1}[x_{i+1}, x_{i+2}, \ldots, x_{i+k}]}{x_i - x_{i+k}} \end{aligned} \tag{3.8}$$

따라서 데이터의 x 값이 주어지면 아래의 표 3.2(데이터가 4개인 경우)와 같은 표 형태로 계산하면 된다.

	$k = 0$	$k = 1$	$k = 2$	$k = 3$
x_1	$P_0[x_1] = y_1$	$P_1[x_1, x_2]$	$P_2[x_1, x_2, x_3]$	$P_3[x_1, x_2, x_3, x_4]$
x_2	$P_0[x_2] = y_2$	$P_1[x_2, x_3]$	$P_2[x_2, x_3, x_4]$	
x_3	$P_0[x_3] = y_3$	$P_1[x_3, x_4]$		
x_4	$P_0[x_4] = y_4$			

표 3.2

■ neville

이 알고리즘은 1차원 배열 **y**로 작업하는데 처음에는 데이터의 y값 즉, 표 3.2의 두 번째 열을 담고, for-루프를 돌 때마다 표의 다음 열을 계산하여 이전 값을 덮어쓴다. 그래서 이 과정이 끝나면 **y**에는 표의 대각 요소만 남게 되는 것이다. 보간 다항식이 모든 데이터 점을 지나는 값은 y_1 즉, **y**의 첫 번째 요소이다.

```
function yInterp = neville(xData,yData,x)
% Neville 보간 다항식을 x에서 평가한 값을 돌려준다
% 사용법: yInterp = neville(xData,yData,x)
% xData = 데이터의 x값
% yData = 데이터의 y값

n = length(xData);
y = yData;
for k = 1:n-1
    y(1:n-k) = ((x - xData(k+1:n)).*y(1:n-k)...
              + (xData(1:n-k) - x).*y(2:n-k+1))...
              ./ (xData(1:n-k) - xData(k+1:n));
end
yInterp = y(1);
```

보간 다항식의 제약

보간 다항식은 데이터 수를 될 수 있으면 최소가 되도록 해야 한다. 아주 가까운 두 점을 보간하는 경우는 종종 선형 보간(linear interpolation) 즉, 직선이면 충분하고 서로 이웃한 3점에서 6점까지면 대부분 좋은 결과를 얻을 수 있다. 그러나 데이터 수가 6개 이상이 될 때는 반드시 보간 자체를 의심해 보아야 한다. 왜냐하면 관심점에서 떨어진 데이터는 보간 다항식의 정확도에 거의 기여하지 못할 뿐만 아니라 오히려 해치기 때문이다.

그림 3.3은 많은 데이터를 쓸 때의 위험성을 보여주고 있다. 그림에서 작은 원으로 표시된 것처럼 데이터가 같은 간격으로 11개 있는 경우이고, 실선은 모든 데이터를 지나는 차수가 10인 보간 다항식이다. 그림에서 알 수 있듯이 차수가 높은 다항식은 데이터 점 사이를 아주 과도하게 요동치는 경향이 있다. 그래서 이를 좀더 부드러운 곡선으로 만들려고 서로 이웃한 4개의 점에 대한 3차 보간 다항식(cubic interpolant)을 쓰기도 한다.

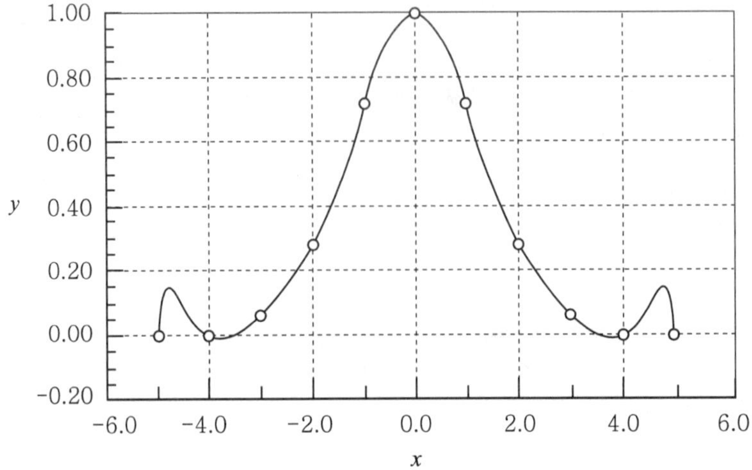

그림 3.3 심한 진동을 보이는 보간 다항식

외삽 다항식(polynomial extrapolation) 즉, 데이터의 영역 밖에서 하는 보간은 아주 위험하다. 예를 들어, 6개의 데이터(원으로 표시)에 대해 차수가 5인 보간식(실선으로 표시)을 보여주는 그림 3.4를 살펴보자. 데이터 영역 안에서 보간된 모습은 아주 훌륭하지만 $x > 12$에서는 데이터의 추세를 너무 심하게 해치고 있다. ($x = 14$에서 수행한 외삽 보간은 거의 터무니없는 모습이다.

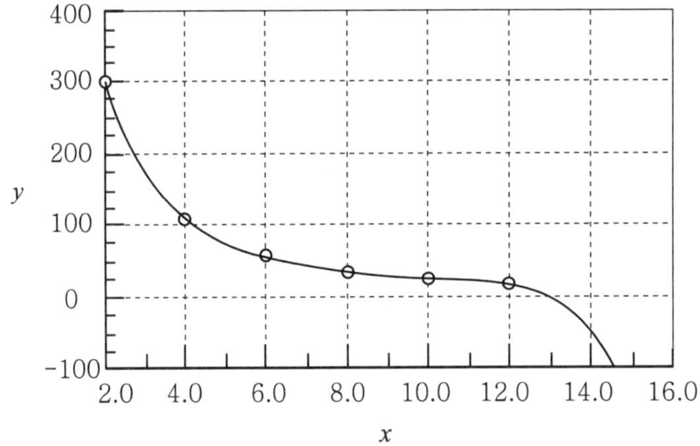

그림 3.4 데이터 추세를 따르지 않는 외삽 다항식

만약 외삽 보간을 피할 수 없는 상황이라면 다음 방법을 적용해 보는 것도 좋을 것이다.

- 데이터를 그려 외삽 보간이 합당한지 눈으로 확인하라.
- 아주 이웃한 데이터에 차수가 낮은 보간 다항식을 쓰라. 예를 들어, 1차나 2차 보간식(linear or quadratic interpolant)으로 해도 그림 3.4에서 $y(14)$에 대한 바람직한 결과를 얻을 수 있을 것이다.
- $\log x$-$\log y$ 그래프를 그려 작업해 보라. 이는 곡선을 x-y 그래프보다 더 부드럽게 해주어 외삽 보간에 안정성을 보태줄 수 있다. 그림 3.5는 그림 3.4의 데이터를 로그로 그린 그림이다.

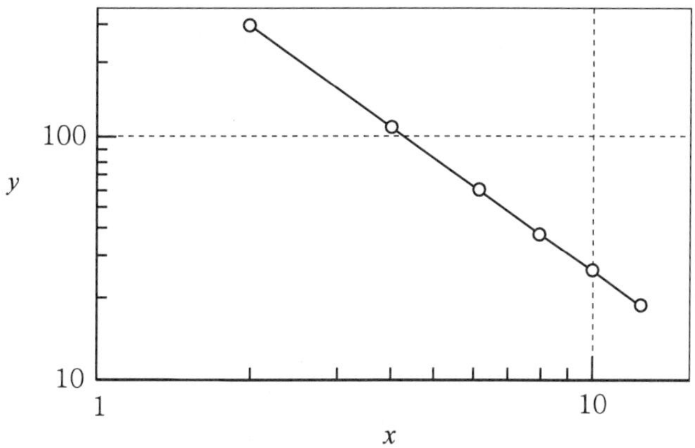

그림 3.5 그림 3.4에 대한 로그 그래프

예제 3.1

아래 표와 같은 데이터를 Lagrange 법을 써서 x = 1에서의 값을 결정하라.

x	0	2	3
y	7	11	28

풀이

$$l_1 = \frac{(x-x_2)(x-x_3)}{(x_1-x_2)(x_1-x_3)} = \frac{(1-2)(1-3)}{(0-2)(0-3)} = \frac{1}{3}$$

$$l_2 = \frac{(x-x_1)(x-x_3)}{(x_2-x_1)(x_2-x_3)} = \frac{(1-0)(1-3)}{(2-0)(2-3)} = 1$$

$$l_3 = \frac{(x-x_1)(x-x_2)}{(x_3-x_1)(x_3-x_2)} = \frac{(1-0)(1-2)}{(3-0)(3-2)} = -\frac{1}{3}$$

이므로

$$y = y_1 l_1 + y_2 l_2 + y_3 l_3 = \frac{7}{3} + 11 - \frac{28}{3} = 4$$

이다.

예제 3.2

다음 데이터는 어떤 다항식을 지나는 점이다.

x	-2	1	4	-1	3	-4
y	-1	2	59	4	24	-53

표 3.1과 같은 분할차분표를 만들어 이 다항식의 차수를 결정하라.

풀이

i	x_i	y_i	∇y_i	$\nabla^2 y_i$	$\nabla^3 y_i$	$\nabla^4 y_i$	$\nabla^5 y_i$
1	-2	-1					
2	1	2	1				
3	4	59	10	3			
4	-1	4	5	-2	1		
5	3	24	5	2	1	0	
6	-4	-53	26	-5	1	0	0

여기서 위 표의 결과에 어떻게 도착했는지 몇 가지 계산 예를 들면 다음과 같다.

$$\nabla y_3 = \frac{y_3 - y_1}{x_3 - x_1} = \frac{59-(-1)}{4-(-2)} = 10$$

$$\nabla^2 y_3 = \frac{\nabla y_3 - \nabla y_2}{x_3 - x_2} = \frac{10-1}{4-1} = 3$$

$$\nabla^3 y_6 = \frac{\nabla^2 y_6 - \nabla^2 y_3}{x_6 - x_3} = \frac{-5-3}{-4-4} = 1$$

표에서 Newton 다항식이 마지막으로 0이 아닌 계수(대각 요소가 마지막으로 0이 아닌 계수)를 가질 때는 $\nabla^3 y_3$ 즉, 3차까지이므로 이 다항식의 차수는 3차(cubic)이다.

예제 3.3

데이터가 다음과 같을 때 $y(x)$ = 0의 근을 Neville 법으로 찾아라.

x	4.0	3.9	3.8	3.7
y	-0.06604	-0.02724	0.01282	0.05383

풀이 이 문제는 보간 문제를 반대로 만든 예로 x와 y의 구실이 서로 바뀌었다. 다시 말하면, 임의의 x에 대해 y를 찾는 것이 아니라 y가 주어진 상태(이 경우는 y = 0)에서 거꾸로 x를 찾는 문제이다. 표 3.2(물론 x와 y는 서로 바뀜)의 형식을 그대로 빌려 표로 만들면 다음과 같다.

i	y_i	$P_0[\,] = x_i$	$P_1[,]$	$P_2[,,]$	$P_3[,,,]$
1	-0.06604	4.0	3.8298	3.8316	3.8317
2	-0.02724	3.9	3.8320	3.8318	
3	0.01282	3.8	3.8313		
4	0.05383	3.7			

표의 계산 예를 몇 가지 들면 다음과 같다.

$$P_1[y_1,y_2]=\frac{(y-y_2)P_0[y_1]+(y_1-y)P_0[y_2]}{y_1-y_2}$$
$$=\frac{(0+0.02724)(4.0)+(-0.06604-0)(3.9)}{-0.06604+0.02724}=3.8298$$
$$P_2[y_2,y_3,y_4]=\frac{(y-y_4)P_1[y_2,y_3]+(y_2-y)P_1[y_3,y_4]}{y_2-y_4}$$
$$=\frac{(0-0.05383)(3.8320)+(-0.02724-0)(3.8313)}{-0.02724-0.05383}=3.8318$$

표에 있는 모든 P는 데이터를 보간할 때 서로 다른 순서로 근을 추정한 값이다. 즉, $P_1[y_1, y_2]$는 처음 두 점에 대하여 선형 보간으로 얻은 근, $P_2[y_2, y_3, y_4]$는 마지막 세 점을 이용하여 2차 보간으로 구한 근, 그리고 데이터 4개 모두를 상대로 3차 보간한 근은 $x = P_3[y_1, y_2, y_3, y_4] = 3.8317$이 되는 것이다.

예제 3.4

다음 표에 있는 데이터는 $f(x) = 4.8\cos\pi x/20$를 지난다. 이 데이터를 Newton 법을 써서 $x = 0, 0.5, 1.0, \ldots, 8.0$에서 보간하여 값을 찾고 이를 $y = f(x)$인 실제 값과 비교해 보라.

x	0.15	2.30	3.15	4.85	6.25	7.95
y	4.79867	4.49013	4.2243	3.47313	2.66674	1.51909

풀이

```
% 예제 3.4 (Newton 보간법)
xData = [0.15; 2.3; 3.15; 4.85; 6.25; 7.95];
yData = [4.79867; 4.49013; 4.22430; 3.47313; ...
         2.66674; 1.51909];
a = newtonCoeff(xData,yData);
'      x        yInterp      yExact'
for x = 0:0.5:8
      y = newtonPoly(a,xData,x);
```

```
        yExact = 4.8*cos(pi*x/20);
        fprintf('%10.5f', x,y,yExact)
        fprintf('\n')
end
```

(프로그램 결과)

```
ans =
        x         yInterp      yExact
    0.00000     4.80003     4.80000
    0.50000     4.78518     4.78520
    1.00000     4.74088     4.74090
    1.50000     4.66736     4.66738
    2.00000     4.56507     4.56507
    2.50000     4.43462     4.43462
    3.00000     4.27683     4.27683
    3.50000     4.09267     4.09267
    4.00000     3.88327     3.88328
    4.50000     3.64994     3.64995
    5.00000     3.39411     3.39411
    5.50000     3.11735     3.11735
    6.00000     2.82137     2.82137
    6.50000     2.50799     2.50799
    7.00000     2.17915     2.17915
    7.50000     1.83687     1.83688
    8.00000     1.48329     1.48328
```

3.3 3차 스플라인 보간

3차 스플라인(cubic spline)도 데이터 개수가 많은 경우에는 일반적인 보간 방식으로 인정하는데 애로사항이 있다. 이 방식은 각 데이터 사이의 보간값이 요동치는 경향이 적어 다른 보간 다항식 방법에 견주어 아주 견고한("considerably stiffer") 특성이 있다.

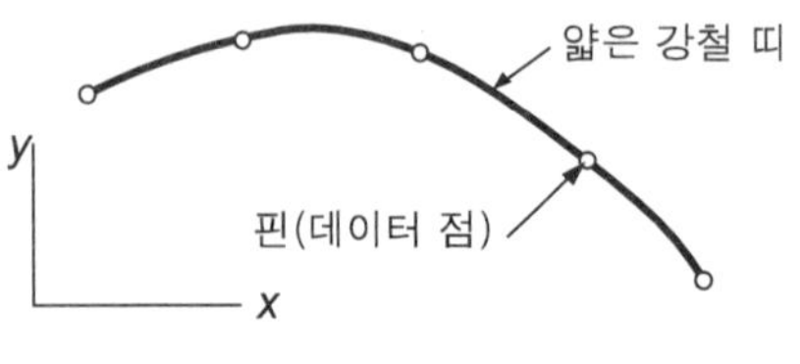

그림 3.6 자연 3차 스플라인의 물리적 모델

그림 3.6은 3차 스플라인을 하나의 기계적인 모델 즉, 얇은 강철 띠를 각 데이터 점에 핀으로 고정한 것으로 보여주고 있고, 이때 핀 사이의 강철 띠는 아무런 힘을 받지 않으므로 곡선으로 치면 3차 다항식으로 나타난 곡선(스플라인 곡선(spline curve)이라 함)이 되는 것이다. 빔 이론(beam theory)에서 빔의 처짐에 대한 미분 방정식인 $d^4y/dx^4 = q/(EI)$을 떠올려 보아도 외력 $q = 0$인 경우 처짐 $y(x)$는 3차임을 알 수 있다. 그리고 핀에서는 기울기(혹은 1차 미분)나 굽힘 모멘트(혹은 2차 미분)가 연속이고 핀이 양끝에 있는 경우에는 굽힘 모멘트가 0이다. 따라서 이런 당연한 빔의 조건들을 그대로 그림 3.6의 스플라인에 적용하여 이와같은 특성을 갖는 곡선을 자연 3차 스플라인(natural cubic spline)이라 하고, 이때 핀(혹은 데이터 점)은 스플라인의 마디(knot)가 된다.

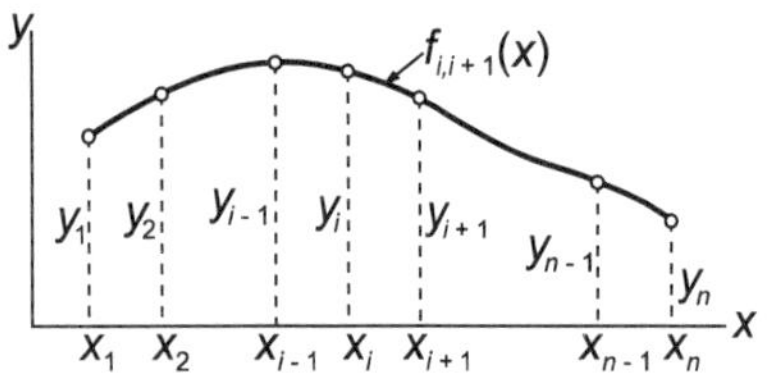

그림 3.7 3차 스플라인

그림 3.7은 n개의 마디를 갖는 3차 스플라인의 개략도이다. 여기서 기호 $f_{i,i+1}(x)$는 마디 i와 i+1 사이의 곡선(스플라인)을 표시하는 3차 다항식으로 반드시 마디 사이에서만 연속이므로 구간별 3차 곡선(piecewise cubic curve)이 된다.

마디 i에서 스플라인의 2차 미분을 k_i로 두면 2차 미분의 연속성에 따라

$$f''_{i-1,i}(x) = f''_{i,i+1}(x_i) = k_i \tag{a}$$

와 같고, 이때 k 값은 아직 모르지만 다음과 같은 끝점 경계조건(굽힘 모멘트 즉, 2차 미분은 0)에 따라 예외로 알 수 있다.

$$k_1 = k_n = 0 \tag{3.9}$$

$f_{i,i+1}(x)$의 계수를 구하는 첫 단추는 $f''_{i,i+1}(x)$를 적절히 표현하는 일인데 가장 간단히 생각하여 두 점에 대한 Lagrange 보간법을 써서 다음과 같이 선형으로 나타낸다.

$$f''_{i,i+1}(x) = k_i l_i(x) + k_{i+1} l_{i+1}(x)$$

여기서

$$l_i(x) = \frac{x - x_{i+1}}{x_i - x_{i+1}} \qquad l_{i+1}(x) = \frac{x - x_i}{x_{i+1} - x_i}$$

이고, 따라서

$$f''_{i,i+1}(x) = \frac{k_i(x - x_{i+1}) - k_{i+1}(x - x_i)}{x_i - x_{i+1}} \tag{b}$$

와 같은데, 이를 x에 대해 두 번 적분하면 다음을 얻을 수 있다.

$$f_{i,i+1}(x) = \frac{k_i(x - x_{i+1})^3 - k_{i+1}(x - x_i)^3}{6(x_i - x_{i+1})} + A(x - x_{i+1}) - B(x - x_i) \tag{c}$$

여기서 A와 B는 적분상수이다. 식 (c)에서 마지막 두 항은 $C = A - B$와 $D = -Ax_{i+1} + Bx_i$로 두어 $Cx + D$와 같이 편하게 쓸 수 있고, 이는 나중에 계산할 때 일을 간편하게 해주는 장점이 있다.

다시 식 (c)에 이 절의 앞에서 설명한 조건 즉, $f_{i,i+1}(x_i) = y_i$를 대입하면

$$\frac{k_i(x_i - x_{i+1})^3}{6(x_i - x_{i+1})} + A(x_i - x_{i+1}) = y_i$$

이므로

$$A = \frac{y_i}{x_i - x_{i+1}} - \frac{k_i}{6}(x_i - x_{i+1}) \tag{d}$$

이고, 똑같은 방법으로 $f_{i,i+1}(x_{i+1}) = y_{i+1}$을 대입하면

$$B = \frac{y_{i+1}}{x_i - x_{i+1}} - \frac{k_{i+1}}{6}(x_i - x_{i+1}) \tag{e}$$

와 같이 적분상수를 구할 수 있다. 따라서 이 적분상수들을 식 (c)에 대입하여 정리하

면 다음과 같다.

$$f_{i,i+1}(x) = \frac{k_i}{6}\left[\frac{(x-x_{I+1})^3}{x_i - x_{i+1}} - (x-x_{i+1})(x_i - x_{i+1})\right]$$
$$-\frac{k_{i+1}}{6}\left[\frac{(x-x_i)^3}{x_i - x_{i+1}} - (x-x_i)(x_i - x_{i+1})\right] + \frac{y_i(x-x_{i+1}) - y_{i+1}(x-x_i)}{x_i - x_{i+1}} \qquad (3.10)$$

양끝 마디가 아닌 내부 마디에서 스플라인의 2차 미분 k_i는 기울기의 연속성 조건(continuity condition) 즉, $f'_{i-1,i}(x_i) = f'_{i,i+1}(x_i)$ (i = 2, 3, ..., n-1)을 써서 구할 수 있다. 복잡함을 피하기 위해(물론 약간의 대수 지식은 필요하지만) 결론만 쓰면 이는 다음과 같은 연립 방정식으로 나타난다.

$$k_{i-1}(x_{i-1} - x_i) + 2k_i(x_{i-1} - x_{i+1}) + k_{i+1}(x_i - x_{i+1})$$
$$= 6\left(\frac{y_{i-1} - y_i}{x_{i-1} - x_i} - \frac{y_i - y_{i+1}}{x_i - x_{i=1}}\right), \qquad i = 2, 3, \ldots, n-1 \qquad (3.11)$$

식 (3.11)은 식이 3중 대각 행렬을 포함하므로 2.4절에서 소개한 함수 LUdec3와 LUsol3를 써서 풀 수 있고, 또 만약 데이터가 같은 간격(예를 들어, h)으로 떨어져 있으면 $x_{i-1} - x_i = x_i - x_{i+1} = -h$이므로 다음과 같이 간단히 쓸 수도 있다.

$$k_{i-1} + 4k_i + k_{i+1} = \frac{6}{h^2}(y_{i-1} - 2y_i + y_{i+1}), \quad i = 2, 3, \ldots, n-1 \qquad (3.12)$$

■ splineCurv

3차 스플라인의 첫 단계는 식 (3.11)을 구성하여 미지수 k에 대해 푸는 것인데(단, $k_1 = k_n = 0$) 이 일을 다음의 함수가 수행한다.

```
function k = splineCurv(xData,yData)
% 마디에서 3차 스플라인의 곡률(k값)을 계산한다.
% 사용법: k = splineCurv(xData,yData)
% xData          = 데이터의 x축 값
```

```
% yData            = 데이터의 y축 값

n = length(xData);
c = zeros(n-1,1); d = ones(n,1);
e = zeros(n-1,1); k = zeros(n,1);
c(1:n-2) = xData(1:n-2) - xData(2:n-1);
d(2:n-1) = 2*(xData(1:n-2) - xData(3:n));
e(2:n-1) = xData(2:n-1) - xData(3:n);
k(2:n-1) = 6*(yData(1:n-2) - yData(2:n-1))...
           ./(xData(1:n-2) - xData(2:n-1))...
           - 6*(yData(2:n-1) - yData(3:n))...
           ./(xData(2:n-1) - xData(3:n));
[c,d,e] = LUdec3(c,d,e);
k = LUsol3(c,d,e,k);
```

■ splineEval

함수 splineEval는 식 (3.10)을 써서 x에서의 보간값을 계산한다. 그리고 이 함수의 부함수(subfunction)인 findSeg는 x가 포함된 스플라인을 이분법(bisection method)으로 찾아내는데, 이는 식 (3.10)의 첨자 i에 대한 값이다.

```
function y = splineEval(xData,yData,k,x)
% x에서 3차 스플라인의 보간값을 돌려준다
% 사용법: y = splineEval(xData,yData,k,x)
% xData            = 데이터의 x축 값
% yData            = 데이터의 y축 값
% k                = 마디에서 스플라인의 곡률로 함수 splineCurv이 계산한다

i = findSeg(xData,x);
h = xData(i) - xData(i+1);
y = ((x - xData(i+1))^3/h - (x - xData(i+1))*h)*k(i)/6.0...
  - ((x - xData(i))^3/h - (x - xData(i))*h)*k(i+1)/6.0...
  + yData(i)*(x - xData(i+1))/h...
  - yData(i+1)*(x - xData(i))/h;

function i = findSeg(xData,x)
% x가 포함된 스플라인이 몇 번째인지 알아낸다
```

```
iLeft = 1; iRight = length(xData);
while 1
    if(iRight - iLeft) <= 1
        i = iLeft; return
    end
    i = fix((iLeft + iRight)/2);
    if x < xData(i)
        iRight = i;
    else
        iLeft = i;
    end
end
```

예제 3.5

다음과 같은 데이터에서 자연 3차 스플라인을 써서 x = 1.5에서의 y를 계산하라.

x	1	2	3	4	5
y	0	1	0	1	0

풀이 다섯 마디의 간격이 h = 1로 모두 똑같다. 첫 번째와 마지막 마디에서의 2차 미분은 자연 스플라인의 기본 성질에 따라 $k_1 = k_5 = 0$이고, 그 밖의 다른 마디에서는 식 (3.12)에 i = 2, 3, 4를 대입하여 구한 다음과 같은 연립방정식을 풀면 된다.

$$0+4k_2+k_3 = 6[0-2(1)+0] = -12$$
$$k_2+4k_3+k_4 = 6[1-2(0)+1] = 12$$
$$k_3+4k_4+0 = 6[0-2(1)+0] = -12$$

즉, $k_2 = k_4 = -30/7$와 $k_3 = 36/7$이다.

데이터 x = 1.5는 마디 1과 2 사이에 있다. 따라서 이와 관련된 보간식은 식 (3.10)에 i = 1을 넣고, 또 $x_i - x_{i+1} = -h = -1$을 써서

$$f_{1,2}(x) = -\frac{k_1}{6}[(x-x_2)^3-(x-x_2)]+\frac{k_2}{6}[(x-x_1)^3-(x-x_1)]$$
$$-[y_1(x-x_2)-y_2(x-x_1)]$$

와 같이 구할 수 있으니

$$y(1.5) = f_{1,2}(1.5) = 0+\frac{1}{6}\left(-\frac{30}{7}\right)[(1.5-1)^3-(1.5-1)]-[0-1(1.5-1)] = 0.7679$$

이다. 그리고 이 보간식에 대한 그림은 다음과 같은데 3차 스플라인이 4부분으로 구성되어 있다.

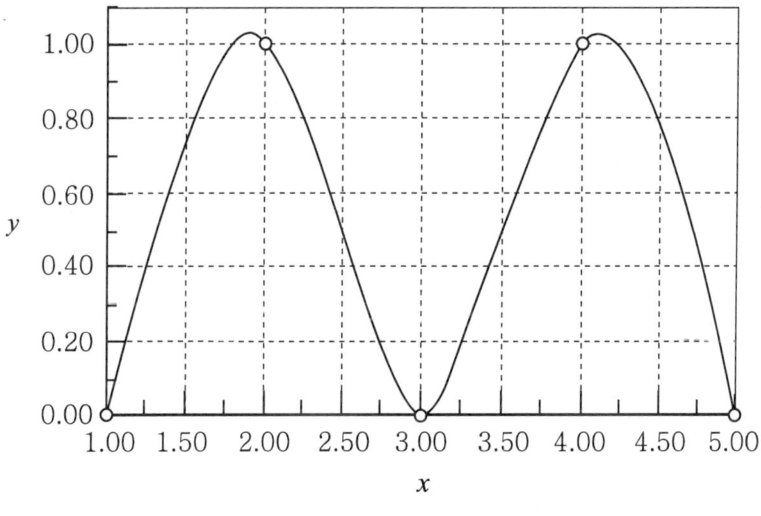

예제 3.6

3차 스플라인의 양끝 조건 중에서 둘 다나 혹은 하나만이라도 다른 것으로 바꾸어 쓰는 것이 때때로 더 좋은 결과를 낼 때가 있다. 아래의 데이터에서 x = 2.6에 대한 보간값을 찾는데 조건을 $f''_{1,2}(0)=0$ (곡률이 0)이 아닌 $f'_{1,2}(0)=0$ (기울기가 0)을 이용하라.

x	0	1	2	3
y	1	1	0.5	0

풀이 먼저, 식 (3.12)를 새로운 조건이 반영될 수 있도록 수정하여야 한다. 식 (3.10)을 i = 1로 두고 미분하면

$$f'_{1,2}(x) = \frac{k_1}{6}\left[3\frac{(x-x_2)^2}{x_1-x_2} - (x_1-x_2)\right] - \frac{k_2}{6}\left[3\frac{(x-x_1)^2}{x_1-x_2} - (x_1-x_2)\right] + \frac{y_1-y_2}{x_1-x_2}$$

와 같고, 여기에 조건 $f'_{1,2}(x_1) = 0$을 대입하면

$$\frac{k_1}{3}(x_1-x_2) + \frac{k_2}{6}(x_1-x_2) + \frac{y_1-y_2}{x_1-x_2} = 0$$

혹은

$$2k_1 + k_2 = -6\frac{y_1-y_2}{(x_1-x_2)^2}$$

이지만 주어진 데이터에서 y_1 = y_2 = 1이므로

$$2k_1 + k_2 = 0 \tag{a}$$

을 얻을 수 있다. 한편, 식 (3.12)에서 다른 방정식은 바뀌지 않으므로, 그리고 k_4 = 0와 h = 1을 함께 고려하면

$$k_1 + 4k_2 + k_3 = 6[1-2(1)+0.5] = -3 \tag{b}$$

$$k_2 + 4k_3 = 6[1-2(0.5)+0] = 0 \tag{c}$$

이다. 따라서 식 (a), (b), 그리고 (c)를 연립하여 풀면 k_1 = 0.4615, k_2 = −0.9231, k_3 = 0.2308이다.

끝으로, 식 (3.10)을 이용하여 위에서 구한 보간식을 평가할 차례이다. i = 3와 $x_i - x_{i+1}$ = −1을 넣으면

$$f_{3,4}(x) = \frac{k_3}{6}[-(x-x_4)^3+(x-x_4)] - \frac{k_4}{6}[-(x-x_3)^3+(x-x_3)]$$
$$-y_3(x-x_4)+y_4(x-x_3)$$

이므로, 따라서

$$y(2.6) = f_{3,4}(2.6) = \frac{0.2308}{6}[-(-0.4)^3+(-0.4)]+0-0.5(-0.4)+0 = 0.1871$$

이다.

예제 3.7

입력 받은 데이터 사이의 값을 자연 3차 스플라인으로 보간하는 프로그램을 작성하라. 이 프로그램은 x값이 하나 이상이더라도 보간식을 평가할 수 있어야 한다. 그리고 시험 삼아 예제 3.4의 데이터를 이용하여 $x = 1.5$와 $x = 4.5$에서 보간값을 찾아라. (참고로 서로 대칭인 데이터이기에 보간값이 같을 수밖에 없다)

풀이 이 프로그램은 x값을 받기 위해 프롬프트를 준비했고 입력을 종료하려면 "Enter"를 누르면 된다.

```
% 예제 3.7 (3차 스플라인)
xData = [1; 2; 3; 4; 5];
yData = [0; 1; 0; 1; 0];
k = splineCurv(xData,yData);
while 1
    x = input('x = ');
    if isempty(x)
        fprintf('Done'); break
    end
    y = splineEval(xData,yData,k,x)
    fprintf('\n')
end
```

(프로그램 결과)

```
x = 1.5
y =
    0.7679

x = 4.5
y =
    0.7679

x =
Done
```

문제 3.1

1. 다음의 데이터에 대해 (a) Neville 법과 (b) Lagrange 법을 이용하여 x = 0에서의 y 값을 찾아라.

x	-1.2	0.3	1.1
y	-5.76	-5.61	-3.69

2. 다음 데이터로부터 $y(x)$의 근을 찾되 가장 이웃한 (a) 3점과 (b) 4점에 대하여 Lagrange 보간법을 써라. (힌트: (a)를 먼저 끝내야만 (b)의 계산에 힘이 덜 들 것이다)

x	0	0.5	1	1.5	2	2.5	3
y	1.8421	2.4694	2.4921	1.9047	0.8509	-0.4112	-1.5727

3. 문제 2의 데이터로 보간된 함수 $y(x)$는 x = 0.7679에서 최대값을 갖는다. 가장 이웃한 4점에 대해 Neville 보간법을 써서 이 최대값을 계산하라.

4. 다음 데이터를 보고 $x = \pi/4$에서의 y값을 Neville 법으로 찾아라.

x	0	0.5	1	1.5	2
y	-1.00	1.75	4.00	5.75	7.00

5. 가장 편하게 느끼는 보간 방법을 써서 $x = \pi/4$와 $x = \pi/2$에서의 y값을 찾아라. 데이

터 표는 다음과 같다.

x	0	0.5	1	1.5	2
y	-0.7854	0.6529	1.7390	2.2071	1.9425

6. 다음 데이터는 어떤 다항식을 지난다. Newton 법의 분할차분을 이용하여 이 다항식의 차수를 결정하라.

x	-2	1	4	-1	3	-4
y	-1	2	59	4	24	-53

7. 주어진 데이터에 가장 잘 맞는 보간 다항식 중에서 차수가 가장 낮은 것을 Newton 법으로 찾아라.

x	-3	2	-1	3	1
y	0	5	-4	12	0

8. 다음 데이터 점을 모두 지나는 2차 방정식을 Neville 보간법으로 구하라.

x	-1	1	3
y	17	-7	-15

9. 공기의 밀도 ρ가 고도 h에 따라 다음과 같이 변할 때 Lagrange 보간법을 써서 $\rho(h)$를 이차 함수로 나타내어라.

h(km)	0	3	6
ρ(kg/m^3)	1.225	0.905	0.652

10. 다음 데이터 점을 지나는 자연 3차 스플라인을 결정하라.

x	0	1	2
y	0	2	1

이 보간식은 두 개의 3차식으로 구성되는데 하나는 0 ≤ x ≤ 1에서, 그리고 다른 하나는 1 ≤ x ≤ 2에서 확인할 수 있다. 이 3차식이 x = 1에서 1차 및 2차 미분이 같다는 것도 함께 검증해 보라.

11. 데이터를 보고 x = 3.4에서 자연 3차 스플라인 보간식을 구하라.

x	1	2	3	4	5
y	13	15	12	9	13

12. 다음 표로 나타나는 함수 $f(x)$의 근을 구하라. 즉, 자연 3차 스플라인과 함께 역보간(inverse interpolation)을 이용한다. (힌트: y의 값이 오름차순으로 나열되도록 데이터를 재배치한다)

x	0.2	0.4	0.6	0.8	1.0
y	1.150	0.855	0.377	-0.266	-1.049

13. 예제 3.6을 처음과 마지막 스플라인 부분에서 2차 미분이 상수가 되는 자연 3차 스플라인(즉, 양쪽 끝 부분 스플라인은 포물선)을 써서 풀어라. 단, 이 스플라인의 조건은 $k_1 = k_2$와 $k_{n-1} = k_n$이다.

14. ■ Neville 보간법에 대한 프로그램을 작성하라. 이 프로그램은 사용자가 여러 개의 x값을 넣더라도 보간식을 계산할 수 있어야 한다. 다음 데이터를 참고하여 x = 1.1, 1.2, 그리고 1.3에서 y를 정할 수 있는지 프로그램을 돌려 검정하라.

x	-2.0	-0.1	-1.5	0.5
y	2.2796	1.0025	1.6467	1.0635
x	-0.6	2.2	1.0	1.8
y	1.0920	2.6291	1.2661	1.9896

(답: y = 1.3262, 1.3938, 1.4693)

15. ■ 알루미늄의 비열 c_p는 온도에 따라 다른데 다음 표와 같다. T = 200℃와 400℃

에서 c_p를 구하라.

T(℃)	-250	-200	-100	0	100	300
c_p (kJ/kg·K)	0.0163	0.318	0.699	0.870	0.941	1.04

16. ■ 다음 데이터로부터 x = 0.46에서의 y를 찾아라.

x	0	0.0204	0.1055	0.241	0.582	0.712	0.981
y	0.385	1.04	1.79	2.63	4.39	4.99	5.27

17. ■ 다음 표는 구의 항력계수(drag coefficient) c_D를 Reynolds 수 Re의 함수로 보여주고 있다. 자연 3차 스플라인을 사용하여 Re = 5, 50, 500, 그리고 5000에서의 c_D를 계산하라. (힌트: 로그-로그 스케일을 사용한다)

Re	0.2	2	20	200	2000	20000
c_D	103	13.9	2.72	0.800	0.401	0.433

18. ■ 문제 17을 가장 가까운 4점을 지나는 보간 다항식을 써서 다시 풀어라.

19. ■ 물의 동점성계수(kinematic viscosity) μ_k는 온도 T에 따라 다음과 같이 변한다. T = 10, 30, 60, 그리고 90℃에서 μ_k를 보간하라.

T(℃)	0	21.1	37.8	54.4	71.1	87.8	100
μ_k ($10^{-3}m^2/s$)	1.79	1.13	0.696	0.519	0.338	0.321	0.296

20. ■ 다음 표는 공기의 상대밀도(relative density) ρ가 높이 h에 따라 어떻게 변하는지를 보여준다. 10.5km에서의 상대밀도를 구하라.

h(km)	0	1.525	3.050	4.575	6.10	7.625	9.150
ρ	1	0.8617	0.7385	0.6292	0.5328	0.4481	0.3741

3.4 최소제곱 맞추기

개요

데이터를 실험으로 구했다면 측정 오차 때문에 아마도 많은 양의 잡음이 포함된 데이터가 될 것이다. 곡선 맞추기(curve fitting)는 이런 데이터를 평균으로 이동하여 부드럽게 만든 곡선을 찾는 작업이다. 따라서 이런 곡선은 잡음을 재생산하지 않도록 될 수 있으면 간단한 형태(예를 들어, 차수가 낮은 다항식 등)가 되어야 한다.

함수

$$f(x) = f(x; a_1, a_2, \ldots, a_m)$$

를 n개의 데이터 (x_i, y_i) $(i = 1, 2, \cdots, n)$에 맞춘다고 하자. 이 함수를 이렇게 표현한 까닭은 x의 함수이면서 동시에 파라미터 $a_j(j = 1, 2, \cdots, m\ m < n)$를 담고 있기 때문이다. 그리고 $f(x)$의 형태는 데이터를 얻을 때 실험과 관계있는 이론을 바탕으로 미리 결정되어 있으므로 곡선 맞추기를 행하는 유일한 수단은 바로 파라미터이다. 예를 들어, 데이터가 t_i에서 과감쇠 질량-스프링 시스템의 변위 y_i를 나타낸다고 하면 관련된 이론에 따라 함수를 $f(t) = a_1 t e^{-a_2 t}$와 같이 정하는 것과 같다. 따라서 곡선 맞추기는 두 단계 즉, $f(x)$의 형태를 정하는 단계와 데이터에 가장 잘 맞는 파라미터를 계산하는 단계로 구성된다.

이런 질문이 있을 수 있다. "가장 잘" 맞춘다는 것이 도대체 무얼 뜻하나? 만약 y값에 잡음이 섞였다면 이를 위해 가장 흔히 쓰이는 방법이 최소제곱 맞추기(least-squares fit)인데, 이는 다음 함수를 각 a_j에 대해 최소화하는 것을 목표로 삼는다.

$$S(a_1, a_2, \ldots, a_m) = \sum_{i=1}^{n} [y_i - f(x_i)]^2 \tag{3.13}$$

즉, 파라미터의 최적값은 다음 방정식의 해가 되는 것이다.

$$\frac{\partial S}{\partial a_k} = 0, \quad k = 1, 2, \ldots, m \tag{3.14}$$

식 (3.13)에서 항 $r_i = y_i - f(x_i)$는 x_i에서 실제 데이터와 데이터에 맞춰진 함수 사이의 차이이므로 최소화될 함수 S는 r_i를 제곱하여 다 합하면 된다. 한편, 식 (3.14)는 일반적으로 a_j에 대해 비선형으로 풀기가 쉽지 않다. 그래서 맞출 함수(fitting function)를 어떤 특별한 함수 $f_j(x)$의 1차 결합으로

$$f(x) = a_1 f_1(x) + a_2 f_2(x) + \cdots + a_m f_m(x)$$

와 같이 선택하여 식 (3.14)를 선형으로 만들기도 한다. 이런 선택의 전형적인 예로 다항식 즉, $f_1(x) = 1$, $f_2(x) = x$, $f_3(x) = x^2$, …을 들 수 있다.

맞출 함수 주위에 데이터가 퍼져있는 정도는 표준편차(standard deviation)로 나타낼 수 있고, 이는

$$\sigma = \sqrt{\frac{S}{n-m}} \tag{3.15}$$

와 같이 정의한다. 여기서 주의할 것은 $n = m$이면 곡선 맞추기가 아니라 보간이 되는 꼴이고, 이때는 식 (3.15)의 분자와 분모 모두 0이 되므로 당연히 σ 자체가 아무런 뜻도 없다.

직선으로 맞추기

데이터를 다음과 같은 직선에 맞추는 것을 선형 회귀(linear regression)라 한다.

$$f(x) = a + bx \tag{3.16}$$

그리고 이 경우엔 최소화될 함수가

$$S(a,b) = \sum_{i=1}^{n} (y_i - a - bx_i)^2$$

이다. 따라서 여기에 식 (3.14)를 적용하여

$$\frac{\partial S}{\partial a} = \sum_{i=1}^{n} -2(y_i - a - bx_i) = 2\left(-\sum_{i=1}^{n} y_i + na + b\sum_{i=1}^{n} x_i \right) = 0$$

$$\frac{\partial S}{\partial b} = \sum_{i=1}^{n} -2(y_i - a - bx_i)x_i = 2\left(-\sum_{i=1}^{n} x_i y_i + a\sum_{i=1}^{n} x_i + b\sum_{i=1}^{n} x_i^2 \right) = 0$$

와 같이 구한 다음 다시 두 식을 $2n$으로 나누고 항을 새로 정리하면

$$a+\bar{x}b=\bar{y} \qquad a\bar{x}+\left(\frac{1}{n}\sum_{i=1}^{n}x_i^2\right)b=\frac{1}{n}\sum_{i=1}^{n}x_iy_i$$

이 된다. 여기서

$$\bar{x}=\frac{1}{n}\sum_{i=1}^{n}x_i \qquad \bar{y}=\frac{1}{n}\sum_{i=1}^{n}y_i \tag{3.17}$$

로 x와 y 데이터의 평균값(mean value)이다. 따라서 파라미터는 다음과 같다.

$$a=\frac{\bar{y}\sum x_i^2-\bar{x}\sum x_iy_i}{\sum x_i^2-n\bar{x}^2} \qquad b=\frac{\sum x_iy_i-n\overline{xy}}{\sum x_i^2-n\bar{x}^2} \tag{3.18}$$

이 표현은 컴퓨터로 계산할 때 각 분모와 분자의 두 항이 거의 같을 수도 있기에 마무리 에러(roundoff error)에 쉽게 노출될 형편이다. 그래서 식 (3.18)과 같으면서도 마무리 에러에 덜 영향 받는 다음의 식으로 파라미터를 계산하는 것이 훨씬 더 좋다.

$$b=\frac{\sum y_i(x_i-\bar{x})}{\sum x_i(x_i-\bar{x})} \qquad a=\bar{y}-\bar{x}b \tag{3.19}$$

1차(선형) 형태로 맞추기

1차 형태의 최소제곱 맞추기에 대해 다음을 생각해 보자.

$$f(x)=a_1f_1(x)+a_2f_2(x)+\cdots+a_mf_m(x)=\sum_{j=1}^{m}a_jf_j(x) \tag{3.20}$$

여기서 각 $f_j(x)$는 미리 결정해야 할 x의 함수로 기저함수(basis function)라 한다. 이 식을 식 (3.13)에 대입하면

$$S = \sum_{i=1}^{n}\left[y_i - \sum_{j=1}^{m} a_j f_j(x_i)\right]^2 \tag{a}$$

이고, 따라서 식 (3.14)는

$$\frac{\partial S}{\partial a_k} = -2\left\{\sum_{i=1}^{n}\left[y_i - \sum_{j=1}^{m} a_j f_j(x_i)\right] f_k(x_i)\right\} = 0, \quad k = 1,2,\ldots,m$$

와 같은데, 상수(-2)를 떼 내고 합의 순서를 서로 바꾸면 다음과 같은 식을 만들 수 있다.

$$\sum_{j=1}^{m}\left[\sum_{i=1}^{n} f_j(x_i) f_k(x_i)\right] a_j = \sum_{i=1}^{n} f_k(x_i) y_i, \qquad k = 1,2,\ldots,m$$

또는, 행렬 표현으로는

$$\mathbf{Aa} = \mathbf{b} \tag{3.21a}$$

이고, 여기서

$$A_{kj} = \sum_{i=1}^{n} f_j(x_i) f_k(x_i) \qquad b_k = \sum_{i=1}^{n} f_k(x_i) y_i \tag{3.21b}$$

이다. 식 (3.21a)는 최소제곱 맞추기의 정규 방정식(normal equation)으로 2장에서 설명한 여러 해법 중 하나를 써서 풀면 된다. (참고로 이 식의 계수 행렬은 대칭 즉, $A_{kj} = A_{jk}$이다)

다항식으로 맞추기

1차 형태의 가장 흔한 표현은 다항식이다. 즉, 다항식의 차수가 m-1이면 맞출 함수는 $f(x) = \sum_{j=1}^{m} a_j x^{j-1}$ 와 같다. 여기서 기저함수는

$$f_j(x) = x^{j-1}, \qquad j = 1,2,\ldots,m \tag{3.22}$$

이고, 따라서 식 (3.21b)는

$$A_{kj} = \sum_{i=1}^{n} x_i^{j+k-2} \qquad b_k = \sum_{i=1}^{n} x_i^{k-1} y_i$$

혹은

$$\mathbf{A} = \begin{bmatrix} n & \sum x_i & \sum x_i^2 & \cdots & \sum x_i^m \\ \sum x_i & \sum x_i^2 & \sum x_i^3 & \cdots & \sum x_i^{m+1} \\ \vdots & \vdots & \vdots & \ddots & \vdots \\ \sum x_i^{m-1} & \sum x_i^m & \sum x_i^{m+1} & \cdots & \sum x_i^{2m-2} \end{bmatrix} \qquad \mathbf{b} = \begin{bmatrix} \sum y_i \\ \sum x_i y_i \\ \vdots \\ \sum x_i^{m-1} y_i \end{bmatrix} \qquad (3.23)$$

와 같다. 여기서 $\sum$는 $i = 1$부터 n까지의 합이다.

정규 방정식은 일반적으로 m이 크면 클수록 점점 더 허약 조건 방정식(ill-conditioned equation)이 된다. 하지만, 곡선 맞추기에서는 오직 차수가 낮은 다항식만 주로 이용하기 때문에 이 문제를 중요하게 생각할 필요는 없다. 차수가 높은 다항식은 데이터에 포함된 잡음을 오히려 더 증폭할 우려가 있어 되도록 사용을 억제해야 한다.

■ polyFit

함수 polyFit는 n개의 데이터를 최소제곱 관점에서 곡선으로 맞춘 차수가 n−1인 다항식의 계수를 계산한다. 계산의 효율성을 높이기 위해 식 (3.23)의 계수 행렬 **A**를 구성하는 항 즉, n, $\sum x_i$, $\sum x_i^2, \cdots$, $\sum x_i^{2m-2}$을 먼저 벡터 **s**에 저장한 다음에 **A**에 배치하기로 한다. 그리고 정규 방정식은 Gauss 소거법(피봇 재조정 포함)을 써서 풀어 계수 벡터 coeff에 담고, 이때 coeff의 요소는 처음에 보통의 순서 즉, x의 높은 차수가 먼저인 순서로 정렬되지 않았기 때문에 호출 함수에 되돌려 주기 전에 위에서 아래로 자리를 바꾸어 놓는다.

```
function coeff = polynFit(xData,yData,m)
% 최소제곱 관점에서 데이터를 맞춘 다항식 a(1)*x^(m-1) + a(2)*x^(m-2) + ... + a(m)의
% 계수를 계산한다
% 사용법: coeff = polynFit(xData,yData,m)
% xData          = 데이터의 x값
```

```
% yData           = 데이터의 y값

A = zeros(m); b = zeros(m,1); s = zeros(2*m-1,1);
for i = 1:length(xData)
    temp = yData(i);
    for j = 1:m
        b(j) = b(j) + temp;
        temp = temp*xData(i);
    end
    temp = 1;
    for j = 1:2*m-1
        s(j) = s(j) + temp;
        temp = temp*xData(i);
    end
end
for i = 1:m
    for j = 1:m
        A(i,j) = s(i+j-1);
    end
end
% 계수를 재정렬하여 x^(m-1)의 계수가 먼저 오도록 한다
coeff = flipdim(gaussPiv(A,b),1);
```

■ stdDev

데이터에 맞춘 다항식의 계수를 찾은 다음에는 표준편차 σ를 함수 stdDev를 써서 계산한다. stdDev에서 다항식의 평가는 이의 부함수 polyEval이 수행한다. (함수 polyEval에 대해서는 4.7절에 있는 식 (4.10)을 참조할 것)

```
function sigma = stdDev(coeff,xData,yData)
% 데이터와 다항식 a(1)*x^(m-1) + a(2)*x^(m-2) + ... + a(m) 사이의 표준편차를 계산한다
% 사용법: sigma = stdDev(coeff,xData,yData)
% coeff           = 다항식의 계수
% xData           = 데이터의 x값
% yData           = 데이터의 y값

m = length(coeff); n = length(xData);
sigma = 0;
```

```
for i =1:n
    y = polyEval(coeff,xData(i));
    sigma = sigma + (yData(i) - y)^2;
end
sigma =sqrt(sigma/(n - m));

function y = polyEval(coeff,x)
% x에서 다항식의 값을 반환
m = length(coeff);
y = coeff(1);
for j = 1:m-1
    y = y*x + coeff(j+1);
end
```

데이터의 가중 방법

데이터마다 정확도에 의문이 드는 경우가 종종 있다. 데이터를 측정하는 실험도구가 데이터의 어떤 영역에 아주 민감할 수 있고, 또 서로 다른 환경에서 데이터를 추출해야 하는 경우도 있기 때문이다. 그래서 이런 문제를 해결하기 위해 각 데이터마다 신뢰계수(confidence factor) 혹은 가중치(weight)를 할당한다. 물론 이 경우에 최적화 함수는 W_i를 가중치라 할 때 가중차(weighted residuals) $r_i = W_i[y_i - f(x_i)]$를 제곱하여 합한 것이다. 즉,

$$S(a_1, a_2, \ldots, a_m) = \sum_{i=1}^{n} W_i^2 [y_i - f(x_i)]^2 \tag{3.24}$$

를 최소화하면 될 것이고, 이는 데이터에 맞출 함수 $f(x)$를 가중치가 큰 데이터에 더 가깝게 근접하도록 한다.

가중 선형 회귀

만약 맞출 함수 $f(x)$가 직선 즉, $a + bx$이면 식 (3.24)는

$$S(a, b) = \sum_{i=1}^{n} W_i^2 (y_i - a - bx_i)^2 \tag{3.25}$$

이고, 이를 최소화하는 조건은

$$\frac{\partial S}{\partial a} = -2\sum_{i=1}^{n} W_i^2 (y_i - a - bx_i) = 0 \qquad \frac{\partial S}{\partial b} = -2\sum_{i=1}^{n} W_i^2 (y_i - a - bx_i)x_i = 0$$

혹은

$$a\sum_{i=1}^{n} W_i^2 + b\sum_{i=1}^{n} W_i^2 x_i^2 = \sum_{i-1}^{n} W_i^2 y_i \tag{3.26a}$$

$$a\sum_{i=1}^{n} W_i^2 x_i + b\sum_{i=1}^{n} W_i^2 x_i^2 = \sum_{i=1}^{n} W_i^2 x_i y_i \tag{3.26b}$$

와 같다. 식 (3.26a)를 $\sum W_i^2$로 나누고 다음과 같은 가중 평균(weighted average)

$$\hat{x} = \frac{\sum W_i^2 x_i}{\sum W_i^2} \qquad \hat{y} = \frac{\sum W_i^2 y_i}{\sum W_i^2} \tag{3.27}$$

을 도입하면

$$a = \hat{y} - b\hat{x} \tag{3.28a}$$

이고, 따라서 식 (3.28a)를 식 (3.26b)에 넣고 약간의 대수 지식과 함께 b에 대해 풀면

$$b = \frac{\sum_{i=1}^{n} W_i^2 y_i (x_i - \hat{x})}{\sum_{i=1}^{n} W_i^2 x_i (x_i - \hat{x})} \tag{3.28b}$$

을 얻을 수 있다. 식 (3.28)은 가중하지 않은 데이터에 대한 식인 식 (3.19)와 비슷하다는 것을 확인할 수 있다.

지수함수로 맞추기

가중 선형 회귀의 특별한 응용 예는 데이터를 지수함수에 맞추는 것으로 맞출 함수를 다음과 같이 생각해 보자.

$$f(x) = ae^{bx}$$

일반적으로 최소제곱 맞추기는 a와 b에서 비선형인 방정식을 이끄는데, 이 문제는 데이터를 맞출 때 y 대신에 $\ln y$를 쓰면 선형으로 변환되기도 한다. 따라서 데이터 즉, (x_i, $\ln y_i$) (i = 1, 2, ⋯, n)에 맞출 함수를 다음과 같이 새로 정의하기로 한다.

$$F(x) = \ln f(x) = \ln a + bx$$

데이터를 로그로 바꿔 최소제곱 맞추기를 하는 것은 원래 데이터에 맞추는 것과는 다르다. 다시 말하면, 로그로 맞출 때는 실제 데이터와 맞춘 함수와의 차이(residuals)가

$$R_i = \ln y_i - F(x_i) = \ln y_i - \ln a - bx_i \tag{3.29a}$$

이지만 원래 데이터인 경우에는

$$r_i = y_i - f(x_i) = y_i - ae^{bx_i} \tag{3.29b}$$

이기 때문이다. 하지만 이런 차이점은 로그 맞추기를 가중하게 되면 거의 없앨 수 있다. 즉, 식 (3.29b)에 로그를 취하면 $\ln(r_i - y_i) = \ln(ae^{bxi}) = \ln a + bx_i$이므로 식 (3.29a)는 다시

$$R_i = \ln y_i - \ln(r_i - y_i) = \ln\left(1 - \frac{r_i}{y_i}\right)$$

와 같이 표시할 수 있고, 이때 r_i가 충분히 작으면($r_i \ll y_i$) $\ln(1-r_i/y_i) \approx r_i/y_i$로 근사할 수 있으므로

$$R_i \approx {}^{r_i}\!/_{y_i}$$

이 되는 것이다. 그래서 $\sum R_i^2$를 최소화하는 것은 아무 생각 없이 $1/y_i$를 가중하여 수행한 것과 같은 셈이다. 그런데 이 효과는 데이터 (x_i, $\ln y_i$)에 $F(x)$를 맞출 때 가중치를 y_i로 할 때 즉, 다음 함수를 최소화하는 경우에는 사라진다.

$$S = \sum_{i=1}^{n} y_i^2 R_i^2 \tag{3.30}$$

가중치를 y_i로 할 때 역시 이점을 얻을 수 있는 몇몇 예는 표 3.3에 나타내었다.

$f(x)$	$F(x)$	$F(x)$에 맞춰질 데이터
axe^{bx}	$\ln[f(x)/x] = \ln a + bx$	$[x_i, \ln(y_i/x_i)]$
ax^b	$\ln f(x) = \ln a + b\ln(x)$	$(\ln x_i, \ln y_i)$

표 3.3

예제 3.8

다음 데이터를 직선에 맞추고 표준편차도 구하라.

x	0.0	1.0	2.0	2.5	3.0
y	2.9	3.7	4.1	4.4	5.0

풀이 데이터의 평균은 다음과 같다.

$$\bar{x} = \frac{1}{5}\sum x_i = \frac{0.0+1.0+2.0+2.5+3.0}{5} = 1.7$$

$$\bar{y} = \frac{1}{5}\sum y_i = \frac{2.9+3.7+4.1+4.4+5.0}{5} = 4.02$$

그리고 맞출 다항식의 절편 a와 기울기 b는 식 (3.19)를 써서

$$b = \frac{\sum y_i(x_i - \bar{x})}{\sum x_i(x_i - \bar{x})}$$

$$= \frac{2.9(-1.7)+3.7(-0.7)+4.1(0.3)+4.4(0.8)+5.0(1.3)}{0.0(-1.7)+1.0(-0.7)+2.0(0.3)+2.5(0.8)+3.0(1.3)} = 0.6431$$

$$a = \bar{y} - \bar{x}b = 4.02 - 1.7(0.6431) = 2.927$$

와 같이 계산할 수 있고, 따라서 회귀선(regression line)은 $f(x) = 2.927 + 0.6431x$인데 데이터 점과 함께 그림으로 표시하면 다음과 같다.

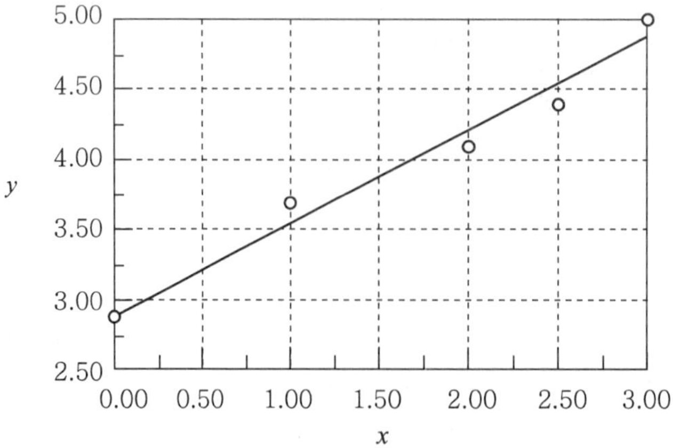

표준편차는 다음 표를 작성하여 계산한다.

y	2.900	3.700	4.100	4.400	5.000
$f(x)$	2.927	3.570	4.213	4.535	4.856
$y-f(x)$	-0.027	0.130	-0.113	-0.135	0.144

즉,

$$S=\sum[y_i-f(x_i)]^2$$
$$=(-0.027)^2+(0.130)^2+(-0.113)^2+(0.144)^2=0.06936$$

이므로 식 (3.15)의 표준편차는 다음과 같다.

$$\sigma=\sqrt{\frac{S}{n-m}}=\sqrt{\frac{0.06936}{5-2}}=0.1520$$

예제 3.9

함수 $f(x) = ae^{bx}$는 최소제곱 관점에서 다음 데이터를 나타내고 있다. 두 방법 즉, (1) 가중치 없이 데이터는 $\ln y_i$와 (2) 가중치는 $W_i = y_i$이면서 데이터는 $\ln y_i$로 맞추기를 할 때 파라미터 a와 b를 구하라. 또한, 각 경우에 표준편차도 함께 계산해 보라.

x	1.2	2.8	4.3	5.4	6.8	7.9
y	7.5	16.1	38.9	67.0	146.6	266.2

(1)의 풀이 이 문제는 함수 $\ln(ae^{bx}) = \ln a + bx$를 다음과 같은 데이터에 맞추는 것이다.

x	1.2	2.8	4.3	5.4	6.8	7.9
$z = \ln y$	2.015	2.779	3.661	4.205	4.998	5.584

다시 말하면, 선형 회귀를 다루면서 파라미터 $A = \ln a$와 b를 찾아야 한다. 예제 3.8에서 했던 단계를 다시 밟으면(자세한 산술 계산은 생략한다)

$$\bar{x} = \frac{1}{6}\sum x_i = 4.733 \qquad \bar{z} = \frac{1}{6}\sum z_i = 3.872$$

$$b = \frac{\sum z_i(x_i - \bar{x})}{\sum x_i(x_i - \bar{x})} = \frac{16.719}{31.153} = 0.5366 \qquad A = \bar{z} - \bar{x}b = 1.3323$$

이고, 또 $a = e^A = 3.790$이므로 이 데이터에 맞춘 함수는 $f(x) = 3.790e0.5366$이다. $f(x)$에 대한 그래프는 다음과 같다.

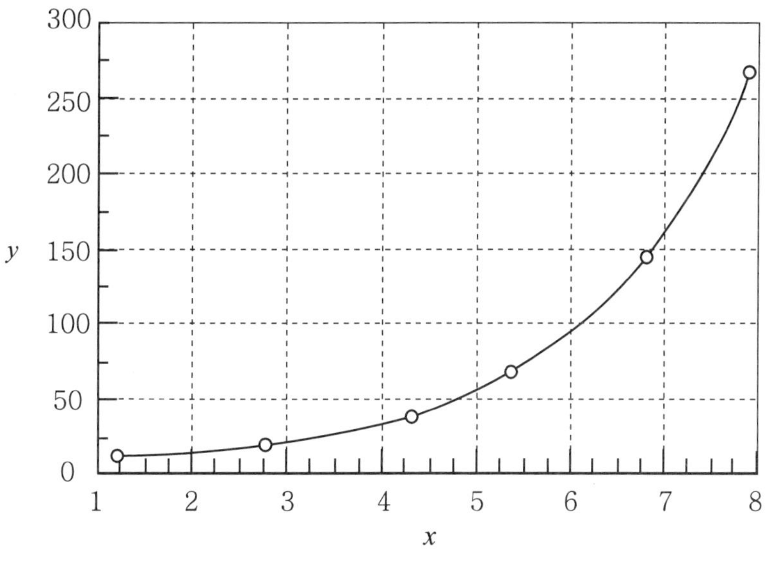

표준편차에 대한 계산도 예제 3.8의 경우와 똑같다. 즉,

y	7.50	16.10	38.90	67.00	146.60	266.20
$f(x)$	7.21	17.02	38.07	68.69	145.60	262.72
$y - f(x)$	0.29	-0.92	0.83	-1.69	1.00	3.48

$$S = \sum [y_i - f(x_i)]^2 = 17.59$$

$$\sigma = \sqrt{\frac{S}{6-2}} = 2.10$$

이다.

앞에서 지적했듯이 이 문제의 해는 근사해이다. 왜냐하면 y_i가 아닌 $\ln y_i$에 대해 데이터 맞추기를 했기 때문이다. 하지만 그림에서 판단할 수 있듯이 이 작업은 아주 훌륭하다.

(2)의 풀이 이번에도 역시 함수 $\ln(ae^{bx}) = \ln a + bx$를 데이터 $z = \ln y$에 맞춘다. 하지만 가중치 $W_i = y_i$를 사용한다는 점이 다르다. 식 (3.27)로부터 데이터($z = \ln y$에 맞춘다는 것을 기억할 것)의 가중 평균은

$$\hat{x} = \frac{\sum y_i^2 x_i}{\sum y_i^2} = \frac{737.5\times10^3}{98.67\times10^3} = 7.474$$

$$\hat{z} = \frac{\sum y_i^2 z_i}{\sum y_i^2} = \frac{528.2\times10^3}{98.67\times10^3} = 5.353$$

이고, 또 식 (3.28)로 파라미터를 찾으면

$$b = \frac{\sum y_i^2 z_i (x_i - \hat{x})}{\sum y_i^2 x_i (x_i - \hat{x})} = \frac{35.39\times10^3}{65.05\times10^3} = 0.5440$$

$$\ln a = \hat{z} - b\hat{x} = 5.353 - 0.5440(7.474) = 1.287$$

이다. 따라서

$$a = e^{\ln a} = e^{1.287} = 3.622$$

이므로 데이터에 맞출 함수는 $f(x) = 3.622e^{0.5440x}$가 된다. 예상했던 대로 이 결과는 (1)에서 얻은 것과는 약간 다른 것을 알 수 있다.

표준편차의 계산은 다음과 같다.

y	7.50	16.10	38.90	67.00	146.60	266.20
$f(x)$	6.96	16.61	37.56	68.33	146.33	266.20
$y - f(x)$	0.54	-0.51	1.34	-1.33	0.267	0.00

$$S = \sum [y_i - f(x_i)]^2 = 4.186$$

$$\sigma = \sqrt{\frac{S}{6-2}} = 1.023$$

데이터와 함수의 차인 $y - f(x)$와 표준편차가 (1)의 경우와 견주어 작은데, 이는 역시 짐작한 것처럼 데이터 맞추기가 더욱 잘 되었다는 뜻이다.

만약 데이터를 로그가 아닌 y_i에 직접 맞추기를 하면 어떨까? 자세한 설명은 생략하겠지만 (이 경우엔 초월 방정식(transcendental equation)의 해를 포함한다) 이때는 $f(x) = 3.614e^{0.5441x}$이고 표준편차는 $\sigma = 1.022$로 (2)의 결과와 거의 같다.

예제 3.10

임의의 차수가 k인 다항식을 아래 표의 데이터에 맞추는 프로그램을 작성하고, 이를 이용하여 최소제곱 관점에서 데이터에 가장 잘 맞는 k의 값을 결정하라.

x	-0.04	0.93	1.95	2.90	3.83	5.00
y	-8.66	-6.44	-4.36	-3.27	-0.88	0.87
x	5.98	7.05	8.21	9.08	10.09	
y	3.31	4.63	6.19	7.40	8.85	

풀이 다음 프로그램은 k값을 입력할 수 있도록 프롬프트를 준비하고 "Enter"로 끝을 낸다.

```
% 예제 3.10 (다항식으로 곡선 맞추기)
xData = [-0.04,0.93,1.95,2.90,3.83,5.0,...
                5.98,7.05,8.21,9.08,10.09]';
yData = [-8.66,-6.44,-4.36,-3.27,-0.88,0.87,...
                3.31,4.63,6.19,7.4,8.85]';
format short e
while 1
    k = input('degree of polynomial = ');
    if isempty(k)                        % "Enter"로 루프 탈출
        fprintf('Done')
        break
    end
    coeff = polynFit(xData,yData,k+1)
    sigma = stdDev(coeff,xData,yData)
    fprintf('\n')
end
```

(프로그램 결과)

```
degree of polynomial = 1
coeff =
   1.7286e+000
  -7.9453e+000
sigma =
   5.1128e-001

degree of polynomial = 2
coeff =
  -4.1971e-002
   2.1512e+000
  -8.5701e+000
sigma =
   3.1099e-001

degree of polynomial = 3
coeff =
  -2.9852e-003
   2.8845e-003
   1.9810e+000
  -8.4660e+000
```

```
sigma =
  3.1948e-001

degree of polynomial =
Done
```

2차 함수 $f(x) = -0.041971x^2 + 2.1512x - 8.5701$이 표준편차가 가장 작으므로 이 함수가 데이터에 가장 잘 맞추어졌다고 생각할 수 있다. 하지만 꼭 알아야 할 것 하나. 표준편차는 곡선 맞추기가 가장 잘 되었는지를 판단하는 절대적인 기준이 아니다는 것이다. 그러므로 이런 결정을 하기 전에 반드시 함수와 데이터를 그려서 살펴보는 것이 가장 현명하다. 아래에 보인 이 문제의 데이터에 대한 그림은 실제로도 2차 함수(실선)가 데이터에 맞출 함수로 합당하다는 것을 보여주고 있다.

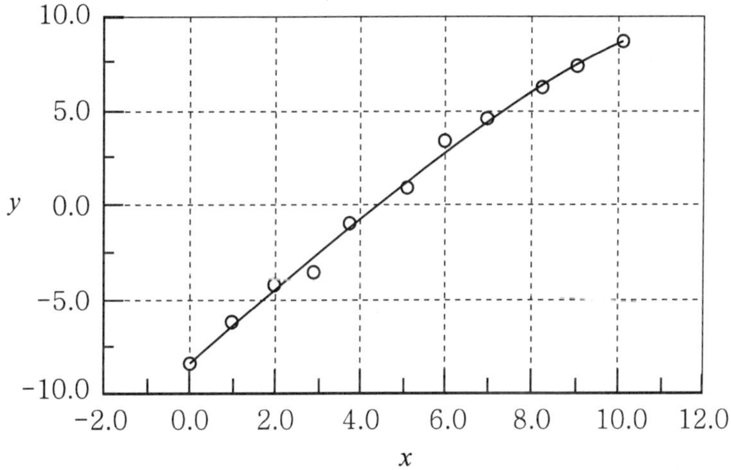

문제 3.2

(각 문제마다 데이터와 맞출 함수를 직접 그려서 확인하는 것이 가능하다면 그렇게 하라)

1. 가중치를 사용하지 않은 최소제곱 맞추기로 얻은 직선은 항상 데이터 점 (x, y)을 지난다는 것을 보여라.

2. 선형 회귀법을 이용하여 다음 데이터에 맞는 선을 찾고 표준편차도 구하라.

x	-1.0	-0.5	0	0.5	1.0
y	-1.00	-0.55	0.00	0.45	1.00

3. 알루미늄 막대에 대해 인장시험을 3번 실시했고, 이때 각 시험마다 변형률(strain)은 동일한 응력(stress)에서 측정하였으며 그 결과는 다음과 같다.

응력(MPa)	34.5	69.0	103.5	138.0
변형률(시험 1)	0.46	0.95	1.48	1.93
변형률(시험 2)	0.34	1.02	1.51	2.09
변형률(시험 3)	0.73	1.10	1.62	2.12

여기서 변형률의 단위는 mm/m이다. 선형 회귀법을 써서 막대의 탄성계수(modulus of elasticity)를 추정해 보라. (탄성계수 = 응력/변형률)

4. 문제 3을 다음과 같은 가정에서 다시 풀어라. 즉, 시험 3은 성능이 형편없는 인장시험기에서 실시했기에 이 결과는 단지 다른 두 시험에서 얻은 결과의 반만 반영된다.

5. ■ 다음 데이터를 직선으로 맞추기하고 표준편차도 계산하라.

x	0	0.5	1	1.5	2	2.5
y	3.076	2.810	2.588	2.297	1.981	1.912
x	3	3.5	4	4.5	5	
y	1.653	1.478	1.399	1.018	0.794	

6. ■ 다음 표는 1999년에 Ford와 Honda에서 만든 자동차의 질량 M과 평균 연료소비량 Φ를 보여준다. 이 데이터를 직선 $\Phi = a + bM$에 맞추고 표준편차도 함께 찾아라.

모델	M(kg)	Φ(km/liter)
Contour	1310	10.2
Crown Victoria	1810	8.1
Escort	1175	11.9
Expedition	2360	5.5
Explorer	1960	6.8
F-150	2020	6.8
Ranger	1755	7.7
Taurus	1595	8.9
Accord	1470	9.8
CR-V	1430	10.2
Civic	1110	13.2
Passport	1785	7.7

7. ■ 공기의 상대밀도 ρ를 서로 다른 높이에서 측정하여 다음 표를 얻었다.

h(km)	0	1.525	3.050	4.575	6.10	7.625	9.150
ρ	1	0.8617	0.7385	0.6292	0.5328	0.4481	0.3741

2차 최소제곱 맞추기로 h = 10.5(km)에서 공기의 상대밀도를 구하라. (문제 3.1의 20번에서는 이 문제를 보간법으로 풀었다)

8. ■ 물의 동점성계수 μ_k는 온도 T에 따라 변하는데 아래 표와 같다. 이 데이터에 가장 잘 맞는 3차 스플라인을 정하고 이를 이용하여 T = 10°, 30°, 60°, 그리고 90℃에서 μ_k를 계산하라. (문제 3.1의 19번에서는 이 문제를 보간법으로 풀었다)

T(℃)	0	21.1	37.8	54.4	71.1	87.8	100
$\mu_k(10^{-3}m^2/s)$	1.79	1.13	0.696	0.519	0.338	0.321	0.296

9. ■ 다음 데이터를 직선과 2차 곡선으로 맞추고 어떤 것이 가장 잘 맞는지 확인하라.

x	1.0	2.5	3.5	4.0	1.1	1.8	2.2	3.7
y	6.008	15.722	27.130	33.772	5.257	9.549	11.098	28.828

10. ■ 다음 표는 초창기 만들어진 몇몇 증기 기관의 열효율(thermal efficiency)을 보여준다. 이 데이터에 가장 잘 맞는 다항식을 찾고 이를 이용하여 2000년의 열효율을 예측해 보라.

년	효율(%)	형식
1718	0.5	Newcomen
1767	0.8	Smeaton
1774	1.4	Smeaton
1775	2.7	Watt
1792	4.5	Watt
1816	7.5	Woolf compound
1828	12.0	Improved Cornish
1834	17.0	Improved Cornish
1878	17.2	Corliss compound
1906	23.0	Triple expansion

11. 다음 표는 온도 T에 대한 나트륨의 상대 열전도도(relative thermal conductivity) k에 대한 값이다. 최소제곱 관점에서 이 데이터에 가장 잘 맞는 2차 곡선을 구하라.

T(℃)	79	190	357	524	690
k	1.00	0.932	0.839	0.759	0.693

12. $f(x) = ax^b$는 데이터 $(x_i, y_i)(i = 1, 2, \cdots, n)$, 그리고 $F(x) = \ln a + b\ln x$는 데이터 $(\ln x_i, \ln y_i)$에 대한 최소제곱 맞추기(표 3.3 참조)라 할 때 $R_i \approx r_i/y_i$를 증명하라. 여기서 $r_i = y_i - f(x_i)$와 $R_i = \ln y_i - F(x_i)$이고, $r_i << y_i$로 가정한다.

13. 최소제곱 관점에서 $f(x) = a\sin(\pi x/2) + b\cos(\pi x/2)$은 다음 데이터를 맞추고 있다. a와 b를 결정하라.

x	-0.5	-0.19	0.02	0.20	0.35	0.50
y	-3.558	-2.874	-1.995	-1.040	-0.068	0.677

14. 최소제곱 관점에서 $f(x) = ax^b$은 다음 데이터를 맞추고 있다. a와 b를 결정하라.

x	0.5	1.0	1.5	2.0	2.5
y	0.49	1.60	3.36	6.44	10.16

15. 다음 데이터를 함수 $f(x) = axe^{bx}$에 맞추고 표준편차도 계산하라.

x	0.5	1.0	1.5	2.0	2.5
y	0.541	0.398	0.232	0.106	0.052

16. ■ 방사능 물질의 방사 강도(intensity of radiation)를 반년 주기로 측정하여 다음을 얻었다.

t(년)	0	0.5	1	1.5	2	2.5
γ	1.000	0.994	0.990	0.985	0.979	0.977
t(년)	3	3.5	4	4.5	5	5.5
γ	0.972	0.969	0.967	0.960	0.956	0.952

여기서 γ는 방사 강도이다. 방사능이 시간에 대해 지수적으로 $\gamma(t) = ae^{-bt}$와 같이 감소할 때 이 물질의 반감기를 추정해 보라.

MATLAB® 함수

y = interp1(xData,yData,x,method) 보간식의 값인 y를 method로 지정한 방식 즉, method = 'linear'는 인접한 두 점 사이의 선형 보간(기본 방식)을, 그리고 method = 'spline'는 3차 스플라인 보간을 이용하여 x에서 평가한다.

a = polyfit(xData,yData,m) 최소제곱 관점에서 데이터를 맞춘 차수가 m인 다항식의 계수를 돌려준다.

y = polyval(a,x) 계수 a로 정의되는 다항식을 점 x에서 평가한다.

s = std(x) 벡터 x의 요소들에 대한 표준편차를 돌려준다. 만약 x가 행렬이면 표준편차는 x의 각 열에 대해 계산한다.

xbar = mean(x) x의 요소들에 대한 평균값을 돌려준다. 만약 x가 행렬이면 x의 각 열에 대해 계산한다.

선형으로 데이터에 맞출 때는 식 (3.22)를 미지수보다 방정식의 개수가 더 많은

$$\mathbf{Fa} = \mathbf{y}$$

와 같이 구성하여 MATLAB에서 a = F\y의 명령어로 찾을 수도 있다. (참고로 MATLAB에서는 방정식의 개수가 더 많으면 \를 최소제곱 관점에서 계산하여 돌려준다) 다음 예는 예제 3.9에 있는 데이터를

$$f(x) = a_1 + a_2 e^x + a_3 x e^{-x}$$

에 어떻게 맞출 수 있는지를 보여준다.

```
xData = [1.2; 2.8; 4.3; 5.4; 6.8; 7.0];
yData = [7.5; 16.1; 38.9; 67.0; 146.6; 266.2];
F = ones(length(xData),3);
F(:,2) = exp(xData(:));
F(:,3) = xData(:).*exp(-xData(:));
a = F\yData
```

4. 방정식의 근

함수 $f(x)$ = 0의 해를 찾는다

4.1 개요

공학 해석에서 흔히 나타나는 문제는 함수 $f(x)$가 주어졌을 때 $f(x)$ = 0을 만족하는 x의 값을 찾는 일이고, 이를 방정식 $f(x)$ = 0의 근 혹은 함수 $f(x)$의 제로(zero)를 찾는다 라고 말한다.

이 작업을 좀더 진척시키기에 앞서 함수의 개념을 먼저 살펴보는 것이 도움이 될 것 같다. 방정식

$$y = f(x)$$

는 3개의 기본 요소 즉, 입력 x, 출력 y, 그리고 y를 계산하는 규칙 f로 구성되어 있다. 그리고 함수는 이와 같은 규칙 f가 지정되면 주어졌다고 말할 수 있는데 수치적으로 계산하는 경우에는 규칙 자체가 바로 알고리즘으로

$$f(x) = \cosh(x)\cos(x) - 1$$

와 같이 한 줄의 함수 문장이거나, 아니면 코드가 수백 수천 개로 구성된 복잡한 과정이 될 수도 있다. 알고리즘이 입력 x에 대해 출력 y를 생산하는 한 하나의 함수로 자격이 주어지는 것이다.

방정식의 근은 실수나 복소수 모두 될 수가 있다. 복소수 근은 물리적으로 중요한 특성이 거의 없어 해로 구하는 경우가 드물지만 다음과 같은 다항 방정식 즉,

$$a_1x^n + a_2x^{n-1} + \cdots + a_nx + a_{n+1} = 0$$

일 때에는 감쇠 진동계의 해석 따위에서처럼 예외이다. 여기서는 방정식의 실수 근을 찾는데 먼저 집중할 것이며 다항식의 복소수 근은 이 장의 끝에서 다루기로 한다.

일반적으로 방정식은 (실수) 근의 개수에 제한이 없지만 아예 하나도 갖지 않는 경우도 있다. 예를 들어,

$$\sin x - x = 0$$

는 하나의 근 즉, $x = 0$이지만

$$\tan x - x = 0$$

는 근이 무한하다. ($x = 0, \pm 4.493, \pm 7.725, \ldots$)

근을 찾는 방법은 모두 반복법이기에 시작점 즉, 근의 추정값이 필요하다. 근의 추정은 이 방법의 핵심 사항이 될 수 있는데, 이는 시작하는 값이 엉터리면 해에 수렴하지 않거나 엉뚱한 해(찾으려는 해와 거리가 먼 해)로 수렴하기 때문이다. 근의 초기값을 추정하는 일반적인 방법은 없다. 방정식이 물리적인 문제에서 출발했다면 그 문제의 내용(물리적 직관)이 근의 근사적 위치를 어느 정도 밝혀줄 수 있고, 그렇지 않다면 그 식을 직접 그래프로 그려보거나 체계적인 탐색 절차를 수행해 봐야 한다.

방정식을 근 찾는 알고리즘으로 풀기 전에 근의 범위를 미리 정하는 일(이를 전문 용어로 브래킷팅(bracketing)이라 한다)은 언제나 추천할 만하고 사실 이 장에서 다룰 모든 방법은 아예 필수적이라 해도 괜찮다.

4.2 증분 탐색법

근의 대략적인 위치를 찾으려면 함수를 직접 그려보는 것이 가장 좋다. 몇몇 점에 대한 개략적인 그림이라도 시작점을 선정하는데 충분하다. 근을 인식하고 이의 범위를 정하는 유용한 도구에는 증분 탐색법(incremental search method)이 있다. 이 방법은 직접 근을 계산할 때도 적용할 수 있지만 이 경우는 이보다 더 효과적인 다른 방법들이 많이 있기에 힘을 들여 살펴볼 내용은 아니다.

증분 탐색법의 기본 원리는 아주 간단하다. 즉, $f(x_1)$와 $f(x_2)$가 만약 반대 부호를 갖는다

면 구간 (x_1, x_2)에는 적어도 한 개의 근이 있다는 것이다. 또 구간의 범위가 아주 작다면 오직 한 개의 근만 있을 가능성이 많기에 $f(x)$의 근은 이 구간에서 함수를 평가하여 부호의 변화를 조사함으로써 확인할 수 있다.

하지만 증분 탐색법에는 가끔 나타나는 다음과 같은 문제가 몇 가지 있다.

- 만약 탐색할 때 쓰는 증분값 Δx가 두 근이 떨어져 있는 범위보다 크면 근을 찾지 못할 수도 있다.
- 두 개의 근이 같은 위치에 있는 이중근(double root)이면 탐색할 수 없다.
- $f(x)$의 특이점을 근으로 오해할 수도 있다. 예를 들어, 그림과 같이 $f(x) = \tan x$는 $x = \pm n\pi/2(n = 1, 3, 5, \ldots)$에서 부호가 바뀌지만 이 점들에서는 함수가 x축을 지나지 않기 때문에 실제로 근이 아니다.

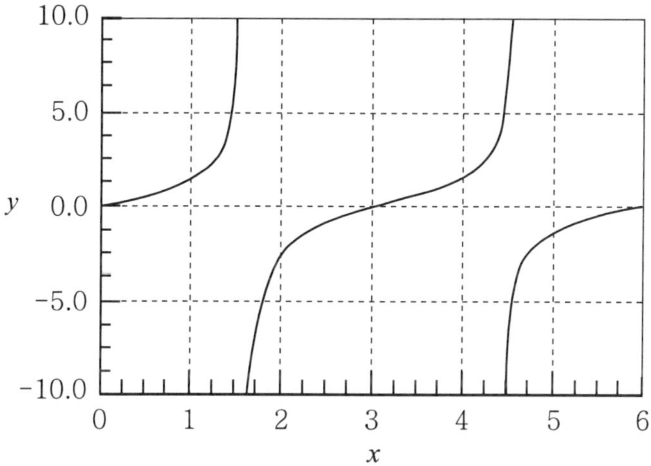

그림 4.1 tan x의 그래프

rootsearch

함수 **rootsearch**는 $f(x)$의 근을 구간 (a, b)에서 찾는다. 즉, a에서 탐색을 시작하여 dx만큼 증분하면서 b까지 진행한다. 만약 근을 찾았다면 **rootsearch**는 이의 범위 (x_1, x_2)를 호출한 프로그램에 돌려주고, 찾지 못했다면 $x_1 = x_2 =$ NaN을 반환한다. (NaN은 MATLAB®에서 "not a number"를 뜻한다) 첫번째 근(a에 가장 가까운 근)의 범위가 정해지고 나면 **rootsearch**는 다음 근을 찾기 위해 a를 x_2로 대체하여 다시 실행되고, 이 과정은 근이 찾아지는 한 계속 반복된다.

```
function [x1,x2] = rootsearch(func,a,b,dx)
% 증분 탐색으로 f(x)의 근을 찾는다
% 사용법: [x1,x2] = rootsearch(func,a,b,dx)
% 입력:
% func          = f(x)에 대한 함수핸들
% a,b           = 탐색 구간
% dx            = 탐색 증분
% 출력:
% x1,x2         = 구간 (a,b)에서 가장 작은 근의 범위로 근이 발견되지 않으면
%                 값은 NaN이다

    x1 = a;        f1 = feval(func,x1);
    x2 = a + dx; f2 = feval(func,x2);
    while f1*f2  > 0.0
        if x1 >= b
        x1 = NaN; x2 = NaN; return
        end
        x1 = x2;        f1 = f2;
        x2 = x1 + dx; f2 = feval(func,x2);
    end
```

예제 4.1함수

증분 탐색법을 써서 함수 $f(x) = x^3 - 10x^2 + 5$의 가장 작은 양의 근이 어느 범위에 속하는지 결정하라. 단, 증분은 $\Delta x = 2$이다.

풀이 함수 $f(x)$를 $x = 0$에서 시작하여 함수가 부호(함수의 값은 상관하지 않음)를 바꿀 때가지 $\Delta x = 2$씩 증가시켜 가면서 계속 반복하는데, 이의 결과는 다음과 같다.

x	$f(x)$
0.0	5.000
0.2	4.608
0.4	3.464
0.6	1.616
0.8	-0.888

따라서 함수의 부호 변화로부터 가장 작은 양의 근은 $x = 0.6$과 $x = 0.8$ 사이에 있다고 확인할 수 있다.

4.3 이분법

방정식 $f(x) = 0$의 근이 구간 (x_1, x_2)에 있다고 범위를 확실히 잡았다면 여러 방법을 써서 좀더 세밀히 파고 들어갈 수 있다. 이분법(method of bisection)은 이런 구간을 아주 작아질 때까지 연속적으로 반씩 나눠 가는 방법이다. 이등분으로 나누는 기법은 여러 다른 기법에 견주어 근을 가장 빨리 찾지는 못하지만 신뢰를 준다는 측면에서 가장 믿음직하다.

이분법은 증분 탐색법과 원리가 같다. 즉, 구간 (x_1, x_2)에 근이 있다면 $f(x_1) \cdot f(x_2) < 0$이라는 원리이다. 그리고 구간을 이등분으로 나누는 일은 이 구간의 중심값 $x_3 = (x_1 + x_2)/2$을 구해 $f(x_3)$을 계산하면 되는데, 이때 $f(x_2) \cdot f(x_3) < 0$이면 근은 (x_2, x_3) 사이에 있으므로 처음의 범위인 x_1을 x_3로 바꾼다. 만약 그렇지 않다면 근은 (x_1, x_3)에 있다는 뜻이므로 이번에는 x_2를 x_3로 교체하면 되는 것이다. 아무튼 어느 경우든지 새로운 구간 (x_1, x_2)은 처음 구간의 반으로 나뉜 셈으로 다음과 같은 조건이 만족할 때까지 계속 반복한다. 여기서 ε은 아주 작은 값이다.

$$|x_2 - x_1| \le \varepsilon$$

이미 지정한 값 ε에 도달할 때까지 이등분의 개수가 몇 개 필요한 지는 이렇게 계산하면 아주 쉽다. 처음 구간 Δx은 한번 이등분이 되고 나면 $\Delta x/2$로 줄어들고 두 번이면 $\Delta x/2^2$, 그리고 n번이면 $\Delta x\ /2^n$이다. 따라서 $\Delta x/2^n = \varepsilon$로 놓고 n에 대해 풀면

$$n = \frac{\ln(|\Delta x|/\varepsilon)}{\ln 2} \tag{4.1}$$

와 같이 구할 수 있다.

■ bisect

이 함수는 방정식 $f(x) = 0$의 근을 구간 (x_1, x_2)에서 이분법으로 구한다. 구간을 tol까지 계속 이등분으로 나눌 횟수는 식 (4.1)로 계산한다. 입력 인수 filter는 의심 가는 특이점이 있을 때 이를 걸러내는 작업을 관리하는데, filter = 1이면 $f(x)$의 크기가 구간이 반으로 나누어질 때마다 감소하는지 어떤지를 강제로 검사하도록 한다. 만약 함수의 크기가 감소하지 않으면 근으로 생각한 것이 사실 근이 아닌 특이점이 될 수 있고, 이 경우엔 root = NaN을 반환한다. 하지만 이러한 작업 방식은 항상 바람직하다고 볼 수 없기에 이의 기본값은 filter = 0이다.

```
function root = bisect(func,x1,x2,filter,tol)
% 이분법으로 f(x) = 0의 근을 찾는다
% 사용법: root = bisect(func,x1,x2,filter,tol)
% 입력:
% func          = f(x)에 대한 함수핸들
% x1,x2         = 근이 있는 구간의 범위
% filter        = 특이점 필터: 0 = off (기본값), 1 = on
% tol           = 허용 오차(기본값은 1.0e4*eps)
% 출력:
% root          = f(x) = 0의 근, 또는 특이점으로 판명되면 NaN

if nargin < 5; tol = 1.0e4*eps; end
if nargin < 4; filter = 0; end
f1 = feval(func,x1);
if f1 == 0.0; root = x1; return; end
f2 = feval(func,x2);
if f2 == 0.0; root = x2; return; end
if f1*f2 > 0;
    error('Root is not bracketed in (x1,x2)')
end
n = ceil(log(abs(x2 - x1)/tol)/log(2.0));
for i = 1:n
    x3 = 0.5*(x1 + x2);
    f3 = feval(func,x3);
    if(filter == 1) & (abs(f3) > abs(f1)) & (abs(f3) > abs(f2))
        root = NaN; return
    end
    if f3 == 0.0
```

```
        root = x3; return
    end
    if f2*f3 < 0.0
        x1 = x3; f1 = f3;
    else
        x2 = x3; f2 = f3;
    end
end
root = (x1 + x2)/2;
```

예제 4.2

이분법을 이용하여 구간 (0.6, 0.8)에 있는 $f(x) = x^3 - 10x^2 + 5$의 근을 찾아라.

풀이 이 방법을 실제로 접목하는 가장 좋은 방법은 아래와 같은 표를 사용하는 것이다. 여기서 주의할 것은 이등분으로 나뉠 구간은 $f(x)$의 크기가 아니라 부호로 결정된다는 점이다.

x	$f(x)$	구간
0.6	1.616	-
0.8	-0.888	(0.6, 0.8)
(0.6+0.8)/2 = 0.7	0.443	(0.7, 0.8)
(0.8+0.7)/2 = 0.75	-0.203	(0.7, 0.75)
(0.7+0.75)/2 = 0.725	0.125	(0.725, 0.75)
(0.75+0.725)/2 = 0.7375	-0.038	(0.725, 0.7375)
(0.725+0.7375)/2 = 0.73125	0.044	(0.7375, 0.73125)
(0.7375+0.73125)/2 = 0.73438	0.003	(0.7375, 0.73438)
(0.7375+0.73438)/2 = 0.73594	-0.017	(0.73438, 0.73594)
(0.73438+0.73594)/2 = 0.73516	-0.007	(0.73438, 0.73516)
(0.73438+0.73516)/2 = 0.73477	-0.002	(0.73438, 0.73477)
(0.73438+0.73477)/2 = 0.73458	0.000	-

위 표에서 마지막 결과는 자릿수를 4개로 나타낼 때 x = 0.7346이다.

예제 4.3

구간 (0, 20)에서 $f(x) = x - \tan x$의 모든 제로를 이분법을 써서 찾되 함수 rootsearch와 bisect를 이용하라.

풀이 $\tan x$는 특이 함수이고 $x = \pi/2, 3\pi/2, \cdots$에서 부호가 바뀌므로 bisect이 이 점들을 근으로 잘못 인식하는 것을 막기 위해 filter = 1로 한다. 근이 특이점 근처에 바짝 붙어있으면 또 다른 문제를 일으킬 수 있는데, 이때에는 rootsearch에서 증분 Δx를 작게 잡음으로써 어느 정도 완화시킬 수 있다. 아래 프로그램에서는 Δx = 0.01를 쓴다.

```
% 예제 4.3 (이분법으로 근 찾기)
a = 0.0; b = 20.0; dx = 0.01;
nroots = 0;
while 1
    [x1,x2] = rootsearch(@fex4_3,a,b,dx);
    if isnan(x1)
        break
    else
        a = x2;
        x = bisect(@fex4_3,x1,x2,1);
        if ~ isnan(x)
            nroots = nroots + 1;
            root(nroots) = x;
        end
    end
end
root
```

MATLAB®에서 함수 이름 앞에 쓰인 기호 @는 그 함수에 대한 핸들을 뜻하기 때문에 rootsearch의 입력 인수 @fex4_3는 아래에 있는 함수 fex4_3의 핸들이다.

```
function y = fex4_3(x)
% 예제 4.3에서 쓰는 함수
```

```
y = x – tan(x);
```

(프로그램 결과)

```
>> root =
         0    4.4934    7.7253    10.9041    14.0662    17.2208
```

4.4 Brent 법

Brent 법(Brent, R. P., *Algorithms for Minimization without Derivatives*, Prentice-Hall, 1973)은 이분법과 2차 보간법이 근을 좀더 효과적으로 찾을 수 있는 알고리즘이 되도록 섞어 놓은 것이다. 이 방법은 대부분의 경우에 이분법을 홀로 쓰는 것보다 훨씬 빠르지만 함수 곡선이 매끄럽지 않으면 종종 느릿할 때도 있다. Brent 법은 함수의 미분을 계산하기 어렵거나 거의 불가능한 경우에 특히 유용하다.

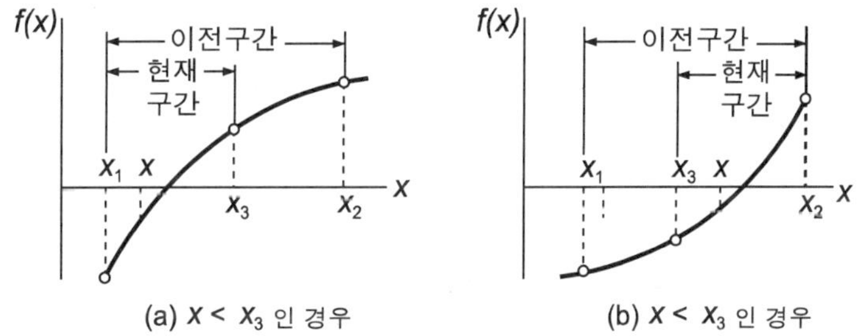

그림 4.2 역 2차 보간법의 반복 과정

Brent 법은 $f(x) = 0$의 근이 처음부터 구간 (x_1, x_2)로 범위가 정해졌다고 가정한다. 그리고 처음에는 이분법의 단계를 써서 그림 4.2(a)와 (b)에서처럼 구간을 (x_1, x_3)나 (x_3, x_2)로 이등분한다. 여기서 $x_3 = (x_1 + x_2)/2$이다. 이 단계를 통해 $f_1 = f(x_1)$, $f_2 = f(x_2)$, 그리고 $f_3 = f(x_3)$을 계산할 수 있기에 이제는 아는 값이 되고(그림 4.2에서 원 표시), 여기서부터 역 2차 보간법(inverse quadratic interpolation)을 써서 근의 다음 단계를 밟을 준비가 마련되는 셈이다. 역 2차 보간법은 x를 f의 2차 함수로 간주하는 것인데, 이런 보간을 거친 x의 값이 그림 4.2와 같이 가장 최근의 범위 안으로 떨어지면 이 결과를 받아들이고, 그렇지 않으면 다음 이등분을 다시 반복한다.

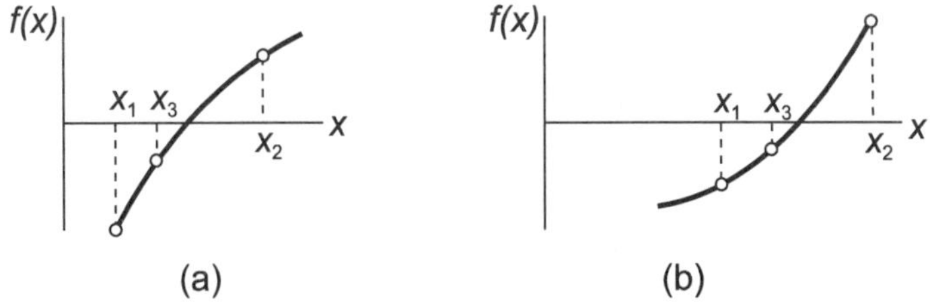

그림 4.3 반복 과정 이후의 기호 표시

다음 단계는 x에 x_3과 같이 번호를 다시 붙이고, 또 그림 4.3에 표시한 것처럼 새로운 구간 x_1과 x_2(여기서 $x_1 < x_3 < x_2$)의 범위를 정하는 것이다. 이런 단계가 끝나면 그림 4.2의 원래 순서를 회복하게 되는데, 다만 이때는 근이 존재하는 구간 (x_1, x_2)이 처음보다 줄어들어 있다. 지금까지의 과정이 첫번째 반복 사이클이다. 물론 다음 사이클은 또다른 역 2차 보간법을 수행하여 수렴 조건 $|x - x_3| < \varepsilon$이 만족될 때까지 반복하면 된다. 여기서 ε는 미리 정해 놓은 허용 오차이다.

역 2차 보간법은 3.2절에서 다룬 3점에 대한 Lagrange 법으로 수행하는데, 이때 x와 y의 역할을 바꿔

$$x(f) = \frac{(f-f_2)(f-f_3)}{(f_1-f_2)(f_1-f_3)}x_1 + \frac{(f-f_1)(f-f_3)}{(f_2-f_1)(f_2-f_3)}x_2 + \frac{(f-f_1)(f-f_2)}{(f_3-f_1)(f_3-f_2)}x_3$$

와 같이 표현하고 다시 $f = 0$로 두고 간단히 하면 근의 추정값은

$$x = x(0) = -\frac{f_2 f_3 x_1 (f_2 - f_3) + f_3 f_1 x_2 (f_3 - f_1) + f_1 f_2 x_3 (f_1 - f_2)}{(f_1 - f_2)(f_2 - f_3)(f_3 - f_1)}$$

이며, 또한 근의 변화량은

$$\Delta x = x - x_3 = f_3 \frac{x_3(f_1 - f_2)(f_2 - f_3 + f_1) + f_2 x_1 (f_2 - f_3) + f_1 x_2 (f_3 - f_1)}{(f_2 - f_1)(f_3 - f_1)(f_2 - f_3)} \tag{4.2}$$

이다.

■ brent

다음에 나와 있는 함수 brent는 Brent가 처음 제안한 알고리즘을 간추린 것으로 수렴 속도와 관련된 몇몇 안전장치들을 생략했고, 또 수렴 조건에서도 덜 복잡한 것을 사용했다.

```
function root = brent(func,a,b,tol)
% 이차 보간법과 이분법을 혼합하여(Brent 법) f(x) = 0의 근을 찾는다
% 사용법: root = brent(func,a,b,tol)
% 입력:
% func          = f(x)에 대한 함수핸들.
% a,b           = 근을 담고 있는 구간의 범위
% tol           = 허용 오차(기본값은 1.0e6*eps).
% 출력:
% root          = f(x)의 근(만약 수렴하지 않으면 root = NaN)

if nargin < 4; tol = 1.0e6*eps; end
% 첫번째 단계(이분법)
x1 = a; f1 = feval(func,x1);
if f1 == 0; root = x1; return; end
x2 = b; f2 = feval(func,x2);
if f2 == 0; root = x2; return; end
if f1*f2 > 0.0
    error('Root is not bracketed in (a,b)')
end
x3 = 0.5*(a + b);
% 반복 루프의 시작
for i = 1:30
    f3 = feval(func,x3);
    if abs(f3) < tol
        root = x3; return
    end
    % 범위를 근에 가깝게 좁힌다
    if f1*f3 < 0.0; b = x3;
    else; a = x3;
    end
    if (b - a) < tol*max(abs(b),1.0)
        root = 0.5*(a + b); return
    end
```

```
    % 2차 보간법 실시
    denom = (f2 - f1)*(f3 - f1)*(f2 - f3);
    numer = x3*(f1 - f2)*(f2 - f3 + f1)...
        + f2*x1*(f2 - f3) + f1*x2*(f3 - f1);
    % 만약 0으로 나누어지면 x를 다음 이분법을 위해 범위 밖으로 보낸다
    if denom == 0; dx = b - a;
    else; dx = f3*numer/denom;
    end
    x = x3 + dx;
    %보간할 때 범위 밖으로 벗어나면 이분법을 사용한다
    if (b - x)*(x - a) < 0.0
        dx = 0.5*(b - a); x = a + dx;
    end
    % x3 ← x로 두고 x1 < x3 < x2이 되도록 새로운 x1과 x2를 선택한다
    if x < x3
        x2 = x3; f2 = f3;
    else
        x1 = x3; f1 = f3;
    end
    x3 = x;
end
root = NaN;
```

예제 4.4

Brent 법으로 $f(x) = x^3 - 10x^2 + 5 = 0$의 근을 구간 (0.6, 0.8)에서 찾아라.

풀이

이분법 단계 시작점은 다음과 같다.

$$x_1 = 0.6 \qquad f_1 = 0.6^3 - 10(0.6)^2 + 5 = 1.616$$

$$x_2 = 0.8 \qquad f_2 = 0.8^3 - 10(0.8)^2 + 5 = -0.888$$

따라서 이등분하여 새로운 점을 정하면

$$x_3 = 0.7 \qquad f_3 = 0.7^3 - 10(0.7)^2 + 5 = 0.443$$

이고, 여기서 f의 부호를 조사하여 근에 대한 새로운 범위를 잡으면 $(x_3, x_2) = (0.7, 0.8)$와 같다.

보간의 첫 단계 위의 x와 y에 대한 값을 식 (4.2)의 분자에 대입하면

$$\begin{aligned}\text{num} &= x_3(f_1 - f_2)(f_2 - f_3 + f_1) + f_2 x_1 (f_2 - f_3) + f_1 x_2 (f_3 - f_1) \\ &= 0.7(1.616+0.888)(-0.888-0.443+1.616) \\ &\quad -0.888(0.6)(-0.888-0.443)+1.616(0.8)(0.443-1.616) \\ &= -0.30775\end{aligned}$$

이고, 분모는 다음과 같다.

$$\begin{aligned}\text{den} &= (f_2 - f_1)(f_3 - f_1)(f_2 - f_3) \\ &= (-0.888-1.616)(0.443-1.616)(-0.888-0.443) = -3.9094\end{aligned}$$

따라서

$$\Delta x = f_3 \frac{\text{num}}{\text{den}} = 0.443\frac{(-0.30775)}{(-3.9094)} = 0.03487$$

이므로

$$x = x_3 + \Delta x = 0.7 + 0.03487 = 0.73487$$

와 같다. 이 값은 이미 정해 놓은 범위 안에 있기에 해로 채택해도 좋다.

번호와 새로운 구간 다시 정하기 $x > x_3$이므로 이 점을 그림 4.2(b)와 4.3(b)에 보인 것처럼 번호를 다시 붙인다. 즉,

$$\begin{aligned}&x_1 \leftarrow x_3 = 0.7 \\ &f_1 \leftarrow f_3 = 0.443 \\ &x_3 \leftarrow x = 0.73487 \\ &f_3 = 0.73487^3 - 10(0.73487)^2 + 5 = -0.00348\end{aligned}$$

와 같다. 그리고 근에 대한 새로운 범위는 $(x_1, x_3) = (0.7, 0.73487)$이다.

보간의 두 번째 단계 식 (4.2)의 보간 결과를 다시 적용하면(자세한 대수 계산은 생략함)

$$\Delta x = -0.00027$$
$$x = x_3 + \Delta x = 0.73487 - 0.00027 = 0.73460$$

이고, 이 역시 최근의 범위 안에 있으므로 새로운 해로 받아들일 수 있다. 그리고 이 해는 앞 해와의 차가 다섯 자리까지 거의 비슷하므로 더 이상 보간 단계를 거칠 필요가 없다.

예제 4.5

다음 식의 근을 Brent 법을 이용하여 구간 (0, 4)에서 찾아라.

$$f(x) = x|\cos x| - 1$$

풀이

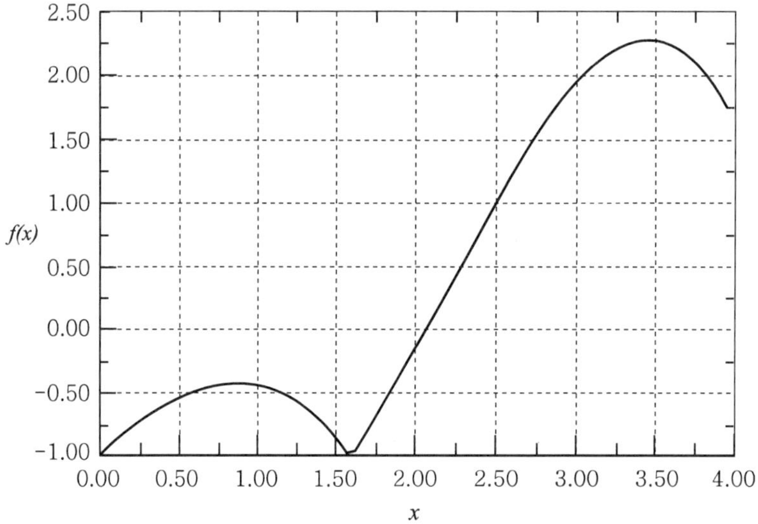

$f(x)$의 그림을 보면 그려진 구간 안에서 다소 성가신 함수이며, 또 기울기가 불연속이고 변곡점도 두 개인 것을 확인할 수 있다. 따라서 바람직한 접근 방법은 근의 범위를 정할 때 그림에서 확인한 것처럼 있을 만한 영역을 포함하는 것이고, 이 경우엔 $(a, b) =$ (2.0, 2.2)이 Brent 알고리즘의 시작점으로 합당할 것이다.

Brent 법이 구간을 원래 범위 즉, (0, 4)로 했을 때도 이와같은 복잡한 식의 근을 찾는데 발생할 수 있는 여러 문제들을 잘 다룰 수 있을까? 이를 확인할 수 있는 MATLAB 명령과 이의 결과는 다음과 같다.

```
>> brent(@fex4_5, 0.0,4.0)
ans =
     2.0739
```

이는 다음과 같은 함수 $f(x)$에 대하여 반복을 여섯 번한 결과이다.

```
function y = fex4_5(x)
% 예제 4.5에 나오는 함수
y = x*abs(cos(x) - 1.0;
```

4.5 Newton-Raphson 법

Newton-Raphson 법은 근을 찾는 여러 방법 중에서 알고리즘이 간단하고 실행이 빠르다는 점으로 가장 잘 알려져 있지만 함수 $f(x)$ 뿐만 아니라 이의 미분 $f'(x)$를 함께 이용해야 한다는 점이 하나의 흠이다. 따라서 이 방법은 $f'(x)$를 쉽게 계산할 수 있는 식에서만 적용할 수 있다.

Newton-Raphson 공식은 $f(x)$를 x에서 Taylor 전개 즉,

$$f(x_{i+1}) = f(x_i) + f'(x_i)(x_{i+1} - x_i) + O(x_{i+1} - x_i)^2 \tag{a}$$

로부터 유도할 수 있다. 다시 말하면, x_{i+1}이 $f(x) = 0$의 근이라고 하면 식 (a)는

$$0 = f(x_i) + f'(x_i)(x_{i+1} - x_i) + O(x_{i+1} - x_i)^2 \tag{b}$$

와 같이 쓸 수 있고, 여기서 x_i가 x_{i+1}에 아주 가깝다고 가정하면 식 (b)의 마지막 항은 없어지므로 x_{i+1}에 대해 풀어서 Newton-Raphson 공식을 다음과 같이 구할 수 있는 것이다.

$$x_{i+1} = x_i - \frac{f(x_i)}{f'(x_i)} \tag{4.3}$$

만약 x를 근의 실제 값이라 하면 x_i가 지닌 오차는 $Ei = x - x_i$가 될 것이고, 이를 식 (4.3)으로 직접 구해 보면

$$E_{i+1} = -\frac{f''(x_i)}{2f'(x_i)}E_i^2$$

와 같은데, 이는 Newton-Raphson 법은 이차적으로 즉, 현 단계의 오차는 이전 단계의 오차의 제곱이 되면서 수렴한다는 것을 보여준다. 그림 4.4는 Newton-Raphson 법을 그림으로 나타낸 것이다.

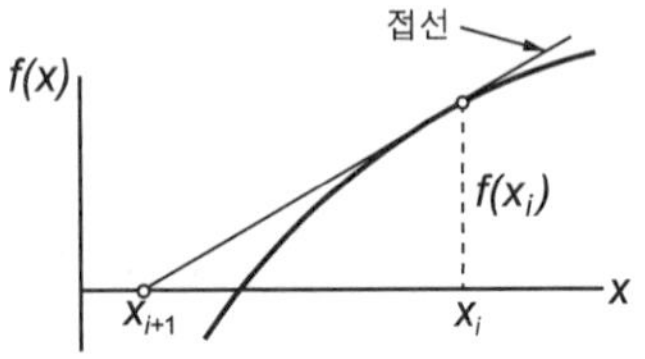

그림 4.4 Newton-Raphson 법의 도해적 설명

그림에서 확인할 수 있듯이 이 방법은 $f(x)$를 x_i에서 접선인 직선으로 근사화하기 때문에 x_{i+1}은 x축과 이 접선의 교점이 되는 것이다.

Newton-Raphson 법의 알고리즘은 식 (4.3)을 초기값은 x_0로 하여 다음과 같은 수렴 조건에 다다를 때까지 계속 반복한다.

$$|x_{i+1} - x_i| < \varepsilon$$

여기서 ε는 허용 오차이다. 아래에 알고리즘을 소개하는데 오직 x의 최근 값만 저장한다는데 주목하기 바란다.

1. x를 $f(x) = 0$의 근으로 가정한다.
2. $\Delta x = -f(x)/f'(x)$를 계산한다.
3. $x \leftarrow (x + \Delta x)$로 두고 단계 2와 3을 $|\Delta x| < \varepsilon$이 될 때까지 반복한다.

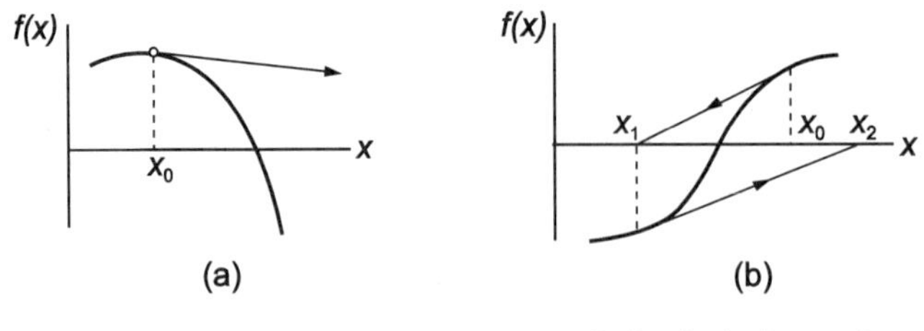

그림 4.5 Newton-Raphson 법이 발산하는 예

Newton-Raphson 법이 비록 근 가까이에서 아주 빠르게 수렴하지만 전체적인 측면에서 보면 수렴 특성이 그렇게 좋지는 않다. 그림 4.5의 두 예에서처럼 접선을 항상 함수의 근사식으로 받아들일 수 있는 것은 아니기 때문이다. 하지만, 이런 단점도 Brent 법에서 했던 것처럼 이분법과 함께 사용하면 거의 피할 수 있다.

■ newtonRaphson

여기서 소개하는 Newton-Raphson 법은 계산할 근이 처음에 (a, b) 사이에 있다고 가정한다. 그리고 근에 대한 초기값은 이 범위의 중간점이며 반복이 끝날 때마다 범위를 갱신한다. 만약 새로 찾은 근이 범위 안에 머물지 않으면 계산을 멈추고 즉시 이분법으로 대체한다. newtonRaphson은 함수 $f(x)$ 뿐만 아니라 이의 미분도 사용하기 때문에 사용자는 이 둘에 대한 함수를 모두 직접 제공하여야 한다. (이 알고리즘에서는 func와 dfunc로 표시했다)

```
function root = newtonRaphson(func,dfunc,a,b,tol)
% Newton-Raphson 법을 이분법과 함께 써서 f(x) = 0의 근을 찾는다
% 사용법: root = newtonRaphson(func,dfunc,a,b,tol)
% 입력:
% func          = f(x)의 함수핸들
% dfunc         = f'(x)의 함수핸들
% a,b           = 근의 범위
% tol           = 허용 오차(기본값은 1.0e6*eps)
% 출력:
% root          = f(x)의 근(만약 수렴하지 않으면 root = NaN)

if nargin < 5; tol = 1.0e6*eps; end
fa = feval(func,a); fb = feval(func,b);
if fa == 0; root = a; return; end
if fb == 0; root = b; return; end
if fa*fb > 0.0
    error('Root is not bracketed in (a,b)')
end
x = (a + b)/2.0;
for i = 1:30
    fx = feval(func,x);
    if abs(fx) < tol; root = x; return; end
```

```
    % 범위를 근 가까이 좁힌다
    if fa*fx < 0.0; b = x;
    else; a = x;
    end
    % Newton-Raphson 단계를 실시
    dfx = feval(dfunc,x);
    if abs(dfx) == 0; dx = b - a;
    else; dx = -fx/dfx;
    end
    x = x + dx;
    % x가 범위를 벗어나면 이분법을 사용한다
    if (b - x)*(x - a) < 0.0
        dx = (b - a)/2.0;
        x = a + dx;
    end
    % 수렴 조건을 검사
    if abs(dx) < tol*max(b,1.0)
        root = x; return
    end
end
root = NaN
```

예제 4.6

식 $f(x) = x^3 - 10x^2 + 5 = 0$의 근이 $x = 0.7$ 근방에 있다. Newton-Raphson 법을 써서 근을 구하라.

풀이 함수 $f(x)$의 미분은 $f'(x) = 3x^2 - 20x$이므로 식 (4.3)의 Newton-Raphson 공식은

$$x \leftarrow x - \frac{f(x)}{f'(x)} = x - \frac{x^3 - 10x^2 + 5}{3x^2 - 20x} = \frac{2x^3 - 10x^2 - 5}{x(3x - 20)}$$

와 같고, 이는 정확도를 다섯 자리로 한정할 때 오직 두 번만 반복하면 된다. 즉,

$$x \leftarrow \frac{2(0.7)^3 - 10(0.7)^2 - 5}{0.7[3(0.7) - 20]} = 0.73536$$

$$x \leftarrow \frac{2(0.73536)^3 - 10(0.73536)^2 - 5}{0.73536[3(0.73536) - 20]} = 0.73460$$

이다.

예제 4.7

다음 함수에 대한 가장 작은 양의 제로(zero)를 구하라.

$$f(x) = x^4 - 6.45x^2 + 20.538x - 31.752$$

풀이

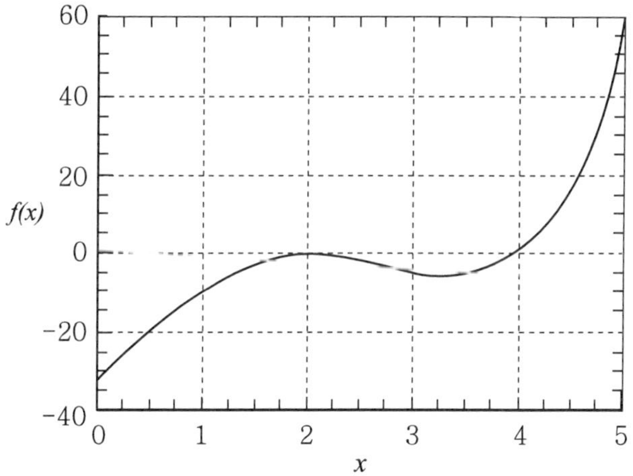

이 함수의 그림을 살펴보면 가장 작은 양의 제로는 x = 2 근처에서 이중근이지 않을까 하고 짐작할 수 있다. 그래서 이분법과 Brent 법은 근에서 부호 변화가 있느냐를 따져야 하므로 이 경우에는 쓸 수 없을 것이다. 물론 이 말은 함수 newtonRaphson을 쓰는 데도 적용할 수 있겠지만 다음과 같이 Newton-Raphson 법을 간단히 작성해서는 성공하지 못한다고 말할 아무런 까닭도 없다. 이 프로그램은 근 말고도 반복 횟수를 함께 출력하도록 했다.

```
function [root,numIter] = newton_simple(func,dfunc,x,tol)
% 예제 4.7에서 쓸 Newton-Raphson 법의 간단한 버전
```

```
if nargin < 5; tol = 1.0e6*eps; end
for i = 1:50
    dx = -feval(func,x)/feval(dfunc,x);
    x = x + dx;
    if abs(dx) < tol
        root = x; numIter = i; return
    end
end
root = NaN
```

그리고 이 프로그램에서 호출하는 두 함수는 다음과 같다.

```
function y = fex4_7(x)
% 예제 4.7에서 호출하는 함수
y = x^4 - 6.4*x^3 + 6.45*x^2 + 20.538*x - 31.752;

function y = dfex4_7(x)
% 예제 4.7에서 호출하는 함수
y = 4.0*x^3 - 19.2*x^2 + 12.9*x + 20.538;
```

(프로그램 결과)

```
>> [root, numIter] = ewton_simple(@fex4_7,@dfex4_7,2.0)
root =
    2.1000
numIter =
    35
```

Newton-Raphson 법은 다중근(multiple root) 근처에서는 수렴이 2차적으로 일어나지 않고 선형(1차)인데, 이는 그만큼 반복 횟수가 많아진다는 것을 뜻한다. 따라서 이런 경우엔 수렴 속도를 높이기 위해 식 (4.3)의 Newton-Raphson 공식을

$$x_{i+1} = x_i - m\frac{f(x_i)}{f'(x_i)}$$

로 바꾸어 쓰기도 한다. 여기서 m은 다중근의 차수로 이 문제에서는 이중근이므로 $m = 2$이다. 이렇게 수정하여 프로그램을 다시 돌렸더니 근이 22번의 반복으로 구해졌다.

4.6 연립 방정식

개요

지금까지 $f(x) = 0$이라는 식 하나를 풀었는데, 이제는 똑같은 문제를 n차까지 확대하여 생각해 보기로 한다. 즉,

$$\mathbf{f}(\mathbf{x}) = \mathbf{0}$$

혹은, 스칼라 형태로

$$\begin{aligned} f_1(x_1, x_2, \ldots, x_n) &= 0 \\ f_2(x_1, x_2, \ldots, x_n) &= 0 \\ &\vdots \\ f_n(x_1, x_2, \ldots, x_n) &= 0 \end{aligned} \tag{4.4}$$

이다. n개의 비선형 연립 방정식의 해는 식 하나의 근을 찾는 일보다 훨씬 더 다루기 어렵고, 이는 보통 해 벡터 $\mathbf{x}$에 대한 범위를 정하도록 하는 신뢰할 만한 방법이 없기 때문이다. 따라서 $\mathbf{x}$에 처음 할당할 값을 문제의 물리적인 특성에 맞춰 잘 찾지 못하면 이와 관련된 알고리즘을 개발하기가 곤란하다.

$\mathbf{x}$를 계산하는 가장 간단하고 효과적인 방법은 바로 Newton-Raphson 법인데 $\mathbf{x}$의 초기값만 잘 선정할 수 있다면 연립 방정식에도 아주 잘 들어맞는다. 수렴 특성이 좋은 그 밖의 다른 방법도 여럿 있지만 모두 Newton-Raphson 법의 변형일 뿐이다.

Newton-Raphson 법

연립 방정식에 대한 Newton-Raphson 법 역시 앞과 같이 $\mathbf{x}$ 주위에서 $f_i(\mathbf{x})$를 Taylor 전개하여 구한다. 즉,

$$f_i(\mathbf{x} + \Delta\mathbf{x}) = f_i(\mathbf{x}) + \sum_{j=1}^{n} \frac{\partial f_i}{\partial x_j} \Delta x_j + O(\Delta x^2) \tag{4.5a}$$

을 이용하는데, 여기서 항 Δx^2를 무시하고 행렬 표시로 다시 쓰면

$$\mathbf{f}(\mathbf{x} + \Delta\mathbf{x}) = \mathbf{f}(\mathbf{x}) + \mathbf{J}(\mathbf{x})\Delta\mathbf{x} \tag{4.5b}$$

와 같이 벡터 값을 갖는 함수 **f**에 대한 **x** 근방에서의 선형 근사식으로 나타낼 수 있고, 이때 **J**(**x**)는 n x n의 Jacobi 행렬로 각 요소가 다음과 같은 편미분으로 이루어져 있다.

$$J_{ij} = \frac{\partial f_i}{\partial x_j} \tag{4.6}$$

이제 **x**는 **f**(**x**) = 0의 해에 대한 현재 근사값이라 하고 **x** + Δ**x**는 좀더 개선된 값이라고 두고 이 해를 보정하는 값인 Δ**x**를 찾는데, 이는 식 (4.5b)에 **f**(**x** + Δ**x**) = 0을 적용하여

$$\mathbf{J}(\mathbf{x})\Delta\mathbf{x} = -\mathbf{f}(\mathbf{x}) \tag{4.7}$$

와 같은 Δ**x**에 대한 선형 방정식을 만들어 풀면 된다.

Newton-Raphson 법을 비선형 연립 방정식에 적용할 때의 단계는 다음과 같다.

1. 해 벡터 **x**를 추정한다.
2. **f**(**x**)를 평가한다
3. 식 (4.6)의 Jacobi 행렬 **J**(**x**)를 계산한다.
4. 식 (4.7)과 같이 연립 방정식을 구축한 후 Δ**x**에 대하여 푼다.
5. **x** ← **x** + Δ**x**로 두고 단계 2에서 5까지를 반복한다.

위의 단계는 ε를 허용 오차라 할 때 $|\Delta\mathbf{x}| < \varepsilon$이 될 때까지 계속 이루어진다. 그리고 이와 같은 Newton-Raphson 법의 성공은 1차인 경우에서와 같이 **x**를 처음에 어떻게 추정하느냐에 전적으로 달렸다. **x**를 잘 추정했다면 해의 수렴 속도는 무척 빠르지만 만약 그렇지 못하면 결과를 전혀 예측할 수 없다는 말이다.

한편, 편미분 $\partial f_i/\partial x_j$을 해석적으로 유도하는 것은 어렵거나 실제로 불가능할 수도 있기 때문에 다음과 같은 유한차분(finite difference) 근사법을 써서 컴퓨터로 풀도록 하는 것이 좋다.

$$\frac{\partial f_i}{\partial x_j} \approx \frac{f_i(\mathbf{x} + \mathbf{e}_j h) - f_i(\mathbf{x})}{h} \tag{4.8}$$

여기서 h는 증분으로 작은 값이고 $\mathbf{e}_j$는 x_j 방향의 단위 벡터이다. 이 식은 식 (4.5a)에서 Δx^2항을 없애고 Δ**x** = $\mathbf{e}_j h$로 두어서 얻을 수도 있다. 이와 같은 유한차분 근사식을 쓰면 컴퓨터 코드에 $\partial f_i/\partial x_j$와 같이 자주 입력해야 하는 지루함을 없앨 수 있는 장점도 있다.

newtonRaphson2

이 함수는 Newton-Raphson 법에 대한 코드로 내부에 있는 부함수 jacobian은 식 (4.8)의 유한요소 근사식을 써서 Jacobi 행렬을 계산해 준다. 식 (4.7)과 같은 연립 방정식의 해는 MATLAB의 왼쪽 나눗셈 연산자로 푼다. 그리고 사용자는 함수값 **f**(**x**)에 대한 벡터를 이용할 수 있도록 이의 서브루틴인 func를 반드시 제공하여야 한다.

```
function root = newtonRaphson2(func,x,tol)
% 연립 방정식 fi(x1,x2,...,xn) = 0(i = 1,2,...,n)의 근을 찾는 Newton-Raphson 법
% 사용법: root = newtonRaphson2(func,x,tol)
% 입력:
% func          = 함수핸들로 함수값 [f1,f2,...,fn]을 돌려준다
% x             = 해의 시작 벡터 [x1,x2,...,xn]
% tol           = 허용 오차(기본값은 1.0e4*eps)
% 출력:
% root          = 해 벡터

if nargin == 2; tol = 1.0e4*eps; end
if size(x,1) == 1; x = x'; end  % x는 반드시 열벡터여야 한다
for i = 1:30
    [jac,f0] = jacobian(func,x);
    if sqrt(dot(f0,f0)/length(x)) < tol
        root = x; return
    end
    dx = jac\(-f0);
    x = x + dx;
    if sqrt(dot(dx,dx)/length(x)) < tol*max(abs(x),1.0)
        root = x; return
    end
end
error('Too many iterations')

function [jac,f0] = jacobian(func,x)
% Jacobi 행렬과 f(x)를 계산한다
h = 1.0e-4;
n = length(x);
jac = zeros(n);
f0 = feval(func,x);
```

```
for i =1:n
    temp = x(i);
    x(i) = temp + h;
    f1 = feval(func,x);
    x(i) = temp;
    jac(:,i) = (f1 – f0)/h;
end
```

Jacobi 행렬 **J**(**x**)는 루프를 돌 때마다 다시 계산된다는 점을 잘 살펴보길 바란다. **J**(**x**)를 계산할 때 **f**(**x**)의 값을 n+1번 평가하므로(여기서 **n**은 방정식의 개수) 이의 계산 비용은 n과 **f**(**x**)의 복잡성에 크게 기여한다. 한편, 계산 시간을 줄이려고 반복할 때마다 Jacobi 행렬의 변화를 무시할 수도 있는데 이런 경우에는 **J**(**x**)를 오직 한번만 계산하는 셈이고, 이는 처음 **x**의 추정이 해에 아주 가까울 때에만 가능하다.

예제 4.8

원 $x^2 + y^2 = 3$와 쌍곡선 $xy = 1$의 교차점을 찾아라.

풀이 풀어야 할 방정식은

$$f_1(x,y) = x^2 + y^2 - 3 = 0 \tag{a}$$

$$f_2(x,y) = xy - 1 = 0 \tag{b}$$

이고, 이때 Jacobi 행렬은 다음과 같다.

$$\mathbf{J}(x,y) = \begin{bmatrix} \partial f_1/\partial x & \partial f_1/\partial y \\ \partial f_2/\partial x & \partial f_2/\partial y \end{bmatrix} = \begin{bmatrix} 2x & 2y \\ y & x \end{bmatrix}$$

따라서 Newton-Raphson 법으로 풀 선형 방정식 $\mathbf{J}(\mathbf{x})\Delta\mathbf{x} = -\mathbf{f}(\mathbf{x})$는

$$\begin{bmatrix} 2x & 2y \\ y & x \end{bmatrix}\begin{bmatrix} \Delta x \\ \Delta y \end{bmatrix} = \begin{bmatrix} -x^2 - y^2 + 3 \\ -xy + 1 \end{bmatrix} \tag{c}$$

이다.

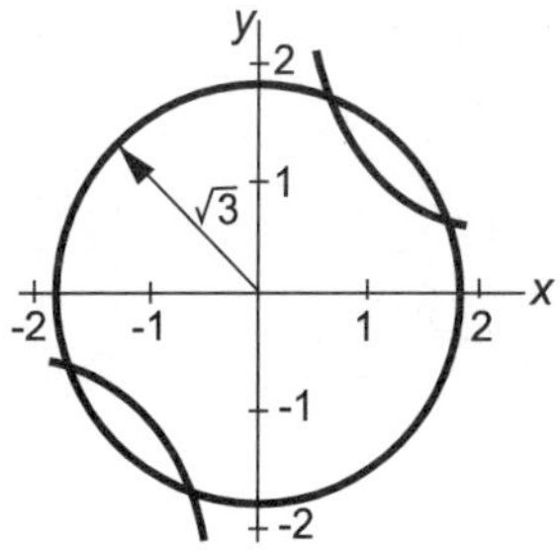

원과 쌍곡선을 그림으로 그려보면 교차점이 4개인 것을 확인할 수 있다. 하지만 오직 1개의 교차점만 찾아도 이의 대칭성 때문에 나머지 모두를 구할 수 있다. 또, 그림은 교차점을 $x = 0.5$와 $y = 1.5$로 대략 추정하게도 하는데 이 점을 시작점으로 하여 작업을 진행하면 다음과 같다.

첫 번째 반복 $x = 0.5$와 $y = 1.5$를 식 (c)에 대입하면

$$\begin{bmatrix} 1.0 & 3.0 \\ 1.5 & 0.5 \end{bmatrix} \begin{bmatrix} \Delta x \\ \Delta y \end{bmatrix} = \begin{bmatrix} 0.50 \\ 0.25 \end{bmatrix}$$

이므로 이의 해는 $\Delta x = \Delta y = 0.125$이다. 따라서 교차점에 대한 새로운 좌표는

$$x = 0.5 + 0.125 = 0.625 \qquad y = 1.5 + 0.125 = 1.625$$

이 된다.

두 번째 반복 x와 y에 대한 최근값을 사용하여 이런 과정을 반복하면

$$\begin{bmatrix} 1.250 & 3.250 \\ 1.625 & 0.625 \end{bmatrix} \begin{bmatrix} \Delta x \\ \Delta y \end{bmatrix} = \begin{bmatrix} -0.031250 \\ -0.015625 \end{bmatrix}$$

인데, 따라서 $\Delta x = \Delta y = -0.00694$이므로

$$x = 0.625 - 0.00694 = 0.61806 \qquad y = 1.625 - 0.00694 = 1.61806$$

이다.

세 번째 반복 역시 x와 y에 대한 최근값을 식 (c)에 다시 대입하면

$$\begin{bmatrix} 1.23612 & 3.23612 \\ 1.61806 & 0.61806 \end{bmatrix} \begin{bmatrix} \Delta x \\ \Delta y \end{bmatrix} = \begin{bmatrix} -0.000116 \\ -0.000058 \end{bmatrix}$$

와 같고, 그래서 $\Delta x = \Delta y = -0.00003$이므로

$$x = 0.61806 - 0.00003 = 0.61803$$
$$y = 1.61806 - 0.00003 = 1.61803$$

와 같다.

앞으로 계속 이런 과정을 반복해도 위 결과를 다섯 자리 범위 안에서는 바뀌지 않기 때문에 4개 교차점에 대한 좌표는 다음과 같다.

$$\pm(0.61803,\ 1.61803) \text{ 그리고 } \pm(1.61803,\ 0.61803)$$

다른 풀이 연립 방정식이더라도 방정식이 오직 몇 개만 있는 경우라면 미지수 한 개를 제외한 나머지는 모두 제거하는 것이 가능하다. 다시 말하면, 한 개의 방정식으로 만들 수 있다는 뜻인데, 이렇게 되면 4.2절에서 4.5절까지 설명한 방법으로도 충분히 풀 수 있게 되는 것이다. 이 문제에서는 식 (b)로부터

$$y = \frac{1}{x}$$

이 되니 이를 다시 식 (a)에 넣어 $x^2 + 1/x^2 - 3 = 0$, 또는

$$x^4 - 3x^2 + 1 = 0$$

와 같이 바꿀 수 있다. 이 4차 방정식의 해는 Newton-Raphson 법으로 찾은 결과와 같이 $x = \pm 0.61803$와 $y = \pm 1.61803$이다.

예제 4.9

다음 연립 방정식을 newtonRaphson2를 써서 찾아라. 단, 시작점은 (1,1,1)로 하라.

$$\sin x + y^2 + \ln z - 7 = 0$$
$$3x + 2^y - z^3 + 1 = 0$$
$$x + y + z - 5 = 0$$

풀이 $x = x_1$, $y = x_2$, 그리고 $z = x_3$로 놓고 함수 $\mathbf{f}(\mathbf{x})$를 정의하는 코드를 다음과 같이 작성한다.

```
function y = fex4_9(x)
% 예제 4.9에서 이용하는 함수
y = [sin(x(1)) + x(2)^2 + log(x(3)) - 7; ...
       3*x(1) + 2^x(2) - x(3)^3  + 1; ...
         x(1) + x(2) + x(3) - 5];
```

그러면 해는 하나의 명령으로 쉽게 구할 수 있다. 즉,

```
>> newtonRaphson2(@fex4_9,[1;1;1])
ans =
    0.5991
    2.3959
    2.0050
```

와 같으며, 이때 해는 $x = 0.5991$, $y - 2.3959$, 그리고 $z = 2.0050$이다.

문제 4.1

1. Newton-Raphson 법과 4개의 연산자(+, -, x, 그리고 ÷)만 써서 $\sqrt[3]{75}$ 를 자릿수 4개까지 계산하라.

2. 이분법을 써서 $x^3 - 3.23x^2 - 5.54x + 9.84 = 0$의 가장 작은 양의 (실수) 근을 찾아라.

3. 식 $\cosh x \cos x - 1 = 0$의 가장 작으면서 양이고, 그리고 0이 아닌 근이 구간 (4, 5) 사이에 있다. Brent 법으로 이 근을 계산하라.

4. 문제 3번을 Newton-Raphson 법으로 풀어라.

5. 식 $\tan x - \tanh x = 0$의 근이 (7.0, 7.4) 사이에 있을 때 이분법을 써서 자릿수 4개까지 찾아라.

6. Newton-Raphson 법으로 (-2, 2) 사이에 있는 $\sin x + 3\cos x - 2 = 0$의 두 근을 결정하라.

7. 본문에서 설명하지 않는 방법 중에 널리 쓰이는 것으로 secant 법이 있다. 이 방법은 근의 추정값을 x_{i+1}로 갱신할 때 이미 앞에서 구한 두 추정값(x_i와 x_{i-1})을 다음과 같이 선형 보간으로 구한다. 이 방법을 이용하여 문제 6번을 다시 풀어라.

$$x_{i+1} = x_i - \frac{x_i - x_{i-1}}{f(x_i) - f(x_{i-1})} f(x_i)$$

8. 함수 $f(x) = \cosh x \cos x - 1$을 구간을 $4 \le x \le 8$로 하여 그려라. 또, (a) 그림을 보고 가장 작으면서 0인 아닌 $f(x) = 0$의 근이 범위 (4, 5)에 있는지를 검사하고 (b) Newton-Raphson 법을 $x = 4$를 시작점으로 하여 적용하면 위에서 구한 근에 수렴하지 않는다는 것을 그래프로 그려 보여라.

9. 식 $x^3 - 1.2x^2 - 8.19x + 13.23 = 0$는 $x = 2$ 가까이에 이중근을 갖는다. Newton-Raphson 법을 써서 이 근을 자릿수 4개로 구하라.

10. ■ Brent 법으로 $f(x) = 0$의 모든 근을 주어진 구간 안에서 찾는 프로그램을 작성하되 함수 rootsearch와 brent를 이용하고(예제 4.3에 있는 프로그램을 사용할 수도 있다), 그리고 이 프로그램을 $x\sin x + 3\cos x - x = 0$의 근을 (-6, 6)에서 찾는 일로 시험해 보라.

11. ■ 문제 10번을 Newton-Raphson 법으로 다시 풀어라.

12. ■ $x^4 + 0.9x^3 - 2.3x^2 + 3.6x - 25.2 = 0$의 모든 (실수) 근을 결정하라.

13. ■ $x^4 + 2x^3 - 7x^2 + 3 = 0$의 모든 양의 실수 근을 계산하라.

14. ■ $\sin x - 0.1x = 0$의 모든 양의 근을 찾아라.

15. ■ 단면이 균일한 외팔보(cantilever beam)의 고유진동수는 주파수 식인 $f(\beta) = \cosh \beta \cos \beta + 1 = 0$의 근 β_i와 관계가 있다. 여기서

$$\beta_i^4 = (2\pi f_i)^2 \frac{mL^3}{EI}$$

이며, 이때 f_i는 i번째 고유진동수(cps), m은 보의 질량, L은 보의 길이, E는 탄성계수, 그리고 I는 단면적에 대한 관성 모멘트이다. 가로가 25(mm)이고 세로가 2.5(mm)인 직사각형 단면을 갖고 길이가 0.9(m)인 강철 보의 진동수 중에서 가장 작은 2개를 구해보라. 단, 강철 재료의 특성값은 7850(kg/m^3)와 E = 200(GPa)이다.

16. ■

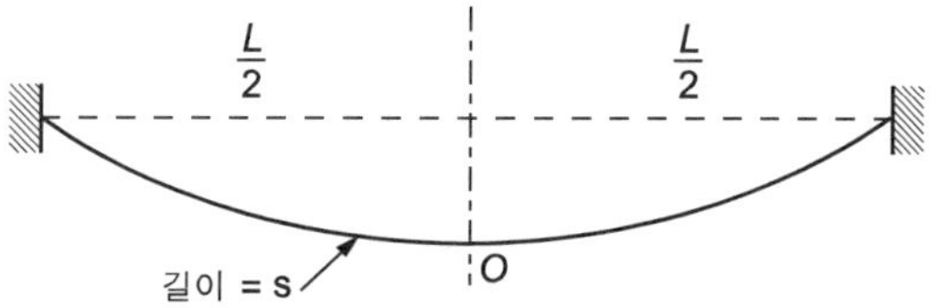

그림은 길이가 s인 강철 줄이 매달려 있는 모습으로 지지점에서 발생하는 줄의 최대 인장응력은 다음과 같다.

$$\sigma_{max} = \sigma_0 \cosh\beta$$

여기서 $\beta = \gamma L/(2\sigma_0)$, σ_0는 O점에서 줄의 인장응력, γ는 단위 체적당 줄의 무게, 그리고 L은 줄의 수평 길이이다. 또, 줄의 길이와 지지점 사이의 길이 비는 β와 관계가 있는데

$$\frac{s}{L} = \frac{1}{\beta}\sinh\beta$$

와 같다. $\gamma = 77 \times 10^3$(N/m^3), L = 1000(m), 그리고 s = 1100(m)일 때 σ_{max}를 구하라.

17. ■

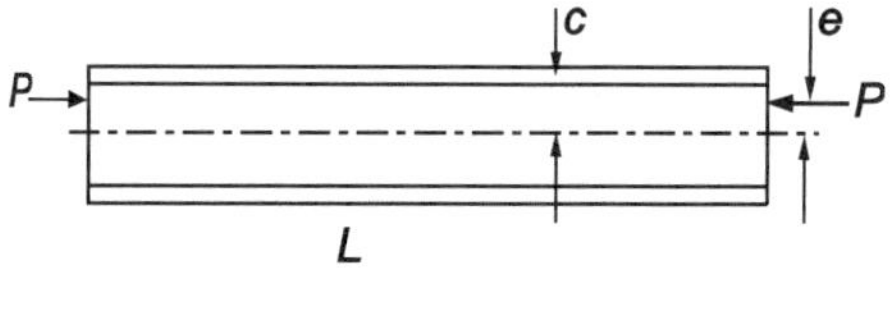

알루미늄 봉(크기는 W310 x 202)이 그림처럼 축에 비켜서 하중 P를 받고 있고, 이

때 이 봉의 최대 압축응력은 이른바 secant 공식에 따라 다음과 같다.

$$\sigma_{\max} = \bar{\sigma}\left[1 + \frac{ec}{r^2}\sec\left(\frac{L}{2r}\sqrt{\frac{\bar{\sigma}}{E}}\right)\right]$$

여기서 $\bar{\sigma} = P/A$는 평균응력, A = 25800(mm^2)는 봉의 단면적, e = 85(mm)는 하중의 편심 거리, c = 170(mm)는 봉의 반지름, r = 142(mm)는 단면적의 회전 반경, L = 7100(mm)는 봉의 길이, 그리고 E = 71 x 10^9(Pa)는 탄성계수이다. 최대 응력이 120 x 10^6(Pa)를 넘지 않을 때 하중 P의 최대값을 구하라.

18. ■

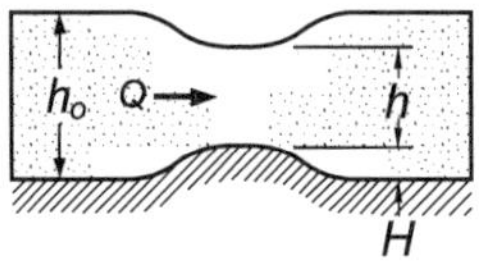

그림과 같은 돌출부(bump)가 있는 개수로(open channel)에서 유체의 흐름은 다음과 같은 Bernoulli 식으로 설명할 수 있다.

$$\frac{Q^2}{2gb^2h_0^2} + h_0 = \frac{Q^2}{2gb^2h^2} + h + H$$

여기서 Q = 1.2(m^3/s)는 유량, g = 9.81(m/s^2)는 중력 가속도, b = 1.8(m)는 개수로의 폭, h_0 = 0.6(m)는 입구 쪽의 유체 높이, H = 0.075(m)는 돌출부의 높이, 그리고 h는 돌출부 위의 유체 높이이다. h를 결정하라.

19. ■ Saturn V 로켓은 지구 표면 근처에서 수직방향의 속도 v가 근사적으로 다음과 같다.

$$v = u\ln\frac{M_0}{M_0 - \dot{m}t} - gt$$

여기서 u = 2510(m/s)는 로켓에서 본 가스의 배출속도, M_0 = 2.8 x 10^6(kg)는 로켓의 질량, $\dot{m}$ = 13.3 x 10^3(kg/s)는 연료 소비량, g = 9.81(m/s^2)는 중력 가속도, 그리

고 t는 이륙할 때부터 측정한 시간이다. 로켓이 음속(335(m/s))에 도달할 때의 시간을 결정하라.

20. ■

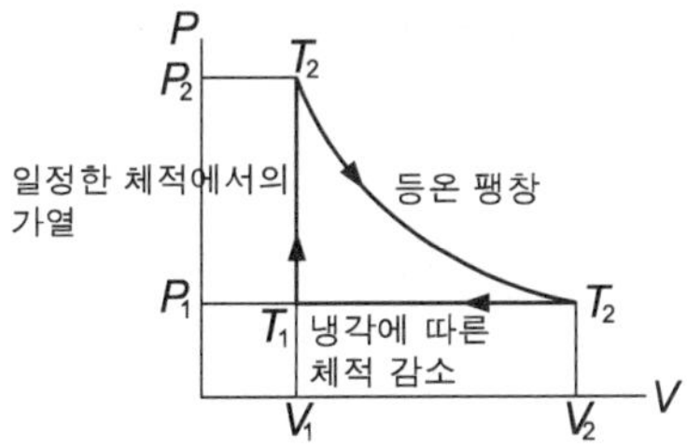

그림은 엔진에 대한 열역학적 사이클을 보여준다. 이 엔진에 대한 효율 방정식이 다음과 같을 때 30%의 효율 즉, η = 0.3인 경우의 T_2/T_1를 찾아라.

$$\eta = \frac{\ln(T_2/T_1) - (1 - T_1/T_2)}{\ln(T_2/T_1) + (1 - T_1/T_2)/(\gamma - 1)}$$

여기서 T는 절대온도이고 γ = 5/3이다.

21. ■ 온도 T에서 수소 1몰(molc)에 대한 Gibb의 자유 에너지가 다음과 같을 때 G = -10^5(J)에서의 온도를 계산하라.

$$G = -RT\ln[(T/T_0)^{5/2}]$$

여기서 R = 8.31441(J/K)는 가스 상수이고 T_0 = 4.44418(K)이다.

22. ■ 일산화탄소(CO)와 수소(H_2)로 메탄올을 생산할 때의 화학적 평형 방정식은 다음과 같다. (Alberty, R. A., *Physical Chemistry*, 7th ed., Wiley, 1987 참조)

$$\frac{\xi(3-2\xi)^2}{(1-\xi)^3} = 249.2$$

여기서 ξ는 이 반응에 대한 평형 지수이다. ξ를 계산하라.

23. ■ 원의 방정식 $(x-2)^2+y^2=4$와 $x^2+(y-3)^2=4$이 만나는 두 점의 좌표를 계산하는데, 이때 원에 대한 개략적인 그림을 그려서 처음의 추정값을 어림잡아 시작하고, 또 좌표를 계산할 때는 Newton-Raphson 법을 이용하라.

24. ■ 다음의 연립 방정식은 (1, 1) 근방에서 해를 갖는다. Newton-Raphson 법을 써서 좀더 정확한 해를 구하라.

$$\sin x + 3\cos x - 2 = 0$$
$$\cos x - \sin y + 0.2 = 0$$

25. ■ 다음 연립 방정식에 대하여 범위 $0 < x < 1.5$에 있는 모든 실수 근을 찾아라.

$$\tan x - y = 1$$
$$\cos x - 3\sin y = 0$$

26. ■ 원의 방정식 $(x-a)^2+(y-b)^2=R^2$(여기서 R은 반경이고 (a, b)는 중심의 좌표이다)에서 세 점에 대한 좌표가 다음 표와 같을 때 R, a, 그리고 b를 정하라.

x	8.21	0.34	5.96
y	0.00	6.62	-1.12

27. ■

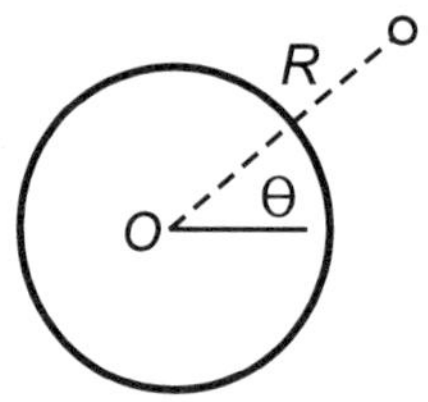

그림과 같이 지구를 돌고 있는 위성의 궤도 방정식은 다음과 같다.

$$R = \frac{C}{1 + e\sin(\theta + \alpha)}$$

여기서 (R, Θ)는 위성에 대한 극좌표이고, C, e, 그리고 α는 상수이다. (e는 궤도의 편심율이다) 위성을 다음 표처럼 세 점에서 관찰할 때 궤도의 가장 작은 R와 이 경우의 θ 값을 결정하라.

θ	-30°	0°	30°
R(km)	6870	6728	6615

28. ■

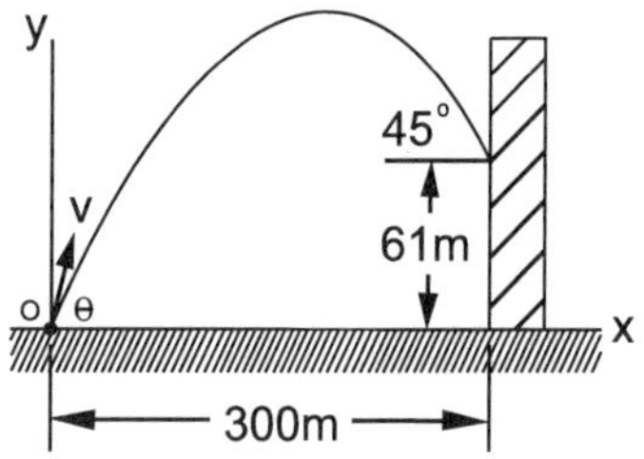

그림처럼 발사체가 O점에서 속도 v와 수평면에 대한 각도 Θ로 출발하는데, 이때의 궤적 방정식은 다음과 같다.

$$x = (v\cos\theta)t$$

$$y = -\frac{1}{2}gt^2 + (v\sin\theta)t$$

여기서 t는 출발할 때 측정을 시작한 시간이고 g = 9.81(m/s^2)이다. 발사체가 그림처럼 목표점에 45°의 각도로 부딪힐 때 v, θ, 그리고 비행 시간을 구하라.

29. ■

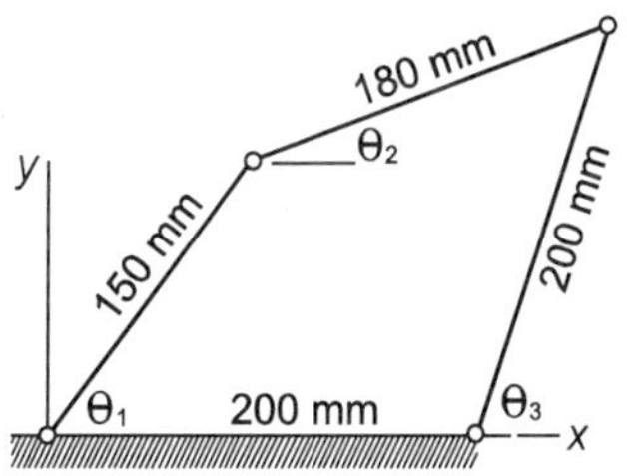

그림과 같은 4절 링크 장치의 세 각에 대한 관계식은 다음과 같다.

$$150\cos\theta_1 + 180\cos\theta_2 - 200\cos\theta_3 = 200$$
$$150\sin\theta_1 + 180\sin\theta_2 - 200\sin\theta_3 = 0$$

θ_3 = 75°일 때 θ_1과 θ_2를 결정하라. (참고로 이 문제는 두 개의 해를 갖는다)

*4.7 다항식의 해

개요

차수가 n인 다항식의 일반형은 다음과 같다.

$$P_n(x) = a_1x^n + a_2x^{n-1} + \ldots + a_nx + a_{n+1} \tag{4.9}$$

여기서 계수 a_i는 실수나 복소수 모두 될 수 있지만 본문에서는 실수인 경우만 살펴보는데, 다만 이를 구현하는 알고리즘은 복소수에서도 실행되도록 한다.

다항식 $P_n(x)$ = 0는 실수이거나 복소수인 해를 정확히 n개 갖는데 만약 계수가 실수이면 복소수 근은 항상 공액 형태 즉, 복소수의 실수부 x_r와 허수부 x_i가 짝으로 (x_r + ix_i, x_r − ix_i)처럼 나타난다. 그리고 실수 계수인 경우 실수 근의 개수는 다음과 같은 데카르트 규칙(rule of Descartes)으로 추정할 수 있다.

- 양의 실수 근의 개수는 표현식 $P_n(x)$에 나타나는 부호 변화의 수와 같거나 짝수만큼 적다.
- 음의 실수 근의 개수는 표현식 $P_n(-x)$에 나타나는 부호 변화의 수와 같거나 짝수만큼 적다.

하나의 예로 $P_3(x) = x^3 - 2x^2 - 8x + 27$을 생각해 보자. 우선, 부호 변화가 두 번 있으므로 $P_3(x)$ = 0은 양의 실수 근이 2개이거나 아예 없고, 또 $P_3(-x) = -x^3 - 2x^2 + 8x + 27$은 부호가 한 번 바뀌므로 음의 실수 근이 꼭 한 개밖에 없다고 예상할 수 있는 것이다.

실수 계수를 갖는 다항식의 실수 근은 이미 앞에서 설명한 방법 중의 하나로 언제나 계산할 수 있다. 하지만 복소수 근을 찾아야 하는 경우에는 다항식을 전문으로 하는 풀이 방법을 쓰는 것이 좋다. 그래서 본 장에서는 Laguerre 법을 새로 소개하고자 한다. 다만, 이 방법을 진행하기에 앞서 다항식의 근을 찾는 방법에서는 어디든 필요한 두 개의 수치적 도구를 먼저 학습해야 하기 때문에 이를 먼저 다룰 것이다. 첫 번째 도

구는 다항식과 이의 미분을 효과적으로 평가하는 알고리즘이고, 두 번째 도구는 다항식의 디플레이션(deflation) — $P_n(x)$를 $x - r$로 나누는 일을 다루는데 모두 유용한 알고리즘이다. 여기서 r은 $P_n(x) = 0$의 근이다.

다항식의 평가

식 (4.9)의 다항식을 평가할 때 다음의 알고리즘처럼 왼쪽에서 오른쪽으로 진행하면 매력적이라고 느낄 것이다. (계수는 벡터 a에 저장되었다고 가정한다)

```
p = 0.0
for i = 1:n+1
   p = p + a(i)*x^(n-i+1)
end
```

x^k는 $x \times x \times \cdots \times x$($k$ - 1번의 곱셈)와 같이 평가되기 때문에 위 알고리즘에서 사용한 곱셈의 수는

$$1+2+3+\ldots+n-1=\frac{1}{2}n(n-1)$$

이다. 그러나 n이 큰 경우에는 다항식을 위 알고리즘과는 달리 오른쪽에서 왼쪽으로 평가하는 것이 곱셈의 횟수를 획기적으로 줄일 수 있다. 예를들어,

$$P_4(x) = a_1x^4 + a_2x^3 + a_3x^2 + a_4x + a_5$$

인 경우엔 이를 다시

$$P_4(x) = a_5 + x\{a_4 + x[a_3 + x(a_2 + xa_1)]\}$$

와 같이 고쳐서 다음과 같이 계산 순서대로 다항식을 새로 정의하면 아주 효과적이다.

$$P_0(x) = a_1$$
$$P_1(x) = a_2 + xP_0(x)$$
$$P_2(x) = a_3 + xP_1(x)$$
$$P_3(x) = a_4 + xP_2(x)$$
$$P_4(x) = a_5 + xP_3(x)$$

그리고 이를 차수가 n인 다항식으로 확장하면

$$P_0(x) = a_1$$
$$P_i(x) = a_{n+i} + xP_{i-1}(x), \qquad i = 1,2,\ldots,n \tag{4.10}$$

와 같이 요약할 수 있고, 이는 다음과 같은 알고리즘으로 쉽게 구현할 수 있다.

```
p = a(1)
for i = 1:n
   p = p*x + a(i+1)
end
```

위의 알고리즘은 곱셈을 꼭 n개만 포함하고 있는데 $n > 3$인 경우에 아주 효과적일 것이다. 하지만 이 알고리즘을 꼭 써야 하는 까닭이 이런 계산의 경제성 때문만은 아니다. 컴퓨터로 곱셈을 할 때는 항상 마무리 오차가 있기 마련이므로 정확도 측면에서도 곱셈의 수가 가장 적은 알고리즘이 필요한 것은 당연하다.

다항식의 근을 찾는 몇몇 알고리즘(앞으로 배울 Laguerre 법을 포함하여)은 $P_n(x)$의 1차 및 2차 미분까지도 평가해야 하는 경우가 종종 있다. 이때는 식 (4.10)을 미분한

$$P_0'(x) = 0 \quad P_i'(x) = P_{i-1}(x) + xP_{i-1}'(x), \qquad i = 1,2,\ldots,n \tag{4.11a}$$

$$P_0''(x) = 0 \quad P_i''(x) = 2P_{i-1}'(x) + xP_{i-1}''(x), \qquad i = 1,2,\ldots,n \tag{4.11b}$$

을 이용하면 된다.

■ evalPloy

이 함수는 다항식과 이의 미분을 평가한다.

```
function [p,dp,ddp] = evalpoly(a,x)
% 다항식 p = a(1)*x^n + a(2)*x^(n-1) + ... + a(n+1)와
% 이의 두 미분 dp와 ddp를 함께 평가한다
% 사용법: [p,dp,ddp] = evalpoly(a,x)

n = length(a) - 1;
p = a(1) dp = 0.0; ddp = 0.0;
for i = 1:n
    ddp = ddp*x + 2.0*dp;
    dp = dp*x + p;
    p = p*x + a(i+1);
end
```

다항식의 디플레이션

다항식 $P_n(x)$ = 0의 근 r을 찾았다면 이 다항식을 다음과 같은 인수분해로 표시하는 것이 바람직할 때가 많다.

$$P_n(x) = (x - r)P_{n-1}(x) \tag{4.12}$$

디플레이션(deflation) 혹은 인위적 나누기(synthetic division)라고 하는 식 (4.12)는 $P_{n-1}(x)$의 계수를 계산하는 과정을 잘 드러내고 있나. $P_n(x)$의 니머지 근도 역시 $P_{n-1}(x)$의 근이기 때문에 이후의 근 찾는 절차는 $P_n(x)$가 아니라 $P_{n-1}(x)$에 바로 적용할 수 있는 것이다. 따라서 다항식의 디플레이션은 한 개의 근을 찾을 때마다 다항식의 차수를 줄여서 다음 근을 이어서 찾을 때 노력이나 시간을 꾸준히 감소하게 해준다. 나아가, 이미 찾은 근은 다항식에서 자동 제거해 주기에 같은 근을 다시 계산하는 잘못도 없애 주는 효과가 있다.

식 (4.12)를 적용하는 방법을 보이기 위해 다음의 다항식을 생각한다.

$$P_{n-1}(x) = b_1x^{n-1} + b_2x^{n-2} + \cdots + b_{n-1}x + b_n$$

따라서 식 (4.12)는

$$a_1x^n + a_2x^{n-1} + \cdots + a_nx + a_{n+1}$$
$$= (x-r)(b_1x^{n-1} + b_2x^{n-2} + \cdots + b_{n-1}x + b_n)$$

와 같고, 여기서 x의 차수가 같은 계수들을 서로 등가로 놓으면

$$b_1 = a_1 \quad b_2 = a_2 + rb_1 \quad \cdots \quad b_n = a_n + rb_{n-1} \tag{4.13}$$

의 관계식을 얻을 수 있다. 식 (4.13)을 Horner의 디플레이션 알고리즘이라 하는데 이의 실제 코드는 다음과 같다.

```
b(1) = a(1);
for i = 2:n
    b(i) = a(i) + r*b(i);
end
```

Laguerre 법

Laguerre 법의 공식은 일반적인 다항식인 $P_n(x)$에 대해 유도하기가 쉽지 않지만 다항식이 $x = r$에서 한 개의 근, 그리고 $x = q$에서 $(n - 1)$개의 근을 가지는 특별한 경우이면 이의 유도를 아주 쉽게 할 수 있다. 즉,

$$P_n(x) = (x-r)(x-q)^{n-1} \tag{a}$$

와 같이 새로 표현할 수 있는 다항식

$$P_n(x) = a_1x^n + a_2x^{n-1} + \cdots + a_nx + a_{n+1}$$

인 경우로 r을 결정하는 문제(q도 역시 미지수인 것에 주의할 것)가 되고, 이 문제를 푼 결과는 나중에 나오겠지만 어떤 다항식이라도 풀 수 있는 하나의 반복 공식으로 사용할 수 있다.

식 (a)를 x에 대해 미분하면

$$P_n'(x) = (x-q)^{n-1} + (n-1)(x-r)(x-q)^{n-2}$$
$$= P_n(x)\left(\frac{1}{x-r} + \frac{n-1}{x-q}\right)$$

와 같고, 이를 다항식의 형태는 한쪽으로 이동시켜

$$\frac{P_n'(x)}{P_n(x)} = \frac{1}{x-r} + \frac{n-1}{x-q} \tag{b}$$

로 다시 쓴 후에 한 번 더 미분하면 다음과 같다.

$$\frac{P_n''(x)}{P_n(x)} - \left[\frac{P_n'(x)}{P_n(x)}\right]^2 = -\frac{1}{(x-r)^2} - \frac{n-1}{(x-q)^2} \tag{c}$$

그리고 식 (c)를 좀더 간단히 나타내기 위해

$$G(x) = \frac{P_n'(x)}{P_n(x)} \qquad H(x) = G(x)^2 - \frac{P_n''(x)}{P_n(x)} \tag{4.14}$$

로 두면 식 (b)와 (c)는

$$G(x) = \frac{1}{x-r} + \frac{n-1}{x-q} \tag{4.15a}$$

$$H(x) = \frac{1}{(x-r)^2} + \frac{n-1}{(x-q)^2} \tag{4.15b}$$

이 되는데, 이때 식 (4.15a)를 $x - q$에 대해 풀고 이 결과를 식 (4.15b)에 대입하여 $x - r$에 대한 2차 방정식을 만들어 풀면

$$x - r = \frac{n}{G(x) \pm \sqrt{(n-1)[nH(x) - G(x)^2]}} \tag{4.16}$$

와 같은 Laguerre 공식을 얻게 된다.

Laguerre 법의 놀랄만한 특징 중의 하나는 x의 시작값이 무엇이 되었든 거의 예외 없이 근으로 수렴한다는 것인데, 이 공식을 써서 일반적인 다항식의 근을 찾는 절차를 간단히 소개하면 다음과 같다.

1. x에 $P_n(x) = 0$의 근을 추정하여 넣는다. (아무 값이라도 괜찮다)
2. 식 (4.10)와 (4.11)을 이용하여 $P_n(x)$, $P'_n(x)$, 그리고 $P''_n(x)$를 평가한다.
3. 식 (4.14)를 이용하여 $G(x)$와 $H(x)$를 계산한다.
4. 식 (4.16)에서 분모가 아주 크게 되도록 부호를 잘 잡아 새롭게 갱신된 근 r을 결정한다.
5. $x \leftarrow r$로 두고 단계 2에서 5까지를 $|P_n(x)| < \varepsilon$ 혹은 $|x - r| < \varepsilon$일 때까지 반복한다. 여기서 ε는 허용 오차이다.

■ polyRoots

함수 polyRoots는 $P_n(x) = 0$의 모든 근을 계산해 주고, 이때 다항식 $P_n(x)$의 계수는 a = $[a_1, a_2, a_3, \cdots, a_{n+1}]$로 정의되어 있다. 다항식의 첫번째 근을 부함수 laguerre로 계산한 다음에는 다항식을 또다른 함수 deflPoly을 이용하여 디플레이션 과정을 밟고 여기서 나온 다항식에 다시 laguerre를 적용하여 다음 근을 계산한다. 이는 n개의 모든 근을 찾을 때까지 반복된다. 만약 근이 복소수이지만 이의 허수부가 아주 작다면 나중에 마무리 오차가 일어날 가능성이 많기 때문에 polyRoots는 강제적으로 이 부분을 0으로 대체한다.

```
function root = polyroots(a,tol)
% 다항식 a(1)*x^n + a(2)*x^(n-1) + ... + a(n+1)의 모든 근을 구한다
% 사용법: root = polyroots(a,tol).
% tol = 허용 오차(기본값은 1.0e4*eps)

if nargin == 1; tol = 1.0e-6; end
n = length(a) - 1;
root = zeros(n,1);
for i = 1:n
    x = laguerre(a,tol);
    if abs(imag(x)) < tol; x = real(x); end
```

```
    root(i) = x;
    a = deflpoly(a,x);
end

function x = laguerre(a,tol)
% 다항식 a(1)*x^n + a(2)*x^(n-1) + ... + a(n+1)에서 한 개의 근을 구한다
x = randn;                  % 임의값으로 시작
n = length(a) - 1;
for i = 1:30
    [p,dp,ddp] = evalpoly(a,x);
    if abs(p) < tol; return; end
    g = dp/p; h = g*g - ddp/p;
    f = sqrt((n - 1)*(n*h - g*g));
    if abs(g + f) > abs(g - f); dx = n/(g + f);
    else; dx = n/(g - f); end
    x = x - dx;
    if abs(dx) < tol*max(abs(x),1.0); return; end
end
error('Too many iterations in laguerre')

function b = deflpoly(a,r)
% Horner의 디플레이션 과정 즉, a(1)*x^n + a(2)*x^(n-1) + ... + a(n+1)
% = (x - r)[b(1)*x^(n-1) + b(2)*x^(n-2) + ...+ b(n)]
n = length(a) - 1;
b = zeros(n,1);
b(1) = a(1);
for i = 2:n; b(i) = a(i) + r*b(i-1); end
```

근은 컴퓨터에서 유한 자릿수로 계산되기 때문에 디플레이션이 일어난 다항식의 계수에는 당연히 작은 오차가 있기 마련이고, 이런 오차는 다항식의 차수에 비례하여 증가하여 혹시 다항식이 허약 조건(계수가 약간만 변해도 근은 아주 크게 변하는 조건)을 갖는다면 심각한 문제를 일으킬 수 있다. 따라서 차수가 높은 다항식을 다룰 때는 근을 항상 조심하여 다시 살펴보아야만 한다.

디플레이션으로 일어난 오차는 원래의 다항식 즉, 디플레이션 되지 않은 다항식에서 각 근을 다시 계산하여 확인할 수 있고, 이때 디플레이션 다항식에서 구한 근을 시작값으로 쓰면 좋다.

예제 4.10

다항식 $P_4(x) = 3x^4 - 10x^3 - 48x^2 - 2x + 12$의 근은 $x = 6$이다. 이 다항식을 Horner

의 알고리즘으로 디플레이션 하여 $(x - 6)P_3(x) = P_4(x)$를 만족하는 $P_3(x)$를 찾아라.

풀이 $n = 4$와 $r = 6$이므로 식 (4.13)은

$$\begin{aligned} b_1 &= a_1 = 3 \\ b_2 &= a_2 + 6b_1 = 8 \\ b_3 &= a_3 + 6b_2 = 0 \\ b_4 &= a_4 + 6b_3 = -2 \end{aligned}$$

이 되고, 따라서 다음과 같다.

$$P_3(x) = 3x^3 + 8x^2 - 2$$

예제 4.11

식 $P_3(x) = x^3 - 4.0x^2 - 4.48x + 26.1$의 근사적인 근은 $x = 3 - i$이다. 이 근의 좀더 정확한 값을 Laguerre 공식을 써서 찾아라.

풀이 이미 주어진 근사적인 근을 시작값으로 하면

$$x = 3 - i \quad x^2 = 8 - 6i \quad x^3 = 18 - 26i$$

이므로 이를 $P_3(x)$에 넣고, 또 미분하면

$$\begin{aligned} P_3(x) &= x^3 - 4.0x^2 - 4.48x + 26.1 \\ &= (18-26i) - 4.0(8-6i) - 4.48(3-i) + 26.1 = -1.34 + 2.48i \\ P_3'(x) &= 3.0x^2 - 8.0x - 4.48 \\ &= 3.0(8-6i) - 8.0(3-i) - 4.48 = -4.48 - 10.0i \\ P_3''(x) &= 6.0x - 8.0 = 6.0(3-i) - 8.0 = 10.0 - 6.0i \end{aligned}$$

와 같다. 따라서 식 (4.14)는

$$G(x)=\frac{P_3'(x)}{P_3(x)}=\frac{-4.48-10.0i}{-1.34+2.48i}=-2.36557+3.08462i$$

$$H(x)=G(x)^2-\frac{P_3''(x)}{P_3(x)}=(-2.36557+3.08462i)^2-\frac{10.0-6.0i}{-1.34+2.48i}$$

$$=0.35995-12.48452i$$

이고, 그리고 식 (4.16)의 분모에서 제곱근은

$$F(x)=\sqrt{(n-1)[nH(x)-G(x)^2]}$$

$$=\sqrt{2[3(0.35995-12.48452i)-(-2.36557+3.08462i)^2]}$$

$$=\sqrt{5.67822-45.71946i}=5.08670-4.49402i$$

이다. 이제 식 (4.16)에서 어떤 부호가 분모를 제일 크게 할 수 있는지를 찾아야 한다. 즉,

$$|G(x)+F(x)|=|(-2.36557+3.08462i)+(5.08670-4.49402i)|$$

$$=|2.72113-1.40940i|=3.06448$$

$$|G(x)-F(x)|=|(-2.36557+3.08462i)-(5.08670-4.49402i)|$$

$$=|-7.45227+7.57864i|=10.62884$$

이므로 (-) 부호를 선택한다. 결국 좀더 정확한 근의 근사값은 식 (4.16)에서

$$r=x-\frac{n}{G(x)-F(x)}=(3-i)-\frac{3}{-7.45227+7.57864i}$$

$$=3.19790-0.79875i$$

이 되고, 이는 시작값이 좋았기 때문에 엄밀해 $r = 3.20 - 0.80i$에 아주 가깝다.

예제 4.12

함수 **polyRoots**를 써서 $x^4 - 5x^3 - 9x^2 + 155x - 250 = 0$의 모든 근을 구하라.

풀이 이의 명령은

```
>> polyroots([1 -5 -9 155 -250])
```

이고 이의 결과는 다음과 같다.

```
ans =
    2.0000
    4.0000 - 3.0000i
    4.0000 + 3.0000i
    -5.0000
```

문제 4.2

1-5. $P_n(x)$의 근은 $x = r$이다. r이 실제로 근이 되는지 검사하고 이 다항식을 디플레이션 즉, $P_n(x) = (x - r)P_{n-1}(x)$를 만족하는 $P_{n-1}(x)$를찾아라.

1. $P_3(x) = 3x^3 + 7x^2 - 36x + 20,\ r = -5$
2. $P_4(x) = x^4 - 3x^2 + 3x - 1,\ r = 1$
3. $P_5(x) = x^5 - 30x^4 + 361x^3 - 2178x^2 + 6588x - 7992,\ r = 6$
4. $P_4(x) = x^4 - 5x^3 - 2x^2 - 20x - 24,\ r = 2i$
5. $P_3(x) = 3x^3 - 19x^2 + 45x - 13,\ r = 3 - 2i$

6-9. $P_n(x)$의 근은 $x = r$이다. $P_n(x)$의 다른 근 모두를 계산기를 이용하여 찾아라. 이 문제를 푸는 데는 다항식의 디플레이션과 2차 방정식에 대한 근의 공식만 필요하다.

6. $P_3(x) = x^3 + 1.8x^2 - 9.01x - 13.398,\ r = -3.3$
7. $P_3(x) = x^3 - 6.64x^2 + 16.84x - 8.32,\ r = 0.64$
8. $P_3(x) = 2x^3 - 13x^2 + 32x - 13,\ r = 3 - 2i$
9. $P_4(x) = x^4 - 3x^3 + 10x^2 - 6x - 20,\ r = 1 + 3i$

10-15. $P_n(x)$에 대한 모든 근을 구하라.

10. ■$P_4(x) = x^4 + 2.1x^3 - 2.52x^2 + 2.1x - 3.52$
11. ■$P_5(x) = x^5 - 156x^4 - 5x^3 + 780x^2 + 4x - 624$
12. ■$P_6(x) = x^6 + 4x^5 - 8x^4 - 34x^3 + 57x^2 + 130x - 150$
13. ■$P_7(x) = 8x^7 + 28x^6 + 34x^5 - 13x^4 - 124x^3 + 19x^2 + 220x - 100$
14. ■$P_8(x) = x^8 - 7x^7 + 7x^6 + 25x^5 + 24x^4 - 98x^3 - 472x^2 + 440x + 800$
15. ■$P_4(x) = x^4 + (5+i)x^3 - (8-5i)x^2 + (30-14i)x - 84$

16. ■

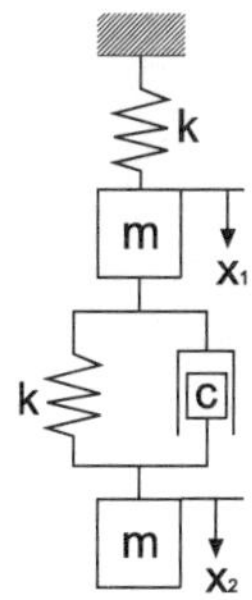

질량이 각각 m인 두 블록이 그림과 같이 스프링과 감쇠기로 연결되어 있다. 스프링은 모두 스프링 상수가 k이고 감쇠계수(damping coefficient)는 c이다. 이 시스템을 아래로 당겨 놓을 때 각 블록의 변위 방정식은 다음과 같다.

$$x_k(t) = A_k e^{\omega_r t}\cos(\omega_i t + \varphi_k), \quad k = 1,2$$

여기서 A_k와 ϕ_k는 상수이고 $\omega = \omega_r \pm i\omega_i$는 다음 방정식의 근이다.

$$\omega^4 + 2\frac{c}{m}\omega^3 + 3\frac{k}{m}\omega^2 + \frac{c}{m}\frac{k}{m}\omega + \left(\frac{k}{m}\right)^2 = 0$$

$c/m = 12(s^{-1})$와 $k/m = 1500(s^{-2})$일 때 ω_r와 ω_i의 가능한 조합을 두 개 결정하라.

MATLAB® 함수

x = fzero(@func, x0) 함수 func의 근을 x0와 가장 가까운 곳에서 찾는다.

x = fzero(@func, [a b]) 함수의 근이 (a, b)와 같이 임의의 범위를 가질 때 사용한다. 그리고 함수 fzero에 사용된 알고리즘은 바로 Brent 법이다.

x = roots(a) 다항식 $P_n(x) = a_1x^n + \cdots + a_nx + a_{n+1}$의 근을 찾는다.

다항식의 근은 다음과 같은 $n \times n$ 동반 행렬(companion matrix)의 고유값(eigenvalue)을 계산해도 얻을 수 있다.

$$
\mathbf{A} = \begin{bmatrix} -a_2/a_1 & -a_3/a_1 & \cdots & -a_n/a_1 & -a_{n+1}/a_1 \\ 1 & 0 & \cdots & 0 & 0 \\ 0 & 1 & \cdots & 0 & 0 \\ \vdots & \vdots & \ddots & \vdots & \vdots \\ 0 & 0 & \cdots & 1 & 0 \end{bmatrix}
$$

이 행렬의 특성 방정식(characteristic equation)(9.1절 참조)은

$$
x^n + \frac{a_2}{a_1}x^{n-1} + \cdots + \frac{a_n}{a_1}x + \frac{a_{n+1}}{a_1} = 0
$$

인데, 이는 $P_n(x) = 0$와 똑같은 형태이므로 **A**의 고유값은 $P_n(x)$의 근이 되는 것이다. 고유값 방법은 강인한 알고리즘을 갖지만 Laguerre 방법에 견주어 아주 느린 것이 하나의 흠이다.

5. 수치 미분

임의의 함수 $f(x)$에 대해 x에서 미분 $d^n f/dx^n$을 구한다

5.1 개요

수치적인 미분이 필요한 경우는 이렇다. 즉, 함수 $y = f(x)$가 주어졌을 때 $x = x_k$에서 이 함수의 여러 미분값을 얻고자 할 때인데, 여기서 "주어졌다"는 뜻은 이 함수를 계산할 수 있는 알고리즘이나 이 함수식을 만족하는 여러 데이터 점$(x_i, y_i)(i = 1, 2, \ldots, n)$을 알고 있다는 것이다.

수치 미분은 보간과 밀접한 관계가 있다. 즉, 수치적으로 미분을 구할 때는 함수를 일부분이긴 하지만 다항식으로 먼저 바꾼 뒤에 이 다항식을 미분한다. 이와 똑같이 효과적인 방법에는 $f(x)$를 x_k 주위에서 전개하는 Taylor 법도 있는데, 이는 오차에 대한 정보를 줄 수 있다는 것이 하나의 장점이다.

수치 미분은 그 과정이 아주 정밀하지는 않다. 컴퓨터의 유한한 정밀도로 발생하는 마무리 오차와 다항식으로 바꾸는 과정에서 발생하는 본질적인 오차 사이의 조정이 반드시 필요하기 때문이다. 그래서 함수의 수치적 미분은 함수 자체와 똑같은 정밀도로 계산될 수는 결코 없다.

5.2 유한차분 근사식

함수 $f(x)$의 미분에 대한 유한차분 근사식(finite difference approximations)의 유도는 다음과 같이 x 근방에서 $f(x)$를 전방 및 후방으로 Taylor 전개하는 것에 그 기초를 두고 있다.

$$f(x+h) = f(x) + hf'(x) + \frac{h^2}{2!}f''(x) + \frac{h^3}{3!}f'''(x) + \frac{h^4}{4!}f^{(4)}(x) + \cdots \tag{a}$$

$$f(x-h) = f(x) - hf'(x) + \frac{h^2}{2!}f''(x) - \frac{h^3}{3!}f'''(x) + \frac{h^4}{4!}f^{(4)}(x) - \cdots \tag{b}$$

$$f(x+2h) = f(x) + 2hf'(x) + \frac{(2h)^2}{2!}f''(x) + \frac{(2h)^3}{3!}f'''(x) + \frac{(2h)^4}{4!}f^{(4)}(x) + \cdots \tag{c}$$

$$f(x-2h) = f(x) - 2hf'(x) + \frac{(2h)^2}{2!}f''(x) - \frac{(2h)^3}{3!}f'''(x) + \frac{(2h)^4}{4!}f^{(4)}(x) - \cdots \tag{d}$$

그리고 이 전개의 합과 차를 각각 구하면

$$f(x+h) + f(x-h) = 2f(x) + h^2 f''(x) + \frac{h^4}{12}f^{(4)}(x) + \cdots \tag{e}$$

$$f(x+h) - f(x-h) = 2hf'(x) + \frac{h^3}{3}f'''(x) + \cdots \tag{f}$$

$$f(x+2h) + f(x-2h) = 2f(x) + 4h^2 f''(x) + \frac{4h^4}{3}f^{(4)}(x) + \cdots \tag{g}$$

$$f(x+2h) - f(x-2h) = 4hf'(x) + \frac{8h^3}{3}f'''(x) + \cdots \tag{h}$$

이다. 여기서 각 전개의 합은 오직 짝수 미분을, 그리고 차는 홀수 미분만을 갖는다는 것을 잘 살펴봐야겠다. 그리고 식 (a)에서 (h)까지는 $f(x)$의 여러 미분에 대해 풀어야 할 연립 방정식으로 생각할 수도 있겠고, 이때 방정식의 개수와 각 방정식에 포함된 항의 수는 미분의 차수와 바람직한 정확도를 어떻게 결정할 것이냐에 따라 달라진다.

1차 중간차분 근사식

식 (f)를 $f'(x)$에 대해 풀면

$$f'(x) = \frac{f(x+h) - f(x-h)}{2h} - \frac{h^2}{6}f'''(x) - \cdots$$

인데, 여기서 등식의 오른쪽에 있는 첫째 항만 남기면

$$f'(x) = \frac{f(x+h) - f(x-h)}{2h} + O(h^2) \tag{5.1}$$

와 같고, 이를 $f'(x)$에 대한 1차 중간차분 근사식(first central difference approximations)이라 한다. 그리고 항 $O(h^2)$는 절단오차(truncation error)가 h^2의 함수임을 뜻한다.

식 (e)를 이용하고, 또 위와 같이 절단오차에 대한 기호를 빌리면

$$f''(x) = \frac{f(x+h) - 2f(x) + f(x-h)}{h^2} + O(h^2) \tag{5.2}$$

을 얻을 수 있고, 이처럼 다른 미분에 대한 중간차분 근사식도 이와 비슷한 방법을 식 (a)에서 (h)까지 적용하여 구할 수 있다. 이를테면 식 (f)와 (h)에서 $f'(x)$를 제거한 후 $f'''(x)$에 대해 다시 풀면

$$f'''(x) = \frac{f(x+2h) - 2f(x+h) + 2f(x-h) - f(x-2h)}{2h^3} + O(h^2) \tag{5.3}$$

이고, 또 식 (e)와 (g)에서는

$$f^{(4)}(x) = \frac{f(x+2h) - 4f(x+h) + 6f(x) - 4f(x-h) + f(x-2h)}{h^4} + O(h^2) \tag{5.4}$$

이 된다. 이런 일을 요약하면 표 5.1과 같다.

	$f(x-2h)$	$f(x-h)$	$f(x)$	$f(x+h)$	$f(x+2h)$
$2hf'(x)$		-1	0	1	
$h^2f''(x)$		1	-2	1	
$2h^3f'''(x)$	-1	2	0	-2	1
$h^4f^{(4)}(x)$	1	-4	6	-4	1

표 5.1 중간차분 근사식 $O(h^2)$의 계수

1차 전방 및 후방 근사식

앞에서 알아본 중간차분 근사식을 항상 사용할 수 있는 것은 아니다. 예를들어, 함수가 n개의 이산점 x_1, x_2, …, x_n로 주어진(혹은 정의된) 경우에 양끝의 점 x_1과 x_n에서 미분을 해보기로 하자. 이 경우엔 중간차분 근사식이 함수를 x의 양쪽에서 평가하여 적용하기 때문에 사용할 수 없다. 따라서 x의 꼭 한쪽에서만 평가하여 쓸 수 있는 유한차분식이 필요하며, 이를 위해 전방(forward) 및 후방(backward) 유한차분 근사식도 알아야 한다.

비중간 유한차분식(noncentral finite differences) 즉, 전방 및 후방 차분식도 식 (a)-(h)에서 유도할 수 있다. 우선, 식 (a)를 $f'(x)$에 대해 풀면

$$f'(x)=\frac{f(x+h)-f(x)}{h}-\frac{h}{2}f''(x)-\frac{h^2}{6}f'''(x)-\frac{h^3}{4!}f^{(4)}(x)-\cdots$$

와 같고, 여기서 등식의 오른쪽에서 첫번째 항만 남기면 다음과 같은 1차 전방차분 근사식(first forward difference approximations)이 되는 것이다.

$$f'(x)=\frac{f(x+h)-f(x)}{h}+O(h) \tag{5.5}$$

같은 방법을 식 (b)에 적용하면

$$f'(x)=\frac{f(x)-f(x-h)}{h}+O(h) \tag{5.6}$$

을 얻을 수 있고, 이를 1차 후방차분 근사식이라 한다. 하나 주의할 것은 절단오차는 $O(h)$로 중간차분 근사식의 $O(h^2)$에 견주어 바람직하지 않다는 점이다.

물론 이 경우도 앞에서처럼 고차 미분에 대한 근사식을 나타낼 수 있는데 하나의 예로 식 (a)와 (c)를 함께 사용하면

$$f''(x)=\frac{f(x+2h)-2f(x+h)+f(x)}{h^2}+O(h) \tag{5.7}$$

와 같고, 3차나 4차 미분도 마찬가지여서 이를 간단히 정리하여 표 5.2a와 5.2b와 같이 나타내었다.

	$f(x)$	$f(x+h)$	$f(x+2h)$	$f(x+3h)$	$f(x+4h)$
$h f'''(x)$	-1	1			
$h^2 f''(x)$	1	-2	1		
$h^3 f'''(x)$	-1	3	-3	1	
$h^4 f^{(4)}(x)$	1	-4	6	-4	1

표 5.2a 전방차분 근사식 $O(h)$의 계수

	$f(x-4h)$	$f(x-3h)$	$f(x-2h)$	$f(x-h)$	$f(x)$
$h f'''(x)$				-1	1
$h^2 f''(x)$			1	-2	1
$h^3 f'''(x)$		-1	3	-3	1
$h^4 f^{(4)}(x)$	1	-4	6	-4	1

표 5.2b 후방차분 근사식 $O(h)$의 계수

2차 전방 및 후방 근사식

$O(h)$로 표현되는 유한차분 근사식보다 $O(h^2)$의 표현식을 쓰는 것이 일반적이다. 따라서 전방 및 후방 근사식에도 $O(h^2)$이 될 수 있도록 유도하는 것이 필요한데, 이는 Taylor 전개식에서 더 많은 항을 남겨서 작업하면 된다. 즉, 식 (a)와 (c)에서 (a)에 4를 곱하여 (b)에서 빼 $f''(x)$를 제거하면

$$f(x+2h)-4f(x+h)=-3f(x)-2hf'(x)+\frac{2h^2}{3}f'''(x)+\cdots$$

이고, 따라서

$$f'(x)=\frac{-f(x+2h)+4f(x+h)-3f(x)}{2h}+\frac{h^2}{3}f'''(x)+\cdots$$

혹은

$$f'(x) = \frac{-f(x+2h) + 4f(x+h) - 3f(x)}{2h} + O(h^2) \qquad (5.8)$$

와 같다. 바로 2차 전방차분 근사식(second forward difference approximations)을 구한 셈이다.

유한차분 근사식을 고차 미분에 대해 찾을 때는 Taylor 전개를 좀더 많이 해야 한다. 이를테면, $f''(x)$에 대한 전방차분 근사식은 $f(x+h)$, $f(x+2h)$, 그리고 $f(x+3h)$를 Taylor 전개로 구해야 하고, $f'''(x)$인 경우는 $f(x+h)$, $f(x+2h)$, $f(x+3h)$, 그리고 $f(x+4h)$가 필요하다. 이런 계산을 직접 해보면 알겠지만 고차 미분을 구할 때는 지루하고 성가시다. 그래서 여기서는 2차 전방 및 후방 근사식을 표 5.3a와 5.3b처럼 간단히 요약만 하기로 한다.

	$f(x)$	$f(x+h)$	$f(x+2h)$	$f(x+3h)$	$f(x+4h)$	$f(x+5h)$
$2hf'''(x)$	-3	4	-1			
$h^2f''(x)$	2	-5	4	-1		
$2h^3f'''(x)$	-5	18	-24	14	-3	
$h^4f^{(4)}(x)$	3	-14	26	-24	11	-2

표 5.3a 전방차분 근사식 $O(h^2)$의 계수

	$f(x-5h)$	$f(x-4h)$	$f(x-3h)$	$f(x-2h)$	$f(x-h)$	$f(x)$
$2hf'''(x)$				1	-4	3
$h^2f''(x)$			-1	4	-5	2
$2h^3f'''(x)$		3	-14	24	-18	5
$h^4f^{(4)}(x)$	-2	11	-24	26	-14	3

표 5.3b 후방차분 근사식 $O(h^2)$의 계수

유한차분 근사식의 오차

앞에서 구한 모든 유한차분 근사식의 계수를 다 합하면 0인 것을 미리 알고, 이 근사식을 컴퓨터로 계산할 때 필연적으로 일어나는 마무리 오차(roundoff error)의 효과에 대해 몇 마디 해보기로 한다. h가 아주 작은 경우는 $f(x)$, $f(x \pm h)$, $f(x \pm 2h)$ 따위는 근사적으로 거의 같을 것이지만 이 값들에 유한차분 공식의 계수가 곱해지거나 합쳐지면 숫자의 중요한 부분을 잃어버릴 수도 있다. 그래서 이런 절단오차가 생각 밖으로 크지는 것을 막기 위해서는 h를 너무 키울 수 없다. 이런 나쁜 상황은 치료법도 없는데 다음과 같은 예방법으로 어느 정도 구제할 수 있다는 점은 참 다행이다.

- 산술연산에서 배밀도(double-precision)를 이용한다.
- 적어도 정확도가 $O(h^2)$인 유한차분 근사식을 쓴다.

이런 오차를 살펴보기 위해 $x = 1$에서 $f(x) = e^{-x}$의 2차 미분을 식 (5.2)의 중간차분 공식을 써서 계산해 보자. 표 5.4는 여러 h값에 대하여 6자리와 8자리 정밀도로 계산한 결과인데 $f''(1) = e^{-1} = 0.36787944$와 비교해 보면 좋을 것이다.

h	6자리 정밀도	8자리 정밀도
0.64	0.380610	0.38060911
0.32	0.371035	0.37102939
0.16	0.368711	0.36866484
0.08	0.368281	0.36807656
0.04	0.36875	0.36783125
0.02	0.37	0.3679
0.01	0.38	0.3679
0.005	0.40	0.3679
0.0025	0.48	0.3680
0.00125	1.28	0.3712

6자리 계산에서 h의 최적값은 0.08로 자릿수 3개까지는 정확하므로 절단 및 마무리 오차 때문에 잃어버린 자릿수는 3개이다. 그리고 이 위의 값에서는 절단오차가 대부분이고, 아래에서는 마무리 오차가 더 심하다. 8자리 계산으로 얻을 수 있는 가장 좋은 결과는 자릿수가 4개까지 정확한 것을 알 수 있다. 정밀도를 더 높일 때마다 마무리 오차는 줄어들기 때문에 최적의 h는 6자리인 경우와 견주어 약 0.02만큼 더 작다.

5.3 Richardson 외삽법

Richardson 외삽법(extrapolation)은 간단한 원리로 유한차분 근사식 따위에서 수치 계산의 정밀도를 높일 수 있는 방법이다. (이 방법은 나중에 수치 적분에서도 사용될 것이다)

어떤 값 G를 계산할 수 있는 임의의 근사 공식을 가지고 있고, 또 이 계산의 결과는 파라미터 h에 따라 달라진다고 가정해 보자. 즉, $G = g(h) + E(h)$와 같이 나타낼 수 있는데 $E(h)$는 오차에 대한 표현이다. Richardson 외삽법은 $E(h) = ch^p$의 형태(c와 p는 상수)이면 오차를 없앨 수 있다. 우선, 임의의 h값(여기서는 $h = h_1$)으로 가정하여 $g(h)$를 먼저 계산해 보면

$$G = g(h_1) + ch_1^p \tag{i}$$

이고, 또 $h = h_2$로 두고 반복하면

$$G = g(h_2) + ch_2^p \tag{j}$$

와 같다. 다음, 식 (i)와 (j)에서 c를 소거한 후 G에 대해 풀면

$$G = \frac{(h_1/h_2)^p g(h_2) - g(h_1)}{(h_1/h_2)^p - 1} \tag{5.9a}$$

와 같은데 이것이 Richardson 외삽법 공식이다. 여기서 보통 $h_2 = h_1/2$로 쓰는 것이 일반적인데 이를 이용하면 식 (5.9a)는

$$G = \frac{2^p g(h_1/2) - g(h_1)}{2^p - 1} \quad (5.9b)$$

로 바뀐다.

Richardson 외삽법을 $x = 1$에서 $(e^{-x})''$의 유한차분 근사식에 적용해 보자. 6자리 정밀도로 계산할 요량이니 표 5.4를 참고하면 좋겠다. 이 방법은 오직 절단오차만 발생하므로 h를 마무리 오차가 일어나지 않을 범위로 제한하여야 한다. $h_1 = 0.64$로, 그리고 $g(h)$를 h를 써서 얻은 $f''(1)$의 근사식이라 두면 표 5.4에서

$$g(h_1) = 0.380610 \qquad g(h_1/2) = 0.371035$$

을 확인할 수 있다. 그리고 중간차분 근사식의 절단오차는 $E(h) = O(h^2) = c_1h^2 + c_2h^4 + c_3h^6 + \cdots$ 이므로 식 (5.9b)에 $p = 2$와 $h_1 = 0.64$를 넣어 첫번째 오차 항(오차에 가장 많이 기여하는 항)을 제거하면

$$G = \frac{2^2 g(0.32) - g(0.64)}{2^2 - 1} = \frac{4(0.371035) - 0.380610}{3} = 0.367843$$

와 같은 $(e^{-x})''$에 대한 근사값을 구할 수 있다. 물론 이 경우엔 이의 오차는 $O(h^4)$이다. 이 결과가 표 5.4의 8자리 계산에서 가장 잘 얻은 결과만큼 정확한 것에 주목하라.

예제 5.1

함수 $f(x)$에 대하여 다음과 같은 서로 간격이 똑같은 데이터로 주어졌을 때 $x = 0$과 0.2에서 $f'(x)$와 $f''(x)$를 유한차분 근사식 $O(h^2)$를 써서 계산하라.

x	0	0.1	0.2	0.3	0.4
$f(x)$	0.0000	0.0819	0.1341	0.1646	0.1797

풀이 표 5.3a의 전방차분 공식을 통해

$$f'(0)=\frac{-3f(0)+4f(0.1)-f(0.2)}{2(0.1)}=\frac{-3(0)+4(0.0819)-0.1341}{0.2}=0.967$$

$$f''(0)=\frac{2f(0)-5f(0.1)+4f(0.2)-f(0.3)}{(0.1)^2}$$

$$=\frac{2(0)-5(0.0819)+4(0.1341)-0.1646}{(0.1)^2}=-3.77$$

을 찾을 수 있고, 아울러 표 5.1의 중간차분 근사식을 이용하면

$$f'(0.2)=\frac{-f(0.1)+f(0.3)}{2(0.1)}=\frac{-0.0819+0.1646}{0.2}=0.4135$$

$$f''(0.2)=\frac{f(0.1)-2f(0.2)+f(0.3)}{(0.1)^2}=\frac{0.0819-2(0.1341)+0.1646}{(0.1)^2}=-2.17$$

와 같다.

예제 5.2

예제 5.1의 데이터를 사용하여 $f'(0)$의 가장 정확한 값을 구하라.

풀이 유한차분 근사식에 Richardson 외삽법을 적용하는데 $f'(0)$에 대한 두 개의 전방차분 근사식을 각각 h = 0.2와 h = 0.1로 둔다. 따라서 표 5.3a에서 $O(h^2)$의 공식을 참조하면

$$g(0.2)=\frac{-3f(0)+4f(0.2)-f(0.4)}{2(0.2)}=\frac{-3(0)+4(0.1341)-0.1797}{0.4}=0.8918$$

$$g(0.1)=\frac{-3f(0)+4f(0.1)-f(0.2)}{2(0.1)}=\frac{-3(0)+4(0.0819)-0.1341}{0.2}=0.9675$$

와 같고, 여기서 g는 $f'(0)$의 유한차분 근사식이다. 또, 두 근사식의 오차가 $E(h)$ = c_1h^2 + c_2h^4 + c_3h^6 + …의 형태이므로 오차에 가장 많이 기여하는 항을 제거하는데 Richardson 외삽법을 다시 쓸 수 있다. 식 (5.9)에서 p = 2로 하면

$$f'(0) \approx G = \frac{2^2 g(0.1) - g(0.2)}{2^2 - 1} = \frac{4(0.9675) - 0.8918}{3} = 0.9927$$

이 되는데 $O(h^4)$인 유한차분 근사식이다.

예제 5.3

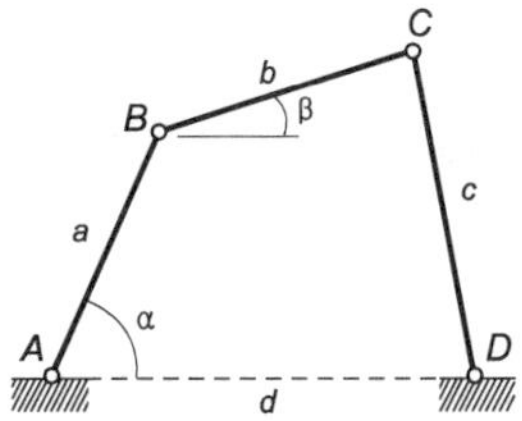

그림의 4절 링크 장치는 a = 100(mm), b = 120(mm), c = 150(mm), 그리고 d = 180(mm)로 기하학적 구조를 조사하면 각 a와 β 사이에 다음과 같은 관계식을 얻을 수 있다.

$$(d - a\cos\alpha - b\cos\beta)^2 + (a\sin\alpha + b\sin\beta)^2 - c = 0$$

따라서 α를 알면 제4장에서 학습한 근 찾는 방식 중의 하나를 써서 이 식을 β에 대해 풀 수 있을 것인데, 이의 결과를 α= 0, 5, 10, ..., 30°인 경우에 요약하면 다음과 같다.

α(deg)	0	5	10	15	20	25	30
β(rad)	1.6595	1.5434	1.4186	1.2925	1.1712	1.0585	0.9561

링크 AB가 일정한 각속도 25(rad/s)로 회전할 때 α에 대한 링크 BC의 각속도 $d\beta/dt$를 유한차분 근사식 $O(h^2)$로 구해 표로 만들어 보라.

풀이 링크 BC의 각속력은 다음과 같다.

$$\frac{d\beta}{dt} = \frac{d\beta}{d\alpha}\frac{d\alpha}{dt} = 25\frac{d\beta}{d\alpha}(\text{rad/s})$$

여기서 $d\beta/d\alpha$는 유한차분 근사식을 표에 있는 데이터에 적용하여 계산한다. 즉, $O(h^2)$

에 대한 전방 및 후방 차분식은 끝점인 경우에 사용하고 그 외의 점에서는 중간 차분식을 쓰는데, 이때 α의 증분은

$$h = 5(\deg)(\frac{\pi}{180}(rad/\deg)) = 0.087266(\text{rad})$$

이다. 따라서 이런 정보를 바탕으로 계산하면

$$\dot{\beta}(0^\circ) = 25\frac{-3\beta(0^\circ)+4\beta(5^\circ)-\beta(10^\circ)}{2h} = 25\frac{-3(1.6595)+4(1.5434)-1.4186}{2(0.087266)}$$

$$= -32.01(\text{rad/s})$$

$$\dot{\beta}(5^\circ) = 25\frac{\beta(10^\circ)-\beta(0^\circ)}{2h} = 25\frac{1.4186-1.6595}{2(0.087266)} = -34.51(\text{rad/s})$$

따위이고 이를 표로 만들면 다음과 같다.

α(deg)	0	5	10	15	20	25	30
$\dot{\beta}$ (rad/s)	-32.01	-34.51	-35.94	-35.44	-33.52	-30.81	-27.87

5.4 보간식 미분

함수 $f(x)$가 이산 데이터로 정의되어 있으면 이의 미분을 계산할 때 보간식이 아주 효과적인 수단이 된다. 즉, $f(x)$의 미분을 보간식의 미분을 찾아 근사화 하는 것이다. 이 방법은 데이터가 가변 구간(데이터 사이의 구간이 서로 다름)이어서 앞에서 설명한 유한차분 근사식으로 풀기가 곤란한 경우에 특히 유용하다.

다항 보간식

이 방법의 기본 생각은 아주 단순하다. 즉, 차수가 n-1인 다항식

$$P_{n-1}(x) = a_1 x^{n-1} + a_2 x^{n-2} + \cdots + a_n \quad \text{(a)}$$

을 n개의 데이터에 맞춘 후 주어진 x에서 이의 미분을 평가하면 되고, 이때 3.2절에서 언급했듯이 보간식의 과도한 진동을 피하기 위해 차수를 6차 이내로 제한하는 것이 좋다. 이런 진동은 미분할 때마다 확대되기에 언제나 바람직하지 않은 결과를 이끈다.

데이터 구간이 일정한 경우에는 다항 보간식과 유한차분 근사식은 같은 결과를 보이는데 이는 유한차분 근사식의 공식이 다항 보간식과 같기 때문이다. 보간 다항식에 대해 3.2절에서 배워 왔던 몇몇 방법들은 아쉽게도 미분을 계산하는 데는 적합하지 않다. 하지만, 식 (a)의 계수 a_1, a_2, …, a_n를 결정할 수 있으면서도 미분하는데 쓸 수 있는 방법은 바로 최소제곱 맞추기(least-squares fit)이다. 사실 이 방법은 데이터를 부드러운 곡선으로 맞추는 일이 주 목적이지만 식 (3.22)에서 $m = n$으로 두면 데이터의 보간도 가능하고, 특히 데이터에 잡음이 섞여 있는 경우엔 두말 할 필요도 없다. 결론적으로, 식 (a)의 다항식 계수를 찾았다면 다항식과 이의 두 미분을 4.7절에서 소개한 함수 **evalpoly**로 평가하는 일만 남는다.

3차 스플라인 보간식

3차 스플라인은 이의 정확도와 안정성 때문에 일반적인 보간식으로 사용될 뿐만 아니라 미분도 아주 쉽게 할 수 있다. 이 방법에서 첫번째로 해야 할 일은 마디에서 스플라인의 2차 미분인 k_i를 식 (3.12)로 찾는 것인데, 이는 3.3절에서 설명한 함수 **splineCurv**를 써서 수행할 수 있다. 그리고 다항식의 1차와 2차 미분은 식 (3.10)을 미분하여

$$f'_{i,i+1}(x) = \frac{k_i}{6}\left[\frac{3(x-x_{i+1})^2}{x_i - x_{i+1}} - (x_i - x_{i+1})\right] - \frac{k_{i+1}}{6}\left[\frac{3(x-x_i)^2}{x_i - x_{i+1}} - (x_i - x_{i+1})\right] + \frac{y_i - y_{i+1}}{x_i - x_{i+1}} \quad (5.10)$$

$$f''_{i,i+1}(x) = k_i \frac{x - x_{i+1}}{x_i - x_{i+1}} - k_{i+1}\frac{x - x_i}{x_i - x_{i+1}} \quad (5.11)$$

와 같이 계산한다.

예제 5.4

데이터가 아래와 같이 주어졌을 때 $f'(2)$와 $f''(2)$를 (1) 가장 가까운 3점에 대한 다항 보간식 (2) 모든 데이터를 이용한 3차 스플라인 보간식을 각각 이용하여 계산하라.

x	1.5	1.9	2.1	2.4	2.6	3.1
$f(x)$	1.0628	1.3961	1.5432	1.7349	1.8423	2.0397

(1)의 풀이 점 x = 1.9, 2.1, 그리고 2.4를 지나는 보간식을 $P_2(x) = a_1 + a_2x + a_3x^2$라 두면 식 (3.23)의 최소제곱 맞추기 식은

$$\begin{bmatrix} n & \sum x_i & \sum x_i^2 \\ \sum x_i & \sum x_i^2 & \sum x_i^3 \\ \sum x_i^2 & \sum x_i^3 & \sum x_i^4 \end{bmatrix} \begin{bmatrix} a_1 \\ a_2 \\ a_3 \end{bmatrix} = \begin{bmatrix} \sum y_i \\ \sum y_i x_i \\ \sum y_i x_i^2 \end{bmatrix}$$

이고, 여기에 데이터를 넣으면

$$\begin{bmatrix} 3 & 6.4 & 13.78 \\ 6.4 & 13.78 & 29.944 \\ 13.78 & 29.944 & 65.6578 \end{bmatrix} \begin{bmatrix} a_1 \\ a_2 \\ a_3 \end{bmatrix} = \begin{bmatrix} 4.6742 \\ 10.0571 \\ 21.8385 \end{bmatrix}$$

인데, 이를 풀면 $\mathbf{a}$ = [-0.7714 1.5075 -0.1930]^{T}이다. 따라서 보간식과 이의 미분은

$$P_2(x) = -0.1903x^2 + 1.5075x - 0.7714$$
$$P_2'(x) = -0.3860x + 1.5075$$
$$P_2''(x) = -0.3860$$

로 결국 다음과 같다.

$$f'(2) \approx P_2'(2) = -0.3860(2) + 1.5075 = 0.7355$$
$$f''(2) \approx P_2''(2) = -0.3860$$

(2)의 풀이 마디에서 스플라인의 2차 미분인 k_i를 먼저 정한 후에 식 (5.10)와 (5.11)로 $f(x)$의 미분을 계산한다. 다음 프로그램은 k_i를 찾도록 해준다.

```
% 예제 5.4(마디에서 3차 스플라인의 곡률)
xData = [1.5; 1.9; 2.1; 2.4; 2.6; 3.1];
yData = [1.0628; 1.3961; 1.5432; 1.7349; 1.8423; 2.0397];
k = splineCurv(xData,yData)
```

그리고 이의 결과는 다음과 같다.

```
k =
         0
   -0.4258
   -0.3774
   -0.3880
   -0.5540
         0
```

x = 2는 마디 2와 3 사이에 있기에 식 (5.10)와 (5.11)에서 i = 2를 대입하면 각각

$$f'(2) \approx f'_{2,3}(2) = \frac{k_2}{6}\left[\frac{3(x-x_3)^2}{x_2-x_3}-(x_1-x_3)\right]-\frac{k_3}{6}\left[\frac{3(x-x_2)^2}{x_2-x_3}-(x_2-x_3)\right]+\frac{y_2-y_3}{x_2-x_3}$$

$$=\frac{(-0.4258)}{6}\left[\frac{3(2-2.1)^2}{(-0.2)}-(-0.2)\right]$$

$$-\frac{(-0.3774)}{6}\left[\frac{3(2-1.9)^2}{(-0.2)}-(-0.2)\right]+\frac{1.3961-1.5432}{(-0.2)}=0.7351$$

$$f''(2) \approx f''_{2,3}(2) = k_2\frac{x-x_3}{x_2-x_3}-k_3\frac{x-x_2}{x_2-x_3}$$

$$=(-0.4258)\frac{2-2.1}{(-0.2)}-(-0.3774)\frac{2-1.9}{(-0.2)}=-0.4016$$

와 같다.

(1)과 (2)에서 구한 $f'(2)$의 값은 소수점 넷째 자리만 다른데 $f''(2)$는 훨씬 많은 곳에서 차이가 난다. 이것은 예측 못한 바가 아니다. 즉, 미분의 차수가 높으면 높을수록 계산의 정밀도는 더욱 낮아진다는 일반적인 규칙을 이미 알고 있기 때문이다. 하지

만 두 방법 중에서 어느 것이 더 나은지는 $f(x)$의 표현식에 따라 달리 말해야 한다. 이 문제의 경우는 주어진 데이터가 곡선 $f(x) = x^2e^{-x/2}$에 놓여 있기 때문에 미분의 정확한 값은 $f'(2) = 0.7458$와 $f''(2) = -0.3679$이 되겠다.

예제 5.5

다음과 같은 잡음이 섞인 데이터를 보고 $f'(0)$와 $f'(1)$를 계산하라.

x	0	0.2	0.4	0.6
$f(x)$	1.9934	2.1465	2.2129	2.1790
x	0.8	1.0	1.2	1.4
$f(x)$	2.0683	1.9448	1.7655	1.5891

풀이 최소제곱 관점에서 데이터에 맞는 최적의 다항식을 찾으려고 식 (3.10)에 보인 프로그램을 사용했고, 그 결과는 다음과 같다.

```
degree of polynomial = 2
coeff =
 -7.0240e-001  6.4704e-001  2.0262e+000
sigma =
  3.6097e-002

degree of polynomial = 3
coeff =
  4.0521e-001 -1.5533e+000  1.0928e+000  1.9922e+000
sigma =
  8.2604e-003

degree of polynomial = 4
coeff =
 -1.5329e-002  4.4813e-001 -1.5906e+000  1.1028e+000  1.9919e+000
sigma =
  9.5193e-003

degree of polynomial =
Done
```

표준편차 측면에서 보면 3차 다항식이 가장 좋은 후보인 것을 알 수 있지만 이를 받아들이기 전에 데이터와 보간식을 그림으로 그려 비교하는 것이 좀더 신중하다.

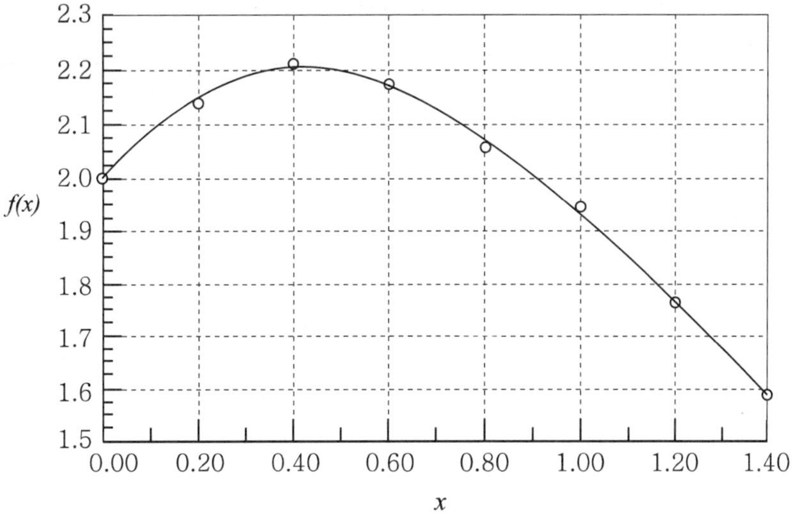

그림에서 확인할 수 있듯이 대체로 만족스럽다. 따라서 $f(x)$를 다항식

$$f(x) \approx a_1 x^3 + a_2 x^2 + a_3 x + a_4$$

로 근사하면

$$f'(x) \approx 3a_1 x^2 + 2a_2 x + a_3$$

이고 따라서

$$f'(0) \approx a_3 = 1.0928$$
$$f'(1) \approx 3a_1 + 2a_2 + a_3 = 3(0.4052) + 2(-1.5533) + 1.0928 = -0.7982$$

와 같다.

일반적으로 잡음이 섞인 데이터에서 구한 미분은 아무리 좋아도 대략적인 근사값일 뿐이다. 이 문제의 경우엔 데이터가 $f(x) = (x+2)/\cosh x$에 잡음이 확률 신호로 첨가된 것이다. 그래서 $f'(x) = [1 - (x + 2)\tanh x]/\cosh x$이므로 정확한 미분값은 $f'(0) = 1.000$와 $f'(1) = -0.833$이다.

문제 5.1

1. $f(x)$의 값이 x, $x - h_1$, 그리고 $x + h_2$에서 주어졌을 때 $f''(x)$에 대한 유한차분 근사식을 결정하라. 그리고 절단오차의 차수는 어떤가?
2. $f'(x)$와 $f''(x)$에 대한 1차 후방차분 근사식이 주어졌을 때 $f'''(x) = (f''(x))'$의 관계식을 이용하여 $f'''(x)$의 1차 후방차분 근사식을 유도하라.
3. Richardson 외삽법을 중간차분 근사식 $O(h^2)$에 적용하여 $f''(x)$의 중간차분 근사식을 $O(h^4)$의 형태로 유도하라.
4. Taylor 전개로 $f'''(x)$에 대한 2차 전방차분 근사식을 유도하라.
5. Taylor 전개로 $f^{(4)}(x)$에 대한 1차 중간차분 근사식을 유도하라.
6. 다음 데이터를 보고 $f'(2.36)$와 $f''(2.36)$를 계산하는데 유한차분 근사식 $O(h^2)$를 이용하라.

x	2.36	2.37	2.38	2.39
$f(x)$	0.85866	0.86289	0.86710	0.87129

7. 다음 데이터에서 $f'(1)$와 $f''(1)$를 추정하라.

x	0.97	1.00	1.05
$f(x)$	0.85040	0.84147	0.82612

8. 데이터가 다음과 같이 주어졌을 때 $f''(1)$를 최대한 정확하게 계산하라.

x	0.84	0.92	1.00	1.08	1.16
$f(x)$	0.431711	0.398519	0.367879	0.339596	0.313486

9. 표의 데이터를 이용하여 $f'(0.2)$를 최대한 정확하게 계산하라.

x	0	0.1	0.2	0.3	0.4
$f(x)$	0.000000	0.078348	0.138910	0.192916	0.244981

10. x = 8에서 $d(\sin x)/dx$의 값을 다섯 자리까지 계산하는데 (a) 1차 전방차분 근사식과 (b) 1차 중간차분 근사식을 이용하라. 각 경우에서 h는 가장 정확한 결과를 줄 수 있는 값으로 선택해 보라. (아마 실험이 필요할 것이다)

11. ■ 다음 데이터를 보고 x = 0에서 f'와 f''를 계산하는데 다항 보간식을 이용하라.

x	-2.2	-0.3	0.8	1.9
$f(x)$	15.180	10.962	1.920	-2.040

12. ■

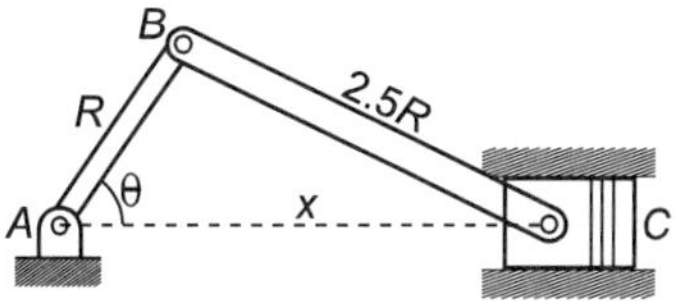

길이가 R = 90(mm)인 크랭크 AB가 $d\Theta/dt$ = 5000(rev/min)의 일정한 각속도로 회전하고 있고, 이때 피스톤 C의 위치는 각 Θ에 따라 다음과 같이 변한다.

$$x = R\left(\cos\theta + \sqrt{2.5^2 - \sin^2\theta}\right)$$

Θ = 0, 5, 10, ⋯, 180°에서 피스톤의 가속도를 수치 미분으로 계산하는 프로그램을 작성하라.

13. ■

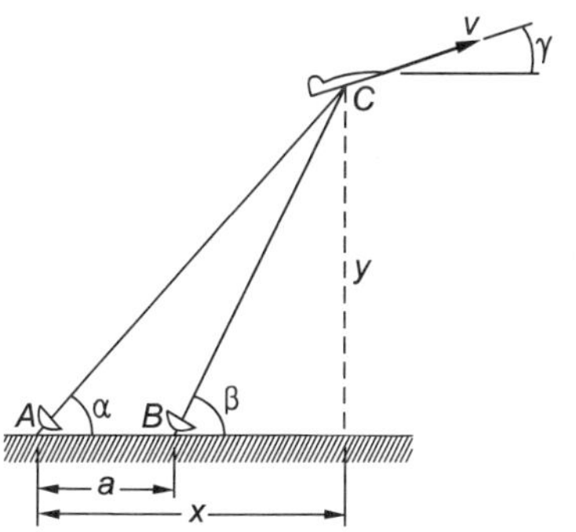

거리 a = 500(m)만큼 떨어진 레이더 기지 A와 B에서 비행체 C를 1초 간격으로 각

α와 β를 기록하면서 추적하고 있는데, 이때 연속된 3개의 데이터는 다음과 같다.

t(s)	9	10	11
α	54.80°	54.06°	53.34°
β	65.59°	64.59°	63.62°

t = 10(sec)에서 비행기의 속력 v와 상승 각도 γ를 계산하라. 단, 비행기의 좌표 관계식은 다음과 같다.

$$x = a\frac{\tan\beta}{\tan\beta - \tan\alpha} \qquad y = a\frac{\tan\alpha\tan\beta}{\tan\beta - \tan\alpha}$$

14. ■

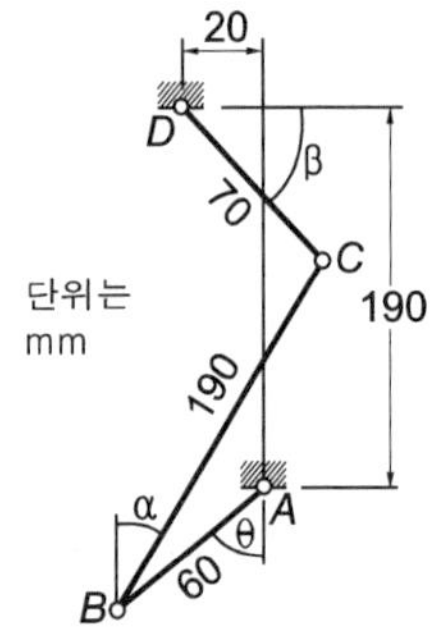

그림의 링크 장치에 대한 각 θ와 β의 관계를 기하학적으로 해석해 보니 다음 표와 같았다.

θ(deg)	0	30	60	90	120	150
β(deg)	59.96	56.42	44.10	25.72	-0.27	-34.29

부재 AB가 일정한 각속도 $d\theta/dt$ = 1(rad/s)로 회전한다고 가정할 때 표의 θ값에 대한 $d\beta/dt$(rad/s)를 구하는데 3차 스플라인 보간 방식을 이용하라.

MATLAB® 함수

d = diff(y) 차 d(i) = y(i+1) – y(i)를 돌려주는데, 이때 length(d) = length(y) - 1이다.

dn = diff(y,n) n 차수의 차 즉, d2(i) = d(i+1) – d(i), d3(i) = d2(i+1) – d2(i), … 따위를 돌려주는데, 이때 length(dn) = length(y) - n이다.

d = gradient(y,h) 각 점에서 dy/dt에 대한 유한차분 근사식을 돌려준다. 여기서 h는 각 점 사이의 간격이다.

d2 = del2(y,h) 각 점에서 $(d^2y/dx^2)/4$에 대한 유한차분 근사식을 돌려준다. 여기서 h는 각 점 사이의 간격이다.

6. 수치 적분

임의의 함수 $f(x)$에 대한 $\int_a^b f(x)dx$를 계산한다

6.1 개요

수치 적분(또는 구적법(quadrature)이라 함)은 수치 미분보다 본질적으로 훨씬 더 정확한 계산 절차를 가지고 있다. 구적법은 다음과 같은 정적분(definite integral)

$$\int_a^b f(x)dx$$

를 다음과 같이 합(sum)

$$I = \sum_{i=1}^{n} A_i f(x_i)$$

로 바꾸어 근사한다. 여기서 마디 축(nodal abscissa) x_i와 가중치(weight) A_i는 구적법이 문제마다 어떤 규칙을 쓸 것인가에 따라 달라지는데 피적분함수(integrand)의 다항 보간식이 기준이 된다. 따라서 이 방법을 적용할 수 있는 경우는 $f(x)$를 다항식으로 근사할 수 있을 때이다.

수치 적분의 방법은 두 종류 즉, Newton-Cotes 공식과 Gauss 구적 공식으로 나눌 수 있다. Newton-Cotes 공식은 마디 축을 같은 간격으로 정한다는 것이 특징으로 사다리꼴 규칙(trapezoidal rule)이나 Simpson 규칙 따위와 같이 널리 쓰이는 방법들이 여기에 포함된다. 이는 $f(x)$의 값이 각 마디에서 이미 계산된 경우에 유용하게 쓸 수 있고 그 절차도 비교적 쉽다. 그리고 Newton-Cotes 공식은 보간식을 부분적으로 만들어 사용하므로 다항식에 구간별 맞추기(piecewise fit)만 해도 충분하다.

Gauss 구적법은 마디 축의 위치를 가장 좋은 정확도를 보장할 수 있도록 선택할 수

있다. 이 방법은 피적분함수의 평가를 전혀 필요하지 않기 때문에 $f(x)$를 계산하기 곤란한 경우에 특히 유용하고, 또 피적분함수가 특이점을 포함하여 적분하기 어려운 경우를 다룰 수도 있는 이점이 있다. 예를 들어, $g(x)$가 잘 정의된 함수라 할 때 피적분함수가 다음과 같은 모습일 때도 가능하다는 말이다.

$$\int_0^1 \frac{g(x)}{\sqrt{1-x^2}}dx$$

6.2 Newton-Cotes 공식

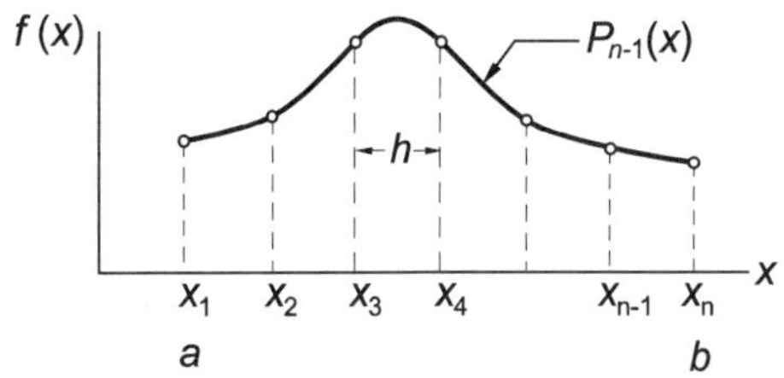

그림 6.1 $f(x)$의 다항식 근사

다음과 같은 정적분을 생각해 보자.

$$\int_a^b f(x)dx \tag{6.1}$$

이때, 적분 구간 (a, b)를 그림 6.1과 같이 간격이 $h = (b-a)/(n-1)$로 똑같게 $n-1$개로 나누고 각 마디의 좌표를 $x_1, x_2, \ldots, x_n$와 같이 표기한다. 다음, 함수 $f(x)$를 차수가 $n-1$이면서 그림처럼 모든 마디를 다 지나는 다항식으로 바꾸는데, 여기서는 식 (3.1a)의 Lagrange 형태 즉,

$$P_{n-1}(x) = \sum_{i=1}^{n} f(x_i) l_i(x)$$

를 쓴다. 여기서 $l_i(x)$는 식 (3.1b)로 정의된 기본함수(cardinal function)이다. 그러면 식 (6.1)의 적분에 대한 근사식은

$$I=\int_a^b P_{n-1}(x)dx=\sum_{i=1}^{n}\left[f(x_i)\int_a^b l_i(x)dx\right]=\sum_{i=1}^{n}A_i f(x_i) \tag{6.2a}$$

와 같고, 여기서

$$A_i=\int_a^b l_i(x)dx,\quad i=1,2,\ldots,n \tag{6.2b}$$

인데, 바로 식 (6.2)가 Newton-Cotes 공식으로 사다리꼴 규칙(n = 2), Simpson 규칙(n = 3), 그리고 Simpson의 3/8 규칙(n = 4) 따위가 옛날부터 써온 대표적 예들이다. 이 중에서 사다리꼴 규칙이 가장 대표적이다. 이 규칙을 Richardson 외삽법과 함께 사용하면 Romberg 적분이라는 아주 효과적인 알고리즘으로 다시 태어나게 되는데, 이는 위에서 언급한 다른 고적적인 방법들을 아예 쓸모 없게 만들기도 한다.

사다리꼴 규칙

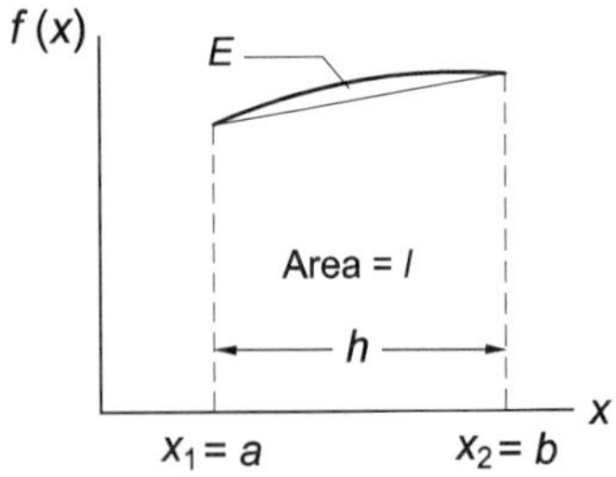

그림 6.2 사다리꼴 규칙

n = 2로 두면 $l_1 = (x - x_2)/(x_1 - x_2) = -(x - b)/h$이므로

$$A_1=-\frac{1}{h}\int_a^b(x-b)dx=\frac{1}{2h}(b-a)^2=\frac{h}{2}$$

이고, 또 $l_2 = (x - x_1)/(x_2 - x_1) = (x - a)/h$이기에 A_2는 다음과 같다.

$$A_2=\frac{1}{h}\int_a^b(x-a)dx=\frac{1}{2h}(b-a)^2=\frac{h}{2}$$

따라서 이들을 식 (6.2a)에 대입하여

$$I = [f(a) + f(b)]\frac{h}{2} \tag{6.3}$$

와 같은 사다리꼴 규칙을 유도할 수 있는데, 이는 그림 6.2에서 사다리꼴의 면적을 나타낸다.

사다리꼴 규칙에서 오차는

$$E = \int_a^b f(x)dx - I$$

로 그림 6.2에 보인 것과 같이 함수 $f(x)$와 직선 보간의 사이에 있는 부분의 면적인데, 이의 실제 계산은 식 (4.3)의 보간식 오차를 적분하여 구할 수 있다. 즉,

$$\begin{aligned} E &= \frac{1}{2!}\int_a^b (x-x_1)(x-x_2)f''(\xi)\int_a^b (x-a)(x-b)dx \\ &= -\frac{1}{12}(b-a)^3 f''(\xi) = -\frac{h^3}{12}f''(\xi) \end{aligned} \tag{6.4}$$

이다.

복합 사다리꼴 규칙

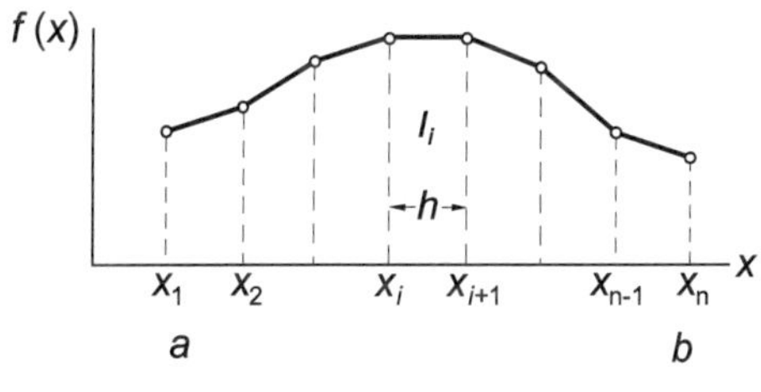

그림 6.3 복합 사다리꼴 규칙

사다리꼴 규칙은 이를 부분별로 적용할 수 있다는 것이 참 편리하다. 그림 6.3은 구간 (a, b)를 각 간격이 h인 $(n-1)$개의 부분으로 나눈 모습이고, 이때 적분할 함수 $f(x)$을 각 부분에서 직선으로 근사해 놓았다. 그러면 앞의 사다리꼴 규칙을 써서 i번째 부분의 근사적인 면적은

$$I_i = [f(x_i) + f(x_{i+1})]\frac{h}{2}$$

이므로 전체 면적 즉, $\int_a^b f(x)dx$는

$$I = \sum_{i=1}^{n-1} I_i = [f(x_1)+2f(x_2)+2f(x_3)+\cdots+2f(x_{n-1})+f(x_n)]\frac{h}{2} \tag{6.5}$$

와 같이 찾을 수 있는데, 이를 복합 사다리꼴 규칙(composite trapezoidal rule)이라 한다.

그림 6.3의 부분 면적에서 절단된 오차는 식 (6.4)로부터

$$E_i = -\frac{h^3}{12}f''(\xi_i)$$

와 같은데 ξ_i의 범위는 $(x_i,\ x_{i+1})$이다. 따라서 식 (6.5)에 포함된 절단 오차는

$$E = \sum_{i=1}^{n-1} E_i = -\frac{h^3}{12}\sum_{i=1}^{n-1} f''(\xi_i) \tag{a}$$

이고, 이때 다음의 관계식을 생각할 수 있다.

$$\sum_{i=1}^{n-1} f''(\xi_i) = (n-1)\bar{f}''$$

여기서 $\bar{f}''$는 2차 미분에 대한 대수평균(arithmetic mean)이다. 만약 $f''(x)$가 연속이면 구간 $(a,\ b)$ 사이의 점 ξ이 존재하여 반드시 $f''(\xi) = \bar{f}''$을 만족하므로

$$\sum_{i=1}^{n-1} f''(\xi_i) = (n-1)f''(\xi) = \frac{b-a}{h}f''(\xi)$$

와 같고, 그러면 식 (a)는 다음과 같이 쓸 수 있다.

$$E = -\frac{(b-a)h^2}{12}f''(\xi) \tag{6.6}$$

식 (6.6)을 보고 $E = ch^2$(여기서 c는 상수)라고 결론짓는 것은 잘못일 수 있다. 왜냐

하면 $f''(\xi)$이 h와는 완전히 독립된 함수가 아니기 때문이다. 이런 오차에 대해 좀더 깊이 연구할 때(이 분야의 고급 교재에서 다루는 Euler-Maclaurin의 합 공식을 참조) 함수 $f(x)$와 이의 미분이 구간 $(a,\ b)$에서 유한하면

$$E = c_1 h^2 + c_2 h^4 + c_3 h^6 + \cdots \tag{6.7}$$

와 같이 된다는 것을 밝힐 수 있다.

반복 사다리꼴 규칙

I_k를 복합 사다리꼴 규칙으로 2^{k-1} 부분에 적용하여 평가한 적분이라 하고(k가 1 증가할 때 부분의 개수는 배로 증가한다), 또 $H = b - a$로 둘 때 식 (6.5)는 k = 1, 2, 그리고 3에서

k = 1(부분 1):

$$I_1 = [f(a) + f(b)]\frac{H}{2} \tag{6.8}$$

k = 2(부분 2):

$$I_2 = \left[f(a) + 2f\left(a + \frac{H}{2}\right) + f(b)\right]\frac{H}{4} = \frac{1}{2}I_1 + f\left(a + \frac{H}{2}\right)\frac{H}{2}$$

k = 3(부분 3):

$$I_3 = \left[f(a) + 2f\left(a + \frac{H}{4}\right) + 2f\left(a + \frac{H}{2}\right) + 2f\left(a + \frac{3H}{4}\right) + f(b)\right]\frac{H}{8}$$

$$= \frac{1}{2}I_1 + \left[f\left(a + \frac{H}{4}\right) + f\left(a + \frac{3H}{4}\right)\right]\frac{H}{4}$$

와 같고, 그리고 k가 임의의 값 $k > 1$인 경우에는

$$I_k = \frac{1}{2}I_{k-1} + \frac{H}{2^{k-1}}\sum_{i=1}^{2^{k-2}} f\left[a + \frac{(2i-1)H}{2^{k-1}}\right], \qquad k = 2,3,\ldots \tag{6.9a}$$

인데, 이를 반복 사다리꼴 규칙(recursive trapezoidal rule)이라 한다. 이 식의 합 기

호 안에는 부분의 개수가 배로 증가할 때 만들어지는 새로운 마디만 포함되어 있다는 것을 잘 살펴보아야 한다. 그래서 적분을 식 (6.8)과 (6.9)로 I_1, I_2, …, I_k와 같이 연속적으로 찾으려 할 때 필요한 계산의 수는 식 (6.5)로 직접 I_k를 계산할 때의 수와 같다. 이 규칙을 이용하여 얻을 수 있는 이점은 계산의 수렴성을 직접 확인할 수 있어 I_{k-1}와 I_k의 차가 충분히 작아질 때 바로 그만둘 수 있다는 것이다. 끝으로, 식 (6.9a)를 기억하기 쉬운 형태로 다시 쓰면 다음과 같다.

$$I(h) = \frac{1}{2}I(2h) + h\sum f(x_{\text{new}}) \tag{6.9b}$$

여기서 $h = H/(n-1)$는 각 부분의 변 길이이다.

■ trapezeid

함수 trapezoid는 식 (6.8)과 (6.9)에서 $I(2h)$를 알 때 $I(h)$를 계산해 준다. 이 함수를 바람직한 정밀도를 얻을 때까지 $k = 1, 2, \ldots$로 하여 계속 반복하면 결국 $\int_a^b f(x)dx$를 계산할 수 있다.

```
function Ih = trapezoid(func,a,b,I2h,k)
% 반복 사다리꼴 규칙
% 사용법: Ih = trapezoid(func,a,b,I2h,k)
% func           = 피적분함수의 함수핸들
% a,b            = 적분의 구간
% I2h            = 부분 2^(k-1)에 대한 적분
% Ih             = 부분 2^k에 대한 적분

if k == 1
    fa = feval(func,a); fb = feval(func,b);
    Ih = (fa + fb)*(b - a)/2.0;
else
    n = 2^(k -2 );          % 새로운 점의 개수
    h = (b - a)/n ;         % 새로운 점 사이의 간격
    x = a + h/2.0;          % 첫번째 새로운 점의 값
    sum = 0.0;
    for i = 1:n
        fx = feval(func,x);
```

```
        sum = sum + fx;
        x = x + h;
    end
    Ih = (I2h + h*sum)/2.0;
end
```

Simpson 규칙

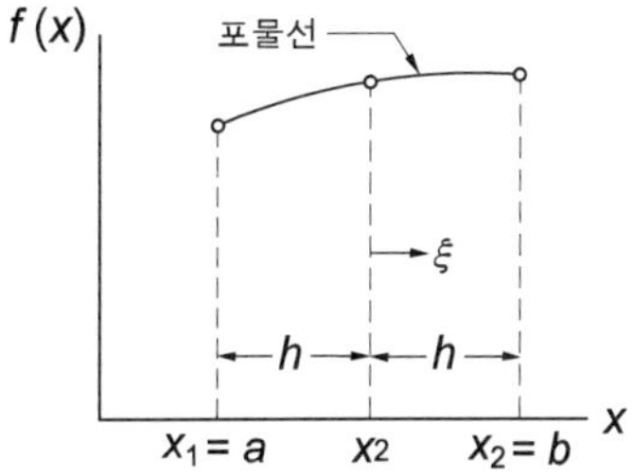

그림 6.4 Simpson의 1/3 규칙

Simpson의 1/3 규칙은 Newton-Cotes 공식에서 n = 3으로 두어 얻는다. 즉, 그림 6.4와 같이 인접한 3점을 포물선 보간식이 지나가도록 한다. 그러면 이 포물선의 면적 ($\int_a^b f(x)dx$의 근사값으로 예제 6.1을 참고)은

$$I = \left[f(a) + 4f\left(\frac{a+b}{2}\right) + f(b) \right] \frac{h}{3} \tag{a}$$

이 된다.

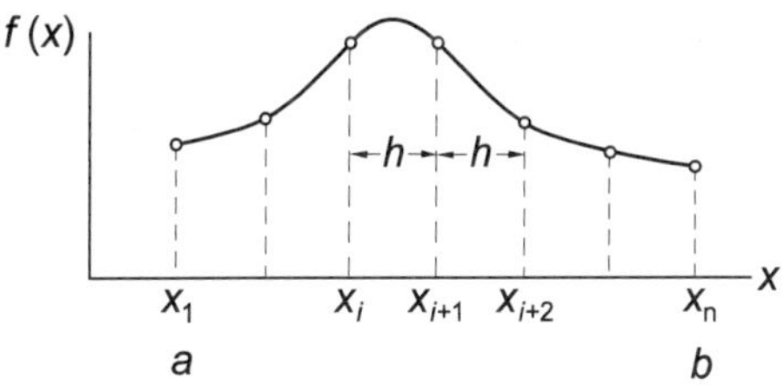

그림 6.5 Simpson의 복합 1/3 규칙

Simpson의 복합 1/3 규칙(composite Simpson's 1/3 rule)을 유도하기 위해, 먼저 그림 6.5와 같이 적분 구간 (a, b)을 변 길이가 각각 $h = (b - a)/(n - 1)$인 $(n-1)$개의 부분으로 나눈다. 식 (a)를 두 개의 인접한 부분에 적용하면

$$\int_{x_i}^{x_{i+2}} f(x)dx \approx [f(x_i)+4f(x_{i+1})+f(x_{i+2})]\frac{h}{3} \quad \text{(b)}$$

이고, 다시 이 식 (b)를

$$\int_a^b f(x)dx = \int_{x_1}^{x_n} f(x)dx = \sum_{i=1,3,\ldots}^{n-2}\left[\int_{x_i}^{x_{i+2}} f(x)dx\right]$$

에 대입하면

$$\int_a^b f(x)dx \approx I = [f(x_1)+4f(x_2)+2f(x_3)+4f(x_4)+\cdots$$

$$\cdots +2f(x_{n-2})+4f(x_{n-1})+f(x_n)]\frac{h}{3} \quad (6.10)$$

와 같은 Simpson의 복합 1/3 규칙을 얻을 수 있는데, 이는 수치 적분 중에서 가장 잘 알려진 규칙이지만 알고리즘 측면에서 사다리꼴 규칙이 훨씬 더 강인(robust)하고, 또 Romberg 적분법이 더욱 효과적이다 라는 점에서 명성이 다소 위축되는 분위기이다.

Simpson의 복합 규칙의 오차는

$$E = \frac{(b-a)h^4}{180} f^{(4)}(\xi) \quad (6.11)$$

인데, 이를 통해 식 (6.10)은 $f(x)$의 차수가 3보다 작은 경우에만 확실한 결과를 보장한다고 말할 수 있다.

Simpson 1/3 규칙은 부분의 개수가 짝수여야 한다. 만약 이 조건이 만족되지 않는다면 다음과 같은 Simpson의 3/8 규칙을 처음 3개 부분(혹은 맨 마지막 3개 부분)에 적용하여 적분하고 나머지 부분에서만 Simpson 1/3 규칙을 써야 한다.

$$I = [f(x_1)+3f(x_2)+3f(x_3)+f(x_4)]\frac{3h}{8} \quad (6.12)$$

예제 6.1

Newton-Cotes 공식에서 Simpson 1/3 규칙을 유도하라.

풀이 그림 6.4를 참고하면 Simpson 1/3 규칙은 3개의 마디 $x_1 = a$, $x_2 = (a + b)/2$, 그리고 $x_3 = b$를 이용하고, 이때 각 마디의 간격은 $h = (b - a)/2$이다. 먼저, Lagrange의 3점 보간에 대한 기본함수(3.2절 참조)는

$$l_1(x) = \frac{(x-x_2)(x-x_3)}{(x_1-x_2)(x_1-x_3)} \quad l_2(x) = \frac{(x-x_1)(x-x_3)}{(x_2-x_1)(x_2-x_3)} \quad l_3(x) = \frac{(x-x_1)(x-x_2)}{(x_3-x_1)(x_3-x_2)}$$

이고, 이 함수의 적분은 x_2를 원점으로 한 새로운 변수 ξ를 도입하면 훨씬 쉬운데 $\xi_1 = -h$, $\xi_2 = 0$, $\xi_3 = h$를 마디의 좌표로 두고, 또 식 (6.2b)는 $A_i = \int_a^b l_i(x)dx = \int_{-h}^{h} l_i(\xi)d\xi$ 이므로

$$A_1 = \int_{-h}^{h} \frac{(\xi-0)(\xi-h)}{(-h)(-2h)} d\xi = \frac{1}{2h^2}\int_{-h}^{h}(\xi^2 - h\xi)d\xi = \frac{h}{3}$$
$$A_2 = \int_{-h}^{h} \frac{(\xi+h)(\xi-h)}{(h)(-h)} d\xi = -\frac{1}{h^2}\int_{-h}^{h}(\xi^2 - h^2)d\xi = \frac{4h}{3}$$
$$A_3 = \int_{-h}^{h} \frac{(\xi+h)(\xi-0)}{(2h)(h)} d\xi = \frac{1}{2h^2}\int_{-h}^{h}(\xi^2 + h\xi)d\xi = \frac{h}{3}$$

와 같다. 따라서 식 (6.2a)는

$$I = \sum_{i=1}^{3} A_i f(x_i) = \left[f(a) + 4f\left(\frac{a+b}{2}\right) + f(b) \right]\frac{h}{3}$$

로 Simpson의 1/3 규칙이 된다.

예제 6.2

복합 사다리꼴 규칙을 써서 $\int_0^{\pi} \sin(x)dx$을 계산하는데 부분을 (1) 8개와 (2) 16개로 구분하여 각각 수행하라.

(1)의 풀이 부분이 8개이므로 구간이 $h = \pi/8$인 마디는 9개이고, 이때 각각의 값은 $x_i = (i - 1)\pi/8$(i = 1,2, …, 9)이다. 따라서 식 (6.5)를 이용하면

$$I=\left[\sin 0+2\sum_{i=2}^{8}\sin\frac{i\pi}{8}+\sin\pi\right]\frac{\pi}{18}=1.97423$$

와 같이 구할 수 있다. 그리고 이 경우의 오차는 식 (6.6)에 따라

$$E=-\frac{(b-a)h^2}{12}f''(\xi)=-\frac{(\pi-0)(\pi/8)^2}{12}(-\sin\xi)=\frac{\pi^3}{768}\sin\xi$$

이고 $0<\xi<\pi$이다. 하지만 ξ의 값을 모르기 때문에 E를 평가할 수는 없고 범위만 정할 수 있다. 즉,

$$E_{\min}=\frac{\pi^3}{768}\sin(0)=0 \qquad E_{\max}=\frac{\pi^3}{768}\sin\frac{\pi}{2}=0.04037$$

와 같으므로 $I+E_{\min}<\int_0^\pi \sin(x)dx<I+E_{\max}$, 혹은

$$1.97423<\int_0^\pi \sin(x)dx<2.01460$$

이다. 물론 이 적분의 정확한 값은 $I=2$이다.

(2)의 풀이 나눈 부분이 배로 늘어나면서 새로 만들어지는 마디는 기존 마디의 중간에 위치하고, 이때 이의 값은

$$x_j=\frac{\pi}{16}+(j-1)\frac{\pi}{8}=(2j-1)\frac{\pi}{16}, \quad j=1,2,\ldots,8$$

이다. 따라서 식 (6.9b)의 반복 사다리꼴 규칙을 적용하면

$$I=\frac{1.97423}{2}+\frac{\pi}{16}\sum_{j=1}^{8}\sin\frac{(2j-1)\pi}{16}=1.99358$$

이고, 이때 오차의 범위는 $E_{\min}=0$와 $E_{\max}=0.04037/4=0.01009$이다. 즉,

$$1.99358<\int_0^\pi \sin(x)dx<2.00367$$

이다.

예제 6.3

다음 데이터로부터 $\int_0^{2.5} f(x)dx$의 값을 추정하라.

x	0	0.5	1.0	1.5	2.0	2.5
$f(x)$	1.5000	2.0000	2.0000	1.6364	1.2500	0.9565

풀이 여기서는 Simpson 규칙을 사용할 것인데, 이는 결과가 사다리꼴 규칙보다 훨씬 더 정확하기 때문이다. 부분의 개수가 홀수이므로 처음 3개의 부분에는 Simpson의 3/8 규칙을 쓰고 나머지 2개 부분에는 1/3 규칙으로 적분을 계산하기로 한다. 즉,

$$I = [f(0)+3f(0.5)+3f(1.0)+f(1.5)]\frac{3(0.5)}{8}+[f(1.5)+4f(2.0)+f(2.5)]\frac{0.5}{3}$$
$$=2.8381+1.2655=4.1036$$

와 같다.

예제 6.4

반복 사다리꼴 규칙을 써서 $\int_0^{\pi} \sqrt{x}\cos x dx$의 값을 6자리까지 계산해 보라. 또, 이 결과를 얻는데 함수의 평가를 몇 번이나 해야 하는가?

풀이 다음 프로그램은 함수 trapezoid를 이용한다. 이는 적분의 값 이외에도 이를 계산할 때 썼던 함수 평가의 수도 함께 나타낸다.

```
% 예제 6.4(반복 사다리꼴 규칙)
format long                    % 정확도 표현을 늘린다
I2h = 0;
for k = 1:20
    Ih = trapezoid(@fex6_4,0,pi,I2h,k);
    if (k > 1 & abs(Ih - I2h) < 1.0e-6)
        Integral = Ih
        No_of_func_evaluations = 2^(k-1) + 1
        return
    end
```

```
    I2h = Ih;
end
error('Too many iterations')
```

피적분함수의 M-파일은

```
function y = fex6_4(x)
% 예제 6.4에서 사용하는 함수
y = sqrt(x)*cos(x);
```

이고, 또 이 프로그램의 결과는 다음과 같다.

```
Integral =
  -0.89483166485329
No_of_func_evaluations =
        32769
```

따라서 여섯 자리까지 반올림하면 $\int_0^{\pi} \sqrt{x}\cos x dx = -0.894832$이다. 함수 평가의 수는 이 경우에 이상하리만치 큰데, 이는 $f(x)$의 미분이 $x = 0$에서 특이점이 되기 때문에 수렴 속도가 늦어서 그렇다. 그리고 이 문제에서는 오차가 식 (6.7) 즉, $E = c_1h^2 + c_2h^4 + \cdots$와 같지 않고, 더군다나 예측할 수도 없다. 하지만, 이런 어려움은 변수 변환을 통해 극복할 수 있겠다. 즉, $t = \sqrt{x}$로 두고 $dt = dx/(2\sqrt{x}) = dx/(2t)$ 혹은 $dx = 2tdt$를 사용하면

$$\int_0^{\pi} \sqrt{x}\cos x dx = \int_0^{\sqrt{\pi}} 2t^2 \cos t^2 dt$$

로 바꿀 수 있고, 이때 등식의 오른쪽에 있는 적분을 평가할 때는 함수 평가가 4097번 필요하다.

6.3 Romberg 적분

Romberg 적분은 복합 사다리꼴 규칙과 Richardson 외삽법을 섞어 놓은 것이다. (5.3절 참조) 이를 설명하기 위해 다음의 표기 기호를 먼저 도입한다.

$$R_{i,1} = I_i$$

여기서 I_i는 앞과 같이 2^{i-1}의 부분에 반복 사다리꼴 규칙을 써서 계산한 $\int_a^b f(x)dx$의 근사값이다. 또 이 근사식의 오차는 $E = c_1h^2 + c_2h^4 + \cdots$이라는 것도 생각해 놓는다. 여기서

$$h = \frac{b-a}{2^{i-1}}$$

는 부분의 길이이다.

Romberg 적분의 시작은 $R_{i,1} = I_1$(부분이 1개일 때)와 $R_{i,2} = I_2$(부분이 2개일 때)를 사다리꼴 규칙으로 계산하는 일부터인데, 이렇게 하면 오차의 첫번째 항인 c_1h^2를 Richardson 외삽법으로 쉽게 제거할 수 있다. 식 (5.9)에 $p = 2$(오차 항의 지수)를 이용하고 이의 결과를 $R_{2,2}$로 표시하면

$$R_{2,2} = \frac{2^2 R_{2,1} - R_{1,1}}{2^2 - 1} = \frac{4}{3}R_{2,1} - \frac{1}{3}R_{1,1} \tag{a}$$

로 사용의 편리를 위해 다음과 같이 행렬로 나타내기로 한다.

$$\begin{bmatrix} R_{1,1} & \\ R_{2,1} & R_{2,2} \end{bmatrix}$$

다음 단계는 $R_{3,1} = I_3$(부분이 4개일 때)를 계산한 후에 $R_{2,1}$와 $R_{3,1}$로 Richardson 외삽법을 반복하고 이 결과를 $R_{3,2}$에 저장한다. 즉,

$$R_{3,2} = \frac{4}{3}R_{3,1} - \frac{1}{3}R_{2,1} \tag{b}$$

와 같이 한다. 그러면 지금까지 계산한 행렬 R은

$$\begin{bmatrix} R_{1,1} & \\ R_{2,1} & R_{2,2} \\ R_{3,1} & R_{3,2} \end{bmatrix}$$

일 것인데, 여기서 두번째 열의 두 요소는 오차가 c_2h^4의 형태로 역시 Richardson 외삽

법으로 제거할 수 있다. 식 (5.9)에 p = 4를 넣으면

$$R_{3,3} = \frac{2^4 R_{3,2} - R_{2,2}}{2^4 - 1} = \frac{16}{15} R_{3,2} - \frac{1}{15} R_{2,2} \tag{c}$$

이고 오차는 $\mathcal{O}(h^6)$의 형태이다. 또 행렬 **R**는

$$\begin{bmatrix} R_{1,1} & & \\ R_{2,1} & R_{2,2} & \\ R_{3,1} & R_{3,2} & R_{3,3} \end{bmatrix}$$

로 확장되고 다음 단계를 한번 더 거치면

$$\begin{bmatrix} R_{1,1} & & & \\ R_{2,1} & R_{2,2} & & \\ R_{3,1} & R_{3,2} & R_{3,3} & \\ R_{4,1} & R_{4,2} & R_{4,3} & R_{4,4} \end{bmatrix}$$

와 같다. 여기서 $R_{4,4}$의 오차는 $\mathcal{O}(h^8)$이다. 적분의 가장 정확한 추정값은 항상 행렬 **R**의 마지막 대각 요소라는 것을 기억하길 바란다. 한편, 위와 같이 **R**을 확장하는 과정을 마지막 두 대각 요소의 차가 충분히 작을 때까지 계속하게 되는데 이 과정에 써먹을 수 있는 일반적인 외삽 공식은 다음과 같다.

$$R_{i,j} = \frac{4^{j-1} R_{i,j-1} - R_{i-1,j-1}}{4^{j-1} - 1}, \quad i > 1, \quad j = 2, 3, \ldots, i \tag{6.13a}$$

또 식 (6.13a)를 그림으로 나타내면

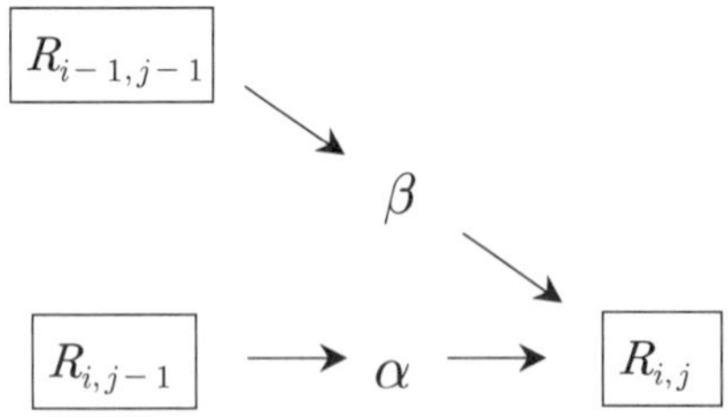

(6.13b)

와 같고, 여기서 곱수 α와 β는 j에 따라 다른데 다음 표와 같다.

j	2	3	4	5	6
α	-1/3	-1/15	-1/63	-1/255	-1/1023
β	4/3	16/15	64/63	256/255	1024/1023

(6.13c)

R은 삼각 행렬로 손으로도 계산할 수 있어 참 편리하지만 Romberg 알고리즘을 컴퓨터로 이식할 때는 1차원 행렬 즉, 벡터 **r**로 바꿔 실행하는 것이 일반적이다. 다시말하면, 첫번째 외삽법을 마쳤으면(식 (a) 참조) $R_{1,1}$은 결코 다시 사용할 필요가 없기 때문에 이를 $R_{2,2}$로 대체해서

$$\begin{bmatrix} r_1 = R_{2,2} \\ r_2 = R_{2,1} \end{bmatrix}$$

와 같이 만들고, 또 두번째 외삽법을 거쳐 식 (b)와 (c)가 나오면 $R_{3,2}$를 $R_{2,1}$에 덮어쓰고 $R_{2,2}$의 자리에 $R_{3,2}$를 기록하여

$$\begin{bmatrix} r_1 = R_{3,3} \\ r_2 = R_{3,2} \\ r_3 = R_{3,1} \end{bmatrix}$$

따위로 벡터 **r**을 구성한다는 말이다. 이렇게 하면 r_1이 항상 현재값으로 가장 좋은 결과를 담게 된다. 참고로 k번째 외삽법에 대한 공식은

$$r_j = \frac{4^{k-j} r_{j+1} - r_j}{4^{k-j} - 1}, \qquad j = k-1, k-2, \ldots, 1 \tag{6.14}$$

와 같다.

■ romberg

함수 romberg는 Romberg 적분에 대한 알고리즘을 실행하는데, 적분값 뿐만 아니라 필

요한 함수 평가의 수도 함께 돌려준다. 그리고 Richardson 외삽법은 부함수 richardson을 통해 수행한다.

```
function [I,numEval] = romberg(func,a,b,tol,kMax)
% Romberg 적분
% 사용법: [I,numEval] = romberg(func,a,b,tol,kMax)
% 입력:
% func     = 피적분함수의 함수핸들
% a,b      = 적분 구간
% tol      = 허용 오차(기본값은 1.0e-8).
% kMax     = 부분이 배로 증가할 때의 최대 범위(기본값은 20)
% 출력:
% I        = 적분값
% numEval = 함수 평가의 수

if nargin < 5; kMax = 20; end
if nargin < 4; tol = 1.0e-8; end
r = zeros(kMax);
r(1) = trapezoid(func,a,b,0,1);
rOld = r(1);
for k = 2:kMax
    r(k) = trapezoid(func,a,b,r(k-1),k);
    r = richardson(r,k);
    if abs(r(1) - rOld) < tol
        numEval = 2^(k-1) + 1; I = r(1);
        return
    end
    rOld = r(1);
end
error('Romberg failed to converge')

function r = richardson(r,k)
% 식 (6.14)의 Richardson 외삽법
for j = k-1:-1:1
    c = 4^(k-j); r(j) = (c*r(j+1) - r(j))/(c-1);
end
```

예제 6.5

Romberg 적분의 $R_{k,2}$가 식 (6.10)의 부분이 2^{k-1}인 복합 Simpson 1/3 규칙과 같다는 것을 보여라.

풀이 Romberg 적분에서 $R_{k,1} = I_k$는 부분이 2^{k-1}인 복합 사다리꼴 규칙을 적용하여 얻은 적분의 근사값을 나타낸다는 것을 기억하면서 마디 축을 각각 x_1, x_2, ⋯, x_n라 둘 때 식 (6.5)의 복합 사다리꼴 규칙으로부터

$$R_{k,1} = I_k = \left[f(x_1) + 2\sum_{i=2}^{n-1} f(x_i) + \frac{1}{2} f(x_n) \right] \frac{h}{2}$$

을 얻게 된다. 이때, 부분의 개수를 반으로 줄이면(부분의 길이를 $2h$로 늘리면) 오직 홀수 개의 마디만 복합 사다리꼴 규칙에 쓸 수 있으므로

$$R_{k-1,1} = I_{k-1} = \left[f(x_1) + 2 \sum_{i=3,5,\ldots}^{n-2} f(x_i) + f(x_n) \right] h$$

와 같고, 또 Richardson 외삽법을 적용하면

$$\begin{aligned} R_{k,2} &= \frac{4}{3} R_{k,1} - \frac{1}{3} R_{k-1,1} \\ &= \left[\frac{1}{3} f(x_1) + \frac{4}{3} \sum_{i=2,4,\ldots}^{n-1} f(x_i) + \frac{2}{3} \sum_{i=3,5,\ldots}^{n-2} f(x_i) + \frac{1}{3} f(x_n) \right] h \end{aligned}$$

로 이는 식 (6.10)의 Simpson 규칙과 일치한다.

예제 6.6

Romberg 적분을 써서 $\int_0^{\pi} f(x)dx$을 평가하라. 여기서 $f(x) = \sin x$이고 자릿수를 4개로 하여 작업하라.

풀이 식 (6.9b)의 반복 사다리꼴 규칙을 이용하면

$$R_{1,1}=I(\pi)=\frac{\pi}{2}[f(0)+f(\pi)]=0$$

$$R_{2,1}=I(\pi/2)=\frac{1}{2}I(\pi)+\frac{\pi}{2}f(\pi/2)=1.5708$$

$$R_{3,1}=I(\pi/4)=\frac{1}{2}I(\pi/2)+\frac{\pi}{4}[f(\pi/4)+f(3\pi/4)]=1.8961$$

$$R_{4,1}=I(\pi/8)=\frac{1}{2}I(\pi/4)+\frac{\pi}{8}[f(\pi/8)+f(3\pi/8)+f(5\pi/8)+f(7\pi/8)]$$
$$=1.9742$$

와 같고, 이때 식 (6.13)의 외삽 공식을 써서 표로 만들면

$$\begin{bmatrix} R_{1,1} & & & \\ R_{2,1} & R_{2,2} & & \\ R_{3,1} & R_{3,2} & R_{3,3} & \\ R_{4,1} & R_{4,2} & R_{4,3} & R_{4,4} \end{bmatrix} = \begin{bmatrix} 0 & & & \\ 1.5708 & 2.0944 & & \\ 1.8961 & 2.0046 & 1.9986 & \\ 1.9742 & 2.0003 & 2.0000 & 2.0000 \end{bmatrix}$$

와 같이 구성할 수 있다. 표를 통해 이 과정은 $\int_0^{\pi} f(x)dx = R_{4,4} = 2.0000$로 수렴했다는 것을 알 수 있고, 이는 실제의 결과와 같다.

예제 6.7

Romberg 적분으로 $\int_0^{\sqrt{2}} 2x^2 \cos x^2\, dx$을 계산하고 이를 예제 6.4의 결과와 비교하라.

풀이

```
>> format long
>> [Integral,numEval] = romberg(@fex6_7,0,sqrt(pi))
Integral =
  -0.89483146948416
numEval =
   129
```

이때, 피적분함수를 정의하는 M-파일은 다음과 같다.

```
function y = fex6_7(x)
% 예제 6.7에서 사용하는 함수
y = 2*(x^2)*cos(x^2);
```

위 결과로 Romberg 적분이 사다리꼴 규칙을 쓰는 것보다 훨씬 더 효율적이라는 것을 알 수 있다. (함수 평가의 수가 예제 6.4의 복합 사다리꼴 규칙인 경우에는 4097번이었는데 여기서는 129번이다)

문제 6.1

1. 반복 사다리꼴 규칙을 써서 $\int_0^{\pi/4} \ln(1+\tan x)dx$을 평가하고 이의 결과를 설명해 보라.

2. 다음 표는 구동 바퀴에 작용하는 일률(power) P를 속력 v의 함수로 나타낸 것이다. 차의 질량이 m = 2000(kg)일 때 차가 1(m/s)에서 6(m/s)로 가속되는데 걸리는 시간 Δt를 구하라. 단, 적분할 때는 사다리꼴 규칙을 이용하라.

v(m/s)	0	1.0	1.8	2.4	3.5	4.4	5.1	6.0
P(kW)	0	4.7	12.2	19.0	31.8	40.1	43.8	43.2

<힌트> Newton 법칙 $F = m(dv/dt)$와 일률의 정의 $P = Fv$를 함께 적용하면

$$\Delta t = m\int_{1s}^{6s}(v/P)dv$$

와 같은 관계식을 얻을 수 있다.

3. Simpson 1/3 규칙으로 부분을 각각 2, 4, 그리고 6개로 하여 $\int_{-1}^{1} \cos(2\cos^{-1}x)dx$를 평가하고 이의 결과를 설명해 보라.

4. 사다리꼴 규칙을 부분의 개수를 5개로 하여 $\int_1^{\infty}(1+x^4)^{-1}dx$을 계산하고 이를 "정확한" 적분값인 0.24375와 비교해 보라. <힌트> 변수 변환 $x^3 = 1/t$를 이용하라.

5.

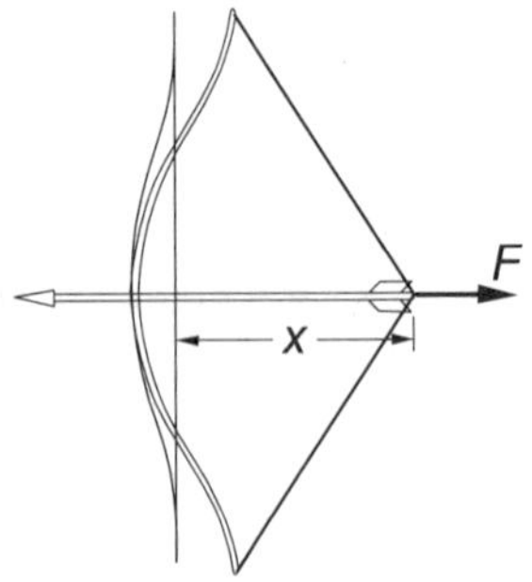

다음 표는 활을 당기는 힘 F를 활시위가 늘어난 길이 x의 함수로 보여주고 있다. (그림 참조) 활시위를 0.5(m) 당겨 놓았을 때 0.075(kg)인 화살이 날아가는 속력을 구하라.

x(m)	0.00	0.05	0.10	0.15	0.20	0.25
F(N)	0	37	71	104	134	161
x(m)	0.30	0.35	0.40	0.45	0.50	
F(N)	185	207	225	239	250	

<힌트> 화살의 운동 에너지(kinetic energy)는 활시위를 당길 때 한 일(work)과 같다. 즉, $mv^2/2=\int_0^{0.5m} Fdx$ 이다.

6. Romberg 적분으로 $\int_0^2 (x^5+3x^3-2)dx$ 을 평가하라.

7. 될 수 있으면 정확하게 $\int_0^\pi f(x)dx$을 추정해 보라. 여기서 $f(x)$는 다음과 같은 데이터로 정의된다.

x	0	$\pi/4$	$\pi/2$	$3\pi/4$	π
$f(x)$	1.0000	0.3431	0.2500	0.3431	1.0000

8. Romberg 적분으로 다음을 평가하라.

$$\int_0^1 \frac{\sin x}{\sqrt{x}} dx$$

<힌트> $x = 0$에서 특이점이 생기는 문제를 해결하기 위해 변수 변환을 이용하라.

9. $y = f(x)$가 간격이 서로 똑같은 마디 $x_1, x_2, \cdots, x_n$에서 수행한 자연 3차 스플라인으로 근사될 때 구적법 공식이 다음과 같다는 것을 보여라.

$$I = \frac{h}{2}(y_1 + 2y_2 + 2y_3 + \cdots + 2y_{n-1} + y_n) - \frac{h^3}{24}(k_1 + 2k_2 + k_3 + \cdots + 2k_{n-1} + k_n)$$

여기서 h는 마디 사이의 간격이고 $k = y''$ 이다. 이 식의 첫번째는 복합 사다리꼴 규칙이고, 또 두번째는 3차 스플라인의 곡률에 대해 보정한 것으로 볼 수도 있겠다.

10. ■ Romberg 적분을 써서 다음을 계산하는 프로그램을 작성하라.

$$\int_0^{\pi/4} \frac{dx}{\sqrt{\sin x}}$$

<힌트> 변수 변환 $x = t^2$를 사용하라.

11. ■ 길이가 L인 단진자(simple pendulum)의 주기가 $\tau = 4\sqrt{L/g}\, h(\theta_0)$ 이다. 여기서 g는 중력가속도, θ_0는 회전각, 그리고

$$h(\theta_o) = \int_0^{\pi/2} \frac{d\theta}{\sqrt{1 - \sin^2(\theta_o/2)\sin^2\theta}}$$

이다. $h(15°)$, $h(30°)$, 그리고 $h(45°)$를 계산하고 이 값들을 $h(0) = \pi/2$(회전각이 아주 작을 때의 근사값)와 비교해 보라.

12. ■

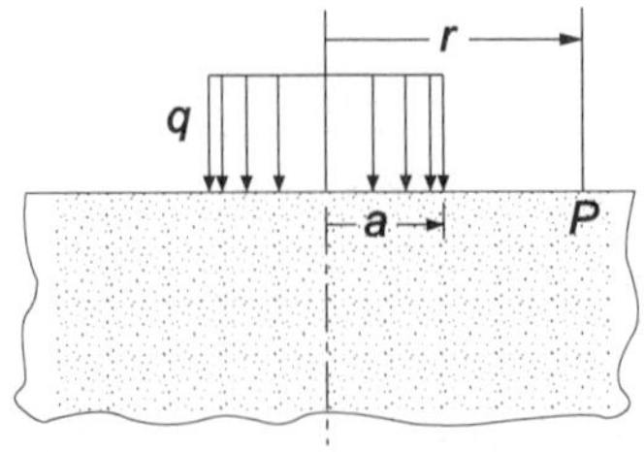

그림은 반지름이 a인 원의 면적이 강도가 q인 균일 하중을 받고 있는 모습을 반으로 절단하여 보여주고 있다. 이때, 점 P의 표면에서 수직으로 발생하는 변위는 다음과 같다.

$$w(r) = w_0 \int_0^{\pi/2} \frac{\cos^2\theta}{\sqrt{(r/a)^2 - \sin^2\theta}} d\theta \quad r \geq a$$

여기서 w_0는 $r = a$에서의 변위이다. 수치 적분을 이용하여 $r = 2a$에서 w/w_0를 계산하라.

13. ■

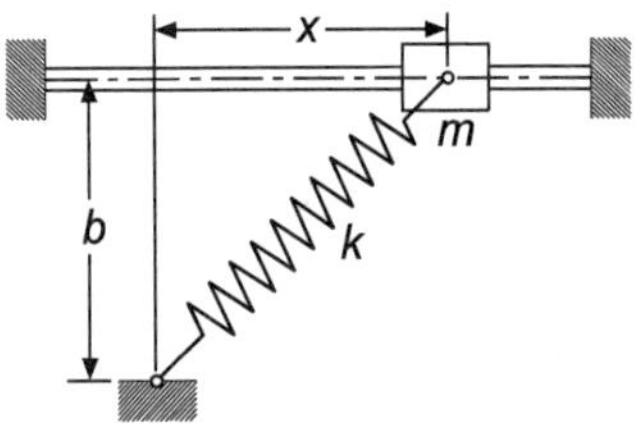

질량 m이 그림처럼 자유 길이가 b이고 상수가 k인 스프링에 연결되어 있다. 질량과 수평막대 사이의 마찰계수는 μ이고 질량의 가속도는 $\ddot{x} = -f(x)$ 이다. 여기서

$$f(x) = \mu g + \frac{k}{m}(\mu b + x)\left(1 - \frac{b}{\sqrt{b^2 + x^2}}\right)$$

와 같다. 그리고 질량을 $x = b$에서 잡고 있다가 놓으면 $x = 0$에서의 속력은

$$v_0 = \sqrt{2\int_0^b f(x)dx}$$

이다. 수치 적분으로 v_0를 계산하라. 단, $m = 0.8(kg)$, $b = 0.4(m)$, $\mu = 0.3$, $k =$

80(N/m), 그리고 g = 9.81(m/s^2)이다.

14. ■ 임의의 고체 물질에 대한 Debye의 열용량(heat capacity) C_V의 공식은 C_V = $9Nkg(u)$이다. 여기서

$$g(u) = u^3 \int_0^{1/u} \frac{x^4 e^x}{(e^x - 1)^2} dx$$

이고, 또 N은 물질의 분자수, k는 Boltzmann 상수, $u = T/\Theta_D$, T는 절대 온도, 그리고 Θ_D는 Debye 온도이다. $g(u)$를 u = 0에서 u = 1.0까지 0.05의 간격으로 계산하고 이의 결과를 그림으로 그려라.

15. ■ 전기 회로에 합선(power spike)이 일어나 저항 R에 다음과 같은 전류가 흐른다.

$$i(t) = i_0 e^{-t/t_0} \sin(2t/t_0)$$

그리고 이 저항이 소비하는 에너지 E는

$$E = \int_0^{\infty} R[i(t)]^2 dt$$

와 같다. i_0 = 100(A), R = 0.5(Ω), 그리고 t_0 = 0.01(s)일 때 E를 계산하라.

6.4 Gauss 적분

Gauss 적분 공식

앞에서 $\int_a^b f(x)dx$을 근사하는 Newton-Cotes 공식은 $f(x)$를 다항식처럼 표시할 수 있을 때 좋은 결과를 낸다고 배웠는데 이 역시 Gauss 적분에서도 똑같다. 하지만, Gauss 적분은 다음과 같은 형태의 적분을 푸는데도 이점이 있다.

$$\int_a^b w(x) f(x) dx \tag{6.15}$$

여기서 $w(x)$는 가중 함수(weighting function)로 적분 가능한 범위에서 특이점도 포함할 수 있다. 식 (6.15)의 예로는 $\int_0^1 (1+x^2)\ln x dx$ 따위가 있으며 때때로 $\int_0^\infty e^{-x}\sin x dx$처럼 적분 구간이 한정되지 않은 경우도 수용할 수 있다.

Gauss 적분 공식은 Newton-Cotes 규칙과 같은 형태를 갖는다. 즉,

$$I = \sum_{i=1}^{n} A_i f(x_i) \tag{6.16}$$

여기서 I는 앞 절에서 설명한 것과 같이 식 (6.15)의 적분에 대한 근사값인데 가중치 A_i와 마디 축 x_i를 선정하는 방식에서 차이가 있다. Newton-Cotes 적분은 적분하기 전에 마디를 구간 (a, b)에서 똑같이 미리 나누는데 반해 Gauss 적분은 마디와 가중치를 $f(x)$가 차수가 $2n-1$이거나 더 작은 다항식 즉,

$$\int_a^b w(x)P_m(x)dx = \sum_{i=1}^{n} A_i P_m(x_i), \quad m \le 2n-1 \tag{6.17}$$

이 될 때 정확한 적분값을 계산할 수 있도록 선정한다. 이를 정하는 한 가지 방법은 $P_1(x) = 1$, $P_2(x) = x$, $\cdots$, $P_{2n-1}(x) = x^{2n-1}$를 식 (6.17)에 넣어

$$\int_a^b w(x)x^j dx = \sum_{i=1}^{n} A_i x_i^j, \qquad j = 0, 1, \ldots, 2n-1$$

와 같이 만든 후에 이를 미지수 A_i와 $x_i(i = 1, 2, \cdots, n)$에 대해 푸는 것이다.

하나의 예로, $w(x) = e^{-x}$, $a = 0$, $b = \infty$, 그리고 $n = 2$를 생각해 보자. 그러면 x_1, x_2, A_1, 그리고 A_2를 결정하는 4개의 방정식은

$$\int_0^\infty e^{-x} dx = A_1 + A_2$$

$$\int_0^\infty e^{-x} x dx = A_1 x_1 + A_2 x_2$$

$$\int_0^\infty e^{-x} x^2 dx = A_1 x_1^2 + A_2 x_2^2$$

$$\int_0^\infty e^{-x} x^3 dx = A_1 x_1^3 + A_2 x_2^3$$

인데, 여기서 각 적분을 다 계산하면

$$A_1 + A_2 = 1$$
$$A_1 x_1 + A_2 x_2 = 1$$
$$A_1 x_1^2 + A_2 x_2^2 = 2$$
$$A_1 x_1^3 + A_2 x_2^3 = 6$$

이므로 이의 해는

$$x_1 = 2 - \sqrt{2} \qquad A_1 = \frac{\sqrt{2}+1}{2\sqrt{2}} \qquad x_2 = 2 + \sqrt{2} \qquad A_2 = \frac{\sqrt{2}-1}{2\sqrt{2}}$$

이다. 따라서 Gauss 적분의 공식은 다음과 같이 나타낼 수 있다.

$$\int_0^\infty e^{-x} f(x)dx \approx \frac{1}{2\sqrt{2}} \left[(\sqrt{2}+1)f(2-\sqrt{2}) + (\sqrt{2}-1)f(2+\sqrt{2}) \right]$$

위에서 본 바와 같이 방정식이 비선형이기 때문에 이 방법은 n이 클 경우엔 적용하기가 곤란할 수 있다. 그래서 x_i와 A_i를 찾는 실제적인 방법이 되기 위해서는 직교 다항식(orthogonal polynomial)을 이해하고 이것이 Gauss 적분과는 어떤 관계가 있는지를 파악하는 것이 필요하다. 하지만, 옛날부터 써온 몇몇 Gauss 적분 공식은 마디 축과 가중치를 비교적 높은 정밀도로 계산하고 이를 일목요연하게 표로도 제시해 주기 때문에 앞서 언급한 고급 수학적 이론을 따로 알지 않아도 되겠다. Gauss 적분법에서 꼭 필요한 것은 x_i와 A_i일 뿐이다. 따라서 Gauss 적분법을 좀더 깊이 공부할 요량이 아니라면 다음에 나오는 두 주제를 빼도 전혀 상관없다.

*직교 다항식

직교 다항식(orthogonal polynomial)은 수학이나 수치 해석의 많은 분야에서 사용되는데 이는 오랫동안 이를 철저히 연구하여 많은 특징들을 파악해 두었기 때문이다. 여기서는 이런 폭넓은 주제를 아주 간략히 요약 정리하여 다루기로 한다.

다항식 $\varphi_n(x)$(n = 0, 1, 2, …로 다항식의 차수)는 다음 조건을 만족할 때 구간 (a, b)

에서 가중 함수 $w(x)$에 대해 직교 집합(orthogonal set)을 이루었다고 말한다.

$$\int_a^b w(x)\varphi_m(x)\varphi_n(x)dx = 0, \quad m \neq n \tag{6.18}$$

이 집합은 임의의 상수를 제외하면 가중 함수와 적분 구간만으로 확실히 결정할 수 있다. 즉, 직교 다항식의 각 집합은 순전히 $w(x)$와 (a, b)에 달려있고, 상수는 이를 표준화하는 과정 속에서 그 환경에 맞게 정해진다는 말이다. 몇몇 전형적인 직교 다항식(업적이 큰 수학자를 기리는 뜻에서 그 이름을 사용)은 표 6.1과 같고, 이때 마지막 열은 표준화 과정을 수행한 경우이다.

종류	기호	a	b	$w(x)$	$\int_a^b w(x)\,[\varphi_n(x)]^2 dx$
Legendre	$p_n(x)$	-1	1	1	$2/(2n+1)$
Chebyshev	$T_n(x)$	-1	1	$(1-x^2)^{-1/2}$	$\pi/2\ (n>0)$
Laguerre	$L_n(x)$	0	∞	e^{-x}	1
Hermite	$H_n(x)$	$-\infty$	∞	e^{-x^2}	$\sqrt{\pi}\,2^n n!$

표 6.1

직교 다항식은 다음과 같은 반복 관계를 만족한다.

$$a_n\varphi_{n+1}(x) = (b_n + c_n x)\varphi_n(x) - d_n\varphi_{n-1}(x) \tag{6.19}$$

따라서 직교 집합의 처음 두 다항식을 알고 있다면 이의 다른 다항식은 식 (6.19)를 통해 계산할 수 있다. 식 (6.19)의 계수는 $\varphi_0(x)$와 $\varphi_1(x)$와 함께 표 6.2에 나타내었다.

Name	$\varphi_0(x)$	$\varphi_1(x)$	a_n	b_n	c_n	d_n
Legendre	1	x	$n+1$	0	$2n+1$	n
Chebyshev	1	x	1	0	2	1
Laguerre	1	$1-x$	$n+1$	$2n+1$	-1	n
Hermite	1	$2x$	1	0	2	2

표 6.2

전형적인 직교 다항식은 다음 공식을 이용하여도 얻을 수 있다.

$$p_n(x)=\frac{(-1)^n}{2^n n!}\frac{d^n}{dx^n}\left[(1-x^2)^n\right]$$
$$T_n(x)=\cos(n\cos^{-1}x),\quad n>0$$
$$L_n(x)=\frac{e^x}{n!}\frac{d^n}{dx^n}(x^n e^{-x})$$
$$H_n(x)=(-1)^n e^{x^2}\frac{d^n}{dx^n}(e^{-x^2}) \tag{6.20}$$

이때, 이의 미분은 다음과 같다.

$$(1-x^2)p_n'(x)=n[-xp_n(x)+p_{n-1}(x)]$$
$$(1-x^2)T_n'(x)=n[-xT_n(x)+nT_{n-1}(x)]$$
$$xL_n'(x)=n[L_n(x)-L_{n-1}(x)]$$
$$H_n'(x)=2nH_{n-1}(x) \tag{6.21}$$

직교 다항식이 Gauss 적분과 관계하여 가지고 있는 다른 특징들을 요약하면 다음과 같다.

- $\varphi_n(x)$는 구간 (a, b)에서 n개의 실수이면서 서로 다른 근을 갖는다.
- $\varphi_n(x)$의 근은 $\varphi_{n+1}(x)$의 근 사이에 존재한다.
- 차수가 n인 임의의 다항식은 다음과 같이 나타낼 수 있다.

$$P_n(x)=\sum_{i=0}^{n}c_i\varphi_i(x) \tag{6.22}$$

- 식 (6.22)와 식 (6.18)의 직교성 특징(orthogonality property)을 적용하면 다음을 만족한다.

$$\int_a^b w(x)P_n(x)\varphi_{n+m}(x)dx=0,\quad m\geq 0 \tag{6.23}$$

*마디 축과 가중치 결정

정리 마디 축 $x_1, x_2, \cdots, x_n$은 식 (6.18)에서 정의한 직교 집합 속에 포함된 다항식 $\varphi_n(x)$의 근이다.

증명 먼저, $f(x) = P_{2n-1}(x)$를 차수가 $2n-1$인 다항식으로 두면 n개의 마디를 사용하는 Gauss 적분은 이런 다항식과 일치하므로

$$\int_a^b w(x)P_{2n-1}(x)dx = \sum_{i=1}^{n} A_i P_{2n-2}(x_i) \tag{a}$$

을 얻을 수 있고, 또 차수가 $2n-1$인 다항식은 항상 다음과 같은 형태로 표시할 수 있다.

$$P_{2n-1}(x) = Q_{n-1}(x) + R_{n-1}(x)\varphi_n(x) \tag{b}$$

여기서 $Q_{n-1}(x)$, $R_{n-1}(x)$, 그리고 $\varphi_n(x)$는 각 첨자와 같은 차수를 갖는 다항식이다. (참고로 $P_{2n-1}(x)$와 $\varphi_n(x)$이 주어지면 $Q_{n-1}(x)$와 $R_{n-1}(x)$은 유일하게 결정할 수 있다) 따라서

$$\int_a^b w(x)P_{2n-1}(x)dx = \int_a^b w(x)Q_{n-1}(x)dx + \int_a^b w(x)R_{n-1}(x)\varphi_n(x)dx$$

와 같다. 하지만 이는 식 (6.23)에 따라 오른쪽의 두 번째 적분 항이 사라지므로

$$\int_a^b w(x)P_{2n-1}(x)dx = \int_a^b w(x)Q_{n-1}(x)dx \tag{c}$$

로 간추릴 수 있다. 한편, 차수가 $n-1$인 다항식은 점 n개로 완전히 정의할 수 있으므로 A_i를 항상 찾을 수 있다. 즉,

$$\int_a^b w(x)Q_{n-1}(x)dx = \sum_{i=1}^{n} A_i Q_{n-1}(x_i) \tag{d}$$

이고, 이때 이를 식 (a)와 똑같도록 만들려면 마디 축 즉, $\phi_n(x) = 0$의 근을 선택해야 한다. 그러면 식 (b)에 따라

$$P_{2n-1}(x_i) = Q_{n-1}(x_i), \qquad i = 1, 2, \ldots, n \tag{e}$$

이 되고, 이를 식 (c)와 (d)와 함께 쓰면

$$\int_a^b w(x)P_{2n-1}(x)dx = \int_a^b w(x)Q_{n-1}(x)dx = \sum_{i-1}^{n} A_i P_{2n-1}(x_i)$$

와 같다. (증명 끝)

정리 다음 식이 성립한다.

$$A_i = \int_a^b w(x)l_i(x)dx, \quad i = 1,2,\ldots,n \tag{6.24}$$

여기서 $l_i(x)$는 마디가 x_1, x_2, $\cdots$, x_n인 Lagrange의 기본 함수로 식 (3.2)에 정의되어 있다.

증명 Lagrange 공식인 식 (3.1a)를 $Q_{n-1}(x)$에 적용하면

$$Q_{n-1}(x) = \sum_{i=1}^{n} Q_{n-1}(x_i)l_i(x)$$

이고, 이를 다시 식 (d)에 대입하면 다음과 같다.

$$\sum_{i=1}^{n}\left[Q_{n-1}(x_i)\int_a^b w(x)l_i(x)dx\right] = \sum_{i=1}^{n} A_i Q_{n-1}(x_i)$$

혹은

$$\sum_{i=1}^{n} Q_{n-1}(x_i)\left[A_i - \int_a^b w(x)l_i(x)dx\right] = 0$$

따라서 이 식이 임의의 Q_{n-1}에 대하여 만족하려면 반드시

$$A_i - \int_a^b w(x)l_i(x)dx = 0, \qquad i = 1,2,\ldots,n$$

이 되어야 한다. (증명 끝)

직교 집합에 포함된 임의의 다항식 $\varphi_n(x)$의 근 $x_i(i = 1, 2, \cdots, n)$는 4장에서 설명한 여러 방법 중의 하나를 써서 쉽게 계산할 수 있다. 따라서 이런 근을 찾았다면 가중

치 $A_i(i = 1, 2, \cdots, n)$는 식 (6.24)를 이용하여 결정할 수 있는데 흔히 다음 공식(증명은 생략)을 쓰면 훨씬 더 쉽다.

$$\begin{aligned} &\text{Gauss}-\text{Legendre} \quad A_i = \frac{2}{(1-x_i^2)[p_n'(x_i)]^2} \\ &\text{Gauss}-\text{Laguerre} \quad A_i = \frac{1}{x_i[L_n'(x_i)]^2} \\ &\text{Gauss}-\text{Hermite} \quad A_i = \frac{2^{n+1}n!\sqrt{\pi}}{[H_n'(x_i)]^2} \end{aligned} \tag{6.25}$$

Gauss 구적법의 마디와 가중치

여기서는 옛날부터 써온 몇몇 Gauss 적분 공식을 소개하는데 n = 2에서 6까지의 마디 축과 가중치 값을 6자리 수로 계산하여 표로 나타내고자 한다. 이 표는 손으로 계산할 때 유용하게 쓸 수 있도록 했기 때문에 컴퓨터로 프로그래밍을 할 경우에는 마디 수도 키우고 정밀도도 훨씬 더 넓히도록 해야 할 것이다. 물론 다른 교재(*Handbook of Mathematical Functions*, M. Abramowitz and I. A. Stegun, Dover Publications (1965)와 A. H. Stroud and D. Secrest, *Gaussian Quadrature Formulas*, Prentice-Hall (1966) 따위)도 참조해야 하고 적분을 수행하는 프로그램 안에 마디 축과 가중치를 계산하는 부함수(*Numerical Recipes in Fortran 90*, W. H. Press et al., Cambridge University Press (1996) 참고)도 따로 두어야 한다.

Gauss 구적법의 절단 오차는

$$E = \int_a^b w(x)f(x)dx - \sum_{i=1}^{n} A_i f(x_i)$$

로 $E = K(n)f^{(2n)}(c)$의 형태이며 $a < c < b$이다. (c의 값은 모르지만 이의 범위는 안다) 또, $K(n)$은 사용하는 구적법에 따라 달라진다. $f(x)$의 미분을 평가할 수 있는 경우에 이 오차 공식을 쓰면 오차의 범위를 추정하는데 아주 유용하다.

Gauss-Legendre 구적법

$$\int_{-1}^{1} f(\xi)d\xi \approx \sum_{i=1}^{n} A_i f(\xi_i) \tag{6.26}$$

$\pm\xi_i$	A_i	$\pm\xi_i$	A_i
$n = 2$		$n = 5$	
0.577 350	1.000 000	0.000 000	0.568 889
$n = 3$		0.538 469	0.478 629
0.000 000	0.888 889	0.906 180	0.236 927
0.774 597	0.555 556	$n = 6$	
$n = 4$		0.238 619	0.467 914
0.339 981	0.652 145	0.661 209	0.360 762
0.861 136	0.347 855	0.932 470	0.171 324

표 6.3

이는 가장 흔히 쓰는 Gauss 적분 공식이다. 마디는 $\xi = 0$에 대하여 대칭으로 배치되며, 또 대칭으로 짝지어진 마디와 관계있는 가중치는 서로 같다. 예를들어, $n = 2$에 대하여 $\xi_1 = -\xi_2$와 $A_1 = A_2$이다. 식 (6.26)의 절단 오차는 다음과 같다.

$$E = \frac{2^{2n+1}(n!)^4}{(2n+1)[(2n)!]^3} f^{(2n)}(c), \qquad -1 < c < 1 \tag{6.27}$$

Gauss-Legendre 구적법을 $\int_a^b f(x)dx$에 적용하기 위해서는 우선 적분 구간 $(a,\ b)$를 표준 구간("standard" range) (-1, 1)로 바꾸는 작업이 필요한데, 이는 다음과 같은 변환을 통하여 수행할 수 있다.

$$x = \frac{b+a}{2} + \frac{b-a}{2}\xi \tag{6.28}$$

즉, $dx = d\xi(b-a)/2$이므로

$$\int_a^b f(x)dx \approx \frac{b-a}{2}\sum_{i=1}^{n} A_i f(x_i) \tag{6.29}$$

와 같다. 여기서 마디 축 x_i는 반드시 식 (6.28)로 계산하여야 한다. 그리고 이 경우의 절단 오차는

$$E = \frac{(b-a)^{2n+1}(n!)^4}{(2n+1)[(2n)!]^3} f^{(2n)}(c), \quad a < c < b \tag{6.30}$$

이다.

Gauss-Chebyshev 구적법

$$\int_{-1}^{1} (1-x^2)^{-1/2} f(x)dx \approx \frac{\pi}{n}\sum_{i=1}^{n} f(x_i) \tag{6.31}$$

여기서는 모든 가중치가 $A_i = \pi/n$로 같은 것에 주의하길 바란다. 그리고 $x = 0$에 대해 대칭인 마디 축은

$$x_i = \cos\frac{(2i-1)\pi}{2n} \tag{6.32}$$

이고 절단 오차는 다음과 같다.

$$E = \frac{2\pi}{2^{2n}(2n)!} f^{(2n)}(c), \quad -1 < c < 1 \tag{6.33}$$

Gauss-Laguerre 구적법

$$\int_0^{\infty} e^{-x} f(x)dx \approx \sum_{i=1}^{n} A_i f(x_i) \tag{6.34}$$

x_i	A_i	x_i	A_i
$n=2$		$n=5$	
0.585 786	0.853 554	0.263 560	0.521 756
3.414 214	0.146 447	1.413 403	0.398 667
$n=3$		3.596 426	(-1)0.759 424
0.415 775	0.711 093	7.085 810	(-2)0.361 175
2.294 280	0.278 517	12.640 801	(-4)0.233 670
6.289 945	(-1)0.103 892	$n=6$	
$n=4$		0.222 847	0.458 964
0.322 548	0.603 154	1.188 932	0.417 000
1.745 761	0.357 418	2.992 736	0.113 373
4.536 620	(-1)0.388 791	5.775 144	(-1)0.103 992
9.395 071	(-3)0.539 295	9.837 467	(-3)0.261 017
		15.982 874	(-6)0.898 548

표 6.4 * 숫자 앞의 괄호(k)는 이 숫자에 10^k를 곱한다는 표시

$$E=\frac{(n!)^2}{(2n)!}f^{(2n)}(c),\qquad 0<c<\infty \tag{6.35}$$

Gauss-Hermite 구적법

$$\int_{-\infty}^{\infty} e^{-x^2} f(x)dx \approx \sum_{i=1}^{n} A_i f(x_i) \tag{6.36}$$

마디는 $x=0$에 대하여 대칭으로 배치되며 각 대칭으로 짝지어진 가중치는 모든 같다.

$\pm x_i$	A_i	$\pm x_i$	A_i
$n = 2$		$n = 5$	
0.707 107	0.886 227	0.000 000	0.945 308
$n = 3$		0.958 572	0.393 619
0.000 000	1.181 636	0.020 183	(-1)0.199 532
1.224 745	0.295 409	$n = 6$	
$n = 4$		0.436 077	0.724 629
0.524 648	0.804 914	1.335 849	0.157 067
1.650 680	(-1)0.813 128	2.350 605	(-2)0.453 001

표 6.5 * 숫자 앞의 괄호(k)는 이 숫자에 10^k를 곱한다는 표시

$$E = \frac{\sqrt{\pi}\, n!}{2^2 (2n)!} f^{(2n)}(c), \qquad 0 < c < \infty \tag{6.37}$$

로그 특이점을 갖는 Gauss 구적법

$$\int_0^1 f(x)\ln(x)dx \approx -\sum_{i=1}^{n} A_i f(x_i) \tag{6.38}$$

x_i	A_i	x_i	A_i
$n = 2$		$n = 5$	
0.112 009	0.718 539	(-1)0.291 345	0.297 893
0.602 277	0.281 461	0.173 977	0.349 776
$n = 3$		0.411 703	0.234 488
(-1)0.638 907	0.513 405	0.677 314	(-1)0.989 305
0.368 997	0.391 980	0.894 771	(-1)0.189 116
0.766 880	(-1)0.946 154	$n = 6$	
$n = 4$		(-1)0.216 344	0.238 764
(-1)0.414 485	0.383 464	0.129 583	0.308 287
0.245 275	0.386 875	0.314 020	0.245 317
0.556 165	0.190 435	0.538 657	0.142 009
0.848 982	(-1)0.392 255	0.756 916	(-1)0.554 546
		0.922 669	(-1)0.101 690

표 6.6 * 숫자 앞의 괄호(k)는 이 숫자에 10^k를 곱한다는 표시

$$E = \frac{k(n)}{(2n)!} f^{(2n)}(c), \quad 0 < c < 1 \tag{6.39}$$

여기서 $k(2) = 0.00285$, $k(3) = 0.00017$, 그리고 $k(4) = 0.00001$이다.

■ gaussNodes

함수 **gaussNodes**는 Gauss-Legendre 구적법에서 쓰는 마디 축 x_i와 이와 관련한 가중치 A_i를 계산하는데, 이때 마디 축의 근사값은

$$x_i = \cos\frac{\pi(i-0.25)}{n+0.5}$$

이다. 따라서 시작값으로 이 근사값을 이용할 때 Legendre 다항식 $p_n(x)$의 0이 아닌 근(이 근은 모두 대칭이다)을 Newton-Raphson 법으로 찾으면 나머지 마디 축을 계속 찾을 수 있는 것이다. 그리고 이 함수는 $p_n(t)$와 이의 미분을 돌려주는 부함수인 **legendre**를 포함하고 있다.

```
function [x,A] = gaussNodes(n,tol)
% Gauss-Legendre n점 구적법의 마디 축 x와 가중치 A를 계산한다
% 사용법: [x,A] = gaussNodes(n,epsilon,maxIter)
% tol              = 허용 오차(기본값은 1.0e4*eps).

if nargin < 2; tol = 1.0e4*eps; end
A = zeros(n,1); x = zeros(n,1);
nRoots = fix(n + 1)/2;                       % 0이 아닌 근의 개수
for i = 1:nRoots
    t = cos(pi*(i - 0.25)/(n + 0.5));        % 근의 근사값
    for j = i:30
        [p,dp] = legendre(t,n);              % Newton의 근 찾는 법
        dt = -p/dp; t = t + dt
        if abs(dt) <
            x(i) = t; x(n-i+1) = -t;
            A(i) = 2/(1-t^2)/dp^2;           % 식 (6.25)
            A(n-i+1) = A(i);
            break
        end
```

```
    end
end

function [p,dp] = legendre(t,n)
% 차수가 n인 Legendre 다항식과 이의 미분을 x = t에서 평가한다
p0 = 1.0; p1 = t;
for k = 1:n-1
    p = ((2*k + 1)*t*p1 - k*p0)/(k + 1);       % 식 (6.19)
    p0 = p1;p1 = p;
end
dp = n *(p0 - t*p1)/(1 - t^2);                  % 식 (6.21)
```

■ gaussQuad

함수 gaussQuad는 Gauss-Legendre 구적법을 n개의 마디에 써서 $\int_a^b f(x)dx$를 평가한다. $f(x)$를 정의하는 함수는 반드시 사용자가 입력해야 하고 마디 축과 가중치는 gaussNodes 함수를 불러 계산한다.

```
function I = gaussQuad(func,a,b,n)
% Gauss-Legendre 구적법
% 사용법: I = gaussQuad(func,a,b,n)
% 입력:
% func          = 피적분함수의 함수핸들
% a,b           = 적분 구간
% n             = 적분의 차수
% 출력:
% I             = 적분값

c1 = (b + a)/2; c2 = (b - a)/2;       % 상수를 정한다
[x,A] = gaussNodes(n);                % 마디 축과 가중치
sum = 0;
for i = 1:length(x)
    y = feval(func,c1 + c2*x(i));     % 마디 i에서의 함수
    sum = sum + A(i)*y;
end
I = c2*sum;
```

예제 6.8

Gauss 적분법을 써서 될 수 있으면 정확하게 $\int_{-1}^{1}(1-x^2)^{3/2}dx$를 평가하라.

풀이 피적분함수는 연속이고, 또 특이점도 없기 때문에 Gauss-Legendre 구적법을 이용할 수 있다. 하지만 정확한 적분값을 구하기 위해 다음과 같이 적분을 바꾼 후에 Gauss-Chebyshev 공식을 적용한다.

$$\int_{-1}^{1}(1-x^2)^{3/2}dx=\int_{-1}^{1}\frac{(1-x^2)^2}{\sqrt{1-x^2}}dx$$

여기서 분자 $f(x) = (1-x^2)^2$는 차수가 4인 다항식이므로 Gauss-Chebyshev 구적법은 3개의 마디를 쓸 것이다. 식 (6.32)에 $n = 3$을 대입하면

$$x_i=\cos\frac{(2i-1)\pi}{2(3)},\qquad i=1,2,3$$

이고, 따라서

$$x_1=\cos\frac{\pi}{6}=\frac{\sqrt{3}}{2}$$

$$x_2=\cos\frac{\pi}{2}=0$$

$$x_3=\cos\frac{5\pi}{6}=\frac{\sqrt{3}}{2}$$

와 같다. 그러므로 식 (6.31)은

$$\begin{aligned}\int_{-1}^{1}(1-x^2)^{3/2}dx&=\frac{\pi}{3}\sum_{i=1}^{n}(1-x_i^2)^2\\&=\frac{\pi}{3}\left[\left(1-\frac{3}{4}\right)^2+(1-0)^2+\left(1-\frac{3}{4}\right)^2\right]=\frac{2\pi}{8}\end{aligned}$$

이다.

예제 6.9

Gauss 적분법으로 $\int_0^{0.5} \cos\pi x \ln x dx$을 계산하라.

풀이 적분을 다음과 같이 두 부분으로 나눈다.

$$\int_0^{0.5} \cos\pi x \ln x dx = \int_0^1 \cos\pi x \ln x dx - \int_{0.5}^1 \cos\pi x \ln x dx$$

그러면 오른쪽의 첫번째 즉, x = 0에서 로그 특이점을 갖는 적분은 Gauss 구적법의 특별한 형태인 식 (6.38)로 계산할 수 있다. 즉, n = 4로 선택하면

$$\int_0^1 \cos\pi x \ln x dx \approx -\sum_{i-1}^{4} A_i \cos\pi x_i$$

이고, 이때 x_i와 A_i는 표 6.6에 나타나 있다. 다음 표는 위 식의 합 부분을 계산한 것이다.

x_i	$\cos\pi x_i$	A_i	$A_i\cos\pi x_i$
0.041 448	0.991 534	0.383 464	0.380 218
0.245 275	0.717 525	0.386 875	0.277 592
0.556 165	-0.175 533	0.190 435	-0.033 428
0.848 982	-0.889 550	0.039 225	-0.034 892
			Σ=0.589 490

따라서

$$\int_0^1 \cos\pi \ln x dx \approx -0.589490$$

와 같다. 두번째 적분은 특이점이 없으므로 Gauss-Legendre 구적법을 써서 평가한다. 즉, n = 4로 선택하면

$$\int_{0.5}^1 \cos\pi x \ln x dx \approx 0.25 \sum_{i=1}^{4} A_i \cos\pi x_i \ln x_i$$

이고, 여기서 마디 축(식 (6.28) 참조)은

$$x_i = \frac{1+0.5}{2} + \frac{1-0.5}{2}\xi_i = 0.75 + 0.25\xi_i$$

이다. 따라서 표 6.3에서 ξ_i와 A_i를 찾아 넣으면 다음 표와 같은 계산 과정을 만들 수 있다.

ξ_i	x_i	$\cos\pi x_i \ln x_i$	A_i	$A_i\cos\pi x_i \ln x_i$
-0.861 136	0.534 716	0.068 141	0.347 855	0.023 703
0.339 981	0.665 005	0.202 133	0.652 145	0.131 820
0.339 981	0.834 995	0.156 638	0.652 145	0.102 151
0.861 136	0.965 284	0.035 123	0.347 855	0.012 218
				Σ=0.269 892

그래서

$$\int_{0.5}^{1} \cos\pi x \ln x dx \approx 0.25(0.269892) = 0.067473$$

이므로

$$\int_{0}^{0.5} \cos\pi x \ln x dx \approx -0.589490 - 0.067473 = -0.656963$$

이다.

예제 6.10

될 수 있으면 정확하게 다음을 평가하라.

$$F = \int_0^{\infty} \frac{x+3}{\sqrt{x}} e^{-x} dx$$

풀이 이 형태로는 본문에서 배운 Gauss 구적법의 어떤 방법으로도 풀 수 없기 때문에 다음과 같이 변수 변환을 수행한다.

$$x = t^2 \qquad dx = 2tdt$$

따라서 주어진 적분은

$$F = 2\int_0^{\infty}(t^2+3)e^{-t^2}\,dt = \int_{-\infty}^{\infty}(t^2+3)e^{-t^2}\,dt$$

와 같고, 이는 단지 2개의 마디에 Gauss-Hermite 공식을 적용하면 정확하게 평가할 수 있겠다. 즉, n = 2로 두면

$$\begin{aligned} F &= A_1(t_1^2+3)+A_2(t_2^2+3) \\ &= 0.886227[(0.707107)^2+3]+0.886227[(-0.707107)^2+3]=6.20359 \end{aligned}$$

이다.

예제 6.11

다음의 적분을 Gauss-Legendre 구적법으로 6자리까지 평가하려면 마디 수는 몇 개가 필요한지 결정하라.

$$\int_0^{\pi}\left(\frac{\sin x}{x}\right)^2 dx$$

참고로 이의 정확한 적분값은 소수점 6번째 자리에서 반올림하면 1.41815이다.

풀이 피적분함수가 연속이기 때문에 Gauss-Legendre 구적법이 알맞다. 물론 x = 0은 특이점이긴 하지만 피적분함수가 이 점에서는 평가되지 않기 때문에 전혀 지장이 없다. 다음 프로그램은 바람직한 정밀도를 확보할 때까지 마디 수를 2, 3, …과 같이 늘리면서 적분을 수행한다.

```
% 예제 6.11 (Gauss-Legendre 구적법)
a = 0; b = pi; Iexact = 1.41815;
for n = 2:12
    I = gaussQuad(@fex6_11,a,b,n);
    if abs(I - Iexact) < 0.00001
        I
        n
        break
    end
end
```

그리고 피적분함수에 대한 M-파일은

```
function y = fex6_11(x)
% 예제 6.11에서 쓰는 함수
y = (sin(x)/x)^2;
```

이고 이 프로그램의 전체 결과는 다음과 같다.

```
I =
   1.41815026780139
n =
     5
```

예제 6.12

수치적으로 $\int_{1.5}^{3} f(x)dx$을 풀어라. 여기서 $f(x)$는 다음과 같이 간격이 서로 일정하지 않는 데이터로 표현된다. 그리고 이 데이터 점은 $f(x) = -\cos x$를 지난다는 사실을 바탕으로 하여 해의 정확도를 평가하라.

x	1.2	1.7	2.0	2.4	2.9	3.3
$f(x)$	−0.36236	0.12884	0.41615	0.73739	0.97096	0.98748

풀이 $f(x)$를 위의 모든 데이터를 지나는 다항식 $P_5(x)$로 근사한 후에 $\int_{1.5}^{3} f(x)dx \approx \int_{1.5}^{3} P_5(x)$를 Gauss-Legendre 공식을 써서 평가한다. 이 다항식은 차수가 5이기 때문에 구적법을 쓸 때 마디 수는 오직 3개만 필요하다. (n = 3)

식 (6.28)과 표 6.3을 이용하면 마디 축은 각각

$$x_1 = \frac{3+1.5}{2} + \frac{3-1.5}{2}(-0.774597) = 1.6691$$

$$x_2 = \frac{3+1.5}{2} = 2.25$$

$$x_3 = \frac{3+1.5}{2} + \frac{3-1.5}{2}(0.774597) = 2.8309$$

이므로 이를 이용하여 $P_5(x)$의 값을 계산한다. 따라서 3.2절에서 소개한 함수 **newtonPoly**와 **neville**를 써서 구한 값

$$P_5(x1) = 0.09808 \qquad P_5(x2) = 0.62816 \qquad P_5(x3) = 0.95216$$

을 Gauss-Legendre 구적법 공식에 넣으면

$$I = \int_{1.5}^{3} P_5(x)dx = \frac{3-1.5}{2}\sum_{i=1}^{3} A_i P_5(x_i)$$

혹은

$$I = 0.75[0.555556(0.09808) + 0.888889(0.62816) + 0.555556(0.95216)]$$
$$= 0.85637$$

이다. 이 값은 $-\int_{1.5}^{3}\cos x dx = 0.85638$와 견주어 차이가 마무리 오차 안에 있다.

문제 6.2

1. 다음 함수를 Gauss-Legendre 구적법으로 (a) 2개 마디와 (b) 4개 마디를 써서 각각 구하라.

$$\int_{1}^{\pi} \frac{\ln x}{x^2 - 2x + 2} dx$$

2. Gauss-Laguerre 구적법으로 $\int_{0}^{\infty}(1-x^2)^3 e^{-x}dx$을 계산하라.

3. Gauss-Chebyshev 구적법을 쓰되 마디를 6개로 하여 다음을 평가하라.

$$\int_{0}^{\pi/2} \frac{dx}{\sqrt{\sin x}}$$

   또 이 결과를 "정확한" 값인 2.62202과 비교해 보라. <힌트> $\sin x = t^2$로 하라.

4. Gauss-Legendre 구적법으로 $\int_{0}^{\pi}\sin x dx$을 찾되 마디 수는 4개로 하라. 그리고 이 구적법으로 일어나는 절단 오차의 범위는 어떻게 되겠는가?

5. Gauss-Laguerre 구적법으로 $\int_0^{\infty} e^{-x}\sin x dx$을 여섯 자리까지 평가할 때 마디의 수는 몇 개 필요하겠는가?

6. 될 수 있으면 정확하게 다음의 적분을 계산해 보라.

$$\int_0^1 \frac{2x+1}{\sqrt{x(1-x)}}dx$$

<힌트> $x = (1+t)/2$를 이용하라.

7. $\int_0^{\pi}\sin x \ln x dx$를 4자리까지 계산하라.

8. Gauss-Legendre 구적법과 마디 3개를 써서 $\int_0^{\pi} x\sin x dx$을 평가할 때 절단 오차의 범위를 계산해 보라. 그리고 실제로 오차는 얼마이겠는가?

9. 자릿수를 4개까지 하여 $\int_0^2 (\sinh x/x)dx$를 평가하라.

10. 다음 적분을 6자리까지 구하라.

$$\int_0^{\infty}\frac{xdx}{e^x+1}$$

<힌트> 변수 변환을 $e^x = 1/t$로 하라.

11. ■ 타원 방정식이 $x^2/a^2 + y^2/b^2 = 1$와 같을 때(a와 b는 주어지는 값) 다음과 같은 둘레의 길이를 4자리까지 계산하는 프로그램을 작성하라.

$$S=2\int_{-a}^{a}\sqrt{1+(dy/dx)^2}dx$$

그리고 이 프로그램을 $a = 2$와 $b = 1$로 하여 실행해 보라.

12. ■ 통계학에서 중요하게 쓰는 오차 함수(error function)의 정의는 다음과 같다.

$$erf(x) = \frac{2}{\sqrt{\pi}} \int_0^x e^{-t^2} dt$$

x가 주어질 때 Gauss-Legendre 구적법으로 4자리까지 $erf(x)$를 계산하는 프로그램을 작성하라. 참고로 $x > 5$인 경우에 6자리까지 표기하면 $erf(x) = 1.000000$이다. 또한, 이 프로그램으로 $erf(1.0) = 0.842701$을 확인해 보라.

13. ■

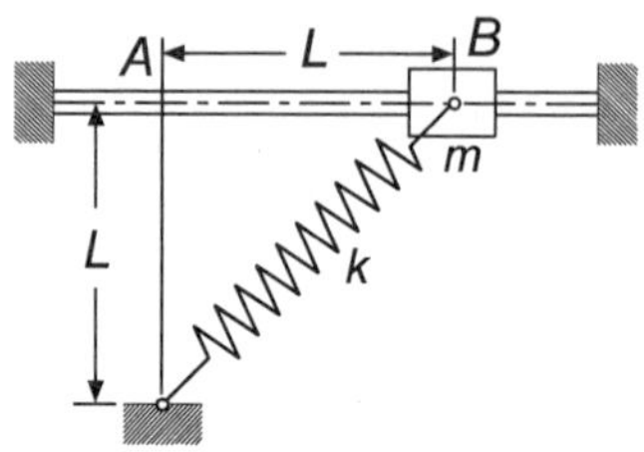

질량이 m인 미끄러지는 물체가 그림과 같이 자유 길이가 L인 스프링(상수는 k)에 연결되어 있다. 이 물체를 B점에 정지시켰다가 놓았을 때 A점에 도달하는데 걸리는 시간은 $t = C\sqrt{m/k}$ 이고, 이때

$$C = \int_0^1 \left[(\sqrt{2}-1)^2 - \left(\sqrt{1+z^2}-1\right)^2 \right]^{-1/2} dz$$

이다. C를 여섯 자리까지 계산하라. <힌트> 피적분함수는 $z = 1$에 특이점을 갖고 있으므로 $(1 - z^2)^{-1/2}$처럼 거동한다.

14. ■

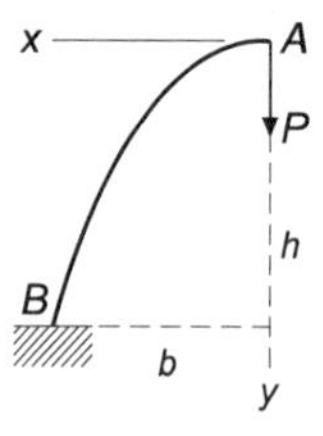

균일한 보가 그림과 같이 반쪽 포물선의 외팔보처럼 형성되어 있다. 이때, 힘 P 때문에 생기는 A점의 수직 변위는 다음과 같다.

$$\delta_A = \frac{Pb^3}{EI} C\left(\frac{h}{b}\right)$$

여기서 EI는 보의 굽힘 강성(bending rigidity)이고, 또

$$C\left(\frac{h}{b}\right) = \int_0^1 z^2 \sqrt{1+\left(\frac{2h}{b}z\right)^2}\, dz$$

이다. h/b의 임의값에 대한 $C(h/b)$를 4자리까지 계산하는 프로그램을 작성하라. 그리고 이 프로그램을 이용하여 $C(0.5)$, $C(1.0)$, 그리고 $C(2.0)$을 알아보라.

15. ■ 적분 $I = \int_0^{\pi/2} \ln(\sin x)dx$을 깔끔하게 계산할 수 있는 방법은 없다. 따라서 이른바 엄청난-수고 법("brute force" method)을 필요로 한데, 이는 적분을 여러 개의 작은 부분으로 나누는 방법이다. 즉, 이 문제의 경우는 적분 구간을 x = 0에서 0.01, x = 0.01에서 0.2, 그리고 x = 0.2에서 π/2까지 나누어 적분한다. 그러면 첫번째 적분에서는 six x ≈ x의 근사식을 쓸 수 있으니 해석적으로 풀 수 있고, 나머지 두 적분은 Gauss-Legendre 구적법으로 평가할 수 있게 된다. 이런 방법을 써서 I를 여섯 자리까지 계산해 보라.

16. ■

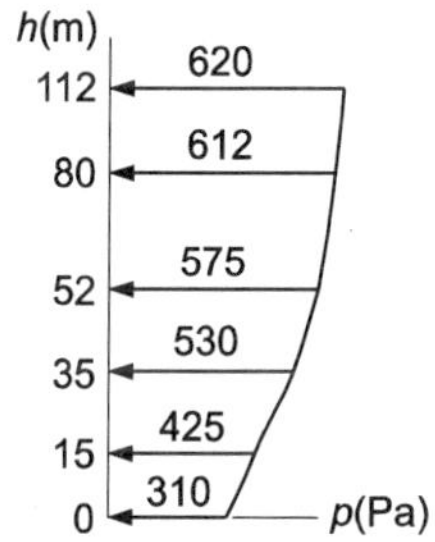

풍압(pressure of wind)을 그림과 같이 수직 벽에서 높이에 따라 측정하였다. 다음과 같이 정의되는 압력 중심의 높이를 구하라.

$$\bar{h} = \frac{\int_0^{112} hp(h)dh}{\int_0^{112} p(h)dh}$$

<힌트> 3차 다항식을 데이터에 먼저 맞춘 후에 Gauss-Legendre 구적법을 적용하라.

*6.5 다중 적분

다중 적분(multiple integral) 즉, $\iint_A f(x,y)dxdy$ 와 같은 면적 적분(area integral)도 구적법으로 역시 풀 수 있다. 이런 적분은 적분 영역이 간단한 기하학적 형상(삼각형이나 사변형 따위)이면 그 적용이나 계산이 모두 쉽지만 불규칙한 영역인 경우는 x와 y의 적분 구간을 정할 때 아주 복잡하기 때문에 구적법은 실제적으로 적용할 수 있는 좋은 수단이 못 된다. 그렇지만 영역이 아무리 불규칙하다 하더라도 그림 6.6에 보인 바와 같이 유한요소(finite element)라는 작은 영역(보통 삼각형이나 사변형) A_1, A_2, …등의 조합으로 근사할 수 있기 때문에 구적법을 여전히 쓸 수 있다. 따라서 A 영역에서의 적분은 유한요소에서 수행한 각 적분들의 합으로 생각하면 된다. 즉,

$$\iint_A f(x,y)\,dxdy \approx \sum_i \iint_{A_i} f(x,y)\,dxdy$$

와 같다. 체적 적분(volume integral)도 비슷한 방법으로 수행할 수 있는데, 이때는 사면체나 사각형 기둥 따위를 유한요소로 쓴다.

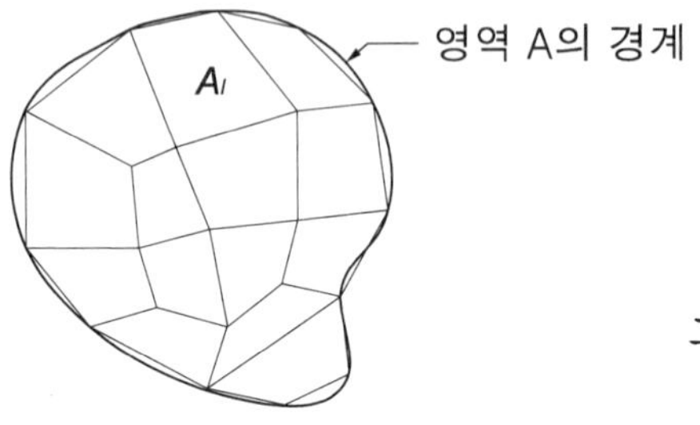

그림 6.6 불규칙한 영역의 유한요소 모델

사변형 요소를 이용한 Gauss-Legendre 구적법

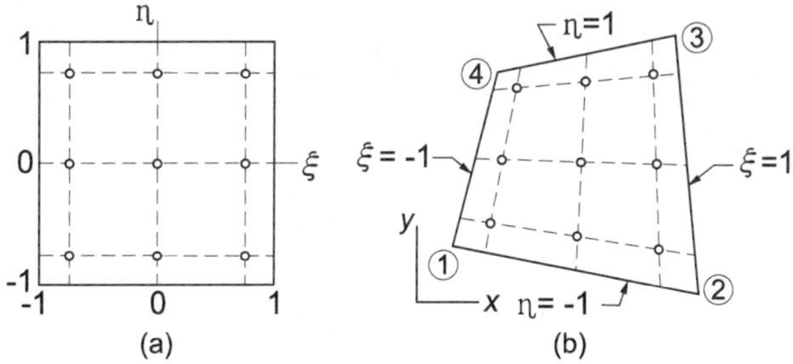

그림 6.7 사변형 요소를 표준 사각형으로 변환

다음과 같은 이중 적분을 그림 6.7(a)의 사각형 요소에 적용하는 경우를 생각해 보자.

$$I=\int_{-1}^{1}\int_{-1}^{1}f(\xi,\eta)d\xi d\eta$$

Gauss-Legendre 구적법으로 n개의 마디를 써서 위의 각 적분을 각 좌표 방향으로 차례로 평가하면

$$I=\int_{-1}^{1}\sum_{i=1}^{n}A_if(\xi_i,\eta)d\eta=\sum_{j=1}^{n}A_j\left[\sum_{i-1}^{n}A_if(\xi_i,\eta_i)\right]$$

혹은

$$I=\sum_{i=1}^{n}\sum_{j=1}^{n}A_iA_jf(\xi_i,\eta_j) \tag{6.40}$$

와 같다. 각 좌표 방향으로 적분점 n의 개수를 적분 차수(integration order)라 하는데 그림 6.7(a)는 3차 적분(n = 3)으로 사용할 적분점을 보여주고 있다. 그리고 이 적분 구간은 Gauss-Legendre 구적법의 "표준" 범위인 (-1, 1)와 같기 때문에 적분점의 마디 축과 가중치는 표 6.3에 있는 것을 그대로 쓴다.

구적법을 그림 6.7(b)의 사변형 요소에 적용하기 위해서는 먼저 이 사변형을 그림 6.7(a)의 "표준" 사각형으로 바꾸어야 한다. 여기서 바꾼다는 말은 사각형과 사변형 요소에 있는 점들을 일대일 대응시키는 좌표 변환 $x = x(\xi, \eta)$와 $y = y(\xi, \eta)$를 뜻하고, 이는

$$x(\xi,\eta)=\sum_{k=1}^{4}N_k(\xi,\eta)x_k \qquad y(\xi,\eta)=\sum_{k=1}^{4}N_k(\xi,\eta)y_k \tag{6.41}$$

와 같다. 여기서 (x_k, y_k)는 사변형의 모서리 k의 좌표이고, 그리고

$$\begin{aligned}
N_1(\xi,\eta)&=\frac{1}{4}(1-\xi)(1-\eta)\\
N_2(\xi,\eta)&=\frac{1}{4}(1+\xi)(1-\eta)\\
N_3(\xi,\eta)&=\frac{1}{4}(1+\xi)(1+\eta)\\
N_4(\xi,\eta)&=\frac{1}{4}(1-\xi)(1+\eta)
\end{aligned} \tag{6.42}$$

이다. 함수 $N_k(\xi, \eta)$를 형상 함수(shape function)라 하는데 쌍일차(bilinearity) 즉, 각 좌표 방향으로 일차인 것이 특징이다. 이는 직선은 좌표 변환으로 바꾼 후에도 여전히 직선이며, 특히 사변형의 변들이 직선 $\xi = \pm1$와 $\eta = \pm1$로 바뀐다는 것을 잘 살펴야 한다.

변환은 각 형상의 면적도 변화시키므로 사변형의 미소 면적 $dA = dxdy$은 변환 후에 이에 해당하는 사각형의 미소 면적 $d\xi d\eta$와 같지 않다. 즉, 두 면적의 관계는

$$dxdy=|\mathbf{J}(\xi,\eta)|\,d\xi d\eta \tag{6.43}$$

이고, 여기서

$$\mathbf{J}(\xi,\eta)=\begin{bmatrix}\dfrac{\partial x}{\partial \xi} & \dfrac{\partial y}{\partial \xi}\\ \dfrac{\partial x}{\partial \eta} & \dfrac{\partial y}{\partial \eta}\end{bmatrix} \tag{6.44a}$$

는 이 변환에 대한 Jacob 행렬로 식 (6.41)과 (6.42)를 이용하여 직접 미분하면

$$J_{11} = \frac{1}{4}[-(1-\eta)x_1 + (1-\eta)x_2 + (1+\eta)x_3 - (1+\eta)x_4]$$
$$J_{12} = \frac{1}{4}[-(1-\eta)y_1 + (1-\eta)y_2 + (1+\eta)y_3 - (1+\eta)y_4]$$
$$J_{21} = \frac{1}{4}[-(1-\xi)x_1 - (1+\xi)x_2 + (1+\xi)x_3 + (1-\xi)x_4]$$
$$J_{22} = \frac{1}{4}[-(1-\xi)y_1 - (1+\xi)y_2 + (1+\xi)y_3 + (1-\xi)y_4] \qquad (6.44b)$$

와 같다.

따라서 처음 제시된 면적 적분을 좌표 변환한 모습으로 바꾸면

$$\iint_A f(x,y)dxdy = \int_{-1}^{1}\int_{-1}^{1} f[x(\xi,\eta),y(\xi,\eta)]\,|\mathbf{J}\ (\xi,\eta)|\,d\xi d\eta \qquad (6.45)$$

로 나타낼 수 있다. 오른쪽 적분은 "표준" 사각형이 적분 구간이기 때문에 식 (6.40)을 써서 평가할 수 있는데, 이때 식 (6.40)의 $f(\xi,\ \eta)$를 식 (6.45)의 피적분함수로 대체하면

$$I = \sum_{i=1}^{n}\sum_{j=1}^{n} A_i A_j f\left[x(\xi_i,\eta_j), y(\xi_i,\eta_j)\right]|\,\mathbf{J}(\xi_i,\eta_j)\,| \qquad (6.46)$$

와 같은 사변형에서 수행할 수 있는 Gauss-Legendre 공식을 얻게 되고, 여기서 적분점의 좌표(ξ와 η)와 가중치(A)는 표 6.3에서 구한다.

■ gaussQuad2

함수 gaussQuad2는 사변형 요소를 적분 구간으로 하고 적분 차수가 n인 Gauss-Legendre 구적법으로 $\iint_A f(x,y)dxdy$를 계산한다. 사변형 요소는 벡터 $\mathbf{x}$와 $\mathbf{y}$로 정의되는데, 이때 이 벡터들은 요소의 네 모서리에 대한 각 좌표를 반시계 방향 순서로 하여 담고 있다. Jacob 행렬의 행렬식은 jac, 그리고 좌표 변환은 map를 호출하여 계산한다. 또한, 각 적분점에서의 가중치와 좌표(ξ와 η의 값)는 앞 절에서 보인 gaussNodes를 이용한다. (앞의 s와 t이 여기의 ξ와 η에 해당한다)

```
function I = gaussQuad2(func,x,y,n)
% 사변형에서 정의되는 Gauss-Legendre 구적법
% 사용법: I = gaussQuad2(func,x,y,n)
% 입력:
% func          = 피적분함수의 함수핸들
% x             = [x1;x2;x3;x4] = 각 모서리의 x-좌표
% y             = [y1;y2;y3;y4] = 각 모서리의 y-좌표
% n             = 적분 차수
% 출력:
% I             = 적분값

[t,A] = gaussNodes(n); I = 0;
for i = 1:n
    for j = 1:n
        [xNode,yNode] = map(x,y,t(i),t(j));
        z = feval(func,xNode,yNode);
        detJ = jac(x,y,t(i),t(j));
        I = I + A(i)*A(j)*detJ*z;
    end
end

function detJ = jac(x,y,s,t)
% Jacob 행렬의 행렬식을 계산한다
J = zeros(2);
J(1,1) = - (1 - t)*x(1) + (1 - t)*x(2)...
         + (1 + t)*x(3) - (1 + t)*x(4);
J(1,2) = - (1 - t)*y(1) + (1 - t)*y(2)...
         + (1 + t)*y(3) - (1 + t)*y(4);
J(2,1) = - (1 - s)*x(1) - (1 + s)*x(2)...
         + (1 + s)*x(3) + (1 - s)*x(4);
J(2,2) = - (1 - s)*y(1) - (1 + s)*y(2)...
         + (1 + s)*y(3) + (1 - s)*y(4);
detJ = (J(1,1)*J(2,2) - J(1,2)*J(2,1))/16;

function [xNode,yNode] = map(x,y,s,t)
% 각 마디의 x와 y 좌표를 계산한다
N = zeros(4,1);
N(1) = (1 - s)*(1 - t)/4;
N(2) = (1 + s)*(1 - t)/4;
N(3) = (1 + s)*(1 + t)/4;
N(4) = (1 - s)*(1 + t)/4;
xNode = dot(N,x); yNode = dot(N,y);
```

예제 6.13

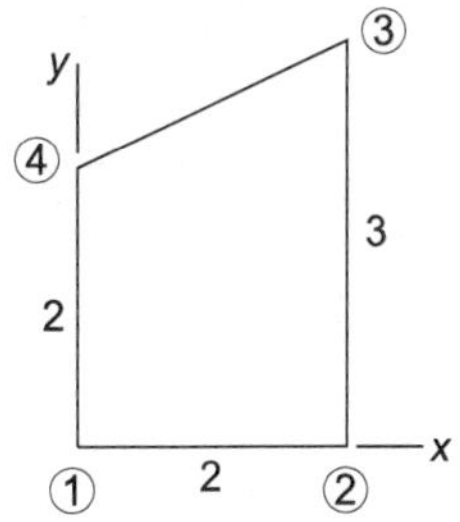

다음 적분을 그림과 같은 사변형을 적분 구간으로 하여 계산하라.

$$I = \iint_A (x^2 + y)dxdy$$

풀이 사변형의 모서리 좌표는 다음과 같다.

$$\mathbf{x}^T = [0 \quad 2 \quad 2 \quad 0] \qquad \mathbf{y}^T = [0 \quad 0 \quad 3 \quad 2]$$

따라서 좌표 변환은

$$\begin{aligned} x(\xi,\eta) &= \sum_{k=1}^{4} N_k(\xi,\eta)x_k \\ &= 0 + \frac{(1+\xi)(1-\eta)}{4}(2) + \frac{(1+\xi)(1+\eta)}{4}(2) + 0 = 1+\xi \\ y(\xi,\eta) &= \sum_{k=1}^{4} N_k(\xi,\eta)y_k \\ &= 0 + 0 + \frac{(1+\xi)(1+\eta)}{4}(3) + \frac{(1-\xi)(1+\eta)}{4}(2) = \frac{(5+\xi)(1+\eta)}{4} \end{aligned}$$

와 같이 수행할 수 있어 Jacob 행렬은

$$\mathbf{J}(\xi,\eta)=\begin{bmatrix}\dfrac{\partial x}{\partial \xi} & \dfrac{\partial y}{\partial \xi}\\ \dfrac{\partial x}{\partial \eta} & \dfrac{\partial y}{\partial \eta}\end{bmatrix}=\begin{bmatrix}1 & \dfrac{1+\eta}{4}\\ 0 & \dfrac{5+\xi}{4}\end{bmatrix}$$

그리고 이의 행렬식 즉, 면적수정계수(area scale factor)는

$$|\mathbf{J}(\xi,\eta)|=\frac{5+\xi}{4}$$

이다. 그러므로 이와 같은 사변형을 표준 사각형으로 변환한 적분은 식 (6.45)를 써서

$$\begin{aligned}I&=\int_{-1}^{1}\int_{-1}^{1}\left[(1+\xi)^2+\frac{(5+\xi)(1+\eta)}{4}\right]\frac{5+\xi}{4}\,d\xi d\eta\\&=\int_{-1}^{1}\int_{-1}^{1}\left(\frac{45}{16}+\frac{21}{8}\xi+\frac{29}{16}\xi^2+\frac{1}{4}\xi^3+\frac{25}{16}\eta+\frac{5}{8}\xi\eta+\frac{1}{16}\xi^2\eta\right)d\xi d\eta\end{aligned}$$

와 같이 찾을 수 있다. 적분에 대한 간단한 지식 즉, 적분 구간이 대칭일 경우 적분 변수의 곱이 홀수 승이면 제거된다는 지식을 바탕으로 결국

$$I=\int_{-1}^{1}\int_{-1}^{1}\left(\frac{45}{16}+\frac{29}{16}\xi^2\right)d\xi d\eta=\frac{41}{3}$$

와 같다.

예제 6.14

다음 적분을 Gauss-Legendre 구적법으로 하되 적분점을 3개로 하여 계산하라.

$$\int_{-1}^{1}\int_{-1}^{1}\cos\frac{\pi x}{2}\cos\frac{\pi y}{2}\,dxdy$$

풀이 식 (6.40)을 참고하면 다음과 같다.

$$I=\sum_{i=1}^{3}\sum_{j=1}^{3}A_iA_j\cos\frac{\pi x_i}{2}\cos\frac{\pi y_j}{2}$$

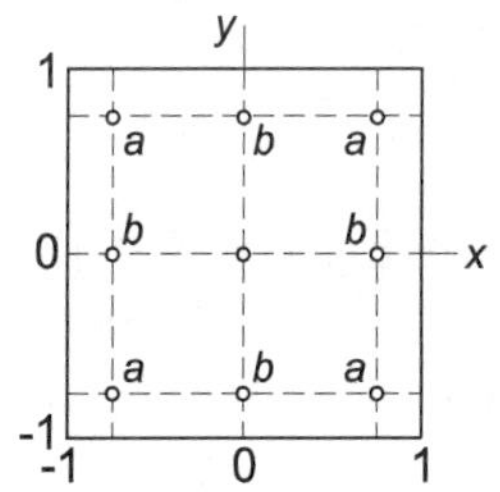

그리고 적분점은 그림과 같이 잡고, 이때 각 좌표와 가중치는 표 6.3을 이용한다. 여기서 피적분함수를 비롯하여 적분점과 가중치 모두 좌표축에 대해 대칭이라는 것을 알아두면 좋겠고, 그래서 a로 표시된 점들이 적분 ***I***에 기여하는 정도는 모두 같고 b인 경우도 마찬가지다. 즉,

$$
\begin{aligned}
I &= 4(0.555556)^2 \cos^2 \frac{\pi(0.774597)}{2} \\
&= 4(0.555556)^2 (0.888889) \cos \frac{\pi(0.774597)}{2} \cos \frac{\pi(0)}{2} \\
&= (0.888889)^2 \cos^2 \frac{\pi(0)}{2} = 1.623391
\end{aligned}
$$

인데, 참고로 이 적분의 "정확한" 값은 $16/\pi^2 \approx 1.621139$이다.

예제 6.15

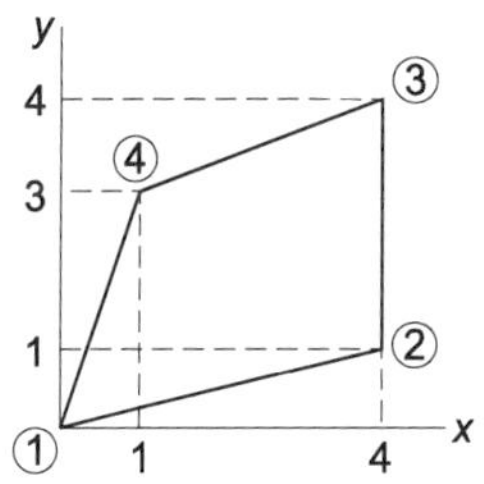

적분 영역을 그림과 같은 사변형으로 하여 $I = \iint_A f(x, y)dxdy$ 을 평가하는데 gaussQuad2를 이용하고, 또 될 수 있으면 정확한 값을 얻기 위해 적분점을 충분히 잡아라. 여기서

$$f(x, y) = (x-2)^2 (y-2)^2$$

이다.

풀이 필요한 적분 차수는 식 (6.45) 즉,

$$I = \int_{-1}^{1}\int_{-1}^{1} f[x(\xi,\eta), y(\xi,\eta)]\,|\,\mathbf{J}(\xi,\eta)\,|\,d\xi d\eta \tag{a}$$

의 피적분함수로 결정된다. 여기서 식 (6.44)로 정의되는 $|\mathbf{J}(\xi, \eta)|$는 특징이 쌍이차 함수(biquadratic function)인데 문제에 주어진 $f(x, y)$도 쌍이차이기 때문에 식 (a)의 피적분함수는 ξ와 η에 대해 차수가 4인 다항식일 수밖에 없다. 따라서 "정확한" 결과를 얻기 위한 적분 차수는 3이다. (n = 3) 이 문제에 대한 MATLAB 명령은

```
>> I = gaussQuad2(@fex6_15,[0;4;4;1],[0;1;4;3],3)
I =
   11.3778
```

이고, 그리고 피적분함수에 대한 M-파일은 다음과 같다.

```
function z = fex6_15(x,y)
% 예제 6.15의 피적분함수
z = ((x - 2)*(y - 2))^2;
```

삼각형 요소를 이용한 구적법

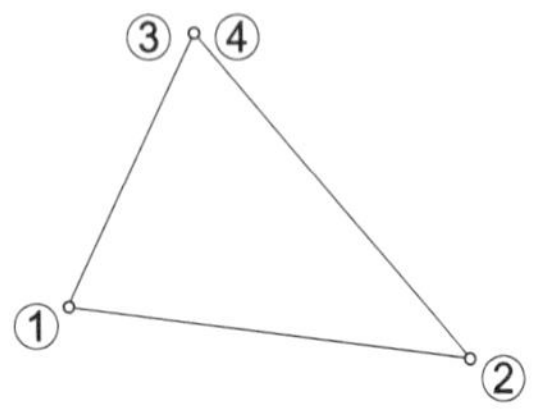

그림 6.8 두 모서리가 일치하는 사변형

삼각형 요소는 그림 6.8에 보인 것처럼 사변형 요소의 두 모서리가 같은 위치에 있는 것으로 볼 수 있기 때문에 사변형일 때 유도한 적분 공식을 삼각형인 경우에도 역시 쓸 수 있다. 하지만, 삼각형 요소에 맞는 별도의 공식을 따로 마련하는 것이 계산의 효율성 측면에서 이점이 있어 비록 자세한 유도 과정은 생략하지만(삼각형 요소에 대한 공식은 유한요소 해석에서 집중 사용되는데 다음 교재를 참고하면 좋겠다. O. C. Zienkiewicz and R. L. Taylor, The Finite Element Method, Vol. 1, 4th ed., McGraw-Hill (1989)) 여기서 한번 살펴보기로 한다.

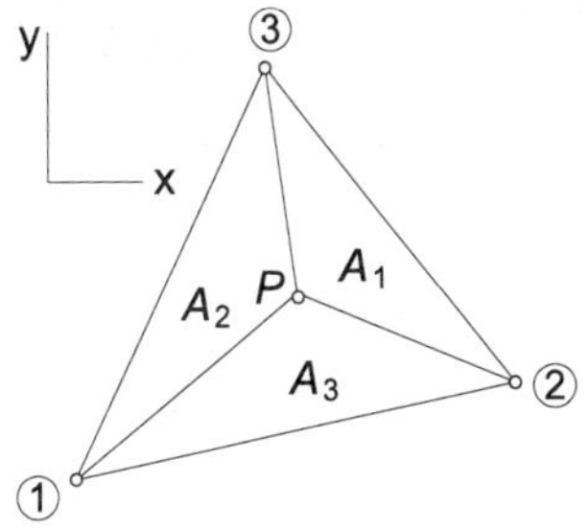

그림 6.9 삼각형 요소

그림 6.9와 같은 삼각형 요소를 생각해 보자. 먼저, 삼각형 안에 있는 점 P에서 각 모서리로 직선을 그어 삼각형을 면적이 A_1, A_2, 그리고 A_3인 세 부분으로 나누면 이른바 P의 면적 좌표(area coordinate)를 다음과 같이 정의할 수 있다.

$$\alpha_i = \frac{A_i}{A}, \quad i = 1,2,3 \tag{6.47}$$

여기서 A는 삼각형 요소의 면적이다. 그리고 $A_1 + A_2 + A_3 = A$이므로 면적 좌표는

$$\alpha_1 + \alpha_2 + \alpha_3 = 1 \tag{6.48}$$

와 같은 관계식을 갖고, 이때 α_i의 범위는 0(P가 모서리 i의 반대쪽에 있는 경우)에서 1(P가 모서리 i에 있는 경우)까지이다.

모서리 좌표 (x_i, y_i)로 A를 편리하게 계산할 수 있는 공식은

$$A = \frac{1}{2}\begin{vmatrix} 1 & 1 & 1 \\ x_1 & x_2 & x_3 \\ y_1 & y_2 & y_3 \end{vmatrix} \tag{6.49}$$

이고, 또 위의 면적 좌표를 직각 좌표(혹은 모서리 좌표)로 바꾸면

$$x(\alpha_1, \alpha_2, \alpha_3) = \sum_{i=1}^{3} \alpha_i x_i \quad y(\alpha_1, \alpha_2, \alpha_3) = \sum_{i=1}^{3} \alpha_i y_i \tag{6.50}$$

이므로 삼각형 요소에서 수행할 수 있는 적분 공식은 다음과 같다.

$$\iint_A f[x(\alpha), y(\alpha)]dA = A\sum_k W_k f[x(\alpha_k), y(\alpha_k)] \tag{6.51}$$

여기서 α_k는 적분점 k의 면적 좌표이고 W_k는 이의 가중치이다. 그림 6.10은 적분점의 위치를 보여주고 있고 이와 관련된 α_k와 W_k의 값은 표 6.7에 나타나 있다. 그리고 식 (6.51)과 같은 구적법은 $f(x, y)$가 표 6.7에 표시된 차수의 다항식이면 그 해가 정확한 것으로 알려져 있다.

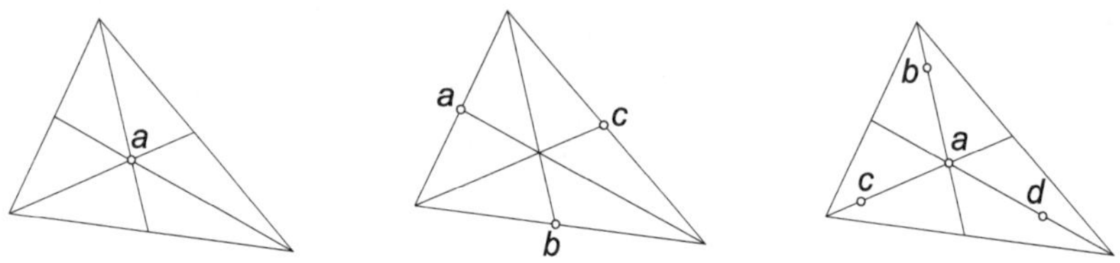

(a) 선형 (1차)　　(b) 2차　　(c) 3차

그림 6.10 삼각형 요소에 대한 여러 적분점

$f(x,y)$의 차수	적분점	α_k	W_k
(a) 선형	a	1/3, 1/3, 1/3	1
(b) 2차	a	1/2, 0, 1/2	1/3
	b	1/2, 1/2, 0	1/3
	c	0, 1/2, 1/2	1/3
(c) 3차	a	1/3, 1/3, 1/3	-27/48
	b	1/5, 1/5, 3/5	25/48
	c	3/5, 1/5, 1/5	25/48
	d	1/5, 3/5, 1/5	25/48

표 6.7

■ triangleQuad

함수 triangleQuad는 표 6.7의 3차 공식(그림 6.10의 (c))을 써서 $\iint_A f(x,y)dxdy$를 삼각형 적분 영역에 따라 계산한다. 삼각형 요소는 이의 모서리 좌표를 반시계 방향으로 담아 놓은 벡터 **x**와 **y**로 정의된다.

```
function I = triangleQuad(func,x,y)
% 삼각형 요소에 적용하는 3차 구적법
% 사용법: I = triangleQuad(func,x,y)
% 입력:
% func          = 피적분함수의 함수핸들
% x             = [x1;x2;x3] = 모서리의 x 좌표
% y             = [y1;y2;y3] = 모서리의 y 좌표
% 출력:
% I             = 적분값

alpha = [1/3 1/3 1/3; 1/5 1/5 3/5;...
         3/5 1/5 1/5; 1/5 3/5 1/5];
W = [-27/48; 25/48; 25/48; 25/48];
xNode = alpha*x; yNode = alpha*y;
A = (x(2)*y(3) - x(3)*y(2)...
   - x(1)*y(3) + x(3)*y(1)...
   + x(1)*y(2) - x(2)*y(1))/2;
sum = 0;
for i = 1:4
    z = feval(func,xNode(i),yNode(i));
    sum = sum + W(i)*z;
end
I = A*sum;
```

예제 6.16

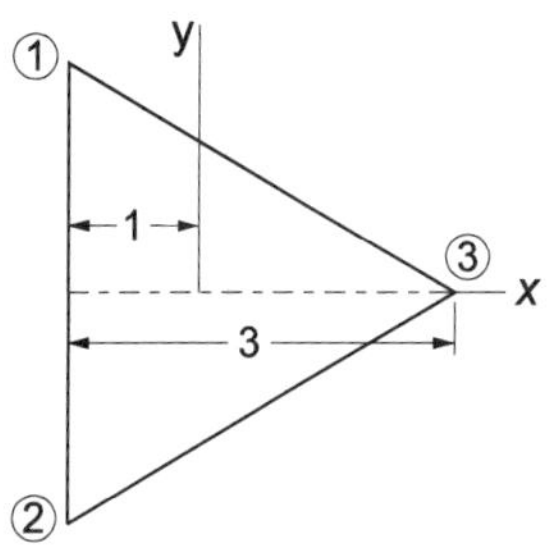

그림과 같은 이등변 삼각형을 적분 영역으로 하여 $I = \iint_A f(x,y)dxdy$ 을 평가하는데 (1) 사변형 요소와 (2) 삼각형 요소에서 유도한 적분 공식을 사용하라. 여기서

$$f(x,y) = \frac{1}{2}(x^2 + y^2) - \frac{1}{6}(x^3 - 3xy^2) - \frac{2}{3}$$

이다. (이 함수는 그림과 같은 단면적을 갖는 막대의 비틀림에 대한 Prandtl의 응력 함수와 같고, 이의 적분은 이 막대의 비틀림 강성(torsional stiffness)과 관계 있는데 다음 교재를 참고하면 좋다. S. P. Timoshenko and J. N. Goodier, *Theory of Elasticity*, 3rd ed., McGraw-Hill (1970))

(1)의 풀이 삼각형 요소를 사변형 요소의 3번과 4번 모서리가 합해진 것으로 보면 이 사변형의 모서리 좌표는 $x = [-1, -1, 2, 2]^T$와 $y = [\sqrt{3}, -\sqrt{3}, 0, 0]^T$이다. 또, 되도록 정확한 결과를 얻기 위한 최소의 적분 차수를 결정하려면 식 (6.45)의 피적분함수인 $f[x(\xi, \eta), y(\xi, \eta)]|\mathbf{J}(\xi, \eta)|$를 먼저 찾아야 하는데 $|\mathbf{J}(\xi, \eta)|$는 둘 다 2차이고 $f(x, y)$는 x에서 3차이므로 이 피적분함수는 x의 차수가 5인 다항식이 되고, 따라서 적분 차수는 3이면 충분하다. 이 문제에 대한 MATLAB® 명령은 예제 6.15의 경우와 비슷하게

```
>> I = gaussQuad2(@fex6_16,[-1;-1;2;2],[sqrt(3);-sqrt(3);0;0],3)
I =
   -1.5588
```

와 같고, 이때 $z = f(x, y)$에 대한 M-파일은 다음과 같다.

```
function z = fex6_16(x,y)
% 예제 6.16에 대한 함수
z = (x^2 + y^2)/2 - (x^3 - 3*x*y^2)/6 - 2/3;
```

(2)의 풀이 삼각형 요소에 대한 구적법의 MATLAB® 명령은 다음과 같다.

```
>> I = triangleQuad(@fex6_16,[-1;-1;2],[sqrt(3);-sqrt(3);0])

I =
   -1.5588
```

피적분함수가 3차이기에 이 결과도 (1)의 경우와 같이 역시 "정확한" 값이다. 다만, 생각해 보아야 할 것은 삼각 공식을 썼을 때는 함수 평가를 4번만 하면 되지만 (1)의 경우는 함수를 9개 점에서 평가해야 한다는 것이다.

예제 6.17

삼각형의 모서리 좌표가 (0, 0), (16, 10), 그리고 (12, 20)일 때 이 삼각형을 적분 영역으로 하여 $\iint_A (x^2 - y^2)dxdy$ 을 계산하라.

풀이

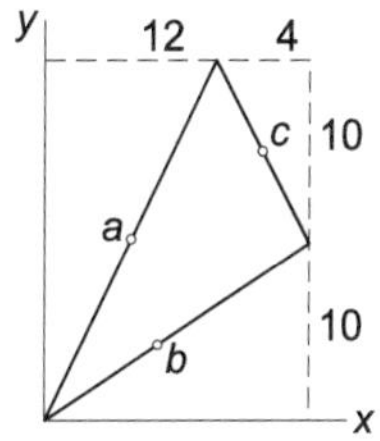

$f(x, y)$가 2차이므로 그림 6.10(b)와 같이 적분점을 3개로 하는 구적법이면 "정확한" 결과를 충분히 얻을 수 있을 것이다. 우선, 적분점이 각 변의 중간에 놓여 있으므로 이의 좌표는 (6, 10), (8, 5), 그리고 (14, 15)이고, 따라서 삼각형의 면적은 식 (6.49)를 써서

$$A = \frac{1}{2}\begin{vmatrix} 1 & 1 & 1 \\ x_1 & x_2 & x_3 \\ y_1 & y_2 & y_3 \end{vmatrix} = \frac{1}{2}\begin{vmatrix} 1 & 1 & 1 \\ 9 & 16 & 12 \\ 0 & 10 & 20 \end{vmatrix} = 100$$

와 같이 계산할 수 있고 식 (6.51)을 이용하면 결국 적분값은 다음과 같다.

$$I = A\sum_{k=a}^{c} W_k f(x_k, y_k) = 100\left[\frac{1}{3}f(6,10) + \frac{1}{3}f(8,5) + \frac{1}{3}f(14,15)\right]$$
$$= \frac{100}{3}\left[(6^2 - 10^2) + (8^2 - 5^2) + (14^2 - 15^2)\right] = 1800$$

문제 6.3

1. Gauss-Legendre 구적법을 써서 다음을 계산하라.

$$\int_{-1}^{1}\int_{-1}^{1}(1-x^2)(1-y^2)\,dxdy$$

2. Gauss-Legendre 구적법으로 다음 적분을 평가하라.

$$\int_{y=0}^{2}\int_{x=0}^{3}x^2y^2\,dxdy$$

3. Gauss-Legendre 구적법으로 다음 적분의 근사값을 계산하는데 적분 차수를 (a) 2와 (b) 3으로 하여 각각 실행하라. (이 적분의 실제값은 2.230985이다)

$$\int_{-1}^{1}\int_{-1}^{1}e^{-(x^2+y^2)}\,dxdy$$

4. 적분 차수가 3인 Gauss-Legendre 구적법을 써서 다음의 근사값을 구하라. (이 적분의 정확한 값은 1.621139이다)

$$\int_{-1}^{1}\int_{-1}^{1}\cos\frac{\pi(x-y)}{2}\,dxdy$$

5.

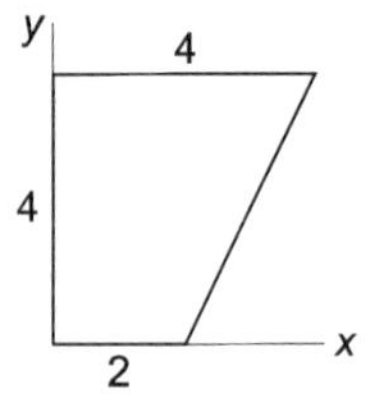

적분 $\iint_A xy\,dxdy$ 에 대하여 적분 영역을 그림과 같은 사변형에서 "표준" 사각형으로 변환한 후에 이를 해석적으로 평가해 보라.

6.

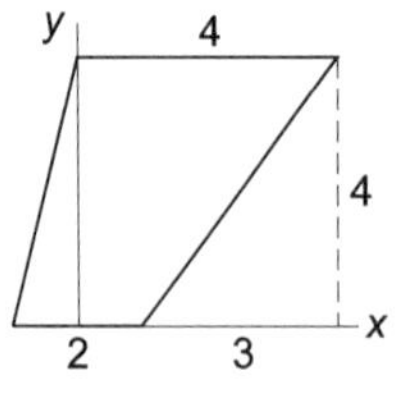

적분 $\iint_A x dx dy$ 에 대하여 적분 영역을 그림과 같은 사변형에서 "표준" 사각형으로 변환한 후에 이를 해석적으로 평가해 보라.

7.

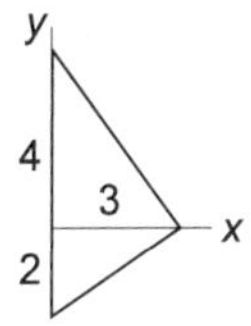

구적법의 적분 영역을 그림과 같은 삼각형으로 하여 $\iint_A x^2 dx dy$ 을 계산하라.

8. 문제 7번과 같은 적분 영역을 써서 $\iint_A x^3 dx dy$ 을 평가하라.

9.

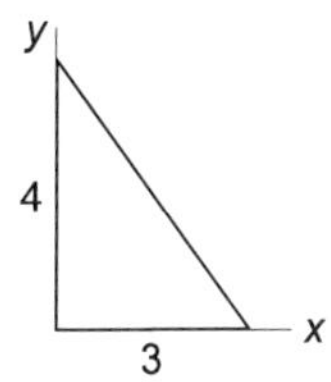

그림과 같은 적분 영역에서 $\iint_A (3-x) y dx dy$ 을 평가하라.

10. 문제 9번과 같은 적분 영역을 써서 $\iint_A x^2 y dx dy$ 을 평가하라.

11. ■

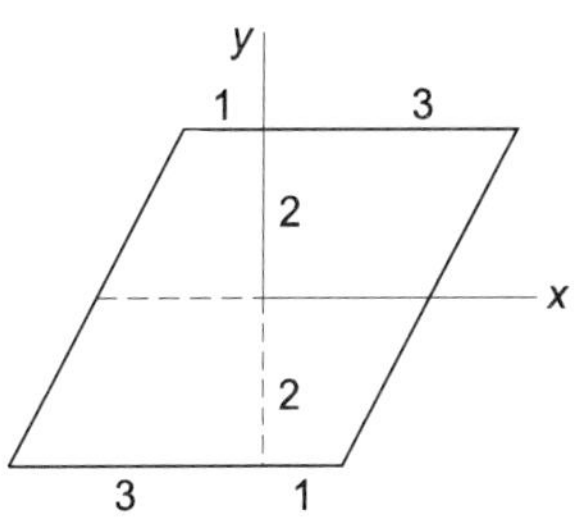

그림과 같은 영역에서 $\iint_A xy(2-x^2)(2-xy) dx dy$ 을 평가하라.

12. ■문제 11번과 같은 적분 영역을 써서 $\iint_A xy\exp(-x^2)dxdy$ 을 4자리까지 계산하라.

13. ■

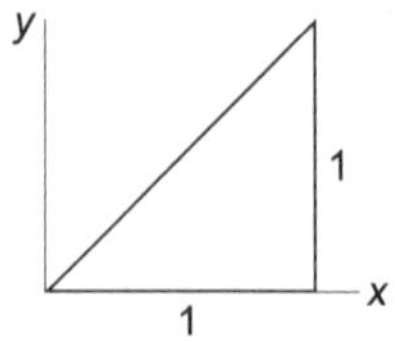

그림과 같은 영역에서 $\iint_A (1-x)(y-x)ydxdy$ 을 평가하라.

14. ■문제 13번과 같은 영역에서 $\iint_A \sin\pi xdxdy$ 을 추정하는데 적분 영역이 삼각형일 때 유도한 3차 적분 공식을 사용하라. (이 적분의 정확한 값은 1/π이다)

15. ■ 여섯 자리까지 $\iint_A \sin\pi x\sin\pi(y-x)dxdy$ 을 계산하라. 여기서 A는 문제 13과 같은 영역이고, 이런 삼각형 영역을 사변형의 두 점이 하나로 축소된 것으로 생각하여 풀어라.

16. ■

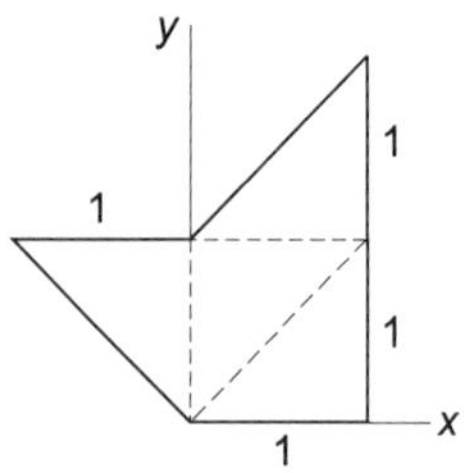

그림과 같은 불규칙 영역에서 $\iint_A f(x,y)dxdy$ 을 평가하는 프로그램을 작성하고, 이를 이용하여 같은 적분 영역에서 $\iint_A xy(y-x)dxdy$ 을 계산해 보라. 단, 그림의 불규칙 영역은 점선으로 표시한 것처럼 몇 개의 삼각형 영역으로 나눌 수 있다.

MATLAB® 함수

I = quad(func, a, b, tol) 이 함수는 $I=\int_a^b f(x)dx$ 를 허용 오차(기본값은 1.0e-6) tol 안에서 가변 Simpson 규칙(adaptive Simpson's rule)을 이용한다. 그리고 실행 속

도를 높이기 위해서 함수 func의 계산을 벡터로 하는데 이는 요소 연산자 즉, .*, ./, 그리고 .^로 이식하였다. 예를 들어, $f(x) = x^3\sin x + 1/x$이면 이 함수를 다음과 같이 작성한다.

```
function y = func(x)
y = (x.^3).*sin(x) + 1./x;
```

I = dblquad(func, xMin, xMax, yMin, yMax, tol) 이 함수는 quad 함수를 적분 영역이 사각형인 다음과 같은 이중 적분을 수행하는데 사용한다.

$$I = \int_{yMin}^{yMax} \int_{xMin}^{xMax} f(x,y)\,dx\,dy$$

I = quadl(func, a, b, tol) 이 함수는 가변(adaptive) Lobatto 구적법(이 방법은 본문에서 다루지 않았음)을 채택하여 적분을 수행한다. 피적분함수가 연속이면서 아주 높은 정밀도를 요구할 때 이 함수를 쓰면 좋다.

MATLAB은 순수한 Gauss 구적법에 대한 함수는 제공하지 않는다.

7. 초기값 문제

초기값이 $\mathbf{y}(a) = \alpha$일 때 $\mathbf{y}' = \mathbf{F}(\mathbf{x},\mathbf{y})$를 푼다

7.1 개요

1차 미분 방정식의 일반적인 모습은 다음과 같다.

$$y' = f(x,y) \tag{7.1a}$$

여기서 $y' = dy/dx$이고 $f(x, y)$는 주어진 함수이다. 그리고 이런 방정식의 해는 임의의 상수 즉, 적분 상수(constant of integration)를 포함하는데 이를 구하기 위해서는 해 곡선에 존재하는 한 점을 반드시 알아야 한다. 다시 말하면, 해 y는 x의 어떤 값(예를들어, $x = a$)에서 이미 정해져야 한다는 말로

$$y(a) = \alpha \tag{7.1b}$$

와 같은 보조 조건(auxiliary condition)이 덤으로 따라야 한다는 뜻이다.

차수가 n인 상미분 방정식(ordinary differential equation)의 모습은

$$y^{(n)} = f(x,y,y',\ldots,y^{(n-1)}) \tag{7.2}$$

로 항상 n개의 1차 미분 방정식으로 바꿀 수 있다. 즉, 기호를

$$y_1 = y \quad y_2 = y' \quad y_3 = y'' \quad \cdots \quad y_n = y^{(n-1)} \tag{7.3}$$

와 같이 도입하여 식 (7.2)를 다시 쓰면

$$y_1' = y_2 \quad y_2' = y_3 \quad y_3' = y_4 \quad \cdots \quad y_n' = f(x, y_1, y_2, \ldots, y_n) \tag{7.4a}$$

이 되는 것이고, 이때는 n개의 보조 조건을 알아야 해를 찾을 수 있다. 여기서 이런 보조 조건들이 x의 똑같은 값에서 정해지면 식 (7.2) 혹은 식 (7.4a)를 초기값 문제(initial value problem)라 하고 보조 조건은 자연히 초기 조건(initial condition)이 된다. 즉,

$$y_1(a) = \alpha_1 \quad y_2(a) = \alpha_2 \quad y_3(a) = \alpha_3 \quad \ldots \quad y_n(a) = \alpha_n \tag{7.4b}$$

이고, 만약 y_i가 x의 다른 값에서 정해지면 이 문제를 경계값 문제(boundary value problem)라 한다. 예를들어,

$$y'' = -y \qquad y(0) = 1 \qquad y'(0) = 0$$

은 보조 조건이 모두 $x = 0$에서 주어졌기 때문에 초기값 문제이지만

$$y'' = -y \qquad y(0) = 1 \qquad y(\pi) = 0$$

은 경계값 문제로 두 조건이 모두 x의 다른 값에서 정해진 것을 확인할 수 있다.

이 장에서는 초기값 문제만 살펴볼 것이고 좀더 어려운 경계값 분제는 다음 장에서 다루기로 한다. 그리고 앞으로는 벡터 기호를 많이 쓸 것인데, 이는 연립 1차 미분 방정식을 간편하게 나타낼 수 있을 뿐만 아니라 조작도 아주 쉽게 해주기 때문이다. 하나의 예로, 식 (7.4)를

$$\mathbf{y}' = \mathbf{F}(x, \mathbf{y}) \qquad \mathbf{y}(a) = \boldsymbol{\alpha} \tag{7.5a}$$

와 같이 써놓으면 여러 가지 면에서 장점이 있다. 여기서

$$\mathbf{F}(x, \mathbf{y}) = \begin{bmatrix} y_2 \\ y_3 \\ \vdots \\ y_n \\ f(x, \mathbf{y}) \end{bmatrix} \tag{7.5b}$$

이다. 끝으로, 미분 방정식의 수치 해는 기본적으로 x의 작은 이산 구간 각각에 대한 y의 값을 표로 만들어 보여준다는 것을 미리 밝혀둔다.

7.2 Taylor 전개법

Taylor 전개법은 개념적으로 간단하면서도 높은 정밀도를 달성할 수 있는 방법이다. $\mathbf{y}$를 x 주위에서 Taylor 전개하면

$$\mathbf{y}(x+h) \approx \mathbf{y}(x) + \mathbf{y}'(x)h + \frac{1}{2!}\mathbf{y}''(x)h^2 + \frac{1}{3!}\mathbf{y}'''(x)h^3 + \cdots + \frac{1}{m!}\mathbf{y}^{(m)}(x)h^m \tag{7.6}$$

인데, 이는 x의 정보를 바탕으로 $x + h$에서 $\mathbf{y}$를 예측한 것이기 때문에 바로 수치 적분의 한 방법이라 할 수 있다. 따라서 적분의 차수는 이 전개의 마지막 항으로 판단할 수 있는데 이 경우는 m이다.

식 (7.6)에서 절단 오차(truncation error) 즉, Taylor 전개에서 생략한 항 때문에 발생하는 오차는

$$\mathbf{E} = \frac{1}{(m+1)!}\mathbf{y}^{(m+1)}(\xi)h^{m+1}, \qquad x < \xi < x+h$$

이다. 그리고 유한요소 근사식을 쓰면

$$\mathbf{y}^{(m+1)}(\xi) \approx \frac{\mathbf{y}^{(m)}(x+h) - \mathbf{y}^{(m)}(x)}{h}$$

이므로 절단 오차를 좀더 유용하게 쓸 수 있는 형태로 바꾸면

$$\mathbf{E} \approx \frac{h^m}{(m+1)!}\left[\mathbf{y}^{(m)}(x+h) - \mathbf{y}^{(m)}(x)\right] \tag{7.7}$$

와 같고, 이는 보통 알고리즘에 포함되어 매번 적분 단계를 거칠 때마다 오차를 평가하는데 쓰기도 한다.

■ taylor

함수 taylor는 적분 차수가 4인 Taylor 전개법을 코드로 이식한 것으로 n개의 1차 미분 방정식 $y_i' = f_i(x, y_1, y_2, \ldots, y_n)$ 을 다룰 수 있다. 사용자는 다음과 같은 $4 \times n$ 행렬을 돌려주는 함수 deriv를 제공해야 한다.

$$\mathbf{d} = \begin{bmatrix} (\mathbf{y}')^T \\ (\mathbf{y}'')^T \\ (\mathbf{y}''')^T \\ (\mathbf{y}^{(4)})^T \end{bmatrix} = \begin{bmatrix} y_1' & y_2' & \cdots & y_n' \\ y_1'' & y_2'' & \cdots & y_n'' \\ y_1''' & y_2''' & \cdots & y_n''' \\ y_1^{(4)} & y_2^{(4)} & \cdots & y_n^{(4)} \end{bmatrix}$$

그리고 이 함수는 구간 h에 대한 x와 $\mathbf{y}$값을 담고 있는 xSol와 ySol를 출력으로 돌려준다.

```
function [xSol,ySol] = taylor(deriv,x,y,xStop,h)
% 적분 차수가 4인 Taylor 전개법
% 사용법: [xSol,ySol] = taylor(deriv,x,y,xStop,h)
% 입력:
% derive        = 행렬 d = [dy/dx d^2y/dx^2 d^3y/dx^3 d^4y/dx^4]를
%                 돌려주는 함수의 함수핸들
% x,y           = 초기값으로 y는 반드시 행벡터여야 한다
% xStop         = x의 최종값
% h             = 적분에 사용되는 x의 증분(h > 0)
% 출력:
% xSol          = 해를 계산하는 x의 값
% ySol          = x값에 대한 y의 값

if size(y,1) > 1; y = y'; end          % y는 반드시 행 벡터
xSol = zeros(2,1); ySol = zeros(2,length(y));
xSol(1) = x; ySol(1,:) = y;
k = 1;
while x < xStop
    h = min(h,xStop - x);
    d = feval(deriv,x,y);              % [y]의 미분
    hh = 1;
    for j = 1:4                        % Taylor 전개 생성
        hh = hh*h/j;                   % hh = h^j/j!
        y = y + d(j,:)*hh;
    end
    x = x + h; k = k + 1;
    xSol(k) = x; ySol(k,:) = y;        % 현 시점의 해를 저장
end
```

printSol

이 함수는 taylor의 결과값인 xSol와 ySol를 표 형태로 출력하고, 이때 출력되는 데이터 양은 변수 freq로 조절할 수 있다. 예를들어, freq = 5이면 한 줄에 적분 간격을 5개로 하여 출력하고, freq = 0이면 오직 처음과 끝 값만 나타내 준다.

```
function printSol(xSol,ySol,freq)
% xSol와 ySoln를 표로 출력한다
% 사용법: printSol(xSol,ySol,freq)
% freq = 한 줄에 표시되는 데이터(xSol와 ySol) 개수

[m,n] = size(ySol);
if freq == 0;freq = m; end
head = '        x';
for i = 1:n
    head = strcat(head,'                    y',num2str(i));
end
fprintf(head); fprintf('\n')
for i = 1:freq:m
    fprintf('%14.4e',xSol(i),ySol(i,:)); fprintf('\n')
end
if i ~= m; fprintf('%14.4e',xSol(m),ySol(m,:)); end
```

예제 7.1

다음 식에 대해 4차 Taylor 전개법으로 y(0.2)를 구하는데 적분 단계는 하나만 하라.

$$y' + 4y = x^2 \qquad y(0) = 1$$

또한, 식 (7.7)의 오차를 추정해 보고 이를 실제 오차와 비교하라. 참고로 이 미분 방정식의 해석적인 해는 다음과 같다.

$$y = \frac{31}{32}e^{-4x} + \frac{1}{4}x^2 - \frac{1}{8}x + \frac{1}{32}$$

풀이 먼저, y를 h^4까지 Taylor 전개를 하면

$$y(h) = y(0) + y'(0)h + \frac{1}{2!}y''(0)h^2 + \frac{1}{3!}y'''(0)h^3 + \frac{1}{4!}y^{(4)}(0)h^4 \qquad \text{(a)}$$

이고, 여기서 각 미분을 구하기 위해 문제의 미분 방정식을 직접 미분하면

$$\begin{aligned} y' &= -4y + x^2 \\ y'' &= -4y' + 2x = 16y - 4x^2 + 2x \\ y''' &= 16y' - 8x + 2 = -64y + 16x^2 - 8x + 2 \\ y^{(4)} &= -64y' + 32x - 8 = 256y - 64x^2 + 32x - 8 \end{aligned}$$

이므로

$$\begin{aligned} y'(0) &= -4(1) = -4 \\ y''(0) &= 16(1) = 16 \\ y'''(0) &= -64(1) + 2 = -62 \\ y^{(4)}(0) &= 256(1) - 8 = 248 \end{aligned}$$

이다. 따라서 $h = 0.2$를 식 (a)에 넣으면

$$\begin{aligned} y(0.2) &= 1 + (-4)(0.2) + \frac{1}{2!}(16)(0.2)^2 + \frac{1}{3!}(-62)(0.2)^2 + \frac{1}{4!}(248)(0.2)^2 \\ &= 0.4539 \end{aligned}$$

와 같다.

다음, 식 (7.7)에 따라 절단 오차의 근사값은

$$E = \frac{h^4}{5!}\left[y^{(4)}(0.2) - y^{(4)}(0)\right]$$

이고, 여기서

$$\begin{aligned} y^{(4)}(0) &= 248 \\ y^{(4)}(0.2) &= 256(0.4539) - 64(0.2)^2 + 32(0.2) - 8 = 112.04 \end{aligned}$$

이므로

$$E=\frac{(0.2)^4}{5!}(112.04-248)=-0.0018$$

이다. 한편, h = 0.2에서의 해석적인 해는

$$y(0.2)=\frac{31}{32}e^{-4(0.2)}+\frac{1}{4}(0.2)^2-\frac{1}{8}(0.2)+\frac{1}{32}=0.4515$$

이므로 실제 오차는 0.4515 - 0.4539 = -0.0024이다.

예제 7.2

다음 미분 방정식을 4차의 Talyor 전개법을 이용하여 푸는데 x = 0에서 x = 2까지 h = 0.25로 하여라.

$$y''=-0.1y'-x \qquad y(0)=0 \quad y'(0)=1$$

풀이 y_1 = y와 y_2 = y'로 두고 2개의 1차 미분 방정식으로 바꾸면

$$\mathbf{y}'=\begin{bmatrix} y_1' \\ y_2' \end{bmatrix}=\begin{bmatrix} y_2 \\ -0.1y_2-x \end{bmatrix} \qquad \mathbf{y}(0)=\begin{bmatrix} 0 \\ 1 \end{bmatrix}$$

이므로 이를 다시 계속 미분하여

$$\mathbf{y}''=\begin{bmatrix} y_2' \\ -0.1y_2'-1 \end{bmatrix}=\begin{bmatrix} -0.1y_2-x \\ 0.01y_2+0.1x-1 \end{bmatrix}$$
$$\mathbf{y}'''=\begin{bmatrix} -0.1y_2'-1 \\ 0.01y_2'+0.1 \end{bmatrix}=\begin{bmatrix} 0.01y_2+0.1x-1 \\ -0.001y_2-0.01x+0.1 \end{bmatrix}$$
$$\mathbf{y}^{(4)}=\begin{bmatrix} 0.01y_2'+0.1 \\ -0.001y_2'-0.01 \end{bmatrix}=\begin{bmatrix} -0.001y_2-0.01x+0.1 \\ 0.0001y_2+0.001x-0.01 \end{bmatrix}$$

을 얻는다. 따라서 함수 **talyor**에서 필요한 미분 행렬 **d**는

$$\mathbf{d} = \begin{bmatrix} y_2 & -0.1y_2 - x \\ -0.1y_2 - x & 0.01y_2 + 0.1x - 1 \\ 0.01y_2 + 0.1x - 1 & -0.001y_2 - 0.01x + 0.1 \\ -0.001y_2 - 0.01x + 0.1 & 0.0001y_2 + 0.001x - 0.01 \end{bmatrix}$$

와 같고, 이는 다음과 같은 프로그램 코드로 이식할 수 있다.

```
function d = fex7_2(x,y)
% 예제 7.2에서 사용하는 미분 행렬
d = zeros(4,2);
d(1,1) = y(2);
d(1,2) = -0.1*y(2) - x;
d(2,1) = d(1,2);
d(2,2) = 0.01*y(2) + 0.1*x -1;
d(3,1) = d(2,2);
d(3,2) = -0.001*y(2) - 0.01*x + 0.1;
d(4,1) = d(3,2);
d(4,2) = 0.0001*y(2) + 0.001*x - 0.01;
```

그리고 직접 프로그램을 돌려 구한 해는 다음과 같다.

```
>> [x,y] = taylor(@fex7_2, 0, [0 1], 2, 0.25);
>> printSol(x,y,1)
      x              y1             y2
   0.0000e+000    0.0000e+000    1.0000e+000
   2.5000e-001    2.4431e-001    9.4432e-001
   5.0000e-001    4.6713e-001    8.2829e-001
   7.5000e-001    6.5355e-001    6.5339e-001
   1.0000e+000    7.8904e-001    4.2110e-001
   1.2500e+000    8.5943e-001    1.3281e-001
   1.5000e+000    8.5090e-001   -2.1009e-001
   1.7500e+000    7.4995e-001   -6.0625e-001
   2.0000e+000    5.4345e-001   -1.0543e+000
```

이 문제를 해석적으로 구하면 해는

$$y = 100x - 5x^2 + 990(e^{-0.1x} - 1)$$

이고, 따라서 $y(2)$ = 0.54345와 $y'(2)$ = -1.0543인데 이는 앞에서 수치적으로 구한 해와 거의 같다.

Taylor 전개법의 중요 단점은 종속 변수를 반복적으로 미분해야 한다는 것이다. 이는 까다롭고 매우 길 수가 있어 계산하는데 잘못이 발생하거나 프로그램 작업이 성가시고 지루한 까닭이 되기도 한다.

7.3 Runge-Kutta 방법

Runge-Kutta 방법이 도입된 목적은 미분 방정식을 반복적으로 계속 미분해야 하는 수고를 덜어주고자 하는 것이다. 그러니까 이의 가장 간단한 형태는 Talyor 전개에서 차수를 1차만 포함되게 하여 더 이상의 높은 차수를 배제하여 쓴다. 즉,

$$\mathbf{y}(x+h)=\mathbf{y}(x)+\mathbf{y}'(x)h=\mathbf{y}(x)+\mathbf{F}(x,\mathbf{y})h \tag{7.8}$$

을 이용하는데, 이를 1차 Runge-Kutta 방법 혹은 Euler 방법이라 한다. 하지만 식 (7.8)은 절단 오차가 너무 크기 때문에 실제로는 거의 사용하지 않는다.

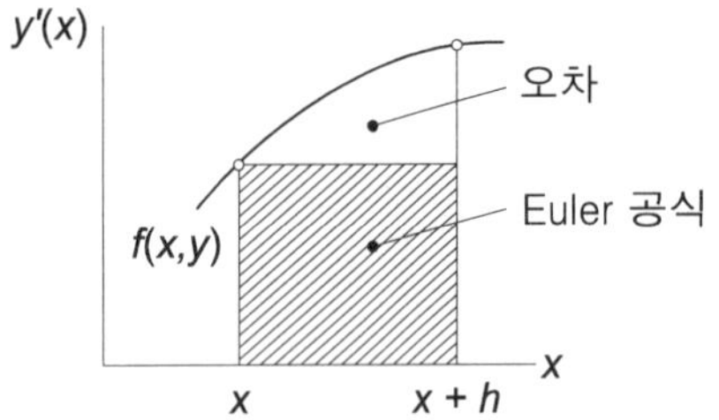

그림 7.1 Euler 공식의 도해적 표현

먼저, 이런 Euler 방법에 대한 도해적인 설명을 잠시 해보기로 한다. 간단하게 진행하기 위해 독립 변수는 1개 즉, y만 있다고 보고 미분 방정식은 $y' = f(x, y)$로 가정한다. 그러면 미분 방정식의 해인 y가 x와 $x + h$ 사이에서 일어나는 변화량은

$$y(x+h)-y(x)=\int_{x}^{x+h} y'dx=\int_{x}^{x+h} f(x,y)dx$$

와 같고, 이는 그림 7.1에 나타난 바와 같이 $y'(x)$ 그래프의 아래쪽 전체 면적이 된다. 그렇지만 Euler 방법은 이 면적을 그림의 빗금친 부분으로 근사하기 때문에 절단 오차가 엄청 발생하게 되어 사용에 주의를 기울려야 하는 것이다. 그림에서 확인할 수 있듯

이 이 절단 오차는 함수의 기울기 즉, $y''(x)$에 비례한다.

2차 Runge-Kutta 방법

Runge-Kutta의 2차법(second-order method)은 적분 공식을 기본적으로 다음과 같이 가정한다.

$$\mathbf{y}(x+h)=\mathbf{y}(x)+c_0\mathbf{F}(x,\mathbf{y})h+c_1\mathbf{F}\left[x+ph,\mathbf{y}+qh\mathbf{F}(x,\mathbf{y})\right]h \tag{a}$$

그리고 이 식의 파라미터 c_0, c_1, p, 그리고 q는 식 (a)을 다음과 같은 Taylor 전개식과 일치시켜 찾는다.

$$\begin{aligned}\mathbf{y}(x+h)&=\mathbf{y}(x)+\mathbf{y}'(x)h+\frac{1}{2!}\mathbf{y}''(x)h^2+O(h^3)\\&=\mathbf{y}(x)+\mathbf{F}(x,y)h+\frac{1}{2}\mathbf{F}'(x,\mathbf{y})h^2+O(h^3)\end{aligned} \tag{b}$$

여기서

$$\mathbf{F}'(x,y)=\frac{\partial\mathbf{F}}{\partial x}+\sum_{i=1}^{n}\frac{\partial\mathbf{F}}{\partial y_i}y_i'=\frac{\partial\mathbf{F}}{\partial x}+\sum_{i=1}^{n}\frac{\partial\mathbf{F}}{\partial y_i}F_i(x,\mathbf{y})$$

이고 n은 1차 미분 방정식의 개수이다. 따라서 식 (b)는 다음과 같이 다시 쓸 수 있다.

$$\mathbf{y}(x+h)=\mathbf{y}(x)+\mathbf{F}(x,\mathbf{y})h+\frac{1}{2}\left(\frac{\partial\mathbf{F}}{\partial x}+\sum_{i=1}^{n}\frac{\partial\mathbf{F}}{\partial y_i}F_i(x,\mathbf{y})\right)h^2+O(h^3) \tag{c}$$

식 (a)로 다시 돌아가, 이 식의 마지막 항은 다변수 Taylor 전개를 적용하면

$$\mathbf{F}\left[x+ph,\mathbf{y}+qh\mathbf{F}(x,\mathbf{y})\right]=\mathbf{F}(x,\mathbf{y})+\frac{\partial\mathbf{F}}{\partial x}ph+qh\sum_{i=1}^{n}\frac{\partial\mathbf{F}}{\partial y_i}F_i(x,\mathbf{y})+O(h^2)$$

이므로 식 (a)는 다음과 같다.

$$\mathbf{y}(x+h)=\mathbf{y}(x)+(c_0+c_1)\mathbf{F}(x,\mathbf{y})h+c_1\left[\frac{\partial \mathbf{F}}{\partial x}ph+qh\sum_{i=1}^{n}\frac{\partial \mathbf{F}}{\partial y_i}F_i(x,\mathbf{y})\right]h+O(h^3) \tag{d}$$

그러므로 식 (c)와 (d)를 서로 견주어 두 식을 똑같도록 한다면

$$c_0+c_1=1 \qquad c_1 p=\frac{1}{2} \qquad c_1 q=\frac{1}{2} \tag{e}$$

이 성립하는 것을 확인할 수 있다. 식 (e)는 풀어야 할 방정식은 3개지만 미지수인 파라미터는 4개로 확정적인 해법은 존재하지 않는다. 그래서 한 파라미터에 임의의 값을 미리 지정한 후에 나머지 파라미터를 풀도록 하는데 다음은 그런 해 중에서 많이 쓰이는 것만을 발췌하였다.

$c_0=0$	$c_1=1$	$p=1/2$	$q=1/2$	Modified Euler's method
$c_0=1/2$	$c_1=1$	$p=1$	$q=1$	Heun's method
$c_0=1/3$	$c_1=1$	$p=3/4$	$q=3/4$	Ralston's method

이 공식들이 모두 2차 Runge-Kutta 방법으로 분류되며 어느 방법이 더 우수한 수치적 특성을 갖는다고 주장할 수 없을 만큼 서로 비슷하다. 수정 Euler 방법(modified Euler's method)을 선택하여 각 파라미터를 식 (a)에 대입하면

$$\mathbf{y}(x+h)=\mathbf{y}(x)+\mathbf{F}\left[x+\frac{h}{2},\mathbf{y}+\frac{h}{2}\mathbf{F}(x,\mathbf{y})\right]h \tag{f}$$

인데, 이 적분 공식은 다음과 같은 계산 순서를 따르면 아주 손쉽게 적용할 수 있다.

$$\begin{aligned}\mathbf{K}_1&=h\mathbf{F}(x,\mathbf{y})\\ \mathbf{K}_2&=h\mathbf{F}\left(x+\frac{h}{2},\mathbf{y}+\frac{1}{2}\mathbf{K}_1\right)\\ \mathbf{y}(x+h)&=\mathbf{y}(x)+\mathbf{K}_2\end{aligned} \tag{7.9}$$

2차 Runge-Kutta 방법은 컴퓨터 관련 응용 분야에서는 잘 사용되지 않는다. 대부분의 프로그래머는 4차 적분 공식을 더 선호하는데, 이는 계산의 수고를 덜 드리고도 만족할 만한 정확도를 보장해 주기 때문이다.

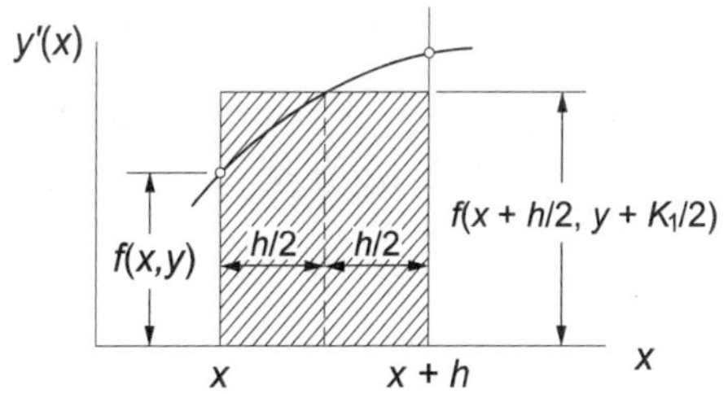

그림 7.2 수정 Euler 공식의 도해적 표현

그림 7.2는 한 개의 미분 방정식 $y' = f(x, y)$에 대한 수정 Euler 공식의 도해적 설명을 위해 그려놓았다. 식 (7.9)의 첫번째 식은 중간점에서 Euler 공식 즉, $y(x + h/2) = y(x) + f(x, y)h/2 = y(x) + K_1/2$를 써서 평가한 y의 추정값이고, 두번째 식은 $y'(x)$ 그래프의 아래쪽 면적을 근사한 것으로 빗금친 사각형의 면적이 K_2이다. 그리고 이 경우의 오차는 그래프의 곡률인 y'''에 비례한다.

4차 Runge-Kutta 방법

Runge-Kutta의 4차법(fourth-order method)은 2차법과 같이 Taylor 전개로부터 얻는데, 이 유도는 과정이 좀 길고 지루할 뿐만 아니라 별로 교육적인 효과도 없기 때문에 여기서는 생략하기로 한다. 물론 이 적분 공식의 마지막 형태 역시 파라미터를 어떻게 선택하느냐에 달렸다. 즉, 4차 Runge-Kutta 방법이 꼭 하나만 있지 않다는 말이다. 다음은 이 중에서 가장 많이 쓰이는 방법(이를 그냥 Runge-Kutta 방법이라 함)의 계산 순서를 간추려 놓은 것이다.

$$\begin{aligned}
\mathbf{K}_1 &= h\mathbf{F}(x, \mathbf{y}) \\
\mathbf{K}_2 &= h\mathbf{F}\left(x + \frac{h}{2}, \mathbf{y} + \frac{\mathbf{K}_1}{2}\right) \\
\mathbf{K}_3 &= h\mathbf{F}\left(x + \frac{h}{2}, \mathbf{y} + \frac{\mathbf{K}_2}{2}\right) \\
\mathbf{K}_4 &= h\mathbf{F}(x + h, \mathbf{y} + \mathbf{K}_3) \\
\mathbf{y}(x + h) &= \mathbf{y}(x) + \frac{1}{6}(\mathbf{K}_1 + 2\mathbf{K}_2 + 2\mathbf{K}_3 + \mathbf{K}_4)
\end{aligned} \tag{7.10}$$

이 방법의 최대 단점은 절단 오차를 추정할 수 없다는 것이다. 따라서 이 방법을 쓸 때는 증분 h를 미리 추정하든가 아니면 몇번 시행착오를 거쳐 결정해야 한다. 한편, 이른바 적응법(adaptive method)이라는 방법은 이 절단 오차를 적분 단계를 진행할 때마다 평가하여 여기에 맞게 h의 값을 조정할 수 있는데(물론 계산 비용은 높게 들지만), 이는 다음 절에서 다루기로 한다.

■ runKut4

함수 **runKut4**는 Runge-Kutta의 4차법에 대한 코드이다. 사용자가 이 함수를 사용할 때는 1차 미분 방정식 $\mathbf{y}' = \mathbf{F}(x, \mathbf{y})$를 정의하는 함수 **dEqs**를 따로 제공해야 한다.

```
function [xSol,ySol] = runKut4(dEqs,x,y,xStop,h)
% Runge-Kutta 4차 적분법
% 사용법: [xSol,ySol] = runKut4(dEqs,x,y,xStop,h)
% 입력:
% dEqs          = 1차 미분 방정식F(x,y) = [dy1/dx dy2/dx dy3/dx ...]을
%                 지정하는 함수의 함수핸들
% x,y           = 초기값(y는 반드시 행 벡터)
% xStop         = x의 최종값
% h             = 적분할 때 쓰는 x의 증분
% 출력:
% xSol          = 해를 계산하는 x 값
% ySol          = x 값에 대한 y 값

if size(y,1) > 1 ; y = y'; end               % y는 반드시 행 벡터여야 한다
xSol = zeros(2,1); ySol = zeros(2,length(y));
xSol(1) = x; ySol(1,:) = y;
i = 1;
while x < xStop
    i = i + 1;
    h = min(h,xStop - x);
    K1 = h*feval(dEqs,x,y);
    K2 = h*feval(dEqs,x + h/2,y + K1/2);
    K3 = h*feval(dEqs,x + h/2,y + K2/2);
    K4 = h*feval(dEqs,x+h,y + K3);
    y = y + (K1 + 2*K2 + 2*K3 + K4)/6;
    x = x + h;
    xSol(i) = x; ySol(i,:) = y;          % 현재 계산된 해를 저장
end
```

예제 7.3

Runge-Kutta 2차법을 써서 다음 방정식을 $x = 0$에서 $x = 0.5$까지 푸는데 $h = 0.1$로 하여 자릿수 4개로 계산하라.

$$y' = \sin y \qquad y(0) = 1$$

풀이 이 경우엔 $f(x, y) = \sin y$이므로 식 (7.9)의 적분 공식은

$$K_1 = hf(x, y) = 0.1 \sin y$$
$$K_2 = hf\left(x + \frac{h}{2}, y + \frac{1}{2}K_1\right) = 0.1 \sin\left(y + \frac{1}{2}K_1\right)$$
$$y(x+h) = y(x) + K_2$$

이다. 따라서 $y(0) = 1$을 가지고 적분을 단계별로 진행하면

$$K_1 = 0.1 \sin 1.0000 = 0.0841$$
$$K_2 = 0.1 \sin\left(1.0000 + \frac{0.0841}{2}\right) = 0.0863$$
$$y(0.1) = 1.0 + 0.0863 = 1.0863$$

$$K_1 = 0.1 \sin 1.0863 = 0.0885$$
$$K_2 = 0.1 \sin\left(1.0863 + \frac{0.0885}{2}\right) = 0.0905$$
$$y(0.2) = 1.0863 + 0.0905 = 1.1768$$

따위와 같고, 이 계산의 결과를 요약하면 다음 표와 같다.

x	y	K_1	K_2
0.0	1.0000	0.0841	0.0863
0.1	1.0863	0.0885	0.0905
0.2	1.1768	0.0923	0.0940
0.3	1.2708	0.0955	0.0968
0.4	1.3676	0.0979	0.0988
0.5	1.4664		

이 미분 방정식의 엄밀해는

$$x(y) = \ln(\csc y - \cot y) + 0.604582$$

와 같은데 $x(1.4664) = 0.5000$을 확인할 수 있기에 넷째 자리까지 계산한 수치 해는 정확하다. 그렇지만 적분 단계를 여기서 더 진행해 간다면 오차(절단 및 마무리 오차)가 점점 누적되어 이런 정확도를 보장하기는 어려울 것이다. 일반적으로 적분 구간이 길면길수록 더욱 더 정밀한 적분 공식이 필요하다.

예제 7.4

Runge-Kutta 4차법으로 다음 미분 방정식을 $x = 0$에서 $x = 2$까지 구하는데 $h = 0.25$로 하라. (이 문제는 예제 7.2에서 Taylor 전개법으로 푼 바 있다)

$$y'' = -0.1y' - x \qquad y(0) = 0 \quad y'(0) = 1$$

풀이 $y_1 = y$와 $y_2 = y'$로 두고 1차 미분 방정식으로 나타내면

$$\mathbf{F}(x, y) = \mathbf{y}' = \begin{bmatrix} y_1' \\ y_2' \end{bmatrix} = \begin{bmatrix} y_2 \\ -0.1y_2 - x \end{bmatrix}$$

이고 이의 프로그램 코드는 다음과 같다.

```
function F = fex7_4(x,y)
% 예제 7.4의 미분 방정식
F = zeros(1,2);
F(1) = y(2); F(2) = -0.1*y(2) - x;
```

함수 **fex7_4**와 예제 7.2에서 쓴 함수 **fex7_2**를 서로 견주어 보면 Taylor 전개법에서보다 Runge-Kutta 방법에서 미분 방정식을 입력하는 일이 훨씬 더 쉽다는 것을 알 수 있다. 다음은 이 문제의 적분 결과이다.

```
>> [x,y] = runKut4(@fex7_4, 0, [0 1], 2, 0.25);
>> printSol(x,y,1)
      x              y1              y2
   0.0000e+000   0.0000e+000    1.0000e+000
   2.5000e-001   2.4431e-001    9.4432e-001
   5.0000e-001   4.6713e-001    8.2829e-001
   7.5000e-001   6.5355e-001    6.5339e-001
   1.0000e+000   7.8904e-001    4.2110e-001
   1.2500e+000   8.5943e-001    1.3281e-001
   1.5000e+000   8.5090e-001   -2.1009e-001
   1.7500e+000   7.4995e-001   -6.0625e-001
   2.0000e+000   5.4345e-001   -1.0543e+000
```

예제 7.5

다음 방정식을 4차 Runge-Kutta 방법을 써서 $x = 0$에서 $x = 10$까지 $h = 0.1$로 적분하고, 이의 결과를 해석적인 해인 $y = e^{-x}$와 비교해 보라.

$$y' = 3y - 4e^{-x} \qquad y(0) = 1$$

풀이 이 미분 방정식을 정의하는 함수는 다음과 같다.

```
function F = fex7_5(x,y)
% 예제 7.5의 미분 방정식
F = 3*y - 4*exp(-x);
```

그리고 해는 다음과 같다.

```
>> [x,y] = runKut4(@fex7_5, 0, 1, 10, 0.1);
```

```
>> printSol(x,y,20) % 20줄씩 건너뛰어 출력하라고 명령
      x               y1
  0.0000e+000    1.0000e+000
  2.0000e+000    1.3250e-001
  4.0000e+000   -1.1237e+000
  6.0000e+000   -4.6056e+002
  8.0000e+000   -1.8575e+005
  1.0000e+001   -7.4912e+007
  1.0000e+001   -7.4912e+007
```

무언가 잘못된 것이 분명하다. 해석적인 해를 보면 y는 x가 증가할 때 감소해야만 하는데 실제 출력은 반대이다. 처음 잠시 감소한 후에 y는 엄청나게 커져 간다. 이를 설명하기 위해서 해석적인 해를 살펴보도록 하자. 이 문제의 미분 방정식에 대한 일반적인 해는 치환법(substitution)을 써서

$$y = Ce^{3x} + e^{-x}$$

와 같이 구할 수 있고, 여기에 초기 조건 $y(0) = 1$을 대입하면 $C = 0$이므로 문제에 나와 있는 것처럼 해는 실제 $y = e^{-x}$이 맞다.

수치 해에서 발생한 문제는 초기 조건 때문에 생략된 항 Ce^{3x}이 원인이다. 초기 조건에 아주 작은 오차 ε이 포함되었다고 생각해 보자. 그러면 $y(0) = 1 + \varepsilon$이므로 해석적인 해는

$$y = \varepsilon e^{3x} + e^{-x}$$

로 바뀌게 되고, 이 때문에 x가 증가하면서 오차가 포함된 항이 크게 나타나게 되는 것이다. 수치적인 방법으로 구한 해 속에 본질적으로 포함되는 오차(절단 및 마무리 오차 따위)는 막 살펴본 초기 조건의 작은 변화에도 민감한 결과를 보이는 것과 같은 효과를 갖기 때문에 수치 해는 수치적인 불안정성(numerical instability)을 희생할 수밖에 없다고 결론 내릴 수 있다. 수치 적분의 결과를 항상 믿어서는 안 된다는 것이 여기서 배운 교훈이다.

예제 7.6

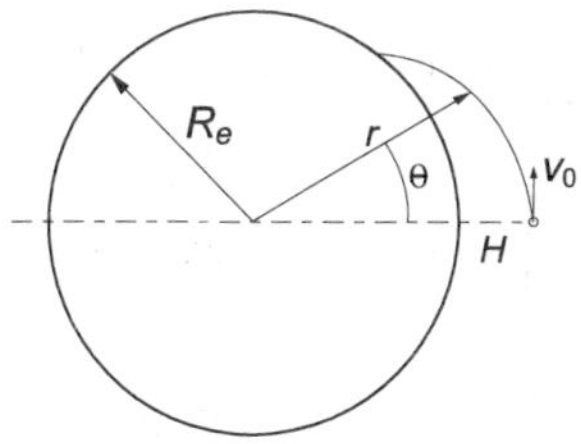

우주선이 해수면 위 H = 772(km)에서 v = 6700(m/s)의 속력으로 그림의 방향과 같이 쏘아졌고, 이때 우주선의 운동에 대한 미분 방정식은 다음과 같다.

$$\ddot{r} = r\dot{\theta}^2 - \frac{GM_e}{r^2} \qquad \ddot{\theta} = -\frac{2\dot{r}\dot{\theta}}{r}$$

여기서 r과 θ는 우주선의 극좌표(polar coordinates)이고, G = 6.672×10^{-11}(m^{3}kg^{-1}s^{-2})는 만유인력 상수, M_e = 5.9742×10^{24}(kg)은 지구의 질량, 그리고 R_e = 6378.14(km)는 해수면에서 지구의 반경이다. (1) 1차 미분 방정식과 초기 조건을 $\dot{\mathbf{y}} = \mathbf{F}(x, \mathbf{y})$와 $\mathbf{y}(0) = \mathbf{b}$의 형태로 유도하라. (2) (1)의 방정식을 Runge-Kutta 4차법을 써서 출발 시간부터 우주선이 지구에 부딪히는 시간까지 적분하라. 또, 우주선이 지구에 부딪힐 때의 각 θ를 결정하라.

(1)의 풀이 우선, GM_e = (6.672×10^{-11})(5.9743×10^{24}) = 3.9860×10^{14}(m^{3}s^{-2})와 같이 미리 계산해 놓고, 또

$$\mathbf{y} = \begin{bmatrix} y_1 \\ y_2 \\ y_3 \\ y_4 \end{bmatrix} = \begin{bmatrix} r \\ \dot{r} \\ \theta \\ \dot{\theta} \end{bmatrix}$$

라 두면 1차 미분 방정식은

$$\dot{\mathbf{y}}=\begin{bmatrix}\dot{y}_1\\ \dot{y}_2\\ \dot{y}_3\\ \dot{y}_4\end{bmatrix}=\begin{bmatrix}y_1\\ y_0y_3^2-3.9860\times10^{14}/y_0^2\\ y_3\\ -2y_1y_2/y_0\end{bmatrix}$$

이고, 그리고 초기 조건은 다음과 같이 계산할 수 있다.

$$\begin{aligned}&r(0)=R_e+H=R_e=(6378.14+772)\times10^3=7.15014\times10^6\,(\mathrm{m})\\ &\dot{r}(0)=0\\ &\theta(0)=0\\ &\dot{\theta}(0)=v_0/r(0)=(6700)/(7.15014\times10^6)=0.937045\times10^{-3}\,(\mathrm{rad/s})\end{aligned}$$

그러므로

$$\mathbf{y}(0)=\begin{bmatrix}7.15014\times10^6\\ 0\\ 0\\ 0.937045\times10^{-3}\end{bmatrix}$$

이다.

(2)의 풀이 미분 방정식을 정의하는 함수는 다음과 같다.

```
function F = fex7_6(x,y)
% 예제 7.6의 미분 방정식
F = zeros(1,4);
F(1) = y(2);
F(2) = y(1)*y(4)^2 - 3.9860e14/y(1)^2;
F(3) = y(4);
F(4) = -2*y(2)*y(4)/y(1);
```

그리고 수치 적분을 실행해 주는 프로그램은 다음과 같은데, 여기서 방정식의 독립 변수 t를 x로 표시하였다.

```
% 예제 7.6(Runge-Kutta 적분)
x = 0; y = [7.15014e6 0 0 0.937045e-3];
xStop = 1200; h = 50; freq = 2;
[xSol,ySol] = runKut4(@fex7_6,x,y,xStop,h)
printSol(xSol,ySol,freq)
```

(프로그램 결과)

x	y1	y2	y3	y4
0.0000e+000	7.1501e+006	0.0000e+000	0.0000e+000	9.3704e-004
1.0000e+002	7.1426e+006	-1.5173e+002	9.3771e-002	9.3904e-004
2.0000e+002	7.1198e+006	-3.0276e+002	1.8794e-001	9.4504e-004
3.0000e+002	7.0820e+006	-4.5236e+002	2.8292e-001	9.5515e-004
4.0000e+002	7.0294e+006	-5.9973e+002	3.7911e-001	9.6951e-004
5.0000e+002	6.9622e+006	-7.4393e+002	4.7697e-001	9.8832e-004
6.0000e+002	6.8808e+006	-8.8389e+002	5.7693e-001	1.0118e-003
7.0000e+002	6.7856e+006	-1.0183e+003	6.7950e-001	1.0404e-003
8.0000e+002	6.6773e+006	-1.1456e+003	7.8520e-001	1.0744e-003
9.0000e+002	6.5568e+006	-1.2639e+003	8.9459e-001	1.1143e-003
1.0000e+003	6.4250e+006	-1.3708e+003	1.0083e+000	1.1605e-003
1.1000e+003	6.2831e+006	-1.4634e+003	1.1269e+000	1.2135e-003
1.2000e+003	6.1329e+006	-1.5384e+003	1.2512e+000	1.2737e-003

우주선은 r이 $R_e = 6.37814\times10^6$(m)와 같을 때 지구와 부딪히고, 이는 $t = 1000$(s)와 $t = 1100$(s)가 되겠는데 좀더 정확한 값을 구하려면 다항 보간식(큰 정밀도가 필요하지 않다면 선형 보간식으로도 충분)을 쓰면 될 것이다. 충돌이 $t = 1000 + \Delta t$에서 일어난다고 가정하면

$$r(1000+\Delta t) = R_e$$

와 같은 식을 얻을 수 있고, 여기서 r을 Taylor 전개한 후에 두 항만 취하여 대입하면

$$r(1000) + \dot{r}(1000)\Delta t = R_e$$
$$6.4250\times10^6 + (-1.3708\times10^3)\Delta t = 6378.14\times10^3$$

이고

$$\Delta t = 34.184\text{(s)}$$

이다. 따라서 충돌 시간은 1034.2(s)이다.

충돌할 때의 좌표 θ도 위와 비슷한 방법으로 추정할 수 있다. 즉, Taylor 전개에서 두 항만 취하여 계산하면 다음과 같다.

$$\theta(1000+\Delta t)=\theta(1000)+\dot{\theta}(1000)\Delta t$$
$$=1.0083+(1.1605\times10^{-3})(34.184)=1.0480(\mathbf{rad})=60.00^{\circ}$$

문제 7.1

1. 다음 미분 방정식에서 y(0.1)을 Taylor 전개법을 써서 구하되 적분 차수를 (a) 2차와 (b) 4차로 하라.

$$y'+4y=x^2 \qquad y(0)=1$$

또한, 이 결과를 다음의 해석적 해와 비교해 보라.

$$y(x)=\frac{31}{32}e^{-4x}+\frac{1}{4}x^2-\frac{1}{8}x+\frac{1}{32}$$

2. 문제 1번을 Runge-Kutta 방법으로 구하되 마찬가지로 적분 차수를 (a) 2차와 (b) 4차로 하라.

3. Taylor 전개 2차법을 h = 0.1로 하여 다음 방정식을 t = 0에서 t = 0.5까지 적분하고, 또 이 결과를 예제 7.3과 서로 견주어 보라.

$$y'=\sin y \qquad y(0)=1$$

4. 다음 방정식의 해가 두 개 즉, y = 0와 y = $(2x/3)^{3/2}$인지를 확인하라.

$$y'=y^{1/3} \qquad y(0)=0$$

그리고 초기 조건이 (a) y = 0와 (b) y = 10^{-16}로 하여 수행한 수치 적분은 이 두 해 중에서 어떤 해가 되겠는지 이론적으로 판단해 보고 수치 적분을 직접 수행하여 여러분의 결론을 확인해 보라.

5. 다음 미분 방정식을 $\mathbf{y}'$ = $\mathbf{F}(x, \mathbf{y})$와 같은 모습의 1차 미분 방정식으로 각각 변환하라.

(a) $\ln y' + y = \sin x$

(b) $y''y - xy' - 2y^2 = 0$

(c) $y^{(4)} - 4y''\sqrt{1-y^2} = 0$

(d) $(y'')^2 = |32y'x - y^2|$

6. 다음 연립 방정식을 $\dot{\mathbf{y}} = \mathbf{F}(x, \mathbf{y})$와 같은 모습의 1차 미분 방정식으로 각각 변환하라. 단, 각 연립 미분 방정식의 독립 변수는 t이다.

(a) $\ddot{y} = x - 2y$ $\qquad \ddot{x} = y - x$

(b) $\ddot{y} = -y(\dot{y}^2 + \dot{x}^2)^{1/4}$ $\qquad \ddot{x} = -x(\dot{y}^2 + \dot{x}^2)^{1/4} - 32$

(c) $\ddot{y}^2 + t\sin y = 4\dot{x}$ $\qquad x\ddot{x} + t\cos y = 4\dot{y}$

7. ■ 단진자(simple pendulum)의 운동 방정식이 다음과 같다.

$$\frac{d^2\theta}{dt^2} = -\frac{g}{L}\sin\theta$$

여기서 θ는 수직 축에서 측정한 각 변위, g는 중력 가속도, 그리고 L은 단진자의 길이인데, 이 식을 다시 변수 변환 $\tau = t\sqrt{g/L}$ 을 수행하여 다음과 같이 바꾸었다.

$$\frac{d^2\theta}{d\tau^2} = -\sin\theta$$

θ_0 = 1(rad)일 때 수치 적분을 수행하여 단진자의 주기를 구하라. 단, 각의 변위가 아주 작을 때($\sin\theta \approx \theta$) 단진자의 주기는 $2\pi\sqrt{L/g}$ 이다.

8. ■ 수직으로 자유 낙하하는 질량이 m인 스카이다이버에 작용하는 공기 항력은 $F_D = c_D\dot{y}^2$ 이고, 여기서 y는 자유 낙하를 시작하는 점에서 아래로 측정한 거리이다. 자유 낙하에 대한 미분 방정식이 다음과 같고 g = 9.80665(m/s^2), C_D=0.2028(kg/m), 그리고 m = 80(kg)일 때 500(m)만큼 자유 낙하했을 때의 시간을 구하라.

$$\ddot{y} = g - \frac{C_D}{m}\dot{y}^2$$

9. ■

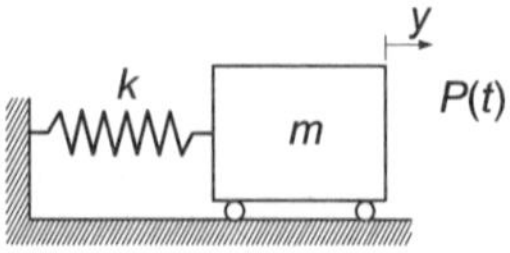

그림과 같은 질량-스프링 시스템이 힘 $P(t)$가 막 작용할 때 정지해 있었다. 여기서

$$P(t) = \begin{cases} 10t(\mathrm{N}) & t < 2(\mathrm{s}) \\ 20(\mathrm{N}) & t \geq 2(\mathrm{s}) \end{cases}$$

이다. 앞으로 일어날 운동에 대한 미분 방정식이 다음과 같고 m = 2.5(kg)와 k = 75(N/m)일 때 질량의 최대 변위를 구하라.

$$\ddot{y} = \frac{P(t)}{m} - \frac{k}{m}y$$

10. ■

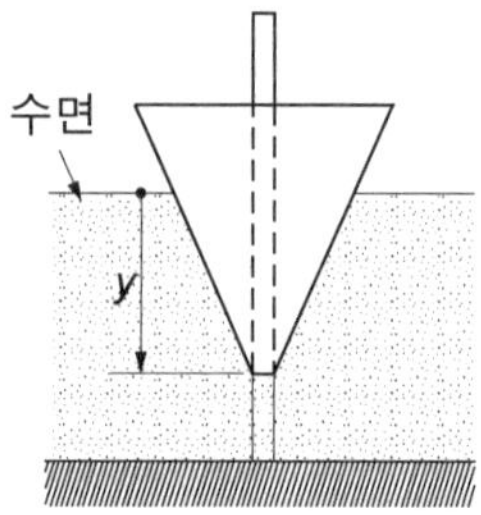

그림과 같은 원뿔형 부표는 수직 막대를 따라 자유롭게 움직일 수 있다. 그래서 평형 상태에 있다가 주위에서 방해를 받으면 다음과 같은 미분 방정식에 따라 진동 운동을 한다.

$$\ddot{y} = g(1 - ay^3)$$

여기서 a는 부표의 밀도와 형상으로 계산해 보니 16(m^{-3})이고, 또 g = 9.80665($\mathrm{m/s^2}$)이다. 부표를 y = 0.1(m)까지 움직여 놓았을 때 부표의 진동 운동에 대한 주기와 진폭을 구하라.

11. ■

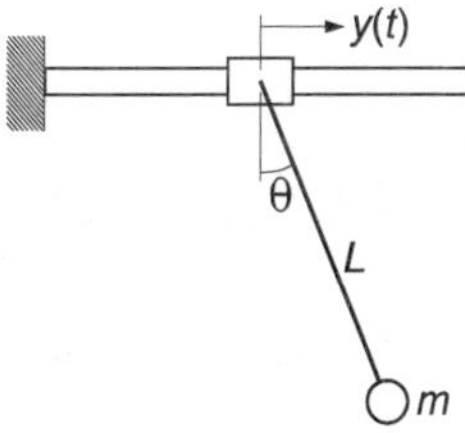

그림과 같이 진자가 이음고리(sliding collar)에 매달려 정지해 있을 때 t = 0에서 이음고리가 $y(t)$ = $Y\sin\omega t$와 같은 진동 운동을 시작한다. 진자의 운동 방정식이 다음과 같고 g = 9.80665(m/s^2), L = 1.0(m), Y = 0.25(m), 그리고 ω = 2.5(rad/s)일 때 t = 0에서 t = 10(s)까지 θ를 그림으로 그리고, 또 이 기간 동안의 가장 큰 θ는 얼마이겠는가?

$$\ddot{\theta} = -\frac{g}{L}\sin\theta + \frac{\omega^2}{L}Y\cos\theta\sin\omega t$$

12. ■

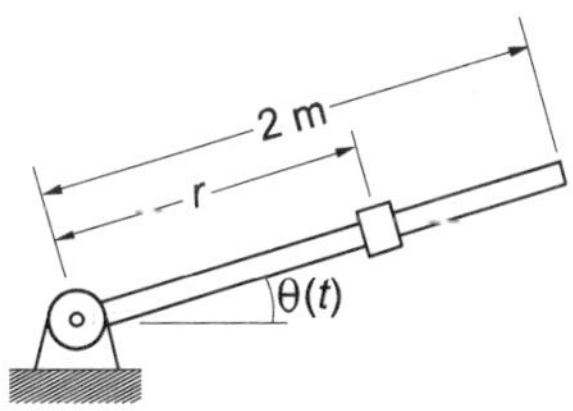

미끄러지는 질량과 안내 막대로 구성된 그림과 같은 시스템이 r = 0.75(m)인 상태로 정지해 있는데 t = 0에서 모터가 작동하여 막대를 $\theta(t)$ = $(\pi/12)\cos\pi t$와 같이 운동시킨다. 이때, 질량에 대한 운동 방정식이 다음과 같고 g = 9.80665(m/s^2)일 때 질량이 막대의 끝에 도달하는 시간을 구하라.

$$\ddot{r} = \left(\frac{\pi^2}{12}\right)^2 r\sin^2\pi t - g\sin\left(\frac{\pi}{12}\cos\pi t\right)$$

13. ■

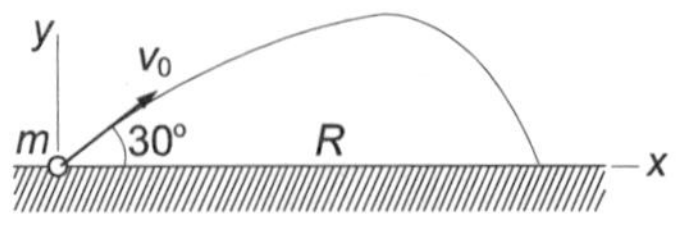

질량이 m = 0.25(kg)인 공이 v_0 = 50(m/s)의 속도로 그림과 같은 방향으로 출발하고 있다. 이때 공에 공기 항력 $F_D = C_D v^{3/2}$이 작용하는 경우의 운동 방정식은 다음과 같다.

$$\ddot{x} = -\frac{C_D}{m}\dot{x}v^{1/2} \qquad \ddot{y} = -\frac{C_D}{m}\dot{y}v^{1/2} - g$$

여기서 $v = \sqrt{\dot{x}^2 + \dot{y}^2}$ 이다. C_D = 0.03(kg/(m·s)$^{1/2}$)와 g = 9.80665(m/s^2)일 때 비행 시간과 도달 거리 R을 구하라.

14. ■ 기계 팔(mechanical arm)의 각 위치 Θ에 대한 운동 방정식은 다음과 같다.

$$\ddot{\theta} = \frac{a(b-\theta) - \theta\dot{\theta}^2}{1+\dot{\theta}^2}$$

여기서 a = 100(s^{-2})와 b = 15이다. $\theta(0) = 2\pi$와 $\dot{\theta}(0)$ = 0일 때 t = 0.5(s)에서의 θ와 $\dot{\theta}$를 구하라.

15. ■

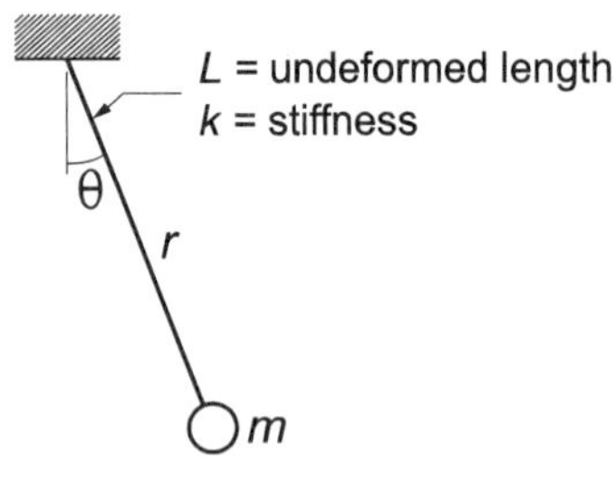

질량 m이 그림과 같이 인장 탄성계수가 k이고 전체 길이가 L인 탄성 줄(elastic cord)에 매달려 있다. 이 질량을 θ = 60°로 하여 놓았을 때 θ = 0의 위치에 처음

으로 도달할 때의 줄의 길이 r을 구하라. 단, 이 운동에 대한 미분 방정식은 다음과 같고 g = 9.80665(m/s^2), k = 40(N/m), L = 0.5(m), 그리고 m = 0.25(kg)이다.

$$\ddot{r} = r\dot{\theta}^2 + g\cos\theta - \frac{k}{m}(r-L)$$
$$\ddot{\theta} = \frac{-2\dot{r}\dot{\theta} - g\sin\theta}{r}$$

16. ■ 문제 15번에서 질량이 Θ = 60°의 위치에 놓일 때 탄성 줄이 0.075(m)만큼 줄어든 상태라면 어떻게 되겠는가?

17. ■

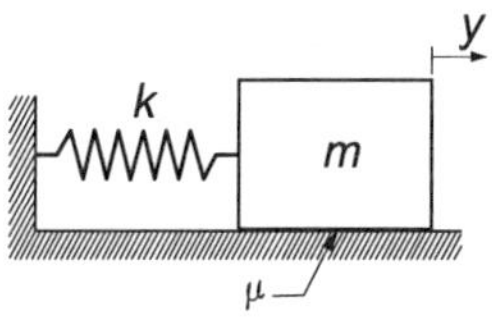

블록과 수평면 사이에 건마찰(dry friction)이 일어나는 그림과 같은 질량-스프링 시스템에서 마찰력은 크기가 μmg(μ는 마찰계수)로 일정하고 방향은 항상 운동과 반대 방향이며, 또 이 경우의 블록에 대한 운동 방정식은 다음과 같다.

$$\ddot{y} = -\frac{k}{m}y - \mu g\frac{\dot{y}}{|\dot{y}|}$$

여기서 y는 스프링이 늘어나지 않은 상태의 위치에서 측정하였다. 블록을 처음 y = y_0에 정지시켰다가 놓았을 때 y의 바로 다음 번 최대값이 해석적으로 구한 값 y_0 - $4\mu mg/k$인 것을 수치 적분을 통해 밝혀라. 단, k = 3000(N/m), m = 6(kg), μ = 0.5, g = 9.80665(m/s^2), 그리고 y_0 = 0.1(m)이다.

18. ■ 다음 미분 방정식을 x = 0에서 x = 20까지 적분하고, 또 x에 대한 y의 그래프도 함께 그려라. 참고로 이 방정식들은 비선형 진동 시스템에 흔히 나타난다.

(a) $y'' + 0.5(y^2 - 1)y' + y = 0 \qquad y(0) = 1 \quad y'(0) = 0$

(b) $y'' = y\cos 2x \qquad y(0) = 0 \quad y'(0) = 1$

19. ■ 다음 방정식의 해를 Bessel 함수 $J_0(x)$라 한다.

$$y'' + \frac{1}{x}y' + y = 0 \qquad y(0) = 0 \quad y'(0) = 0$$

수치 적분을 통해 $J_0(5)$를 계산하고 이를 보통의 수학 표에 나와 있는 값인 -0.17760과 비교해 보라. <힌트> x = 0의 특이점을 피하기 위해 적분을 x = 10^{-12}에서 시작하라.

20. ■ 다음과 같은 초기값 문제를 보고 아래 질문에 답하라.

$$y'' = 16.81y \qquad y(0) = 1.0 \quad y'(0) = -4.1$$

(a) 해석적인 해를 유도하라. (b) 이 문제를 수치적인 방법으로 구하면 어려움이 있다고 생각하나? (c) 어려움이 있는지 x = 0에서 x = 8까지 직접 수치 적분을 하여 확인해 보라.

21. ■

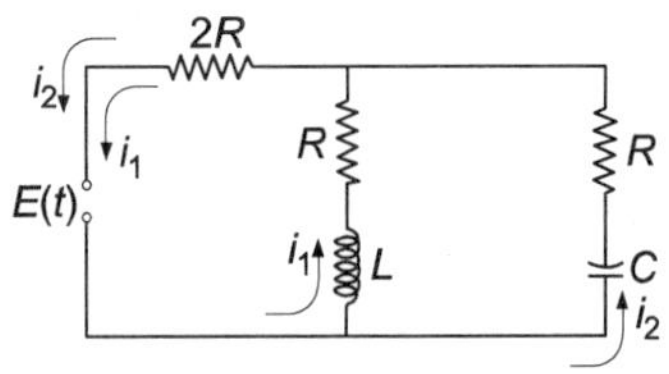

그림과 같은 회로에 대한 Kirchoff 방정식은

$$L\frac{di_1}{dt} + Ri_1 + 2R(i_1 + i_2) = E(t) \tag{a}$$

$$\frac{q_2}{C} + Ri_2 + 2R(i_2 + i_1) = E(t) \tag{b}$$

이고, 여기서 식 (b)를 다시 미분한 후에 전하-전류 관계식 dq_2/dt = i_2를 대입하면

$$\frac{di_1}{dt} = \frac{-3Ri_1 - 2Ri_2 + E(t)}{L} \tag{c}$$

$$\frac{di_2}{dt} = -\frac{2}{3}\frac{di_1}{dt} - \frac{i_2}{3RC} + \frac{1}{3R}\frac{dE}{dt} \tag{d}$$

와 같다. 참고로 식 (c)의 di_1/dt를 식 (d)에 넣어서 정리하면 본문에서 다루던 형태인 $di_2/dt = f(t, i_1, i_2)$를 만들 수 있지만 이 경우는 그냥 그대로 내버려 두고 푸는 것이 훨씬 더 편하다. $t = 0$에서 전압원이 작동할 때 $t = 0$에서 $t = 0.05$(s)까지 루프 전류 i_1과 i_2에 대한 그래프를 그려라. 단, $E(t) = 240\sin(120\pi t)$(V), $R = 1.0(\Omega)$, $L = 0.2\times10^{-3}$(H), 그리고 $C = 3.5\times10^{-3}$(F)이다.

22. ■

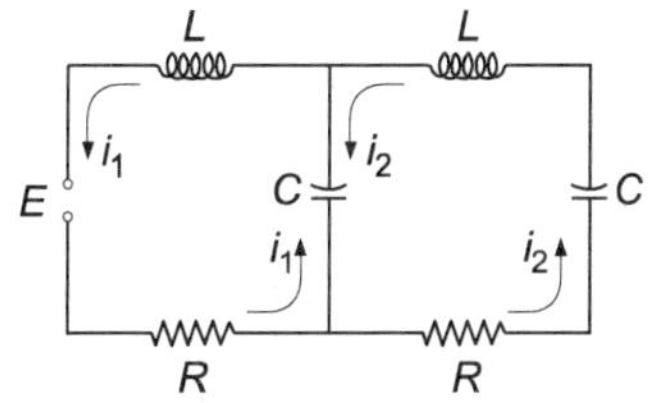

그림의 회로는 일정한 전압원 E가 $t = 0$에서 작동하여 두 루프 전류 i_1과 i_2를 약 0.05(s) 동안 흐르게 한다. $E = 9$(V), $R = 0.25(\Omega)$, $L = 1.2\times10^{-3}$(H), 그리고 $C = 5\times10^{-3}$(F)의 데이터를 이용하여 $t = 0$에서 $t = 0.05$(s)까지 이 전류들에 대한 그래프를 그려라. 여기서 두 루프에 대한 Kirchoff 방정식은

$$L\frac{di_1}{dt} + Ri_1 + \frac{q_1 - q_2}{C} = E$$
$$L\frac{di_2}{dt} + Ri_2 + \frac{q_2 - q_1}{C} + \frac{q_2}{C} = 0$$

이고, 또 두 개의 전류-전하 관계식은 다음과 같다.

$$\frac{dq_1}{dt} = i_1 \qquad \frac{dq_2}{dt} = i_2$$

7.4 안정성과 경직성

개략적으로 말해 수치적인 적분 방법은 각 단계마다 생기는 오차가 점점 더 크게 누적되지만 않는다면 안정적이다 라고 말할 수 있다. 즉, 전체 오차가 어느 범위로 한정된다는 것이다. 만약 불안정하다면 전체 오차는 지수적으로 점점 커져서 결국에는 넘침(overflow)이 일어나고 만다. 그렇지만 안정성은 정확도와는 아무런 관계가 없다. 실제로 부정확한 수치 방법이라도 아주 안정적일 수 있기 때문이다.

안정성(stability)은 주로 세 가지 요소 즉, 미분 방정식, 해를 찾는 수치 방법, 그리고 증분 h의 값에 따라 결정된다. 그러나 미분 방정식이 선형이 아니라면 안정도를 미리 예측하여 결정하기란 좀처럼 어렵다.

Euler 방법의 안정도

안정도에 대한 간단한 예로 다음을 생각해 보자.

$$y' = -\lambda y \qquad y(0) = \beta \tag{7.11}$$

여기서 λ는 양의 상수이고, 식 (7.11)의 엄밀해는 다음과 같다.

$$y(x) = \beta e^{-\lambda x}$$

이제 식 (7.11)을 다음과 같은 Euler 방법으로 수치적으로 풀 때 무슨 일이 일어나는지 살펴보자.

$$y(x+h) = y(x) + hy'(x) \tag{7.12}$$

우선, 식 (7.12)에 $y'(x) = -\lambda y$를 대입하면

$$y(x+h) = (1 - \lambda h)\, y(x)$$

이고, 이때 $|1 - \lambda h| > 1$이면 이 적분 방법은 $|y|$이 적분 단계를 진행할 때마다 계속 증가하므로 확실히 불안정하다. 따라서 Euler 방법은 $|1 - \lambda h| \le 1$일 경우, 혹은

$$h \le 2/\lambda \tag{7.13}$$

일 때에만 안정하다.

식 (7.13)의 결과는 다음과 같은 n개의 미분 방정식에도 그대로 적용할 수 있다.

$$\mathbf{y}' = -\boldsymbol{\Lambda}\mathbf{y} \tag{7.14}$$

여기서 Λ는 양의 고유값(eigenvalue) $\lambda_i(i = 1, 2, \cdots, n)$를 요소로 하는 상수 행렬이다. 그래서 이런 연립 미분 방정식인 경우의 Euler 적분 방법은 λ_{max}를 최대 고유값이라 할 때

$$h < 2/\lambda_{max} \tag{7.15}$$

일 때만 안정하다고 말할 수 있다.

경직성

초기값 문제에서 해 벡터 $\mathbf{y}(x)$의 어떤 항이 다른 값에서보다 x에서 훨씬 더 급하게 변하면 이 문제를 경직된 문제라고 한다. 그래서 경직성(stiffness)*은 미분 방정식 $\mathbf{y}' = \Lambda\mathbf{y}$(여기서 Λ는 상수 행렬)을 보고 쉽게 예측할 수 있다. 즉, 이 방정식의 해는 $\mathbf{y}(x) = \Sigma_i C_i \mathbf{v}_i \exp(-\lambda_i x)$ 이므로 각 고유값의 절대 크기의 차가 매우 크면 경직된 것이다. 여기서 λ_i는 Λ의 고유값이고 $\mathbf{v}_i$는 이와 관련한 고유벡터(eigenvector)이다.

미분 방정식이 경직할 때는 수치 적분을 신중히 해야 한다. 즉, 설사 해 벡터의 항 $\exp(-\lambda_{max})$이 x가 커짐에 따라(혹은 x가 원점에서 멀어짐에 따라) 아주 빠르게 작아져 결국 소멸된다 할지라도 증분(또는 스텝 크기(step size)라 함) h는 안정도를 위해 최대 고유값 λ_{max}에 근거하여 결정되어야 한다. 하나의 예로, 다음의 미분 방정식을 생각해 보자. (이 예제의 출처: C.E. pearson, *Numerical Methods in Engineering and Science*, van Nostrand and Reinhold (1986))

$$y'' = 1001y' + 1000y = 0 \tag{7.16}$$

먼저, $y_1 = y$와 $y_2 = y'$라 두고 1차 미분 방정식으로 바꾸면

---

* 보통 영어로 "stiffness"는 공학에서 강인성 따위로 번역을 하나 이 경우는 미분방정식의 해 특성 혹은 동적 시스템의 응답 특성과 관련이 있으므로 경직성이라 번역하였다. 움직임이 둔하고 시스템이 뻣뻣하다는 어감을 살리려 하니 강인성보다 경직성이라는 말이 더 알맞다고 보았기 때문이다.

$$\mathbf{y}' = \begin{bmatrix} y_2 \\ -1000y_1 - 1001y_2 \end{bmatrix}$$

와 같고, 그래서

$$\mathbf{\Lambda} = \begin{bmatrix} 0 & -1 \\ 1000 & 1001 \end{bmatrix}$$

이다. 그리고 Λ의 고유값은

$$|\mathbf{\Lambda} - \lambda \mathbf{I}| = \begin{vmatrix} -\lambda & -1 \\ 1000 & 1001-\lambda \end{vmatrix}$$

의 근이므로 행렬식을 전개한 형태인

$$-\lambda(1001-\lambda) + 1000 = 0$$

을 풀면 해는 λ_1 = 1와 λ_2 = 1000이다. 두 값이 크게 차이가 나므로 이 방정식이 경직한 것은 확실하다. 따라서 이 문제를 Euler 방법으로 풀려면 식 (7.15)에 따라 $h < 2/\lambda_2 = 0.002$로 정해야 적분의 안정성을 보장 받을 수 있고, Runge-Kutta 방법인 경우도 대개 이와같은 조건을 적용하는 것이 좋다.

미분 방정식이 아주 경직할 때는 Runge-Kutta와 같은 일반적인 적분 방법은 안정도를 위해 h를 아주 작게 선정해야 하므로 실제로 적용하기가 곤란하다. 따라서 이 경우는 경직 방정식(stiff equation)을 위해 특별히 만들어진 방법을 써야 올바른 해를 구할 수 있다. 하지만 이런 적분 방법은 안정도 특성을 엄청 고려해야 하기 때문에 이 교재의 범위를 벗어난다. 안정도를 높인다는 것은 그만큼 계산 비용을 많이 치러야 한다. 경직 방정식이 아니더라도 한 가지만 알아두어야 할 일반적인 규칙이 있다. 즉, 안정도는 적분 방법의 차수를 낮출 때에만(그래서 절단 오차가 커지기는 하지만) 증진시킬 수 있다.

예제 7.7

(1) 다음 방정식이 어느 정도 경직되었다는 것을 보이고 h_{max} 즉, Runge-Kutta 방법이 안정할 수 있는 h의 최대값을 추정해 보라.

$$y'' = -\frac{19}{4}y - 10y' \qquad y(0) = -9 \quad y'(0) = 0$$

(2) (1)에서 구한 h_{max}를 $h \approx h_{max}/2$와 $h \approx 2h_{max}$로 두고 y(10)을 계산하여 확인해 보라.

(1)의 풀이 우선, $y_1 = y$와 $y_2 = y'$로 두고 1차 미분 방정식으로 바꾸면

$$\mathbf{y}' = \begin{bmatrix} y_2 \\ -\frac{19}{4}y_1 - 10y_2 \end{bmatrix} = -\mathbf{\Lambda}\begin{bmatrix} y_1 \\ y_2 \end{bmatrix}$$

이고, 여기서

$$\mathbf{\Lambda} = \begin{bmatrix} 0 & -1 \\ \frac{19}{4} & 10 \end{bmatrix}$$

이다. 따라서 Λ의 고유값은

$$|\mathbf{\Lambda} - \lambda\mathbf{I}| = \begin{vmatrix} -\lambda & -1 \\ \frac{19}{4} & 10-\lambda \end{vmatrix}$$

을 풀면 되므로 $\lambda_1 = 1/2$와 $\lambda_2 = 19/2$이다. λ_2가 λ_1보다 그런 만큼 크므로 이 방정식은 어느 정도 경직되었다고 볼 수 있다.

(2)의 풀이 적분 방법을 안정하도록 하는 h의 위쪽 범위는 식 (7.15)로 구할 수 있다. 즉,

$$h_{max} = 2/\lambda_{max} = 2/(19/2) = 0.2153$$

이다. 비록 이 공식이 Euler 방법에 대하여 엄격히 검정되었다 하더라도 적분 차수가 높은 공식인 경우도 보통 그렇게 많이 벗어나지는 않는다.

다음은 $h = 0.1$로 Runge-Kutta 방법을 돌려 얻은 결과이다. (함수 printSol에서

freq = 0로 두어 초기값과 끝값만 찍었다)

```
>>        x                  y1                 y2
    0.0000e+000  -9.0000e+000   0.0000e+000
    1.0000e+001  -6.4011e-002   3.2005e-002
```

이 미분 방정식의 해석적인 해는

$$y(x) = -\frac{19}{2}e^{-x/2} + \frac{1}{2}e^{-19x/2}$$

이므로 $y(10) = -0.064011$이고, 이는 앞에서 수치적으로 구한 값과 일치한다. $h = 0.5$로 하여 돌렸을 때는 예상한 대로 다음과 같이 불안정하였다.

```
>>        x                  y1                 y2
    0.0000e+000  -9.0000e+000   0.0000e+000
    1.0000e+001   2.7030e+020  -2.5678e+021
```

7.5 적응 Runge-Kutta 방법

증분 h를 어떻게 선정하느냐 하는 일이 수치 적분에서 가장 골치 아픈 문제이다. 만약 h가 너무 크면 절단 오차가 누적되어 만족할 수 없고, 또 너무 작으면 컴퓨터 자원을 아주 낭비하는 셈이다. 나아가, 적분 구간에서 h를 모두 일정하게 사용하는 것도 문제이다. 예를들어, 해 곡선이 부드럽게 되기 전에 시작부터 아주 급하게 변하는 경우(경직 방정식에서 흔히 일어나는 경우)에는 처음에는 h를 아주 작게 잡고 점점 키워가는 방식을 채택해야 안정도와 컴퓨터 자원의 효율적 사용 측면에서 바람직하기 때문이다. 바로 이것이 수치 적분에서 적응 방법(adaptive method)이 필요한 까닭이 되겠다. 이 방법은 각 적분 단계마다 절단 오차를 평가하여 이 오차가 미리 정한 범위에 들도록 h를 자동적으로 조절한다.

적응 Runge-Kutta 방법은 이른바 중첩된 적분 공식(embedded integration formula)을 사용한다. 즉, 적분 공식이 짝으로 구성되어 있는데 하나는 적분 차수가 m이고, 또 다른 하나는 $m+1$이다. 그래서 해를 x에서 $x+h$로 넘어가면서 찾을 때 두 공식을 각각 이용하여 $\mathbf{y}_m(x+h)$와 $\mathbf{y}_{m+1}(x+h)$를 동시에 구하는 것이다. 이 경우, 적분 차수가 m인 공식의 절단 오차는 다음과 같이 추정할 수 있다.

$$\mathbf{E}(h) = \mathbf{y}_{m+1}(x+h) - \mathbf{y}_m(x+h) \tag{7.17}$$

이와같이 중첩된 공식을 사용하면 $\mathbf{F}(x, \mathbf{y})$의 평가를 함께 공유한다는 점에서 아주 매력적이다. 즉, $\mathbf{y}_m(x+h)$를 일단 계산하고 나면 $\mathbf{y}_{m+1}(x+h)$는 아주 적은 노력을 들이고도 비교적 쉽게 찾을 수 있다는 말이다.

적분 차수가 4와 5인 Runge-Kutta의 중첩 공식을 아래에 요약하였는데, 이는 처음에 Fehlberg가 유도하였기 때문에 Runge-Kutta-Fehlberg 공식이라고도 한다.

$$\mathbf{K}_1 = h\mathbf{F}(x,\mathbf{y})$$

$$\mathbf{K}_i = h\mathbf{F}\left(x + A_i h, \mathbf{y} + \sum_{j=0}^{i-1} B_{ij}\mathbf{K}_j \right), \quad i = 2,3,\ldots,6 \tag{7.18}$$

$$\mathbf{y}_5(x+h) = \mathbf{y}(x) + \sum_{i=1}^{6} C_i\mathbf{K}_i \quad (5\text{차 공식}) \tag{7.19a}$$

$$\mathbf{y}_4(x+h) = \mathbf{y}(x) + \sum_{i=1}^{6} D_i\mathbf{K}_i \quad (4\text{차 공식}) \tag{7.19b}$$

이 공식에 포함된 계수는 꼭 하나로 정해져 있지 않다. 여러 방법을 통해 각각 구해야 한다는 말인데 다음 표는 Cash와 Karp(J. R. Cash and A. H. Carp, *ACM Transaction on Mathematical Software* **16**, 201-222 (1990) 참조)가 제안한 계수로 Fehlberg가 처음 사용한 값보다 훨씬 우수한 성능을 보장한다고 알려져 있다.

i	A_i	B_{ij}					C_i	D_i
1	-	-	-	-	-	-	$\frac{37}{378}$	$\frac{2825}{27648}$
2	$\frac{1}{5}$	$\frac{1}{5}$	-	-	-	-	0	0
3	$\frac{3}{10}$	$\frac{3}{40}$	$\frac{9}{40}$	-	-	-	$\frac{250}{620}$	$\frac{18575}{48384}$
4	$\frac{3}{5}$	$\frac{3}{10}$	$-\frac{9}{10}$	$\frac{6}{5}$	-	-	$\frac{125}{594}$	$\frac{13525}{55296}$
5	1	$-\frac{11}{54}$	$\frac{5}{2}$	$-\frac{70}{27}$	$\frac{35}{27}$	-	0	$\frac{277}{14336}$
6	$\frac{7}{8}$	$\frac{1631}{55296}$	$\frac{175}{512}$	$\frac{575}{13824}$	$\frac{44275}{110592}$	$\frac{253}{4096}$	$\frac{512}{1771}$	$\frac{1}{4}$

표 7.1

하지만 이 공식으로 해를 찾을 때는 주로 식 (7.19a)의 5차 공식을 이용하고 4차 공식은 다음과 같이 절단 오차를 추정할 때에만 외부로 드러나지 않게 써먹을 뿐이다.

$$\mathbf{E}(h) = \mathbf{y}_5(x+h) - \mathbf{y}_4(x+h) = \sum_{i=1}^{6}(C_i - D_i)\mathbf{K}_i \tag{7.20}$$

주목할 것 하나. $\mathbf{E}(h)$은 벡터이며 이의 성분 $E_i(h)$은 종속 변수 y_i에 얼마의 오차가 있는지를 나타내는데 이것이 이런 질문 즉, 적분을 하면서 측정하고 관리해야 할 오차 $e(h)$는 무엇으로 정해야 하나 라는 질문을 낳는다. 이것에 대한 대답은 간단하다. 사실 모든 방정식에 다 잘 들어맞는 한 가지 선택은 있을 수 없기에 적분 환경마다 바람직한 것을 고를 수밖에 없다. 그래서 만약 $\mathbf{E}(h)$의 가장 큰 성분을 관리하고 싶다면 측정 오차는 다음이 될 수 있을 것이다.

$$e(h) = \max_i |E_i(h)| \tag{7.21}$$

또 다른 경우는 일어날 수 있는 측정 오차의 전체 합을 뜻할 수 있도록 다음과 같이 정의되는 오차의 제곱평균제곱근(root-mean-square error)을 관리할 수도 있겠다.

$$\overline{E}(h)=\sqrt{\frac{1}{n}\sum_{i=1}^{n}E_i^2(h)} \tag{7.22}$$

여기서 n은 1차 방정식의 개수이다. 따라서 측정 오차는

$$e(h)=\overline{E}(h) \tag{7.23}$$

로 둘 수 있으며, 이와같은 제곱평균제곱근 오차는 다루기가 아주 쉽기 때문에 이 책에서도 식 (7.23)을 측정 오차로 사용했다.

오차 관리(error control)는 증분 h를 조절하여 단위 증분에 대한 오차(per-step error) e가 미리 정한 허용 오차 ε와 근사적으로 같아지도록 하여 달성할 수 있다. 그리고 4차 공식인 경우 절단 오차는 $O(h^5)$이므로

$$\frac{e(h_1)}{e(h_2)}\approx\left(\frac{h_1}{h_2}\right)^5 \tag{a}$$

이다. 따라서 적분 단계에서 우연히 증분을 h_1으로 했을 때 측정 오차가 $e(h_1)$와 같았다고 하면 실제 사용해야 할 증분 h_2는 식 (a)에 $e(h_2)$ = ε를 대입하여

$$h_2=h_1\left[\frac{\varepsilon}{e(h_1)}\right]^{1/5} \tag{b}$$

와 같이 구할 수 있다. 이렇게 구한 값이 $h_2 \geq h_1$인 경우는 적분 단계를 h_2로 하여 다시 반복해 볼 수도 있지만 만약 h_1과 관련한 측정 오차가 허용 오차보다 작을 때는 이럴 필요가 없다. 오히려 앞서 구한 좋은 결과를 낭비하는 꼴이 되기 때문이다. 그래서 현재 단계의 결과는 그대로 받아들이고 다음 단계부터 h_2로 바꾸어 쓰는 것이 현명하다. 한편, $h_2 < h_1$인 경우는 현재 단계에서 얻은 결과를 즉각 버리고 증분을 h_2로 하여 다시 계산해야만 한다. 또한, 식 (b)는 단지 근사식일 뿐이기 때문에 안전한 사용을 위해 최소한의 위아래 범위를 두는 것이 좋은데, 이 책에서는 다음과 같이 약간 줄여 사용하기로 한다.

$$h_2 = 0.9h_1\left[\frac{\varepsilon}{e(h_1)}\right]^{1/5} \tag{7.24}$$

$e(h)$는 적분 단계에서 오직 한 단계에만 적용되므로 절단 오차를 부분적으로 측정한 것일 따름이다. 따라서 전체 절단 오차(global truncation error)는 이런 부분들이 다 합해져야 하므로 이 경우엔 ε을 ε_{global}보다 크지 않는 범위 내에서 어떻게 잡아야 할지가 관건이다. 하지만 $e(h)$는 처음부터 실제 오차를 신중하게 추정한 값이기에 $\varepsilon = \varepsilon_{global}$로 두어도 별로 잘못이라 할 수 없다. 적분 단계가 많으면 많을수록 이에 따라 ε를 작게 가져가는 것도 하나의 요령이다.

적응 방법이 아닌 방법을 꼭 써야 할 만한 까닭이 따로 있을까? 보통은 대답이 아니다지만 적응 방법을 쓰면 적분이 어려운 특별한 경우가 있다. 즉, 적응 방법은 $\mathbf{F}(x, \mathbf{y})$이 불연속 함수를 포함하고 있을 때는 잘 작동하지 않는다. 불연속점에서 오차를 전혀 예상할 수 없기에 프로그램 안에서 h값을 찾으려고 무한 루프에 빠져 허우적거릴 경우가 많기 때문이다. 여기서는 x의 값이 같은 간격으로 나열된 경우에도 비적응 방법(nonadaptive method)을 역시 쓸 것이다.

■ runKut5

함수 **runKut5**는 적응 Runge-Kutta 방법을 코드로 나타낸 것이다. 여기서 h는 첫번째 적분 단계에서 가장 먼저 써 볼 증분 h에 대한 시험값이다.

```
function [xSol,ySol] = runKut5(dEqs,x,y,xStop,h,eTol)
% Runge-Kutta 5차 적분법
% 사용법: [xSol,ySol] = runKut5(dEqs,x,y,xStop,h,eTol)
% 입력:
% dEqs  = 연립 1차 미분 방정식 F(x,y) = [dy1/dx dy2/dx dy3/dx ...]
% 을 정하는 함수의 함수핸들
% x,y   = 초기값(y는 행 벡터여야 한다)
% xStop = x의 최종값
% h     = x의 증분에 대한 시험값
% eTol  = 단위 증분의 허용 오차(기본값은 1.0e-6)
% 출력:
% xSol = 해를 계산하는 x의 값
% ySol = x값에 대한 각각의 y값
```

```
if size(y,1) > 1 ; y = y'; end  % y는 반드시 행 벡터여야 한다
if nargin < 6; eTol = 1.0e-6; end
n = length(y);
A = [0 1/5 3/10 3/5 1 7/8];
B = [       0           0           0           0           0
1/5     0           0           0           0
3/40        9/40        0           0           0
3/10       -9/10        6/5         0           0
-11/54      5/2        -70/27       35/27       0
    1631/55296   175/512   575/13824   44275/110592   253/4096];
C = [37/378  0  250/621  125/594  0  512/1771];
D = [2825/27648  0  18575/48384  13525/55296  277/14336  1/4];
% 해의 초기화
xSol = zeros(2,1); ySol = zeros(2,n);
xSol(1) = x; ySol(1,:) = y;
stopper = 0; k = 1;
for p = 2:5000
    % 식 (7.18)을 써서 K를 계산
    K = zeros(6,n);
    K(1,:) = h*feval(dEqs,x,y);
    for i = 2:6
        BK = zeros(1,n);
        for j = 1:i-1
            BK = BK + B(i,j)*K(j,:);
        end
        K(i,:) = h*feval(dEqs, x + A(i)*h, y + BK);
    end
    % 식 (7.19)와 (7.20)을 써서 y의 변화와 단위 증분에 대한 오차를 계산
    dy = zeros(1,n); E = zeros(1,n);
    for i = 1:6
        dy = dy + C(i)*K(i,:);
        E = E + (C(i) - D(i))*K(i,:);
    end
    e = sqrt(sum(E.*E)/n);
    % 오차가 허용 범위에 들면 받아들이고 프로그램을 종료한다
    if e <= eTol
        y = y + dy; x = x + h;
        k = k + 1;
        xSol(k) = x; ySol(k,:) = y;
        if stopper == 1;
            break
        end
    end
    % 식 (7.24)로 다음 적분 단계의 증분을 계산
```

```
    if e~= 0; hNext = 0.9*h*(eTol/e)^0.2;
    else; hNext = h; end
    % 다음에 쓸 증분이 마지막 증분인지 검사 (h가 양수인지 음수인지 검사)
    if (h > 0) == (x + hNext >= xStop )
        hNext = xStop - x; stopper = 1;
    end
    h = hNext;
end
```

예제 7.8

자유낙하 하는 어떤 물체에 작용하는 공기 항력은 근사적으로 다음과 같다.

$$F_D = av^2 e^{-by}$$

여기서 v(m/s)는 물체의 속도, y(m)는 물체의 높이, a = 7.45(kg/m), 그리고 b = 10.53×10^{-5}(m^{-1})이다. 그리고 식에서 지수 항은 공기 밀도가 높이에 따라 변하는 현상을 반영한 것이고, 이때 자유낙하를 지배하는 미분 방정식은

$$m\ddot{y} = -mg + F_D$$

이다. 여기서 g = 9.80665($\mathrm{m/s^2}$)이고 m = 114(kg)은 물체의 질량이다. 물체를 높이 9(km)에서 놓았을 때 10(s) 후의 높이와 속력을 적응 Runge-Kutta 방법을 써서 풀어라.

풀이 다시 쓴 미분 방정식과 초기 조건은 각각

$$\begin{aligned}\ddot{y} &= -g + \frac{a}{m}\dot{y}^2 \exp(-by) \\ &= -9.80665 + \frac{7.45}{114}\dot{y}^2 \exp(-10.53\times10^{-5}y) \\ y(0) &= 9000(\mathrm{m}) \qquad \dot{y}(0) = 0\end{aligned}$$

이고, 여기서 $y_1 = y$와 $y_2 = \dot{y}$로 두면 이의 1차 연립 미분 방정식과 초기 조건은 각각

$$\dot{\mathbf{y}} = \begin{bmatrix} \dot{y}_1 \\ \dot{y}_2 \end{bmatrix} = \begin{bmatrix} y_2 \\ -9.80665 + (65.351\times10^{-3})y_2^2 \exp(-10.53\times10^{-5} y_1) \end{bmatrix}$$

$$\mathbf{y}(0) = \begin{bmatrix} 9000 \\ 0 \end{bmatrix}$$

와 같고, 다음은 이를 프로그램 코드로 나타낸 것이다.

```
function F = fex7_8(x,y)
% 예제 7.8에서 사용하는 미분 방정식
F = zeros(1,2);
F(1) = y(2);
F(2) = -9.80665...
     + 65.351e-3 * y(2)^2 * exp(-10.53e-5 * y(1));
```

이 미분 방정식을 적분하고 결과를 출력하는 MATLAB 명령은 다음과 같은데, 이때 함수 runKut5에서 사용하는 단위 증분의 허용 오차는 10^{-2}로 하였다. y의 크기를 살펴볼 때 해는 다섯 자리의 정확도를 충분히 달성하고 있다.

```
>> [x,y] = runKut5(@fex7_8, 0, [9000 0], 10, 0.5, 1.0e-2);
>> printSol(x,y,1)
     x              y1             y2
  0.0000e+000    9.0000e+003    0.0000e+000
  5.0000e-001    8.9988e+003   -4.8043e+000
  2.0584e+000    8.9821e+003   -1.5186e+001
  3.4602e+000    8.9581e+003   -1.8439e+001
  4.8756e+000    8.9312e+003   -1.9322e+001
  6.5347e+000    8.8989e+003   -1.9533e+001
  8.6276e+000    8.8580e+003   -1.9541e+001
  1.0000e+001    8.8312e+003   -1.9519e+001
```

이 명령을 수행하면서 첫번째 적분 단계에서는 미리 지정한 시험값인 h = 0.5를 사용하였다. 물론 오차가 허용 범위 안에 있었기에 이 단계의 결과를 그대로 받아들였다. 그리고 식 (7.24)로 다음의 증분을 계산하니 이보다는 훨씬 큰 값이었다. 확인해 보길 바란다.

결과값을 조사해 보면, 이 물체는 t = 10(s)에서 높이는 y = 8831(m)이고, 속력은 $v = -\dot{y}$ = 19.52(m/s)인 것을 알 수 있다.

예제 7.9

조금 경직된 다음의 미분 방정식을 적응 Runge-Kutta 방법을 써서 $t = 0$에서 $t = 10$까지 적분하고, 또 이 결과를 그래프로 나타내어라. (예제 7.7과 같은 미분 방정식이니 참고하라)

$$y'' = -\frac{19}{4}y - 10y' \qquad y(0) = -9 \quad y'(0) = 0$$

풀이 여기서는 적응 방법을 사용하기 때문에 예제 7.7의 경우와는 달리 h의 안정 영역에 대해 걱정할 필요는 없다. 따라서 단위 증분에 대한 오차의 허용 범위만 합리적으로 지정해 준다면 적응 알고리즘 자체가 적당한 증분을 자동으로 찾아줄 것이다. 다음은 이 문제를 푸는 명령과 그 결과이다.

```
>> [x,y] = runKut5(@fex7_7, 0, [-9 0], 10, 0.1);
>> printSol(x,y,4)
     x               y1              y2
  0.0000e+000   -9.0000e+000    0.0000e+000
  9.8941e-002   -8.8461e+000    2.6651e+000
  2.1932e-001   -8.4511e+000    3.6653e+000
  3.7058e-001   -7.8784e+000    3.8061e+000
  5.7229e-001   -7.1338e+000    3.5473e+000
  8.6922e-001   -6.1513e+000    3.0745e+000
  1.4009e+000   -4.7153e+000    2.3577e+000
  2.8558e+000   -2.2783e+000    1.1391e+000
  4.3990e+000   -1.0531e+000    5.2656e-001
  5.9545e+000   -4.8385e-001    2.4193e-001
  7.5596e+000   -2.1685e-001    1.0843e-001
  9.1159e+000   -9.9591e-002    4.9794e-002
  1.0000e+001   -6.4010e-002    3.2005e-002
```

이 결과는 앞의 해석적인 결과와 일치한다.

다음의 y와 y'에 대한 그래프는 위의 결과값에서 처음부터 4번째마다 꺼낸 값을 보여주고 있다. y'가 급하게 변하는 $x = 0$ 부근에서는 적분 단계가 촘촘히 이루어졌고, 또 y' 곡선이 평평해질수록 점점 크게 벌어지는 것을 확인해 보길 바란다.

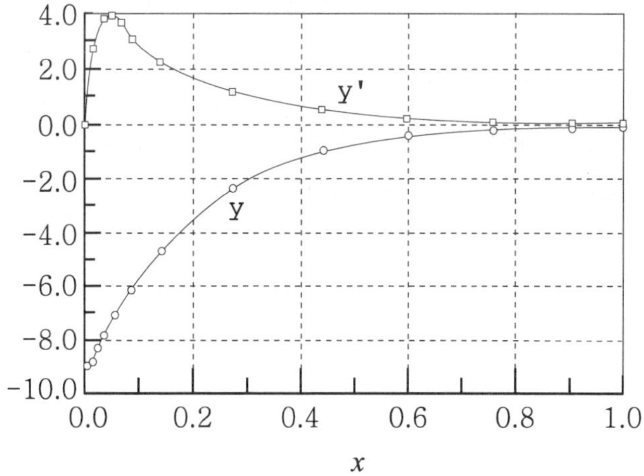

7.6 Bulirsch-Stoer 방법

중간점 방법

미분 방정식 **y**′ = **F**(*x*, **y**)의 수치 적분에 대한 중간점 공식(midpoint formula)은

$$\mathbf{y}(x+h)=\mathbf{y}(x-h)+2h\mathbf{F}\left[x,\mathbf{y}(x)\right] \tag{7.25}$$

로, 이는 수정 Euler 공식처럼 2차 공식이다. 여기서 이를 배우는 까닭은 중간점 공식이 높은 정밀도를 요구하는 경우에 여러 파라미터를 잘 선택할 수 있도록 해주는 Bulirsch-Stoer 방법의 기본이 되기 때문이다.

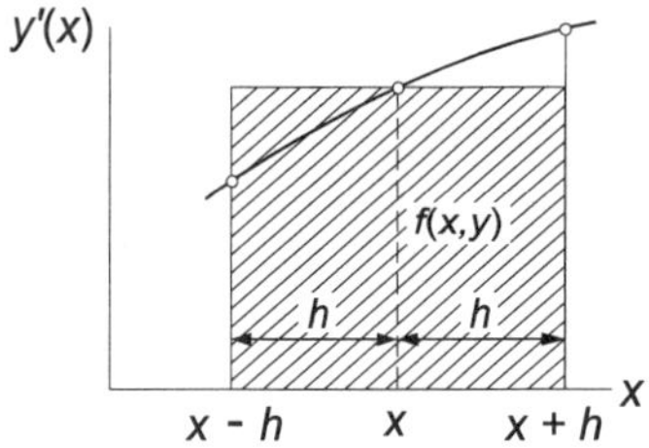

그림 7.3 중간점 공식의 도해적 표현

그림 7.3은 한 개의 미분 방정식 $y' = f(x, y)$에 중간점 공식을 적용하는 예를 보여주고 있다. 이 경우에 두 점($x - h$와 $x + h$) 사이의 y의 변화는

$$y(x+h)-y(x-h)=\int_{x-h}^{x+h} y'(x)dx$$

와 같고, 이는 $y'(x)$ 곡선의 아래 면적으로 중간점 공식은 이 면적을 그림에서처럼 빗금친 직사각형의 면적 $2hf(x, y)$로 근사하는 셈이다.

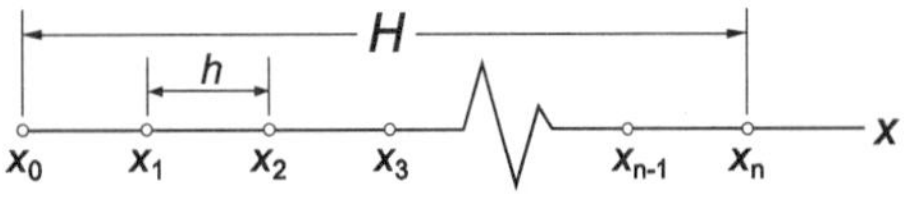

그림 7.4 중간점 공식을 위한 적분 구간

이제 좀더 나아가 연립 미분 방정식 $\mathbf{y}' = \mathbf{F}(x, \mathbf{y})$의 해를 $x = x_0$에서 $x = x_0 + H$까지 중간점 공식을 써서 찾아보도록 하자. 먼저, 적분 구간을 그림 7.4와 같이 증분이 각각 $h = H/n$인 n개의 단계로 나눈다. 다음, $\mathbf{y}_i = \mathbf{y}(x_i)$와 $\mathbf{F}_i = \mathbf{F}(x_i, \mathbf{y}_i)$로 두고 각각의 계산을 수행한다. 즉,

$$\begin{aligned} \mathbf{y}_1 &= \mathbf{y}_0 + h\mathbf{F}_0 \\ \mathbf{y}_2 &= \mathbf{y}_0 + 2h\mathbf{F}_1 \\ \mathbf{y}_3 &= \mathbf{y}_1 + 2h\mathbf{F}_2 \\ &\vdots \\ \mathbf{y}_n &= \mathbf{y}_{n-2} + 2h\mathbf{F}_{n-1} \end{aligned} \tag{7.26}$$

을 얻는다. 여기서 첫번째 식은 중간점 공식을 위한 디딤돌을 놓을 수 있도록 Euler 공식을 사용한 형태이고, 나머지 식은 모두 중간점 공식이다. 끝으로, $x = x_0 + H$의 마지막 적분 단계에서 얻을 $\mathbf{y}(x_0 + H)$는 식 (7.26)의 $\mathbf{y}_n$과 이를 Euler 공식에서 추정한 $\mathbf{y}_n$ 즉, $\mathbf{y}_n \approx \mathbf{y}_{n-1} + h\mathbf{F}_n$을 평균하여 다음과 같이 구한다.

$$\mathbf{y}(x_0 + H) = \frac{1}{2}\left[\mathbf{y}_n + (\mathbf{y}_{n-1} + h\mathbf{F}_n)\right] \tag{7.27}$$

Richardson 외삽법

식 (7.27)의 오차는 이 방면의 오차를 깊이 연구하여 일반적인 형태로 만들어 놓은 식 (6.7)을 그대로 본떠

$$\mathbf{E} = \mathbf{c}_1 h^2 + \mathbf{c}_2 h^4 + \mathbf{c}_3 h^6 + \cdots$$

와 같이 나타낼 수 있고, 바로 여기에 중간점 방법을 써먹을 가치가 발생하는 것이다. 즉, 이 오차의 앞쪽 항부터 제거하고 싶은 수만큼 Richardson 외삽법으로 없앨 때 사용할 수 있다. 예를들어, 어떤 h 값에 대해 $y(x_0+H)$를 계산한 다음 h를 반으로 줄인 $h/2$로 이 계산을 계속 반복해 가는 식이다. 따라서 h와 $h/2$에 대한 각각의 결과를 $\mathbf{g}(h)$와 $\mathbf{g}(h/2)$로 두면 Richardson 외삽법(식 (5.9) 참조)은 식 (7.27)보다 훨씬 나은 값인

$$\mathbf{y}_{\text{better}}(x_0 + H) = \frac{4\mathbf{g}(h/2) - \mathbf{g}(h)}{3}$$

을 만들어 내고, 이는 앞의 오차 식에서 4차까지 제거한 것이고 만약 $h/4$로 하여 한번 더 계산하면 Richardson 외삽법은 6차까지 없앤 정확도로 해을 찾을 수 있게 해준다.

식 (7.26)에 있는 여러 $\mathbf{y}$ 값들은 $\mathbf{y}(x_0+H)$와는 달리 Richardson 외삽법으로 더 이상 정밀하게 다룰 수 없기 때문에 하나의 중간 변수로 간주하면 좋다.

■ midpoint

함수 midpoint는 중간점 공식과 Richardson 외삽법을 함께 모아놓은 것이다. 중간점 공식이 적분의 처음 두 단계에 적용된 후에 이어지는 적분에서는 단계 수가 배로 늘어난다. 물론 각 적분이 이루어지면 바로 Richardson 외삽법이 짝이 되어 따른다. 이 과정은 연속된 두 해의 차가 제곱평균제곱근 관점에서 이미 정해진 허용 오차보다 작을 때 비로소 끝을 맺는다.

```
function y = midpoint(dEqs,x,y,xStop,tol)
% y' = F(x,y)을 적분하는 수정 중간점 방법(modified midpoint method)
% 사용법: y = midpoint(dEqs,xStart,yStart,xStop,tol)
% 입력:
% dEqs          = 1차 연립 미분 방정식 F(x,y) = [dy1/dx,dy2/dx,...]을 돌려주는
%                 함수의 함수핸들
% x, y          = 초기값(y는 행 벡터)
% xStop         = x의 최종값
% tol           = 단위 증분 허용 오차(기본값은 1.0e-6)
% 출력:
% y = y(xStop)
```

```
if size(y,1) > 1 ; y = y'; end                % y는 반드시 행 벡터여야 한다
if nargin <5; tol = 1.0e-6; end
kMax = 51;
n = length(y);
r = zeros(kMax,n);                            % Richardson 외삽법을 위한 저장 공간
% 2개의 적분 단계로 시작한다
nSteps = 2;
r(1,1:n) = mid(dEqs,x,y,xStop,nSteps);
rOld = r(1,1:n);
for k = 2:kMax
    % 적분 단계를 배로 늘리고 Richardson 외삽법으로 이 결과를 다듬는다
    nSteps = 2*k;
    r(k,1:n) = mid(dEqs,x,y,xStop,nSteps);
    r = richardson(r,k,n);
    % 수렴 조건을 확인한다
    dr = r(1,1:n) - rOld;
    e = sqrt(dot(dr,dr)/n);
    if e < tol; y = r(1,1:n); return; end
    rOld = r(1,1:n);
end
error('Midpoint method did not converge')

function r = richardson(r,k,n)
% Richardson 외삽법
for j = k-1:-1:1
    c =(k/(k-1))^(2*(k-j));
    r(j,1:n) =(c*r(j+1,1:n) - r(j,1:n))/(c - 1.0);
end
return

function y = mid(dEqs,x,y,xStop,nSteps)
% 중간점 공식
h = (xStop - x)/nSteps;
y0 = y;
y1 = y0 + h*feval(dEqs,x,y0);
for i = 1:nSteps-1
    x = x + h;
    y2 = y0 + 2.0*h*feval(dEqs,x,y1);
    y0 = y1;
    y1 = y2;
end
y = 0.5*(y1 + y0 + h*feval(dEqs,x,y2));
```

Bulirsch-Stoer 알고리즘

앞선 함수 midpoint를 홀로 쓸 때는 한가지 중요한 단점을 지적하지 않을 수 없다. 즉, 적분 구간의 처음과 마지막 사이의 점에서 얻은 해는 Richardson 외삽법으로 세밀히 다듬을 수 없고 오직 *x*의 끝값에서 구한 **y**만 사용가능 하다는 것이다. 따라서 이를 해결할 수 있는 새로운 방법 - Bulirsch-Stoer 방법이 필요한데, 이 방법 밑에 깔린 생각은 아주 간단하다. 중간점 방법을 구간별로 적용한다는 것인데, 이는 해를 찾는 적분 단계를 길이가 *H*인 구간으로 하여 각 구간에서 적분을 Richardson 외삽법과 함께 중간점 방법을 써서 수행하는 방법이다. 해의 정밀도는 *H*가 아닌 중간점 방법의 증분 *h*에 크게 좌우되기 때문에 이렇게 하면 *H*를 아주 크게 키울 수 있는 장점이 있다.

원래의 Bulirsch-Stoer 방법(Stoer, J., and Bulirsch, R., *Introduction to Numerical Anlysis*, Springer, 1980)은 본 교재의 알고리즘에는 포함되지 않는 다듬기 과정을 많이 쓰기 때문에 아주 복잡하다. 그러나 다음에 나타낸 함수 bulStoer에는 앞에서 설명했던 Bulirsch와 Stoer의 기본적인 아이디어만 담기로 한다.

그럼 Bulirsch-Stoer 방법과 적응 Runge-Kutta 방법이 갖는 각각의 장점은 무얼까? 우선, Runge-Kutta 법이 훨씬 더 강인한 방법(robust method) - 적분할 함수가 불연속점이 있거나 미분 방정식이 경직한 경우에도 허용 오차를 키울 수 있는 방법이다. 높은 정밀도를 요구하지 않는 대부분의 응용 분야에서 이 방법은 훨씬 효율적이라고 알려져 있다. 하지만, 불연속점을 포함하지 않는 함수라 하더라도 높은 정밀도로 계산해야만 하는 경우라면 오히려 Bulirsch-Stoer 방법이 더 빛을 발하게 된다.

■ bulStoer

함수 bulStoer는 Bulrisch-Stoer 방법을 간단하게 축약한 알고리즘을 담고 있다.

```
function [xSol,ySol] = bulStoer(dEqs,x,y,xStop,H,tol)
% y' = F(x,y)을 적분하는 Bulirsch-Stoer 방법의 축약판
% 사용법: [xSol,ySol] = bulStoer(dEqs,x,y,xStop,H,tol)
% 입력:
% dEqs          = 1차 연립 미분 방정식 F(x,y) = [dy1/dx,dy2/dx,...]을 돌려주는
%                 함수의 함수핸들
% x, y          = 초기값(y는 행 벡터)
% xStop         = x의 최종값
```

```
% H                = x의 증분으로 이 값마다 해를 계산
% tol              = 단위 증분 허용 오차(기본값은1.0e-6)
% 출력:
% xSol, ySol       = 증분 H에서 계산된 해

if size(y,1) > 1 ; y = y'; end                  % y는 반드시 행 벡터여야 한다
if nargin < 6; tol = 1.0e-6; end
n = length(y);
xSol = zeros(2,1); ySol = zeros(2,n);
xSol(1) = x; ySol(1,:) = y;
k = 1;
while x < xStop
    k = k + 1;
    H = min(H,xStop - x);
    y = midpoint(dEqs,x,y,x + H,tol);
    x = x + H;
    xSol(k) = x; ySol(k,:) = y;
end
```

예제 7.10

다음의 초기값 문제를 x = 5에 대하여 n = 2와 n = 4로하여 중간점 공식을 써서 풀되 반드시 Richardson 외삽법으로 해를 다듬어라. (참고로 이 문제는 예제 7.3에서 2차 Runge-Kutta 방법으로 풀었다)

$$y' = \sin y \qquad y(0) = 1$$

풀이 n = 2이면 증분의 크기는 h = 0.25이다. 따라서 식 (7.26)과 (7.27)의 중간점 공식을 적용하면

$$y_1 = y_0 + hf_0 = 1 + 0.25\sin 1.0 = 1.210368$$
$$y_2 = y_0 + 2hf_1 = 1 + 2(0.25)\sin 1.210368 = 1.467873$$
$$y_h(0.5) = \frac{1}{2}(y_2 + y_1 + hf_2)$$
$$= \frac{1}{2}(1.467873 + 1.210368 + 0.25\sin 1.467873) = 1.463459$$

이고, 또 n = 4로 하면 h = 0.125이므로 중간점 공식은

$$y_1 = y_0 + hf_0 = 1 + 0.125\sin 1.0 = 1.105184$$
$$y_2 = y_0 + 2hf_1 = 1 + 2(0.125)\sin 1.105184 = 1.223387$$
$$y_3 = y_1 + 2hf_2 = 1.105184 + 2(0.125)\sin 1.223387 = 1.340248$$
$$y_4 = y_2 + 2hf_3 = 1.223387 + 2(0.125)\sin 1.340248 = 1.466772$$
$$y_{h/2}(0.5) = \frac{1}{2}(y_4 + y_3 + hf_4)$$
$$= \frac{1}{2}(1.466772 + 1.340248 + 0.125\sin 1.466772) = 1.465672$$

와 같다. 그리고 Richardson 외삽법을 쓰면

$$y(0.5) = \frac{4(1.465672) - 1.463459}{3} = 1.466410$$

이고, 이는 "진짜" 해인 $y(0.5)$ = 1.466404와 견주어도 무리가 없을 정도다.

예제 7.11

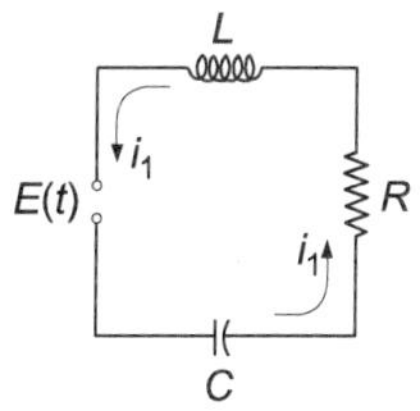

그림과 같은 전기 회로의 루프 전류 i와 커패시터(capacitor) 전하 q 사이의 미분 방정식은 다음과 같다.

$$L\frac{di}{dt} + Ri + \frac{q}{C} = E(t) \qquad \frac{dq}{dt} = i$$

외부 전압 E가 갑자기 0에서 9(V)로 올랐을 때 처음 10초 동안의 루프 전류를 그림으로 그려라. 단, R = 1.0(Ω), L = 2(H), 그리고 C = 0.45(F)이다.

풀이 $\mathbf{y} = [y_1\ y_2]^T = [q\ i]^T$로 두고 각 데이터를 사용하면 미분 방정식은

$$\dot{\mathbf{y}} = \begin{bmatrix} \dot{y}_1 \\ \dot{y}_2 \end{bmatrix} = \begin{bmatrix} y_2 \\ (-Ry_2 - y_1 / C + E)/L \end{bmatrix}$$

이고, 또 초기 조건은 다음과 같다.

$$\mathbf{y}(0) = \begin{bmatrix} 0 \\ 0 \end{bmatrix}$$

이 문제를 함수 **bulStoer**를 사용하여 풀었는데, 이때 증분은 H = 0.5(s)로 하였다. 그리고 다음 프로그램을 보면 알 수 있듯이 그림은 MATLAB의 그래프 함수를 써서 그렸다.

```
% 예제 7.11 (Bulirsch-Stoer 적분법)
[xSol,ySol] = bulStoer(@fex7_11,0,[0 0],10,0.5);
plot(xSol,ySol(:,2),'k:o')
grid on
xlabel('Time (s)')
ylabel('Current (A)')
```

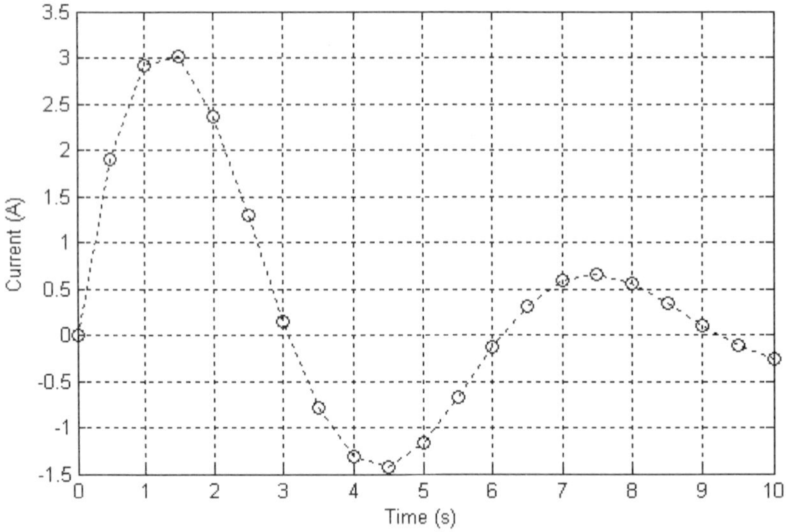

문제 7.2

1. 다음 방정식의 해석적인 해를 유도하라.

$$y'' + y' - 380y = 0 \qquad y(0) = 1 \quad y'(0) = -20$$

그리고 이 문제를 수치적으로 푸는데 어려움이 있을 것이라고 생각하나?

2. 다음 방정식을 보고 아래의 질문에 각각 답하라.

$$y' = x - 10y \qquad y(0) = 10$$

(a) 해석적인 해가 $y(x) = 0.1x - 0.01 + 10.01e^{-10x}$인 것을 확인하라.

(b) (비적응) Runge-Kutta 방법으로 수치 해를 구할 때 필요한 증분 h를 결정하라.

3. ■ 문제 2번의 초기값 문제를 Runge-Kutta 방법을 써서 $x = 0$에서 $x = 5$까지 적분할 때 (a) $h = 0.1$, (b) $h = 0.25$, 그리고 (c) $h = 0.5$를 각각 이용하고, 또 각 결과에 대해 자신의 생각을 밝혀라.

4. ■ 문제 2번의 초기값 문제를 적응 Runge-Kutta 방법을 써서 $x = 0$에서 $x = 10$까지 적분하라.

5. ■

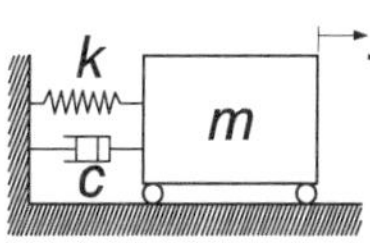

그림과 같은 질량-스프링-감쇠 시스템의 운동에 대한 미분 방정식은 다음과 같다.

$$\ddot{y} + \frac{c}{m}\dot{y} + \frac{k}{m}y = 0$$

여기서 m = 2(kg), c = 460(N·s/m), 그리고 k = 450(N/m)이고 초기 조건은 $y(0)$ = 0.01(m)와 $\dot{y}(0)$ = 0이다. (a) 이 방정식이 경직하다는 것을 보이고, 또 (비적응) Runge-Kutta로 수치 적분을 할 때 필요한 h의 값을 정하라. (b) 앞에서 구한 h로 t = 0에서 t = 0.2(s)까지 적분하고 $\dot{y}$을 시간에 대해 그려라.

6. ■ 문제 5번의 초기값 문제를 적응 Runge-Kutta 방법으로 t = 0에서 t = 0.2(s)까지 적분하고, 또 t에 대한 $\dot{y}$의 그래프를 그려라.

7. ■ 다음 미분 방정식의 수치 해를 Runge-Kutta 방법을 써서 x = 0에서 x = 2까지로 하여 계산하라.

$$y'' = 16.81y$$

단, 초기 조건을 (a) $y(0)$ = 1.0, $y'(0)$ = −4.1와 (b) $y(0)$ = 1.0, $y'(0)$ = −4.11로 각각 쓰고, 아울러 두 해의 차가 크게 벌어지는 것에 대해 왜 그런지 설명해 보라. <힌트> 해석적인 해를 찾아라.

8. ■ 다음 방정식을 x = 0에서 x = 3.5까지 적분하고, 이때 위쪽 범위 가까이에서 y가 갑자기 크지는 것은 실제 현상인지, 아니면 적분 방법의 불안정성 때문에 발생하는 인위적인 현상인지를 조사하라. <힌트> h를 여러 값에서 반복해 보라.

$$y'' + y' - y^2 = 0 \qquad y(0) = 1 \qquad y'(0) = 0$$

9. ■ 다음과 같은 경직 방정식을 x = 0에서 x = 0.2까지 적응 Runge-Kutta 방법을 써서 풀고(식(7.16) 참조) y'을 그래프로 나타내어라.

$$y'' + 1001y' + 1000y = 0 \qquad y(0) = 1 \qquad y'(0) = 0$$

10. ■ 다음 방정식을 적응 Runge-Kutta 방법으로 x = 0에서 x = 5까지 풀어라. 참고로 이 방정식의 해석적인 해는 $y = e^{-x}\sin\sqrt{2}x$이다.

$$y'' + 2y' + 3y = 0 \qquad y(0) = 0 \qquad y'(0) = \sqrt{2}$$

11. ■ 적응 Runge-Kutta 방법을 써서 다음 미분 방정식을 x = 0에서 x = 10까지 풀고 y를 그래프로 그려라. 단, 초기 조건은 $y(0)$ = 0와 $y'(0)$ = −1이다.

$$y'' = 2yy'$$

12. ■ 문제 11번을 적분 구간은 x = 0에서 x = 1.5까지로, 그리고 초기 조건은 $y(0)$

= 0와 $y'(0)$ = 1로 하여 다시 풀어라.

13. ■ 적응 Runge-Kutta 방법으로 다음 방정식을 $x = 0$에서 $x = 5$까지 풀고 y를 그래프로 나타내어라.

$$y' = \left(\frac{9}{y} - y\right)x \qquad y(0) = 5$$

14. 문제 13번을 $H = 0.5$로 하여 Bulirsch-Stoer 방법을 써서 풀어라.

15. ■ 다음 방정식을 $x = 1$에서 $x = 20$까지 풀고 y와 y'을 그래프로 그려보라. 단, 적분할 때 Bulirsch-Stoer 방법을 사용하라.

$$x^2y'' + xy' + y = 0 \qquad y(1) = 0 \qquad y'(1) = -2$$

16. ■

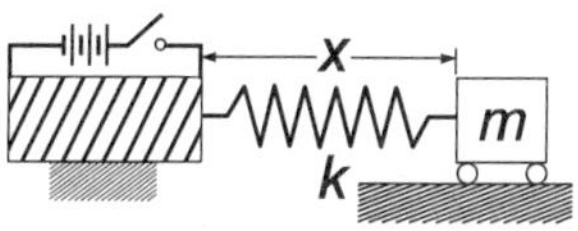

철로 만든 질량이 m인 블록이 그림과 같이 스프링 상수가 k이고 자유 길이가 L인 스프링과 연결되어 $x = L$인 상태로 정지해 있다가 전자석이 작동하여 반발력 $F = c/x^2$을 받는다. 이때, 이 시스템의 운동 방정식은 다음과 같다.

$$m\ddot{x} = \frac{c}{x^2} - k(x - L)$$

$c = 5(\text{N·m}^2)$, $k = 120(\text{N/m})$, $L = 0.2(\text{m})$, 그리고 $m = 1.0(\text{kg})$일 때 적응 Runge-Kutta 방법으로 수치 적분을 하여 운동 주기와 진폭을 구하라.

17. ■

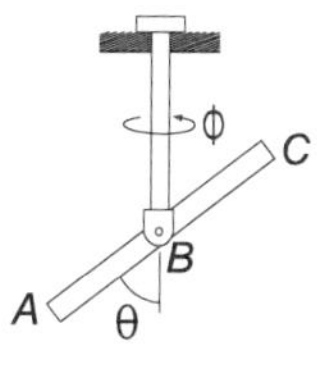

막대 ABC가 그림과 같이 핀으로 수직 봉에 연결되어 자유롭게 회전할 수 있도록 조립되어 있고, 이때. 마찰을 무시할 경우의 운동 방정식은 다음과 같다.

$$\ddot{\theta} = \dot{\phi}^2 \sin\theta\cos\theta \qquad \ddot{\phi} = -2\dot{\theta}\dot{\phi}\cot\theta$$

이 시스템이 초기 조건을 $\theta(0) = \pi/12$(rad)와 $\dot{\theta}(0) = 0$, 그리고 $\dot{\phi}(0) = 20$(rad/s)로 하여 운동을 시작할 때 적응 Runge-Kutta 방법을 써서 이 경우의 수치 해를 $t = 0$에서 $t = 1.5$(s)까지 구하고, 또 $\dot{\phi}$을 그래프로 나타내 보라.

18. ■ 예제 7.11의 전기 회로에서 $R = 0$이고 $E(t)$는 다음과 같을 때 다시 풀어라.

$$E(t) = \begin{cases} 0 & t < 0 \\ 9\sin\pi t & t \geq 0 \end{cases}$$

19. ■ 문제 7.1의 21번 문제에서 $E = 240$(V)로 일정할 때 다시 풀어라.

20. ■

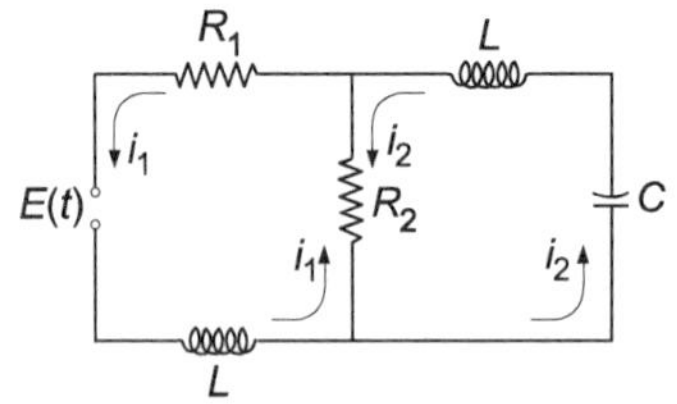

그림의 전기 회로에 대한 Kirchoff 방정식은 다음과 같다.

$$L\frac{di_1}{dt} + R_1 i_1 + R_2(i_1 - i_2) = E(t)$$
$$L\frac{di_2}{dt} + R_2(i_2 - i_1) + \frac{q_2}{C} = 0$$

여기서

$$\frac{dq_2}{dt} = i_2$$

이다. 다음과 같은 데이터를 써서 루프 전류 i_1와 i_2를 찾아 $t = 0$에서 $t = 0.05$(s)

까지 그래프로 그려라. 즉, R_1 = 4(Ω), R_2 = 10(Ω), L = 0.032(H), C = 0.32(F), 그리고

$$E(t)=\begin{cases}20(\text{V}) & 0<t<0.005(\text{s})\\ 0 & \text{otherwise}\end{cases}$$

이다.

21. ■ 외부와 단절된 어떤 생태계에 M개의 먹이감(prey)과 이를 잡아 먹는 N개의 포식자(predator)가 함께 공존한다고 생각해 보자. 이 경우 Volterra는 이와같은 두 개체 사이에 다음과 같은 관계식이 성립한다고 주장했다.

$$\dot{M}=aM-bMN$$
$$\dot{N}=-cN+dMN$$

여기서 a, b, c, 그리고 d는 상수이다. 이 방정식의 정상상태 해는 $M_0 = c/d$와 $N_0 = a/b$이지만 두 개체를 좀더 투입하면 두 개체의 수는 주기적으로 증감하는 모습을 보인다. 이때, 이런 현상을 쉽게 보이기 위해

$$y_1=M/M_0 \qquad y_2=N/N_0$$

와 같이 두면 위의 미분 방정식은

$$\dot{y}_1=a(y_1-y_1y_2)$$
$$\dot{y}_2=b(-y_2+y_1y_2)$$

이 되는데, 이 식을 이용하여 두 개체를 t = 0에서 t = 50(년)까지 그래프로 그려 보여라. 단, a = 1.0/년, b = 0.2/년, $y_1(0)$ = 0.1, 그리고 $y_2(0)$ = 1.0이다.

22. ■ 다음과 같은 Lorenz 방정식은 유체 역학을 공부할 때 자주 만난다.

$$\dot{u}=-au+av$$
$$\dot{v}=cu-v-uw$$
$$\dot{w}=-bw+uw$$

a = 5.0, b = 0.9, 그리고 c = 8.2로 두고, 또 초기 조건이 $u(0)$ = 0, $v(0)$ = 1.0, 그리고 $w(0)$ = 2.0일 때 이 방정식을 t = 0에서 t = 10까지 풀고 $u(t)$를 그래프로 나타내라. 또, c = 8.3으로 두고 이 계산을 반복한 후에 이 결과를 보고 어떤 결론을 내릴 수 있는지 말해보라.

MATLAB® 함수

[xSol, ySol] = ode23(dEqs, [xStart, xStop], yStart) 미분 방정식을 차수가 낮은(보통 3차) 적응 Runge-Kutta 방법을 사용하여 푼다. 함수 **dEqs**는 미분 방정식을 반드시 열 벡터로 돌려주어야 한다. (반면에 본 교재에 있는 **runKut4**와 **runKut5**는 행 벡터를 요구한다) 적분 영역은 **xStart**에서 **xStop**까지 이고, 초기 조건은 **yStart**(역시 열 벡터)이다.

[xSol, ySol] = ode45(dEqs, [xStart, xStop], yStart) 함수 **ode23**과 비슷하지만 차수가 높은(보통 5차) Runge-Kutta 방법을 써서 미분 방정식을 푼다.

이 두 방법은 본 교재에서 설명한 다른 방법과 같이 단일단계 법(single-step method)에 속한다. 이 말은 해 곡선에서 한 점에 대한 정보만 있으면 다음 점을 계산하는데 충분하다는 뜻이다. 이에 반하여 다음 단계의 해를 구할 때 해 곡선의 여러 점을 이용하는 다중단계 법(multistep method)도 역시 있다. 하지만 이 방법은 한때는 인기를 끌었지만 지난 몇 년 전부터 매력을 잃고 말았다. 다중단계 법이 이의 구현을 어렵게 만드는 몇 가지 단점을 소개하면 다음과 같다.

- 이 방법은 적분을 독자적으로 시작할 수 없다. 반드시 단일단계 법으로 몇몇 점에서 구한 해를 먼저 공급해 주어야 한다.
- 이 방법은 증분의 간격을 항상 똑같이 해주어야 하는데, 이는 적분 단계에서 증분의 크기를 바꾸는 작업을 어렵게 만든다.

사실 이 두 단점을 치료할 수는 있지만 알고리즘이 그만큼 복잡해진다. 그래서 다중단계 법은 어떤 문제에서 단일단계 법에 견주어 큰 이점이 있는 경우(아주 드문 경우이긴 하지만)에 한해 사용을 제한할 필요가 있다. MATLAB®에서 이런 다중단계 법을 범용으로 지원하는 함수는 다음과 같다.

[xSol, ySol] = ode113(dEqs, [xStart, xStop], yStart) 이 함수는 본 교재에서는 생략된 가변 차수(variable-order) Adams-Bashforth-Moulton 방법을 사용한다.

MATLAB®은 또한 경직 방정식(stiff equation)을 풀 수 있는 여러 함수도 가지고 있다. 즉, ode15s(이는 경직 방정식을 만날 때 처음으로 시도해 볼 함수이다), ode23s, ode23t, 그리고 ode23tb 따위가 있다.

8. 두 점 경계값 문제

경계값이 $y(a) = \alpha$와 $y(b) = \beta$일 때 $y'' = f(x,y,y')$을 푼다

8.1 개요

두 점 경계값 문제에서 미분 방정식에 대한 보조 조건(이를 경계 조건(boundary condition)이라 함)은 x의 다른 값에서 각각 지정되어야 한다. 이 같은 조건을 초기값 문제에 견주어 보면 겉으론 아주 작은 차이밖에 아닐 것 같지만 실제는 엄청나다. 즉, 이 때문에 경계값 문제를 푸는 일이 너무 어려워 애를 먹는다. 초기값 문제에서는 초기 조건이 주어진 점에서 시작하여 해를 필요한 만큼 앞으로(순차적으로) 계속 찾아나가면 되었지만 경계값 문제에서는 이런 과정이 안 통한다. 이는 해를 찾기 위해 양 끝점 중의 하나에서 쓸 수 있는 시작 조건이 충분하지 않기 때문이다.

시작 조건(starting condition)이 부족한 문제를 극복하는 한 가지 방법은 이를 미리 어떤 값으로 가정하는 것이다. 이렇게 하면 찾은 해가 다른 경계 조건을 만족하지 않을 수도 있는데 이는 서로의 차이점을 잘 조사해 봄으로써 다시 적분을 시작하기 전에 초기 조건에 어떤 변화를 주어야 하는지 예측해 보면 된다. 이런 반복 과정을 영점사격 방법(shooting method)이라 한다. 사격할 때 먼저 영점을 맞추어야 하는 것과 같이 처음에 한번 시험 사격하여 목표를 맞추었는지 확인한 후에 가늠자를 조정하여 다시 사격한다는 것에서 이름을 따왔다.

두 점 경계값 문제를 푸는 다른 방법에는 미분 방정식을 똑같이 나누어진 그물점(mesh point)에서 유한차분으로 근사하는 즉, 미분 방정식을 연립 대수 방정식으로 바꾸어 푸는 유한차분법(finite difference method)이 있다.

근데, 이 두 방법은 공통된 문제를 가지고 있다. 미분 방정식이 선형이 아니면 이 방법을 적용한 식도 연립 비선형 식이 된다는 것이다. 4장에서 언급했듯이 비선형 식을

푸는 모든 방법은 계산 자원을 엄청 소비하는 반복 과정을 통해야만 한다. 그래서 비선형 경계값 문제의 해는 그냥 얻을 수 있는 것이 아니다. 그리고 이런 반복법이 수렴하기 위해서는 항상 시작값을 잘 선정해야 한다는 것도 해 찾는 과정을 복잡하게 만드는 또다른 까닭이기도 하다. 결론으로, 비선형 경계값 문제를 푸는 정형화된 공식이 없기 때문에 이의 알고리즘은 입력을 처리하는 일 따위에서 지능적인 과정을 수행할 수 있어야 한다. 단지 보통의 함수처럼 "블랙박스"로 다루어져서는 안 된다는 말이다.

8.2 영점사격 방법

2차 미분 방정식

가장 간단한 두 점 경계값 문제는 $x = a$에서 조건 하나, 그리고 $x = b$에서 또다른 조건을 하나 갖는 2차 미분 방정식이다. 예를들어, 다음과 같다.

$$y'' = f(x, y, y') \qquad y(a) = \alpha \qquad y(b) = \beta \tag{8.1}$$

지금부터 식 (8.1)을 다음과 같은 초기값 문제로 바꾸어 보기로 하자.

$$y'' = f(x, y, y') \qquad y(a) = \alpha \qquad y'(a) = u \tag{8.2}$$

당연히 알맞은 u 값을 제대로 찾는 것이 성공의 열쇠이고, 이는 시행착오 방법으로 해 볼 수 있다. 즉, 처음 u를 추정한 후에 $x = a$에서 $x = b$까지 진행하면서 초기값 문제를 푼다. 만약 이 해가 이미 정해진 경계 조건 $y(b) = \beta$과 일치하면 끝난 일이지만 그렇지 않다면 u를 다시 조정하여 다시 시도하는 식이다. 너무나 지루한 과정임에 틀림없다.

좀더 체계적인 방법을 원한다면 u를 결정하는 일이 근 찾는 방법과 같다는 것을 알 필요가 있다. 초기값 문제의 해는 전적으로 u에 의존하기 때문에 경계 조건 $y(b)$는 u의 함수로 계산할 수 있다. 즉,

$$y(b) = \theta(u)$$

이고 따라서 u는 다음 방정식의 근인 것이다.

$$r(u)=\theta(u)-\beta=0 \tag{8.3}$$

여기서 $r(u)$는 경계값의 원래 값과 계산한 값과의 차인 경계 오차(boundary residual)로 4장에서 배운 근 찾는 방법의 어느 하나를 이용하면 풀 수 있다. 다만 이 방법 중에 이분법(bisection method)은 $\theta(u)$를 너무 많이 평가하기 때문에 배제하는 것이 좋다. Newton-Rapson 방법도 $d\theta/du$를 계산하는 일(비록 계산은 할 수 있지만 그렇게 쉽지는 않다)이 포함되기 때문에 마찬가지로 빼고 이 교재에서처럼 Brent 알고리즘을 추천한다.

비선형 경계값 문제를 푸는 과정을 요약하면 다음과 같다.

1. 시작값 u_1와 u_2를 정하는데, 이는 반드시 식 (8.3)의 근 u의 범위 안에 있어야 한다.
2. 식 (8.3)에 Brent 방법을 적용하여 u에 대해 푼다. 이 경우 $\theta(u)$에 대한 평가는 미분 방정식을 초기값 문제로 풀면서 실행한다.
3. u의 값을 찾았으면 미분 방정식을 한번 더 풀어 그 결과를 저장한다.

미분 방정식이 선형이면 u를 결정하는데 오직 한번의 보간만 하면 된다. 하지만 Brent 방법은 2차 보간법이기 때문에 세 점 즉, u_1, u_2, 그리고 u_3(여기서 u_3는 구간을 두 부분으로 나누는 단계에서 필요하다)가 필요하다. u_1과 u_2로 실시하는 선형 보간도 u에 대한 정확한 값을 만들어 낼 수 있으므로 세 점을 사용하는 것은 일종의 낭비이다. 그래서 미분 방정식이 선형이면 Brent 법을 선형 보간법으로 대체하여 쓰는 것이 좋다.

■ linInterp

다음은 선형 보간에 대한 알고리즘이다.

```
function root = linInterp(func,x1,x2)
% 선형 함수 f(x)의 근을 두 점 x1과 x2 사이의 직선 보간을 통해 찾는다
% func = 함수 f(x)에 대한 함수핸들

f1 = feval(func,x1); f2 = feval(func,x2);
root = x2 - f2*(x2 - x1)/(f2 - f1);
```

예제 8.1

다음의 비선형 경계값 문제를 풀어라.

$$y'' + 3yy' = 0 \qquad y(0) = 0 \quad y(2) = 1$$

풀이 이와 동등한 1차 미분 방정식은

$$\mathbf{y}' = \begin{bmatrix} y_1' \\ y_2' \end{bmatrix} = \begin{bmatrix} y_2 \\ -3y_1 y_2 \end{bmatrix}$$

이고, 이때 경계 조건은 다음과 같다.

$$y_1(0) = 0 \qquad y_1(2) = 1$$

이제 성가시고 기 죽이는 일 즉, 문제에서 지정되지 않은 초기 조건인 $y_2(0)$가 $y_2(0) = y'(0)$이 되도록 여러 시험값을 추정해 보는 일이 남았다. 이런 일은 보통 아무렇게나 두 수를 선택하여 최선이 되기를 희망하곤 하는데 어느 정도 탐정과 같은 일을 해보면 이런 과정을 꽤 줄일 수 있다. 즉, 먼저 y는 구간 $0 \le x \le 2$에서 완만한 곡선(위 아래로 요동치지 않는 곡선)이라고 대체로 그럴듯하게 가정한다. 다음, 이런 가정으로 y는 $x = 0$에서 $x = 1$ 사이에서 증가하는 함수 즉, $y' > 0$인 것을 알 수 있고, 그래서. y와 y'가 양수이므로 주어진 미분 방정식에서 y''는 반드시 음수가 된다는 것을 밝힐 수 있다. 끝으로, y에 대해 대략의 그림을 그리면 다음과 같다.

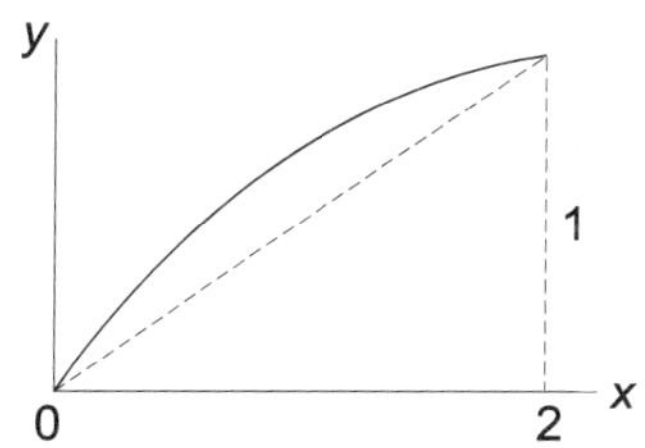

그림을 살펴보면, $y' > 0.5$이므로 $y'(0) = 1$와 $y'(0) = 2$는 $y'(0)$의 범위로 합당한 것을 알 수 있다. 만약 이 범위가 합당하지 않다면 Brent 방법은 계산 과정에서 에러 메시지를 낼 것이다.

다음의 프로그램은 적분할 때 비적응 Runge-Kutta 방법을 썼다. 문제를 바로 기술하기 위하여 사용자가 3개의 함수를 따로 공급해 놓아야 하는 것에 주의하라. 즉, 미분 방정식을 정의하는 함수 **dEqs(x,y)** 이외에도 적분할 때 필요한 초기 조건을 지정하는 함수 **inCond(u)**와 Brent 방법이 경계 오차를 알 수 있도록 하는 함수 **residual(u)**이 함께 필요한 것이다. 이런 함수들에서 단 몇 줄만 문장을 고쳐 쓰면 이 프로그램은 어떤 다른 2차 경계값 문제를 푸는데도 적용할 수 있을 것이고, 또 3개의 경계 조건 중에서 두 개를 먼저 선택하여 여기서부터 적분을 시작한다면 3차 방정식까지도 똑같이 풀 수 있다.

```
function shoot2
% 예제 8.1의 2차 경계값 문제를 위한 영점사격 방법(shooting method)
global XSTART XSTOP H          % 이 파라미터들을 전역 변수(global variable)로 지정
XSTART = 0; XSTOP = 2;         % 적분 구간
H = 0.1;                       % 증분의 크기
freq = 2;                      % 1줄에 찍힐 출력의 개수
u1 = 1; u2 = 2;                % 알지 못하는 초기 조건 u에 대한 시험값

x = XSTART;
u = brent(@residual,u1,u2);
[xSol,ySol] = runKut4(@dEqs,x,inCond(u),XSTOP,H);
printSol(xSol,ySol,freq)

function F = dEqs(x,y)         % 1차 미분 방정식
F = [y(2), -3*y(1)*y(2)];

function y = inCond(u)         % 초기 조건(u는 미지의 조건)
y = [0 u];

function r = residual(u)       % 경계 오차
global XSTART XSTOP H
x = XSTART;
[xSol,ySol] = runKut4(@dEqs,x,inCond(u),XSTOP,H);
r = ySol(size(ySol,1),1) - 1;
```

(프로그램의 결과)

```
      x             y1            y2
  0.0000e+000   0.0000e+000   1.5145e+000
  2.0000e-001   2.9404e-001   1.3848e+000
  4.0000e-001   5.4170e-001   1.0743e+000
  6.0000e-001   7.2187e-001   7.3287e-001
  8.0000e-001   8.3944e-001   4.5752e-001
  1.0000e+000   9.1082e-001   2.7013e-001
  1.2000e+000   9.5227e-001   1.5429e-001
```

```
1.4000e+000    9.7572e-001    8.6471e-002
1.6000e+000    9.8880e-001    4.7948e-002
1.8000e+000    9.9602e-001    2.6430e-002
2.0000e+000    1.0000e+000    1.4522e-002
```

여기서 $y'(0) = 1.5145$를 확인할 수 있으므로 처음 추정한 값인 1.0와 2.0은 올바르다는 것을 알 수 있다.

예제 8.2

다음의 초기값 문제를 풀었더니 $y'(2) = 1.65364$이었다. 이를 이용하여 $y'(2) = 0$이 되도록 $y'(0)$의 값을 결정하라.

$$y'' + 4y = 4x \qquad y(0) = 0 \quad y'(0) = 0$$

풀이 다음과 같은 선형 보간법을 사용한다.

$$u = u_2 - \theta(u_2)\frac{u_2 - u_1}{\theta(u_2) - \theta(u_1)}$$

여기서 $u = y'(0)$와 $\theta(u) = y'(2)$이고, 이 기호를 따르면 $u_1 = 0$와 $\theta(u_1) = 1.65364$이다. 우선, 두번째 점을 얻으려면 초기값 문제의 다른 해를 찾아야 하는데 $y = x$가 분명한 해가 되므로 $y(0) = 0$와 $y'(0) = y'(2) = 1$이다. 따라서 두번째 점은 $u_2 = 1$와 $\theta(u_2) = 1$이므로 위의 선형 보간법은

$$y'(0) = u = 1 - (1)\frac{1-0}{1-1.65364} = 2.52989$$

와 같다. 이 문제는 선형이므로 더 이상의 반복 과정은 필요하지 않다.

예제 8.3

다음의 3차 경계값 문제를 풀고 y의 그래프를 그려라.

$$y''' = 2y'' + 6xy \qquad y(0) = 2 \qquad y(5) = y'(5) = 0$$

풀이 이와 동등한 1차 미분 방정식과 이에 대한 경계 조건은 다음과 같다.

$$\mathbf{y}' = \begin{bmatrix} y_1' \\ y_2' \\ y_3' \end{bmatrix} = \begin{bmatrix} y_2 \\ y_3 \\ 2y_3 + 6xy_1 \end{bmatrix}$$

$$y_1(0) = 2 \qquad y_1(5) = y_2(5) = 0$$

다음 프로그램은 예제 8.1의 **shoot2**를 기본으로 하여 작성하였다. 3개의 경계 조건 중에서 두 개가 오른쪽 끝에 지정되어 있기 때문에 적분을 x = 5에서 시작하여 x = 0으로 진행한다. 즉, h를 음의 값으로 쓴다는 말이다. 그리고 3개의 초기 조건 중에서 두 개 즉, $y_1(5)$ = $y_2(5)$ = 0은 이미 알고 있으므로 미지수는 $y_3(5)$이다. 또한, 미분 방정식이 선형이기 때문에 $y_3(5)$에 대한 두 개의 추정값(u_1와 u_2)은 중요하지 않다. 예제 8.1과 똑같이 둔다는 말이다. 끝으로, 적분 방법은 적응 Runge-Kutta 방법(**runKut5**)을 썼다.

```
function shoot3
% 예제 8.3의 3차 경계값 문제에 대한 영점사격 방법

global XSTART XSTOP H               % 파라미터들을 전역 변수로 선언
XSTART = 5; XSTOP = 0;              % 적분 구간
H = -0.1;                           % 증분의 크기
freq = 2;                           % 1줄에 찍힐 출력의 개수
u1 = 1; u2 = 2;                     % 미지수의 초기 조건 u에 대한 시험값

x = XSTART;
u = linInterp(@residual,u1,u2);
[xSol,ySol] = runKut5(@dEqs,x,inCond(u),XSTOP,H);
printSol(xSol,ySol,freq)

function F = dEqs(x,y)                      % 1차 미분 방정식
F = [y(2), y(3), 2*y(3) + 6*x*y(1)];

function y = inCond(u)                      % 초기 조건
y = [0 0 u];

function r = residual(u)                    % 경계 오차
```

```
global XSTART XSTOP H
x = XSTART;
[xSol,ySol] = runKut5(@dEqs,x,inCond(u),XSTOP,H);
r = ySol(size(ySol,1),1) - 2;
```

여기서는 해를 출력하면 좀 길기 때문에 앞과 달리 생략하기로 하고 그래프만 보여주기로 한다.

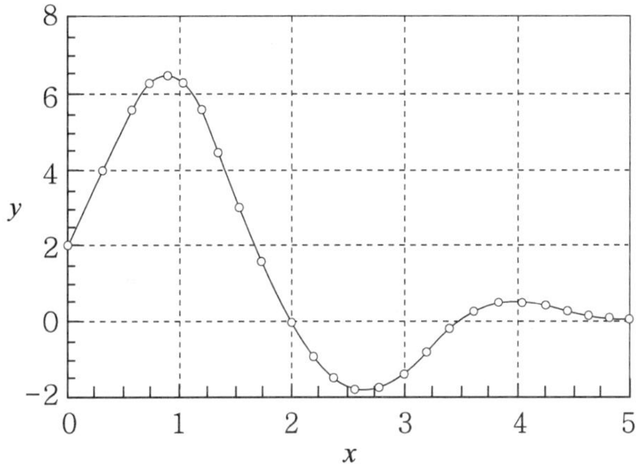

고차 미분 방정식

4차 미분 방정식

$$y^{(4)} = f(x, y, y', y'', y''') \tag{8.4a}$$

와 이의 경계 조건

$$y(a) = \alpha_1 \quad y''(a) = \alpha_2 \quad y(b) = \beta_1 \quad y''(b) = \beta_2 \tag{8.4b}$$

을 생각해 보자. 식 (8.4a)를 영점사격 방법으로 풀기 위해서는 $x = a$에서의 초기 조건이 4개 필요한데 단지 2개만 지정되어 있다. 나머지 2개의 초기 조건을 u_1와 u_2로 두면 전체 초기 조건은 다음과 같이 나타낼 수 있다.

$$y(a) = \alpha_1 \quad y'(a) = u_1 \quad y''(a) = \alpha_2 \quad y'''(a) = u_2 \tag{8.5}$$

만약 식 (8.4a)를 영점사격 법으로 초기 조건을 식 (8.5)로 하여 푼다면 $x = b$에서 경계 조건은 u_1과 u_2를 어떻게 선택하느냐에 따라 다를 것인데, 이의 관계식은

$$y(b) = \theta_1(u_1, u_2) \qquad y''(b) = \theta_2(u_1, u_2) \tag{8.6}$$

와 같이 나타낼 수 있다. 다시말하면, u_1과 u_2를 잘 선택함으로써 $x = b$에서 주어진 경계 조건에 맞출 수 있다는 것으로

$$\theta_1(u_1, u_2) = \beta_1 \qquad \theta_2(u_1, u_2) = \beta_2$$

혹은 벡터 기호를 써서

$$\boldsymbol{\theta}(\mathbf{u}) = \boldsymbol{\beta} \tag{8.7}$$

을 만족하게 되고, 이는 연립(보통 비선형) 방정식으로 4.6절에서 언급한 Newton-Raphson 방법으로 풀 수 있다. 하지만 이 역시 미분 방정식이 비선형이면 u_1와 u_2의 추정을 현명하고 지능적으로 해야 하는 것이 가장 중요하다.

예제 8.4

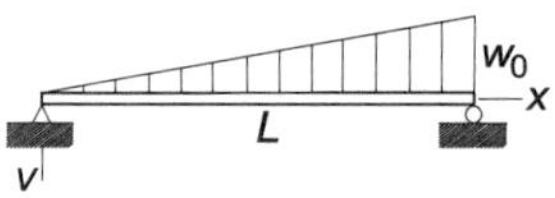

그림과 같은 단순보(simply supported beam)의 처짐 v는 다음의 경계값 문제를 풀어 찾을 수 있다.

$$\frac{d^4 v}{dx^4} = \frac{w_0}{EI}\frac{x}{L} \qquad v = \frac{d^2 v}{dx^2} = 0 \ (x = 0\text{과 } x = L\text{에서})$$

여기서 EI는 굽힘 강성(bending rigidity)이다. 양 끝점의 기울기와 중간에서의 변위를 수치 적분을 통하여 구하라.

풀이 다음과 같은 무차원 변수(dimensionless variable)

$$\xi = \frac{x}{L} \qquad y = \frac{EI}{w_0 L^4} v$$

을 도입하면 이 경계치 문제를 다음과 같이 바꾸어 쓸 수 있다.

$$\frac{d^4 y}{d\xi^4} = \xi \qquad y = \frac{d^2 y}{d\xi^2} = 0 \ (\xi = 0\text{과 } \xi = 1\text{에서})$$

따라서 이와 동등한 1차 미분 방정식과 이의 경계 조건은 각각 다음과 같다. (여기서 $d/d\xi$는 $'$표시로 나타내었다)

$$y' = \begin{bmatrix} y_1' \\ y_2' \\ y_3' \\ y_4' \end{bmatrix} = \begin{bmatrix} y_2 \\ y_3 \\ y_4 \\ \xi \end{bmatrix}$$

$$y_1(0) = y_3(0) = y_1(1) = y_3(1) = 0$$

다음 프로그램은 예제 8.1의 프로그램과 비슷하다. 이 프로그램은 함수 dEqs(x,y), inCond(u), 그리고 residual(u)를 적당히 변경함으로써 2보다 큰 임의 차수의 경계값 문제도 풀 수가 있다. 그리고 이 프로그램에는 적분할 때 앞과는 달리 Bulirsch-Stoer 알고리즘을 썼는데 이는 이 문제가 정확히 가운데 점에서의 처짐 y를 구하는 문제여서 출력할 점을 조절할 수 있어야 했기 때문이다. 물론 비적응 Runge-Kutta 방법을 쓸 수도 있지만 이 경우에는 증분 h의 크기를 적절하게 추정하는 일이 필요하다.

```
function shoot4
% 예제 8.4의 4차 경계값 문제를 푸는 영점사격 방법

global XSTART XSTOP H               % 파라미터를 전역 변수로 선언
XSTART = 0; XSTOP = 1;              % 적분 구간
H = 0.5;                            % 증분의 크기
freq = 1;                           % 1줄에 찍힐 출력 수
u = [0 1];                          % u(1)와 u(2)의 시험값

x = XSTART;
```

```
u = newtonRaphson2(@residual,u);
[xSol,ySol] = bulStoer(@dEqs,x,inCond(u),XSTOP,H);
printSol(xSol,ySol,freq)

function F = dEqs(x,y)              % 1차 미분 방정식
F = [y(2) y(3) y(4) x;];

function y = inCond(u)              % 초기 조건( u(1)와 u(2)이 미지수)
y = [0 u(1) 0 u(2)];

function r = residual(u)            % 경계 오차
global XSTART XSTOP H
r = zeros(length(u),1);
x = XSTART;
[xSol,ySol] = bulStoer(@dEqs,x,inCond(u),XSTOP,H);
lastRow = size(ySol,1);
r(1 )= ySol(lastRow,1);
r(2) = ySol(lastRow,3);
```

(프로그램 출력)

x	y1	y2	y3	y4
0.0000e+000	0.0000e+000	1.9444e-002	0.0000e+000	-1.6667e-001
5.0000e-001	6.5104e-003	1.2150e-003	-6.2500e-002	-4.1667e-002
1.0000e+000	-4.8369e-017	-2.2222e-002	-5.8395e-018	3.3333e-001

한편, 다음의 관계식

$$\frac{dv}{dx} = \frac{dv}{d\xi}\frac{d\xi}{dx} = \left(\frac{w_0 L^4}{EI}\frac{dy}{d\xi}\right)\frac{1}{L} = \frac{w_0 L^3}{EI}\frac{dy}{d\xi}$$

을 이용하면

$$\left.\frac{dv}{dx}\right|_{x=0} = 19.444\times10^{-3}\frac{w_0 L^3}{EI}$$

$$\left.\frac{dv}{dx}\right|_{x=L} = -22.222\times10^{-3}\frac{w_0 L^3}{EI}$$

$$v\big|_{x=0.5L} = 6.5104\times10^{-3}\frac{w_0 L^4}{EI}$$

을 얻을 수 있는데, 이는 해석적인 해 즉, 미분 방정식을 직접 적분하여 구한 해와 일치한다.

예제 8.5

다음의 비선형 미분 방정식을 풀고 y의 그래프를 그려라

$$y^{(4)}+\frac{4}{x}y^{3}=0$$

단, 경계 조건은 다음과 같다.

$$y(0)=y'(0)=0 \quad y''(1)=0 \quad y'''(1)=1$$

풀이 첫번째 할 일은 이 미분 방정식이 원점 즉, $x = y = 0$에서 부정 문제(indeterminacy problem)를 일으키는 것을 해결하는 것이다. 이 문제는 L'Hospital의 정리 즉, $x \to 0$일 때 $4y^3/x \to 12y^2y'$이 된다는 사실을 이용한다. 따라서 이를 적용하여 1차의 등가 방정식으로 바꾸고 경계 조건도 함께 찾으면 각각

$$y'=\begin{bmatrix} y_1' \\ y_2' \\ y_3' \\ y_4' \end{bmatrix}=\begin{bmatrix} y_2 \\ y_3 \\ y_4 \\ \begin{cases} -12y_1^2y_2 & (x=0 \text{ 가까이에서}) \\ -4y_1^3/x & (\text{그외의 곳에서}) \end{cases} \end{bmatrix}$$

$$y_1(0)=y_2(0)=0 \quad y_3(1)=0 \quad y_4(1)=1$$

와 같다.

이 방정식은 비선형이기 때문에 $y''(0)$와 $y'''(0)$을 합당하게 추정하는 일이 따라야 한다. 따라서 이를 위해 경계 조건 $y''(1) = 0$와 $y'''(1) = 1$를 기초 지식으로 하여 y''에 대한 그래프를 다음과 같이 개략적으로 그려 본다.

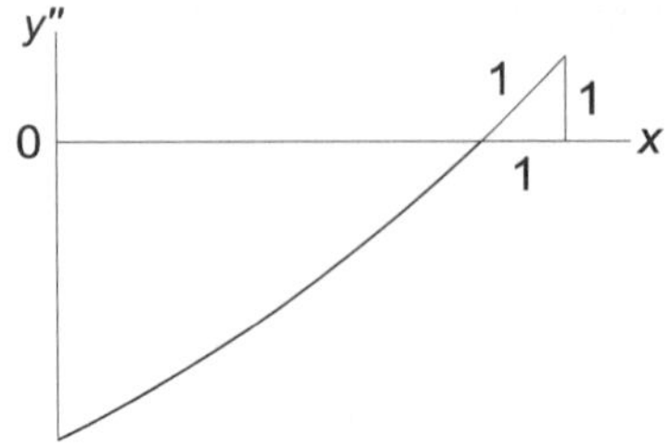

만약 이와같은 작업이 맞는다면 $y''(0) < 0$와 $y'''(0) > 0$이 될 것이다. 아쉽지만 그래도 이 부족한 정보를 바탕으로 $y''(0) = -1$와 $y'''(0) = 1$을 시험값으로 써볼 수 있겠다.

다음 프로그램은 적분 방법으로 적응 Runge-Kutta 방법(runKut5)을 사용하였다.

```
function shoot4nl
% 예제 8.5의 비선형 4차 경계값 문제를 푸는 영점사격 방법

global XSTART XSTOP H               % 파라미터를 전역 변수로 선언
XSTART = 0; XSTOP = 1;              % 적분 구간
H = 0.1;                            % 증분 크기
freq = 1;                           % 1줄에 찍힐 출력의수
u = [-1 1];                         % u(1)와 u(2)에 대한 시험값

x = XSTART;
u = newtonRaphson2(@residual,u);
[xSol,ySol] = runKut5(@dEqs,x,inCond(u),XSTOP,H);
printSol(xSol,ySol,freq)

function F = dEqs(x,y)              % 미분 방정식
F = zeros(1,4);
F(1) = y(2); F(2) = y(3); F(3) = y(4);
if x < 10.0e-4; F(4) = -12*y(2)*y(1)^2;
else;           F(4) = -4*(y(1)^3)/x;
end

function y = inCond(u)              % 초기 조건으로 u(1)와 u(2)이 미지수
y = [0 0 u(1) u(2)];

function r = residual(u)            % 경계 오차
global XSTART XSTOP H
r = zeros(length(u),1);
x = XSTART;
[xSol,ySol] = runKut5(@dEqs,x,inCond(u),XSTOP,H);
```

```
lastRow = size(ySol,1);
r(1) = ySol(lastRow,3);
r(2) = ySol(lastRow,4) - 1;
```

(프로그램 결과)

x	y1	y2	y3	y4
0.0000e+000	0.0000e+000	0.0000e+000	-9.7607e-001	9.7131e-001
1.0000e-001	-4.7184e-003	-9.2750e-002	-8.7893e-001	9.7131e-001
3.9576e-001	-6.6403e-002	-3.1022e-001	-5.9165e-001	9.7152e-001
7.0683e-001	-1.8666e-001	-4.4722e-001	-2.8896e-001	9.7627e-001
9.8885e-001	-3.2061e-001	-4.8968e-001	-1.1144e-002	9.9848e-001
1.0000e+000	-3.2607e-001	-4.8975e-001	7.3205e-016	1.0000e+000

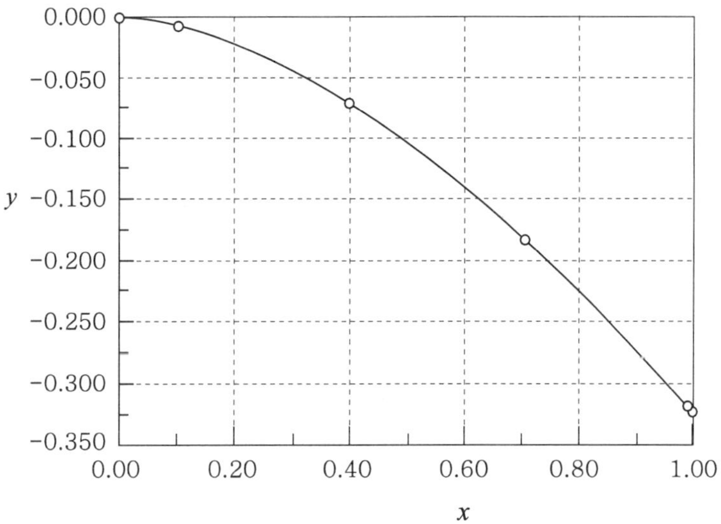

문제 8.1

1. 다음 초기값 문제를 수치 적분하니 $y(1)$ = 0.741028이었다.

$$y'' + y' - y = 0 \qquad y(0) = 0 \qquad y'(0) = 1$$

$y(0)$는 변하지 않는다고 가정할 때 $y(1)$ = 1을 만드는 $y'(0)$의 값은 얼마인가?

2. 다음 미분 방정식을 초기 조건을 $y(0)$ = 2, $y'(0)$ = 0, 그리고 $y''(0)$ = 1로 하여 풀

었더니 $y(1) = 3.03765$이었고, 또 $y''(0) = 0$(다른 조건은 변하지 않음)로 바꾸어 다시 반복하니 $y(1) = 2.72318$로 나왔다. $y(1) = 0$이 되는 $y''(0)$의 값을 구하라.

3. 다음 경계값 문제들의 해를 개략적으로 그려보라. 단, 각 문제에서 $y'(0)$를 추정할 때 사용했던 지식을 보여주는 개략적인 그림도 그려라.

(a) $y'' = -e^{-y}$ $\quad y(0) = 1 \quad y(1) = 0.5$

(b) $y'' = 4y^2$ $\quad y(0) = 10 \quad y'(1) = 0$

(c) $y'' = \cos(xy)$ $\quad y(0) = 1 \quad y(1) = 2$

4. 해에 대한 개략적인 그림을 이용하여 다음 경계값 문제들에서 $y(0)$를 추정해 보라.

(a) $y'' = y^2 + xy$ $\quad y'(0) = 0 \quad y(1) = 2$

(b) $y'' = -\dfrac{2}{x}y' - y^2$ $\quad y'(0) = 0 \quad y(1) = 2$

(c) $y'' = -x(y')^2$ $\quad y'(0) = 2 \quad y(1) = 1$

5. 다음 경계값 문제에서 $y''(0)$의 개략적인 추정값을 찾아라.

$$y''' + 5y''y^2 = 0$$
$$y(0) = 0 \qquad y'(0) = 1 \qquad y(1) = 0$$

6. 다음 경계값 문제에서 $y''(0)$와 $y'''(0)$의 개략적인 추정값을 찾아라.

$$y^{(4)} + 2y'' + y'\sin y = 0$$
$$y(0) = y'(0) = 0 \qquad y(1) = 5 \qquad y'(1) = 0$$

7. 다음 경계값 문제에서 $\dot{x}(0)$와 $\dot{y}(0)$의 개략적인 추정값을 찾아라.

$$\ddot{x} + 2x^2 - y = 0 \qquad x(0) = 1 \qquad x(1) = 0$$
$$\ddot{y} + y^2 - 2x = 1 \qquad y(0) = 0 \qquad y(1) = 1$$

8. ■ 다음 경계값 문제를 풀어라.

$$y'' + (1 - 0.2x)y^2 = 0 \qquad y(0) = 0 \qquad y(\pi/2) = 1$$

9. ■ 다음 경계값 문제를 풀어라.

$$y'' + 2y' + 3y^2 = 0 \qquad y(0) = 0 \qquad y(2) = -1$$

10. ■ 다음 경계값 문제를 풀어라.

$$y'' + \sin y + 1 = 0 \qquad y(0) = 0 \qquad y(\pi) = 0$$

11. ■ 다음 경계값 문제를 풀고 y의 그래프를 그려라. <주의> y는 $x = 0$ 가까이에서 아주 급하게 변한다.

$$y'' + \frac{1}{x}y' + y = 0 \qquad y(0.01) = 1 \qquad y'(2) = 0$$

12. ■ 다음 경계값 문제를 풀고 y의 그래프를 그려라.

$$y'' - (1 - e^{-x})y = 0 \qquad y(0) = 1 \qquad y(\infty) = 0$$

<힌트> 무한대를 어떤 유한한 값 β로 대체하여 해를 찾아라. 다시 1.5β로 해 찾는 과정을 반복하여 β를 처음에 잘 정했는지 검사하라. 즉, 두 결과가 다르면 β를 더 크게 하여 반복한다.

13. ■ 다음 경계값 문제를 풀어라.

$$y''' = -\frac{1}{x}y'' + \frac{1}{x^2}y' + 0.1(y')^3$$

$$y(1) = 0 \qquad y''(1) = 0 \qquad y(2) = 1$$

14. ■ 다음 경계값 문제를 풀어라.

$$y''' + 4y'' + 6y' = 10$$
$$y(0) = y''(0) = 0 \qquad y(3) - y'(3) = 5$$

15. ■ 다음 경계값 문제를 풀어라.

$$y''' + 2y'' + \sin y = 0$$
$$y(-1) = 0 \qquad y'(-1) = -1 \qquad y'(1) = 1$$

16. ■ 문제 15번의 미분 방정식을 다음의 경계 조건으로 풀어라. (이 문제는 3점 경계치 문제이다)

$$y(-1) = 0 \qquad y(0) = 0 \qquad y(1) = 1$$

17. ■ 다음 경계값 문제를 풀어라.

$$y^{(4)} = -xy^2$$
$$y(0) = 5 \quad y''(0) = 0 \quad y'(1) = 0 \quad y'''(1) = 2$$

18. ■ 다음 경계값 문제를 풀어라.

$$y^{(4)} = -2yy''$$
$$y(0) = y'(0) = 0 \quad y(4) = 0 \quad y'(4) = 1$$

19. ■

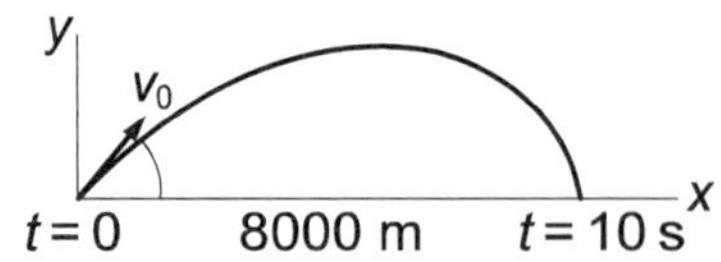

자유 비행하는 질량이 m인 발사체가 공기 항력 $F_D = cv^2$(여기서 v는 발사체의 속도)를 받을 때 운동 방정식은 다음과 같다.

$$\ddot{x} = -\frac{c}{m} v \dot{x} \qquad \ddot{y} = -\frac{c}{m} v \dot{y} - g$$

$$v = \sqrt{\dot{x}^2 + \dot{y}^2}$$

발사체가 10(s) 동안 비행하여 8(km) 떨어져 있는 목표점에 도달했다면 처음 출발 속도 v_0와 출발 각도 θ는 얼마였겠는가? 단, m = 20(kg), c = 3.2×10^{-4}(kg/m), 그리고 g = 9.80665(m/s^2)이다.

20. ■

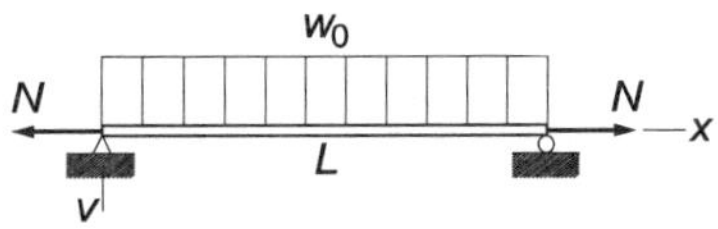

그림과 같은 단순보가 강도가 w_0인 균일 하중과 인장력 N을 받고 있고, 이때 수직 변위 v에 대한 미분 방정식은 다음과 같다.

$$\frac{d^4 v}{dx^4} - \frac{N}{EI}\frac{d^2 v}{dx^2} = \frac{w_0}{EI}$$

여기서 EI는 굽힘 강성이다. 경계 조건은 x = 0와 x = L에서 v = d^2v/dx^2 = 0이고, 또 변수를 $\xi = \frac{x}{L}$와 $y = \frac{EI}{w_0 L^4}$로 바꾸면 다음과 같은 무차원 형태의 방정식을 얻을 수 있다.

$$\frac{d^4 y}{d\xi^4} - \beta\frac{d^2 y}{d\xi^2} = 1 \qquad \beta = \frac{NL^2}{EI}$$

$$y\Big|_{\xi=0} = \frac{d^2 y}{d\xi^2}\Big|_{\xi=0} = y\Big|_{\xi=1} = \frac{d^2 y}{d\xi^2}\Big|_{\xi=1} = 0$$

(a) β = 1.65929와 (b) β = −1.65929(N이 압축력으로 작용)인 경우에 대하여 최대 변위를 각각 결정하라.

21. ■ 다음 경계값 문제를 풀고 $y(x)$와 $y'(x)$를 그래프로 그려라. 이 방정식은 비압축성 유동의 경계층에서 속도 궤적을 구하고자 할 때 흔히 나타나 Blasius 해를 얻도록 해준다.

$$y''' + yy'' = 0 \qquad y(0) = y'(0) = 0 \quad y'(\infty) = 2$$

8.3 유한차분법

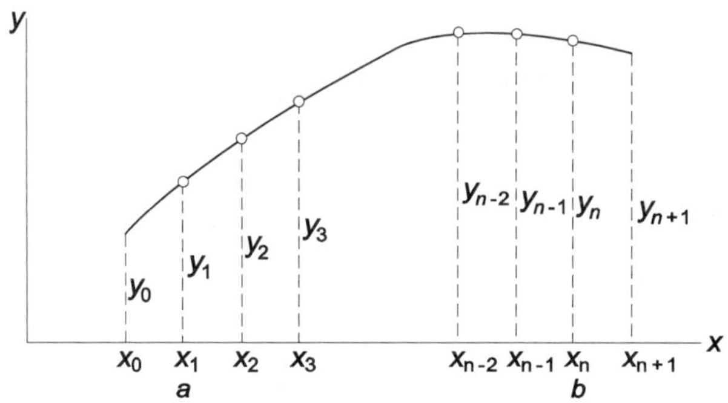

그림 8.1 유한차분법

유한차분법(finite difference method)을 쓸 때는 적분 구간 (a, b)를 그림 8.1과 같이 각각의 길이가 h로 똑같은 $n-1$개의 작은 구간으로 나눈다. 그리고 그물점에서 얻은 수치 해의 값은 기호로 $y_i(i = 1, 2, \cdots, n)$와 같이 표시하고, 다음과 같은 두 근사진술을 흔쾌히 받아 들인다. (구간 (a, b)의 밖에 있는 두 점은 잠시 후에 설명하기로 함)

1. 미분 방정식에서 y의 미분은 유한차분 표현으로 대체할 수 있는데 1차 중간차분 근사식 (5장 참조)을 쓰는 것이 일반적이다. 즉, 다음과 같다.

$$y_i' = \frac{y_{i+1} - y_{i-1}}{2h} \qquad y_i'' = \frac{y_{i-1} - 2y_i + y_{i+1}}{h^2} \qquad \cdots \tag{8.8}$$

2. 미분 방정식은 그물점에서만 유효하다.

따라서 미분 방정식은 미지수가 $y_i(i = 1, 2, \cdots, n)$인 n개의 연립 대수 방정식으로 바뀌는데, 이때 미분 방정식이 비선형이면 대수 방정식도 역시 비선형이어서 반드시 Newton-Raphson 방법으로 풀어야 한다.

1차 중간차분 근사식의 절단 오차는 $O(h^2)$이기 때문에 유한차분법은 영점사격 방법만큼 정확한 해를 찾아주지는 못한다. (참고로 영점사격 법의 내부 알고리즘을 구성하는 Runge-Kutta 방법의 절단 오차는 $O(h^5)$임) 따라서 Newton-Raphson 방법을 적용할 때 수렴 조건을 너무 엄격히 적용해서는 곤란하다.

2차 미분 방정식

2차 미분 방정식

$$y'' = f(x, y, y')$$

와 이의 경계 조건

$$y(a) = \alpha \quad \text{또는} \quad y'(a) = \alpha$$
$$y(b) = \beta \quad \text{또는} \quad y'(b) = \beta$$

을 생각해 보자. 우선, 그물점에서의 미분을 유한차분으로 근사하면 이 식은

$$\frac{y_{i-1} - 2y_i + y_{i+1}}{h^2} = f\left(x_i, y_i, \frac{y_{i+1} - y_{i-1}}{2h}\right), \qquad i = 1, 2, \ldots, n \tag{8.9}$$

$$y_1 = \alpha \quad \text{또는} \quad \frac{y_2 - y_0}{2h} = \alpha \tag{8.10a}$$

$$y_n = \beta \quad \text{또는} \quad \frac{y_{n+1} - y_{n-1}}{2h} = \beta \tag{8.10b}$$

와 같이 쓸 수 있다. 여기서 주의할 것은 y_0와 y_{n+1}이 포함되어 있다는 것인데, 이는 해를 구할 구간 (a, b)의 밖에 있는 점과 관련이 있다. 이런 "벗어난" 점은 대개 경계 조건을 이용하여 제거할 수 있지만 이를 해보기에 앞서 먼저 식 (8.9)를 $i = 1$와 $i = n$에서의 식을 따로 분리해 내어 다음과 같이 나타낸다.

$$y_0 - 2y_1 + y_2 - h^2 f\left(x_1, y_1, \frac{y_2 - y_0}{2h}\right) = 0 \tag{a}$$

$$y_{i-1} - 2y_i + y_{i+1} - h^2 f\left(x_i, y_i, \frac{y_{i+1} - y_{i-1}}{2h}\right) = 0, \quad i = 2,3,\ldots,n-1 \tag{b}$$

$$y_{n-1} - 2y_n + y_{n+1} - h^2 f\left(x_n, y_n, \frac{y_{n+1} - y_{n-1}}{2h}\right) = 0 \tag{c}$$

이제 y에 대한 경계 조건을 쉽게 다룰 수 있는 환경이 되었다. 즉, 식 (a)를 $y_1 - a = 0$로, 그리고 식 (c)는 $y_n - \beta = 0$로 간단히 대체한다. 만약 y'에 대한 값이 미리 언급되어 있었다면 식 (8.10)에서 $y_0 = y_2 - 2ha$와 $y_{n+1} = y_{n-1} + 2h\beta$을 얻어 이를 식 (a)와 (c)에 각각 집어 넣으면 된다. 따라서 이런 과정을 거쳐 미지수 $y_i(i = 1, 2, \cdots, n)$에 대한 n개의 대수 방정식을 찾으면 다음과 같다.

$$\begin{cases} y(a) = \alpha \text{이면} & y_1 - \alpha = 0 \\ y'(a) = \alpha \text{이면} & -2y_1 + 2y_2 - h^2 f(x_1, y_1, \alpha) - 2h\alpha = 0 \end{cases} \tag{8.11a}$$

$$y_{i-1} - 2y_i + y_{i+1} - h^2 f\left(x_i, y_i, \frac{y_{i+1} - y_{i-1}}{2h}\right) = 0 \quad i = 2,3,\ldots,n-1 \tag{8.11b}$$

$$\begin{cases} y(b) = \beta \text{이면} & y_n - \beta = 0 \\ y'(b) = \beta \text{이면} & 2y_{n-1} - 2y_n - h^2 f(x_n, y_n, \beta) + 2h\beta = 0 \end{cases} \tag{8.11c}$$

예제 8.6

다음의 선형 경계값 문제를 $n = 11$로 하여 식 (8.11)의 형태로 다시 쓰고, 또 이 문제를 컴퓨터 프로그램을 작성하여 풀어라.

$$y'' = -4y + 4x \qquad y(0) = 0 \qquad y'(\pi/2) = 0$$

풀이 이 경우 $\alpha = 0$(y에 적용하는 값), $\beta = 0$(y'에 적용하는 값), 그리고 $f(x, y, y') = -4y + 4x$이므로 식 (8.11)은

$$y_1 = 0$$
$$y_{i-1} - 2y_i + y_{i+1} - h^2(-4y_i + 4x_i) = 0, \quad i = 2, 3, \ldots, 10$$
$$2y_{10} - 2y_{11} - h^2(-4y_{11} + 4x_{11}) = 0$$

이고, 혹은 행렬 기호를 쓰면 다음과 같다.

$$\begin{bmatrix} 1 & 0 & & & \\ 1 & -2+4h^2 & 1 & & \\ & \ddots & \ddots & \ddots & \\ & & 1 & -2+4h^2 & 1 \\ & & & 2 & -2+4h^2 \end{bmatrix} \begin{bmatrix} y_1 \\ y_2 \\ \vdots \\ y_{10} \\ y_{11} \end{bmatrix} = \begin{bmatrix} 0 \\ 4h^2 x_2 \\ \vdots \\ 4h^2 x_{10} \\ 4h^2 x_{11} \end{bmatrix}$$

계수 행렬이 삼각 행렬인 것에 주목하길 바란다. 그래서 이 방정식은 2.4절에서 설명한 함수 **LUdec3**와 **LUsol3**을 쓰면 효과적으로 풀 수 있겠다. 이 함수들은 계수 행렬의 대각 요소를 벡터 **c**, **d**, 그리고 **e**에 저장한다는 것을 떠올려 이 문제에 대한 프로그램을 다음과 같이 작성한다.

```
function fDiff6
% 예제 8.6의 2차 선형 경계값 문제에 대한 유한차분법

xStart = 0; xStop = pi/2;          % 적분 구간
n = 11;                            % 그물점의 개수
freq = 1;                          % 1줄에 찍힐 출력 수

h = (xStop - xStart)/(n-1);
x = linspace(xStart,xStop,n)';
[c,d,e,b] = fDiffEqs(x,h,n);
[c,d,e] = LUdec3(c,d,e);
printSol(x,LUsol3(c,d,e,b),freq)

function [c,d,e,b] = fDiffEqs(x,h,n)
% 유한차분 방정식의 삼각 계수 행렬과 상수벡터를 구성한다
h2 = h*h;
d = ones(n,1)*(-2 + 4*h2);
c = ones(n-1,1);
e = ones(n-1,1);
b = ones(n,1)*4*h2.*x;
```

```
d(1) = 1; e(1) = 0; b(1) = 0;c(n-1) = 2;
```

(프로그램의 출력)

```
      x              y1
 0.0000e+000   0.0000e+000
 1.5708e-001   3.1417e-001
 3.1416e-001   6.1284e-001
 4.7124e-001   8.8203e-001
 6.2832e-001   1.1107e+000
 7.8540e-001   1.2917e+000
 9.4248e-001   1.4228e+000
 1.0996e+000   1.5064e+000
 1.2566e+000   1.5500e+000
 1.4137e+000   1.5645e+000
 1.5708e+000   1.5642e+000
```

이 문제의 엄밀해는 $y = x - \sin 2x$로 $y(\pi/2) = \pi/2 = 1.57080$이다. 따라서 수치 해의 오차는 약 0.4%이다. 물론 좀더 높은 정밀도를 원한다면 n을 키워 달성할 수 있다. 예를들어, $n = 101$로 해봤더니 $y(\pi/2) = 1.57073$을 얻을 수 있었는데 이는 오차가 0.0002%인 꼴이다.

예제 8.7

다음 경계값 문제를 유한차분법으로 풀되(이 문제는 예제 8.1에서 영점사격 법으로 풀었다) $n = 11$로 하여 결과를 예제 8.1과 비교해 보라.

$$y'' = -3yy' \qquad y(0) = 0 \qquad y(2) = 1$$

풀이 이 방정식은 비선형이므로 식 (8.11)을 Newton-Raphson 법으로 풀어야 하는데 다음 프로그램에 이를 이식해 놓았다. 그리고 이 프로그램은 다른 2차 경계값 문제의 한 모델로 사용할 수 있도록 했다. 부함수 residual(y)는 유한차분 식이 실제의 식과 떨어진 정도 즉, 차이(residual)를 돌려주는데 이는 식 (8.11)에서 왼쪽 편에 있는 것과 같다. 미분 방정식 $y'' = f(x, y, y')$은 부함수 y2Prime에서 정의하였다. 처음의 해를 $y_i = 0.5x_i$로 선택하였는데 이는 예제 8.1의 y에 대한 개략적인 그림에서 점선으로 표시된 직선을 그대로 따랐다. 끝으로, Newton-Raphson 방법을 쓸 때 수렴 조건을 좀 느슨하게 잡아 1.0×10^{-5}로 하였는데 이는 유한차분법의 절단 오차와 될 수 있으면 비슷해지도록 하였기 때문이다.

```
function fDiff7
% 예제 8.7의 2차 비선형 경계값 문제를 위한 유한차분법

global N H X                          % 파라미터를 전역 변수로 선언
xStart = 0; xStop = 2;                % 적분 구간
N = 11;                               % 그물점의 개수
freq = 1;                             % 1줄에 찍힐 출력 수
X = linspace(xStart,xStop,N)';
y = 0.5*X;                            % y의 시작값

H = (xStop - xStart)/(N-1);
y = newtonRaphson2(@residual,y,1.0e-5)
printSol(X,y,freq)

function r = residual(y);
% 유한차분 방정식의 차이(residual) 즉, 식 (8.11)의 왼쪽에 있는 값
global N H X
r = zeros(N,1);
r(1) = y(1); r(N) = y(N) - 1;
for i = 2:N-1
    r(i) = y(i-1) - 2*y(I) + y(i+1)...
        - H*H*y2Prime(X(i),y(i),(y(i+1) - y(i-1))/(2*H));
end

function F = y2Prime(x,y,yPrime)
% 2차 미분 방정식 F = y"
F = -3*y*yPrime;
```

(프로그램의 출력)

```
      x              y1
  0.0000e+000    0.0000e+000
  2.0000e-001    3.0240e-001
  4.0000e-001    5.5450e-001
  6.0000e-001    7.3469e-001
  8.0000e-001    8.4979e-001
  1.0000e+000    9.1813e-001
  1.2000e+000    9.5695e-001
  1.4000e+000    9.7846e-001
```

```
1.6000e+000    9.9020e-001
1.8000e+000    9.9657e-001
2.0000e+000    1.0000e+000
```

위의 해와 예제 8.1의 해는 x = 0.6에서 최대로 차이가 난다. 즉, 예제 8.1에서는 $y(0.6)$ = 0.072187이므로 두 해의 차는

$$\frac{0.073469-0.072187}{0.072187}\times 100\% \approx 1.8\%$$

이다. 예제 8.1에서 쓴 영점사격 방법이 유한차분법보다 결과가 훨씬 정확하므로 이 차이는 고스란히 유한차분 해의 절단 오차에 반영되었다고 보면 된다. 물론 이 오차는 많은 공학적인 문제에서 어느 정도 받아들일 만하다. 굳이 정확도를 높이고자 한다면 그물망을 더 세밀하게 구축하면 된다고 앞에서 설명한 바 있다. 참고로, 이 문제의 경우에 n = 101로 하면 오차를 0.07%까지 줄일 수 있다. 하지만, 이처럼 여분의 정확도를 좀더 얻고자 계산 시간을 10배 가까이 더 들이는 것이 그만큼의 가치가 있는지 한번 따져볼 필요가 있을 것이다.

4차 미분 방정식

여기서는 좀더 설명을 단순하게 하기 위해 미분 방정식에 y'와 y'''이 포함되지 않은 특별한 경우로 한정하여 진행하고자 한다. 즉,

$$y^{(4)} = f(x, y, y'')$$

인 경우를 생각해 본다. 그리고 두 개의 경계 조건은 해 구간 (a, b)의 양쪽 끝에서 정해졌다고 가정하는데, 이는 보통 보(beam) 학습에서 흔히 볼 수 있는 경우이다.

앞에서 한 것과같이, 해 구간을 각각 길이가 h인 n-1개의 작은 구간으로 나누고, 또 각 그물점에서 유한차분을 적용하여 y의 미분을 대체하면 유한차분 방정식은 다음과 같이 얻을 수 있다.

$$\frac{y_{i-2}-4y_{i-1}+6y_i-4y_{i+1}+y_{i+2}}{h^4} = f\left(x_i, y_i, \frac{y_{i-1}-2y_i+y_{i+1}}{h^2}\right) \qquad (8.12)$$

여기서 i = 1, 2, ⋯, n인데 i의 값 하나하나를 대입하여 식을 좀더 이해하기 쉽도록 바꾸면

$$y_{-1} - 4y_0 + 6y_1 - 4y_2 + y_3 - h^4 f\left(x_1, y_1, \frac{y_0 - 2y_1 + y_2}{h^2}\right) = 0 \quad (8.13a)$$

$$y_0 - 4y_1 + 6y_2 - 4y_3 + y_4 - h^4 f\left(x_2, y_2, \frac{y_1 - 2y_2 + y_3}{h^2}\right) = 0 \quad (8.13b)$$

$$y_1 - 4y_2 + 6y_3 - 4y_4 + y_5 - h^4 f\left(x_3, y_3, \frac{y_2 - 2y_3 + y_4}{h^2}\right) = 0 \quad (8.13c)$$

$$\vdots$$

$$y_{n-3} - 4y_{n-2} + 6y_{n-1} - 4y_n + y_{n+1} - h^4 f\left(x_{n-1}, y_{n-1}, \frac{y_{n-2} - 2y_{n-1} + y_n}{h^2}\right) = 0 \quad (8.13d)$$

$$y_{n-2} - 4y_{n-1} + 6y_n - 4y_{n+1} + y_{n+2} - h^4 f\left(x_n, y_n, \frac{y_{n-1} - 2y_n + y_{n+1}}{h^2}\right) = 0 \quad (8.13e)$$

와 같다. 이 식들에서는 해 구간 밖에 놓여 있는 미지수가 y_{-1}, y_0, y_{n+1}, 그리고 y_{n+2}와 같이 4개이다. 이런 "벗어난" 점들을 경계 조건을 써서 제거하려면 앞의 2차 미분 방정식에서 했던 과정을 똑같이 거치면 되는데, 여기서는 이를 생략하고 결과만 간단히 표 8.1에 요약해 놓았다.

경계 조건	등가의 유한차분 표현
$y(a) = \alpha$	$y_1 = \alpha$
$y'(a) = \alpha$	$y_0 = y_2 - 2h^2\alpha$
$y''(a) = \alpha$	$y_0 = 2y_1 - y_2 + h^2\alpha$
$y'''(a) = \alpha$	$y_{-1} = 2y_0 - 2y_2 + y_3 - 2h^3\alpha$
$y(b) = \beta$	$y_n = \beta$
$y'(b) = \beta$	$y_{n+1} = y_{n-1} + 2h\beta$
$y''(b) = \beta$	$y_{n+1} = 2y_n - y_{n-1} + h^2\beta$
$y'''(b) = \beta$	$y_{n+2} = 2y_{n+1} - 2y_{n-1} + y_{n-2} + 2h^3\beta$

표 8.1

몇몇 날렵한 독자들은 경계 조건들을 짝으로 묶어 적용할 때 이와같은 "벗어난" 점들을 제거하지 못하는 경우도 있는 것을 알아챌 것이다. 이런 조합에는 $y(a) = a_1$와

$y'''(a) = a_2$은 분명히 포함되고, 또 $y'(a) = a_1$와 $y''(a) = a_2$도 되겠다. 이를 보 이론(beam theory)에 빗대어 설명해 보면, 한 점에 변위 y와 전단력 EIy''' 중 어느 하나를 부가할 수는 있지만 동시에 둘 다를 강제할 수 없다는 말과 같다. 어느 같은 한 점에 기울기 y'와 굽힘 모멘트 EIy''을 동시에 지정하는 것은 물리적으로 전혀 말이 안 된다라는 설명도 비슷한 경우가 되겠다.

예제 8.8

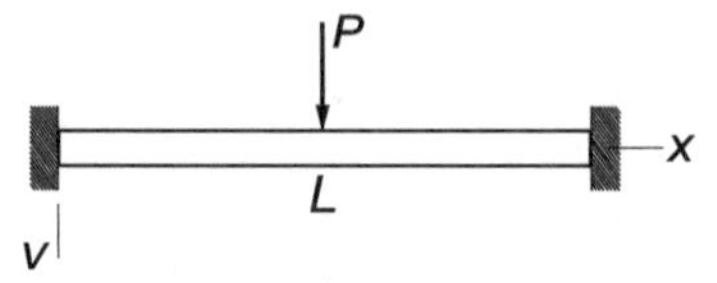

길이가 L이고 굽힘 강성이 EI인 균일한 보가 그림과 같이 양쪽에 튼튼한 지지점으로 고정되어 있고, 이때 중앙에 하중 P가 작용한다. 이 경우에 대칭 성질을 이용하여 보의 왼쪽 부분만 모델링 하면 변위 v는 다음 미분 방정식을 풀어서 찾을 수 있다.

$$EI\frac{d^4v}{dx^4}=0$$

$$v\big|_{x=0}=0 \quad \frac{dv}{dx}\bigg|_{x=0}=0 \quad \frac{dv}{dx}\bigg|_{x=L/2}=0 \quad EI\frac{d^3v}{dx^3}\bigg|_{x=L/2}=-P/2$$

보의 중앙에서 변위와 굽힘 모멘트 $M = -EI(d^2v/dx^2)$를 유한차분법을 써서 구하라. (이의 정확한 값은 $v = PL^3/(192EI)$와 $M = PL/8$이다)

풀이 무차원 변수

$$\xi=\frac{x}{L} \qquad y=\frac{EI}{PL^3}v$$

을 도입하면 이는 다음 방정식을 푸는 문제와 같다.

$$\frac{d^4 y}{d\xi^4} = 0$$

$$y\Big|_{\xi=0} = 0 \quad \frac{dy}{d\xi}\Big|_{\xi=0} = 0 \quad \frac{dy}{d\xi}\Big|_{\xi=1/2} = 0 \quad \frac{d^3 y}{d\xi^3}\Big|_{\xi=1/2} = -\frac{1}{2}$$

이제 경계 조건을 따져 가면서 식 (8.13)의 형태를 찾아야 한다. 우선, 표 8.1을 참고하면 왼쪽 끝의 경계 조건에 대한 유한차분 표현은 $y_1 = 0$와 $y_0 = y_2$인 것을 알 수 있다. 그래서 식 (8.13a)와 (8.13b)는

$$y_1 = 0 \tag{a}$$

$$-4y_1 + 7y_2 - 4y_3 + y_4 = 0 \tag{b}$$

와 같고, 또 식 (8.13c)는

$$y_1 - 4y_2 + 6y_3 - 4y_4 + y_5 = 0 \tag{c}$$

이다. 다음, 중간에서 경계 조건은 $y_{n+1} = y_{n-1}$와

$$y_{n+2} = 2y_{n+1} - 2y_{n-1} + y_{n-2} + 2h^3(-1/2)$$

와 같으므로 이를 식 (8.13d)와 (8.13e)에 대입하면

$$y_{n-3} - 4y_{n-2} + 7y_{n-1} - 4y_n = 0 \tag{d}$$

$$2y_{n-2} - 8y_{n-1} + 6y_n = h^3 \tag{e}$$

이 된다. 끝으로, 식 (a)에서 (e)까지의 계수 행렬을 대칭으로 만들기 위해 식 (e)를 2로 나눈 후에 이를 행렬 표현으로 나타내면 다음과 같다.

$$
\begin{bmatrix}
1 & 0 & 0 & & & & \\
0 & 7 & -4 & 1 & & & \\
0 & -4 & 6 & -4 & 1 & & \\
 & \ddots & \ddots & \ddots & \ddots & \ddots & \\
 & & 1 & -4 & 6 & -4 & 1 \\
 & & & 1 & -4 & 7 & -4 \\
 & & & & 1 & -4 & 3
\end{bmatrix}
\begin{bmatrix} y_1 \\ y_2 \\ y_3 \\ \vdots \\ y_{n-2} \\ y_{n-1} \\ y_n \end{bmatrix}
=
\begin{bmatrix} 0 \\ 0 \\ 0 \\ \vdots \\ 0 \\ 0 \\ 0.5h^3 \end{bmatrix}
$$

위의 방정식은 함수 LUdec5와 LUsol5(2.4절 참조)에 담긴 분해 및 후방 대입 알고리즘을 써서 풀수 있다. 그리고 이 함수들은 계수 행렬의 윗삼각 행렬의 대각 요소를 벡터 **d**, **e**, 그리고 **f**로 구성하여 작업하므로 아래에 있는 이 문제를 위한 프로그램에도 그렇게 해 두었다.

```
function fDiff8
% 예제 8.8의 4차 선형 경계값 문제를 위한 유한차분법

xStart = 0; xStop = 0.5;            % 적분 구간
n = 21;                             % 그물점 개수
freq = 1;                           % 1줄에 찍힐 출력 수
h = (xStop - xStart)/(n-1);
x = linspace(xStart,xStop,n)';
[d,e,f,b] = fDiffEqs(x,h,n);
[d,e,f] = LUdec5(d,e,f);
printSol(x,LUsol5(d,e,f,b),freq)

function [d,e,f,b] = fDiffEqs(x,h,n)
% 유한차분 식의 5중대각(pentadiagonal) 계수 행렬과 상수벡터를 구성
d = ones(n,1)*6;
e = ones(n-1,1)*(-4);
f = ones(n-2,1);
b = zeros(n,1);
d(1) = 1; d(2) = 7; d(n-1) = 7; d(n) = 3;
e(1) = 0; f(1) = 0; b(n) = 0.5*h^3;
```

(마지막 2줄에 대한 프로그램 출력)

```
      x               y
4.7500e-001     5.1953e-003
```

5.0000e-001	5.2344e-003

따라서 중간점에서의 변위와 굽힘 모멘트를 계산하면

$$v\Big|_{x=0.5L} = \frac{PL^3}{EI} y\Big|_{\xi=0.5} = 5.2344\times10^{-3}\frac{PL^3}{EI}$$

$$\begin{aligned}\frac{d^2v}{dx^2}\bigg|_{x=0.5L} &= \frac{PL^3}{EI}\left(\frac{1}{L^2}\frac{d^2y}{d\xi^2}\bigg|_{\xi=0.5}\right) \approx \frac{PL}{EI}\frac{y_{m-1}-2y_m+y_{m+1}}{h^2} \\ &= \frac{PL}{EI}\frac{(5.1953-2(5.2344)+5.1953)\times10^{-3}}{0.025^2} = -0.12512\frac{PL}{EI}\end{aligned}$$

$$M\Big|_{x=0.5L} = -EI\frac{d^2v}{dx^2}\bigg|_{\xi=0.5} = 0.12512PL$$

와 같고, 이를 문제에서 주어진 정확한 값과 비교해 보면 거의 비슷하다.*

문제 8.2

문제 1-5. 다음의 경계값 문제를 1차 중간차분 근사식을 써서 연립 방정식 **Ay** = **b**로 바꾸어라.

1. $y'' = (2+x)y \qquad y(0)=0 \quad y'(1)=5$
2. $y'' = y + x^2 \qquad y(0)=0 \quad y(1)=1$
3. $y'' = e^{-x}y' \qquad y(0)=1 \quad y(1)=0$
4. $y^{(4)} = y'' - y \qquad y(0)=0 \quad y'(0)=1 \quad y(1)=0 \quad y'(1)=-1$
5. $y^{(4)} = -9y + x \qquad y(0)=y''(0)=0 \quad y'(1)=y'''(1)=0$

---

* 본문에서 굽힘 모멘트를 계산할 때 y_m로 표시한 것은 중간점(mid-span)에서의 변위이고 첨자가 $m-1$와 $m+1$은 중간점의 바로 앞과 뒤를 뜻하니 대칭성에 따라 $y_{m-1} = y_{m+1}$이다.

문제 6-10. 다음의 경계값 문제를 유한차분법으로 n = 21로 하여 풀어라.

6. ■ $y'' = xy \quad y(1) = 1.5 \quad y(2) = 3$

7. ■ $y'' + 2y' + y = 0 \quad y(0) = 0 \quad y(1) = 1$ <정확한 해는 $y = xe^{1-x}$이다>

8. ■ $x^2y'' + xy' + y = 0 \quad y(1) = 0 \quad y(2) = 0.638961$

   <정확한 해는 $y = \sin(\ln x)$이다>

9. ■ $y'' = y^2 \sin y \quad y'(0) = 0 \quad y(\pi) = 1$

10. ■ $y'' + 2y(2xy' + y) = 0 \quad y(0) = 1/2 \quad y'(1) = -2/9$

    <정확한 해는 $y = (2+x^2)^{-1}$이다>

11. ■

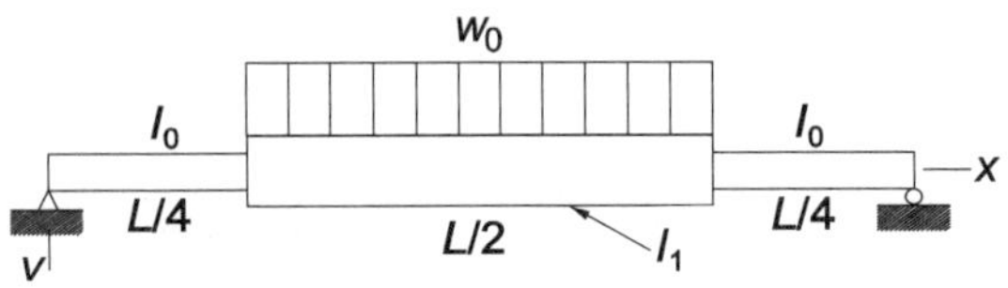

단순보가 그림과 같이 관성 모멘트가 I_0와 I_1로 서로 다르게 세 부분으로 구성되어 있고, 이때 강도가 w_0인 균일한 분포력(distributed load)을 중간 부분에 받고 있다. 보의 반만 모델링 할 때 변위 v에 대한 일반적인 미분 방정식인

$$\frac{d^2v}{dx^2} = -\frac{M}{EI}$$

은 다음과 같이 나타낼 수 있다.

$$\frac{d^2v}{dx^2} = -\frac{w_0L^2}{4EI_0} \times \begin{cases} \dfrac{x}{L} & 0 < x < \dfrac{L}{4} \\ \dfrac{I_0}{I_1}\left[\dfrac{x}{L} - 2\left(\dfrac{x}{L} - \dfrac{1}{4}\right)^2\right] & \dfrac{L}{4} < x < \dfrac{L}{2} \end{cases}$$

그리고 여기서 무차원 변수

$$\xi = \frac{x}{L} \qquad y = \frac{EI_0}{w_0 L^4} v \qquad \gamma = \frac{I_1}{I_0}$$

을 도입하면 위의 미분 방정식은

$$\frac{d^2 y}{d\xi^2} = \begin{cases} -\frac{1}{4}\xi & 0 < \xi < \frac{1}{4} \\ -\frac{1}{4\gamma}\left[\xi - 2\left(\xi - \frac{1}{4}\right)^2\right] & \frac{1}{4} < \xi < \frac{1}{2} \end{cases}$$

와 같이 바뀌고, 또 경계조건은 다음과 같다.

$$y\Big|_{\xi=0} = \frac{dy}{d\xi}\Big|_{\xi=1/2} = 0$$

유한차분법으로 n = 21와 γ = 1.5로 하여 보의 최대 변위를 구하고, 이를 다음의 엄밀해와 비교하라.

$$v_{\max} = \frac{61}{9216}\frac{w_0 L^4}{EI_0}$$

12. ■

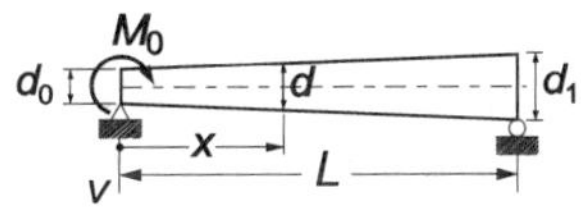

단면이 원형이고 그림과 같이 경사진 단순보가 왼쪽 끝에 크기가 M_0인 짝힘 모멘트(couple moment)를 받고 있고, 이때 변위 v에 대한 미분 방정식은 다음과 같다.

$$\frac{d^2 v}{dx^2} = -\frac{M}{EI} = -\frac{M_0(1 - x/L)}{EI_0(d/d_0)^4}$$

여기서

$$d = d_0\left[1+\left(\frac{d_1}{d_0}-1\right)\frac{x}{L}\right] \qquad I_0 = \frac{\pi d_0^4}{64}$$

이다. 따라서 무차원 변수

$$\xi = \frac{x}{L} \quad y = \frac{EI_0}{M_0 L^2}v \quad \delta = \frac{d_1}{d_0}$$

을 대입하면 위의 미분 방정식은

$$\frac{d^2 y}{d\xi^2} = -\frac{1-\xi}{[1+(\delta-1)\xi]^4}$$

이고, 이때 경계 조건은 다음과 같다.

$$y\big|_{\xi=0} = y\big|_{\xi=1} = 0$$

이 경계값 문제를 유한차분법을 써서 n = 21와 δ = 1.5로 하여 풀고, 또 y를 ξ에 대한 그래프로 그려보라. 참고로 이의 엄밀해는 다음과 같다.

$$y = -\frac{(3+2\delta\xi-3\xi)\xi^2}{6(1+\delta\xi-\xi)^2} + \frac{\xi}{3\delta}$$

13. ■ 예제 8.4를 유한차분법을 써서 n = 21로 하여 풀어라. <힌트> 표 5.3의 2차 전방 및 후방 차분의 계수를 이용하여 끝점 기울기를 계산하라.

14. ■ 문제 8.1의 20번을 유한차분법으로 풀되 n = 21로 하라.

15. ■

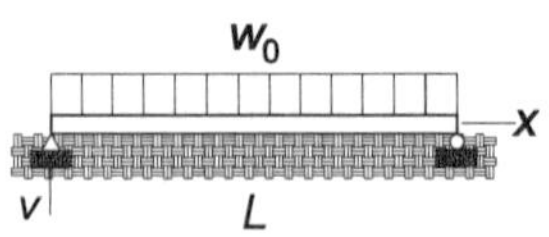

길이가 L인 단순보가 그림과 같이 탄성 계수가 k(N/m²)인 기초물에 얹혀 있다. 이때,

보의 변위 v는 강도가 w_0(N/m)인 균일한 분포력 때문에 다음과 같은 경계값 문제를 풀어 얻을 수 있다.

$$EI\frac{d^4v}{dx^4}+kv=w_0 \qquad v\big|_{x=0}=\frac{d^2v}{dx^2}\bigg|_{x=0}=v\big|_{x=L}=\frac{d^2v}{dx^2}\bigg|_{x=L}=0$$

그리고 이를 무차원 형태로 나타내면 다음과 같다.

$$\frac{d^4y}{d\xi^4}+\gamma y=1 \qquad y\big|_{\xi=0}=\frac{d^2y}{d\xi^2}\bigg|_{\xi=0}=y\big|_{\xi=1}=\frac{d^2y}{d\xi^2}\bigg|_{\xi=1}=0$$

여기서

$$\xi=\frac{x}{L} \quad y=\frac{EI}{w_0L^4}v \quad \gamma=\frac{kL^4}{EI}$$

이다. 이 경계값 문제에 유한차분법을 γ = 10^5로 하여 적용하고, 또 y를 ξ에 대한 그래프로 그려라.

16. ■ 선형 2차 경계값 문제의 일반적인 형태는 다음과 같다.

$$y''=r(x)+s(x)y+t(x)y'$$
$$y(a)=\alpha \text{ 또는 } y'(a)=\alpha$$
$$y(b)=\beta \text{ 또는 } y'(b)=\beta$$

이 문제를 유한요소법으로 푸는 프로그램을 작성하되 $r(x)$, $s(x)$, 그리고 $t(x)$는 사용자가 임의로 입력할 수 있도록 하라. 또, 이 프로그램을 가지고 문제 8번을 다시 풀어라.

MATLAB® 함수

MATLAB®이 경계값 문제와 관련하여 지원하는 오직 1개의 함수는 다음과 같다.

sol = bvp4c(@dEqs, @residual, solinit) 고차 유한차분법으로 경계값 문제를 푸는데

그물의 개수를 문제마다 달리 적용하는 기법을 채택하고 있으며, 이 함수의 출력 **sol**은 MATLAB의 색다른 데이터 형인 구조체(structure)로 돌려준다. 처음 두 입력 인수는 사용자가 직접 작성하여 공급해 주어야 하는 함수핸들(function handle)로 다음의 함수를 정의해야 한다.

F = dEqs(x, y) 주어진 문제에 대한 1차 미분 방정식 $\mathbf{F}(x, \mathbf{y}) = \mathbf{y}'$을 지정한다. 이 함수의 입출력 인수인 **F**와 **y**는 모두 열 벡터이다.

r = residual(ya, yb) 주어진 문제에 적용할 수 있는 모든 경계값에 대한 경계 오차 (boundary residual) $y_i(a) - a_i$와 $y_i(b) - \beta_i$를 열 벡터로 지정한다. 여기서 a_i와 β_i는 이미 정해져 있는 경계값이다.

세번째 입력 인수 **solinit**는 처음 그물의 각 꼭지점에 대한 x와 $\mathbf{y}$의 값을 담고 있는 변수로 구조체로 정의해야 한다. 이 구조체는 다음과 같은 MATLAB® 함수 **bvpinit**를 써서 만들 수 있다.

solinit = bvpinit(xinit, @yguess) 여기서 **xinit**는 각 꼭지점의 x 좌표를 담고 있는 벡터이고, **yguess(x)**는 $\mathbf{y}$에 대한 시험해(trial solution)를 담는 열 벡터를 돌려주는 함수로 사용자가 직접 작성하여야 한다.

사용자가 정의하는 그물점에 대한 수치 해를 뽑아내려고 하면 구조체 변수 **sol**을 다음과 같은 MATLAB 함수 **deval**와 함께 쓸 수 있다.

y = deval(sol, xmesh) 여기서 **xmesh**는 그물점의 x 좌표를 담고 있는 벡터이다. 이 함수는 행렬을 반환하는데 그물점에서의 y_i의 값은 i번째 행에 저장되어 있다.

다음 프로그램은 예제 8.1을 풀 때 위의 함수들을 어떻게 사용하는지를 보여준다.

```
function shoot2_matlab
% MATLAB 함수 bvp4c를 써서 예제 8.1의 해를 찾는다

xinit = linspace(0,2,11)'
solinit = bvpinit(xinit,@yguess);
sol = bvp4c(@dEqs,@residual,solinit);
y = deval(sol,xinit)';
```

```
printSol(xinit,y,1)

function F = dEqs(x,y)                % 미분 방정식
F = [y(2); -3*y(1)*y(2)];

function r = residual(ya,yb)          % 경계 오차
r = [ya(1); yb(1) - 1];

function yinit = yguess(x)            % y1와 y2에 대한 초기 추정값
yinit = [0.5*x; 0.5];
```

9. 대칭 행렬 고유값 문제

Ax = λx를 만족하는 λ를 찾는다

9.1 개요

행렬 고유값 문제는 $n \times n$ 행렬이 문제에서 주어질 때 그 표준형은

$$\mathbf{Ax} = \lambda\mathbf{x} \tag{9.1}$$

이고, 그 임무는 스칼라 λ와 벡터 $\mathbf{x}$를 찾는 일이다. 식 (9.1)을

$$(\mathbf{A} - \lambda\mathbf{I})\mathbf{x} = \mathbf{0} \tag{9.2}$$

와 같은 형태로 다시 쓸 수 있는데, 이를 통해 행렬 고유값 문제는 n개의 연립 동차 방정식을 다루는 일과 같다는 것을 알 수 있다. 그리고 식 (9.2)의 해 중에서 $\mathbf{x} = 0$은 당연한(혹은 "분명한") 해로 이른바 자명해(trivial solution)가 되고, 이 외의 다른 해는 반드시

$$|\mathbf{A} - \lambda\mathbf{I}| = \mathbf{0} \tag{9.3}$$

을 만족하는 경우에만 존재하고, 이런 해를 중요해(nontrivial solution)라 한다.

식 (9.3)의 행렬식을 확장하면 다음과 같은 특성 방정식(characteristic equation)이라고 하는 다항식을 만들어 낸다. 즉,

$$a_1\lambda^n + a_2\lambda^{n-1} + \cdots + a_n\lambda + a_{n+1} = 0$$

인데, 이의 근 $\lambda_i(i = 1, 2, ..., n)$을 행렬 **A**의 고유값(eigenvalue)이라 한다. 그리고 $(\mathbf{A} - \lambda_i)\mathbf{x} = \mathbf{0}$의 해인 $\mathbf{x}_i$이 고유값 λ_i에 대한 고유벡터(eigenvector)가 된다. 하나의 예로, 다음과 같은 행렬을 생각해 보자.

$$\mathbf{A} = \begin{bmatrix} 1 & -1 & 0 \\ -1 & 2 & -1 \\ 0 & -1 & 1 \end{bmatrix} \tag{a}$$

그러면 특성 방정식은

$$|\mathbf{A} - \lambda\mathbf{I}| = \begin{vmatrix} 1-\lambda & -1 & 0 \\ -1 & 2-\lambda & -1 \\ 0 & -1 & 1-\lambda \end{vmatrix} = -3\lambda + 4\lambda^2 - \lambda^3 = 0 \tag{b}$$

와 같고, 이의 근은 $\lambda_1 = 0$, $\lambda_2 = 1$, 그리고 $\lambda_3 = 3$이다. 또, λ_3에 대한 고유벡터를 구하려면 $\lambda = \lambda_3$을 식 (9.2)에 넣어서 다음과 같은 방정식을 찾아야 한다.

$$\begin{bmatrix} -2 & -1 & 0 \\ -1 & -1 & -1 \\ 0 & -1 & -2 \end{bmatrix} \begin{bmatrix} x_1 \\ x_2 \\ x_3 \end{bmatrix} = \begin{bmatrix} 0 \\ 0 \\ 0 \end{bmatrix} \tag{c}$$

식 (c)의 계수 행렬에 대한 행렬식이 0이므로(식 (9.3)에 따라) 이 방정식은 3개가 서로 독립된 방정식이 아니다. 그러므로 **x**의 임의의 성분 하나에 임의의 값을 지정한 후에 두 개의 식을 이용하여 **x**의 나머지 두 성분을 구할 수 있겠다. 만약 $x_1 = 1$로 두면 식 (c)의 첫번째 식에서 $x_2 = -2$, 그리고 세번째 식에서는 $x_3 = 1$을 얻을 수 있다. 결국 λ_3에 대한 고유벡터는

$$\mathbf{x}_3 = \begin{bmatrix} 1 \\ -2 \\ 1 \end{bmatrix}$$

이 되는 것이고, 같은 방법을 써서 나머지 두개의 고유벡터도 구하면 다음과 같다.

$$\mathbf{x}_2 = \begin{bmatrix} 1 \\ 0 \\ -1 \end{bmatrix} \qquad \mathbf{x}_1 = \begin{bmatrix} 1 \\ 1 \\ 1 \end{bmatrix}$$

흔히 고유벡터를 행렬 **X**의 열 벡터로 구성하는 것이 편할 때가 많다. 즉, 위의 예인 경우에 행렬 **X**를 다음과 같이 나타낸다는 말이다.

$$\mathbf{X} = [\mathbf{x}_1 \ \mathbf{x}_2 \ \mathbf{x}_3] = \begin{bmatrix} 1 & 1 & 1 \\ 1 & 0 & -2 \\ 1 & -1 & 1 \end{bmatrix}$$

위 예를 살펴보면, 식 (9.2)는 고유벡터의 크기를 결정하는 것이 아니라 오로지 방향만 찾도록 해준다는 것을 알 수 있다. 그래서 고유벡터를 구해서 응용 분야에 사용할 때는 정규화(normalization) - 고유벡터의 크기가 1이 되도록 하는 작업을 미리 해두는 것이 일반적인 경향으로, 이를 위 예에 적용하여 보이면 다음과 같다.

$$\mathbf{X} = \begin{bmatrix} 1/\sqrt{3} & 1/\sqrt{2} & 1/\sqrt{6} \\ 1/\sqrt{3} & 0 & -1/\sqrt{6} \\ 1/\sqrt{3} & -1/\sqrt{2} & 1/\sqrt{6} \end{bmatrix}$$

고유값과 고유벡터에 대하여 어떠한 증명도 필요없이 익혀두어야 할 유용한 성질을 요약하면 다음과 같다.

- 대칭 행렬의 모든 고유값은 실수이다.
- 대칭이면서 양의 한정 행렬은 고유값이 모두 양의 실수이다.
- 대칭 행렬의 고유벡터들은 서로 직교한다. 즉, $\mathbf{X}^T\mathbf{X} = \mathbf{I}$이 성립한다.
- 행렬 **A**의 고유값이 λ_i이면 $\mathbf{A}^{-1}$의 고유값은 λ_i^{-1}이다.

물리적인 현상에서 비롯되는 대부분의 고유값 문제는 대개 임의의 대칭 행렬 **A**로 변환시킬 수 있다. 이는 고유값 문제를 다룰 때 참 다행한 일로 비대칭 행렬보다 풀기가 훨씬 쉽기 때문이다. 그래서 이 책에서 앞으로 설명할 내용도 대칭 행렬의 고유값과 고유벡터로 한정하여 진행해 나갈 것이다.

고유값 문제가 자주 등장하는 분야는 진동 및 이의 안정성 해석 분야인데 보통 다음과 같은 특성을 가지고 있다.

- 행렬은 크기가 크면서 흔히 띠 구조를 갖는다.
- 행렬의 고유값을 주로 다루며 고유벡터가 필요한 경우이더라도 관심을 가져야 할 것은 몇 개 되지 않는다.

고유값을 효과적으로 찾으려고 하면 계산 횟수를 줄이기 위해 위에서 언급한 여러 특징들을 잘 활용할 수 있어야 한다. 특히, 이를 프로그램으로 작성할 때는 꼭 필요한 정보만 계산하고 그 외의 다른 정보는 계산 과정에 포함되지 않도록 하는 것이 중요하다.

9.2 Jacobi 방법

유사 변환과 대각화

행렬 $\mathbf{A}$가 대칭 행렬일 때 표준 고유값 문제는

$$\mathbf{Ax} = \lambda \mathbf{x} \tag{9.4}$$

와 같고, 여기에 다음과 같은 변환을 적용해 보기로 한다.

$$\mathbf{x} = \mathbf{Px}^* \tag{9.5}$$

여기서 $\mathbf{P}$는 임의의 비특이 행렬(nonsingular matrix)이다. 식 (9.5)를 식 (9.4)에 대입한 후에 $\mathbf{P}^{-1}$을 양쪽 앞에 곱하면

$$\mathbf{P}^{-1}\mathbf{APx}^* = \lambda\mathbf{P}^{-1}\mathbf{Px}^*$$

혹은

$$\mathbf{A}^*\mathbf{x}^* = \lambda\mathbf{x}^* \tag{9.6}$$

을 얻을 수 있고, 이때 $\mathbf{A}^* = \mathbf{P}^{-1}\mathbf{AP}$이다. 이런 변환을 수행한다 해도 λ는 영향을 받지 않으므로 $\mathbf{A}$의 고유값은 역시 $\mathbf{A}^*$의 고유값이다. 같은 고유값을 갖는 행렬을 서로 "유사한" 행렬이라고 하듯이 이 둘 사이의 변환을 유사 변환(similarity transformation)이라 한다.

유사 변환은 고유값 문제를 좀더 풀기 쉬운 형태로 바꾸고자 할 때 흔히 이용되는 기법이다. 어떤 수단을 써서 $\mathbf{A}^*$을 대각 행렬로 만들어 식 (9.6)을 다음과 같이 변환해 주는 행렬 **P**를 찾는다고 가정해 보자.

$$\begin{bmatrix} A_{11}^* - \lambda & 0 & \cdots & 0 \\ 0 & A_{22}^* - \lambda & \cdots & 0 \\ \vdots & \vdots & \ddots & \vdots \\ 0 & 0 & 0 & A_{nn}^* - \lambda \end{bmatrix} \begin{bmatrix} x_1^* \\ x_2^* \\ \vdots \\ x_n^* \end{bmatrix} = \begin{bmatrix} 0 \\ 0 \\ \vdots \\ 0 \end{bmatrix}$$

그럼 이 방정식의 해는

$$\lambda_1 = A_{11}^* \quad \lambda_2 = A_{22}^* \quad \cdots \quad \lambda_n = A_{nn}^* \tag{9.7}$$

$$\mathbf{x}_1^* = \begin{bmatrix} 1 \\ 0 \\ \vdots \\ 0 \end{bmatrix} \quad \mathbf{x}_2^* = \begin{bmatrix} 0 \\ 1 \\ \vdots \\ 0 \end{bmatrix} \quad \cdots \quad \mathbf{x}_n^* = \begin{bmatrix} 0 \\ 0 \\ \vdots \\ 1 \end{bmatrix}$$

혹은

$$\mathbf{X}^* = \left[\mathbf{x}_1^* \ \mathbf{x}_2^* \cdots \ \mathbf{x}_n^*\right] = \mathbf{I}$$

이므로 식 (9.5)에 따라 **A**의 고유벡터는

$$\mathbf{X} = \mathbf{P}\mathbf{X}^* = \mathbf{P}\mathbf{I} = \mathbf{P} \tag{9.8}$$

와 같다. 따라서 찾으려고 하는 변환 행렬 **P**는 **A**의 고유벡터, 그리고 **A**의 고유값은 식 (9.7)과 같이 $\mathbf{A}^*$의 대각 요소가 되는 것이다.

Jacobi 회전

행렬의 변환 중에서 특별한 변환으로 평면 회전(plane rotation)이 있는데 이를 다음과 같이 표시한다.

$$\mathbf{x} = \mathbf{R}\mathbf{x}^* \qquad (9.9)$$

여기서 Jacobi 회전 행렬(Jacobi rotation matrix) **R**은

$$\mathbf{R} = \begin{array}{c} \begin{array}{cccccccc} & & k & & & l & & \end{array} \\ \begin{bmatrix} 1 & 0 & 0 & 0 & 0 & 0 & 0 & 0 \\ 0 & 1 & 0 & 0 & 0 & 0 & 0 & 0 \\ 0 & 0 & c & 0 & 0 & s & 0 & 0 \\ 0 & 0 & 0 & 1 & 0 & 0 & 0 & 0 \\ 0 & 0 & 0 & 0 & 1 & 0 & 0 & 0 \\ 0 & 0 & -s & 0 & 0 & c & 0 & 0 \\ 0 & 0 & 0 & 0 & 0 & 0 & 1 & 0 \\ 0 & 0 & 0 & 0 & 0 & 0 & 0 & 1 \end{bmatrix} \end{array} \begin{array}{c} \\ \\ \\ k \\ \\ \\ l \\ \\ \\ \end{array} \qquad (9.10)$$

로 단위 행렬을 k번째와 l번째 행과 열이 서로 만드는 곳에 $c = \cos\theta$와 $s = \sin\theta$를 넣어 약간 수정한 행렬이며(여기서 θ는 회전각), 다음과 같은 식을 만족하는 직교 혹은 일원 행렬(orthogonal or unitary matrix)의 특징을 가지고 있다.

$$\mathbf{R}^{-1} = \mathbf{R}^T \qquad (9.11)$$

직교성이라는 성질은 식 (9.9)의 변환을 순수한 회전만 허용하도록 한다. 벡터의 크기는 그대로 보존한다는 말인데 $|\mathbf{x}| = |\mathbf{x}^*|$을 뜻한다.

식 (9.9)의 평면회전으로 유사 변환을 실시하면

$$\mathbf{A}^* = \mathbf{R}^{-1}\mathbf{A}\mathbf{R} = \mathbf{R}^T\mathbf{A}\mathbf{R} \qquad (9.12)$$

와 같이 나타낼 수 있고, 이때 $\mathbf{A}^*$는 **A**와 같은 고유값을 가질 뿐만 아니라 **R**의 직교성 때문에 이 역시 대칭 행렬이 된다. 그리고 이 변환은 오직 **A**의 k와 l번째 행과 열만 바꾸는데 공식은 다음과 같다.

$$
\begin{aligned}
A^*_{kk} &= c^2 A_{kk} + s^2 A_{ll} - 2csA_{kl} \\
A^*_{ll} &= c^2 A_{ll} + s^2 A_{kk} + 2csA_{kl} \\
A^*_{kl} &= A^*_{lk} = (c^2 - s^2)A_{kl} + cs(A_{kk} - A_{ll}) \\
A^*_{ki} &= A^*_{ik} = cA_{ki} - sA_{li}, \quad i \neq k, \ i \neq l \\
A^*_{li} &= A^*_{il} = cA_{li} - sA_{ki}, \quad i \neq k, \ i \neq l
\end{aligned}
\tag{9.13}
$$

Jacobi 대각화

Jacobi 회전 행렬에서 각 θ는 A^*_{kl} = A^*_{lk} = 0이 되도록 선정하는 것이 여러 모로 유용한데 이는 이런 생각을 담고 있기 때문이다. 즉, **A**를 대각행렬로 만들어 쓰자는 것인데, 이때 **A**의 모든 비대각 요소를 줄에 꿰어 하나씩 순서대로 제거해 가는 방법을 이용한다. 바로 이 방법은 Jacobi 대각화(Jacobi diagonalization)가 하는 일과 똑같다. 하지만, 여기엔 문제가 있다. 다시말하면, 비대각 요소를 없애고자 하는 이러한 변환은 이미 0인 요소에 대해서는 이의 효과를 제대로 볼 수 없다는 것이다. 이런 변환을 진행해 갈 때 비대각 요소가 다시 나타나게 되면 이는 이전보다 항상 작은 값이라는 사실은 그나마 다행이다. 이 때문에 비대각 요소가 거의 모두 0이 될 때까지 Jacobi 회전 행렬을 계속해서 반복 적용함으로써 바라는 목적을 달성할 수 있게 되는 것이고, 이것이 바로 Jacobi 대각화 방법이다. 그래서 마지막의 변환 행렬 **P**는 각각의 회전 행렬을 모두 결합한 꼴로 다음과 같다.

$$
\mathbf{P} = \mathbf{R}_1 \cdot \mathbf{R}_2 \cdot \mathbf{R}_3 \cdots \tag{9.14}
$$

P의 열이 **A**의 고유벡터로 이루어지고, 또 $\mathbf{A}^*$ = $\mathbf{P}^T\mathbf{A}\mathbf{P}$의 대각 요소는 이의 고유값으로 채워진 것이다.

이제, Jacobi 회전에 대하여 좀더 자세히 살펴보기로 하자. 식 (9.13)으로부터 다음이 만족하면 A^*_{kl} = 0인 것을 볼 수 있다.

$$
(c^2 - s^2)A_{kl} + cs(A_{kk} - A_{ll}) = 0 \tag{a}
$$

따라서 삼각 함수 공식인 c^2 - s^2 = cos2θ와 cs = (1/2)sin2θ를 이용하면 식 (a)는

$$\tan 2\theta = -\frac{2A_{kl}}{A_{kk} - A_{ll}} \quad \text{(b)}$$

와 같고, 이 식을 θ에 대해 풀면 $c = \cos\theta$와 $s = \sin\theta$를 바로 찾을 수 있다. 하지만 이보다 더 좋은 알고리즘(W.H. Press *et al.*, *Numerical Recipes in Fortran*, 2nd ed. Cambridge University Press, 1992)이 있는데 지금부터 이를 설명해 보도록 한다.

새로운 기호 표현을 먼저 다음과 같이 도입한다.

$$\phi = \cot 2\theta = \frac{A_{kk} - A_{ll}}{2A_{kl}} \quad (9.15)$$

그리고 삼각 함수의 공식(여기서 $t = \tan\theta$)인

$$\tan 2\theta = \frac{2t}{(1-t^2)}$$

을 이용하면 식 (b)는

$$t^2 + 2\phi t - 1 = 0$$

와 같이 쓸 수 있고, 다시 이 식의 근을 구하면 다음과 같다.

$$t = -\phi \pm \sqrt{\phi^2 + 1}$$

여기서 이런 변환을 좀더 안정적으로 하고자 한다면 대개 회전각이 $|\theta| \le 45°$이어야 하는데 이는 $|t| \le 1$와 같다는 사실을 이용한다. 즉, $\phi > 0$이면 위의 식에서 양의 부호, 그리고 $\phi \le 0$이면 음의 부호를 선택한다는 말인데, 이를 식으로 나타내면

$$t = \mathrm{sgn}(\phi)\left(-|\phi| + \sqrt{\phi^2 + 1}\right)$$

와 같다. 이 식 역시 ϕ가 클 경우엔 컴퓨터로 계산할 때 마무리 오차가 많이 생길 수 있으므로 이를 막고자 이 식 양쪽에 $|\phi| + \sqrt{\phi^2+1}$ 을 곱한 후에 t에 대해 다시 푼다. 즉,

$$t = \frac{\text{sgn}(\phi)}{|\phi| + \sqrt{\phi^2 + 1}} \tag{9.16a}$$

인데 ϕ가 아주 큰 경우엔 ϕ^2을 계산할 때 넘침(overflow)을 막기 위해 또다시 다음과 같은 근사식으로 나타낸다.

$$t = \frac{1}{2\phi} \tag{9.16b}$$

따라서 이런 방식으로 t를 구했다면 삼각 함수의 공식 $\tan\theta = \sin\theta/\cos\theta = \sqrt{1-\cos^2\theta}/\cos\theta$ 을 써서

$$c = \frac{1}{\sqrt{1+t^2}} \qquad s = tc \tag{9.17}$$

와 같이 구할 수 있는 것이다.

끝으로, 식 (9.13)의 변환 공식에 대하여 계산을 좀 편하게 하기 위한 작업을 해보기로 한다. 즉, 식 (a)를 A_{ll}에 대해 풀면

$$A_{ll} = A_{kk} + A_{kl}\frac{c^2 - s^2}{cs} \tag{c}$$

이고, 이를 식 (9.13)에서 A_{ll}이 나오는 모든 곳에 대입하여 간단히 정리하면 변환 공식은 다음과 같이 다시 쓸 수 있다.

$$\begin{aligned}
A_{kk}^* &= A_{kk} - tA_{kl} \\
A_{ll}^* &= A_{ll} + tA_{kl} \\
A_{kl}^* &= A_{lk}^* = 0 \\
A_{ki}^* &= A_{ik}^* = A_{ki} - s(A_{li} + \tau A_{ki}), \quad i \neq k,\ i \neq l \\
A_{li}^* &= A_{il}^* = A_{li} - s(A_{ki} - \tau A_{li}), \quad i \neq k,\ i \neq l
\end{aligned} \tag{9.18}$$

여기서

$$\tau = \frac{s}{1+c} \tag{9.19}$$

이다. 이처럼 τ를 도입함으로써 각 공식을 "(원래값)+(변화량)"의 형태로 나타낼 수 있고, 또 이는 계산할 때 마무리 오차를 줄이는데 큰 도움이 된다.

Jacobi 대각화 작업을 시작할 때 제일 먼저 변환 행렬 **P**를 단위 행렬로 초기화 한다. 그러면 Jacobi 회전 과정에서 이 행렬이 바뀌게 되는데 즉, **P**에서 $\mathbf{P}^* = \mathbf{PR}$과 같은 모습으로 바뀐다. 여기서 **P**의 요소에서 일어나는 변화는 오직 k와 l번째 열만 영향을 받는데 다음과 같다는 것을 쉽게 확인할 수 있을 것이다.

$$\begin{aligned} P_{ik}^* &= P_{ik} - s(P_{il} + \tau P_{ik}) \\ P_{il}^* &= P_{il} + s(P_{ik} - \tau P_{il}) \end{aligned} \tag{9.20}$$

Jacobi 대각화 작업을 할 때는 **A**의 비대각 요소를 제거하는 순서도 중요한데, 이의 원래 방식은 회전하는 횟수를 줄이고자 가장 큰 요소부터 공략하는 것이다. 그렇지만 이런 방식에는 회전할 때마다 가장 큰 요소를 찾아야 하는 문제가 발생하는데 주로 이 과정에서 시간을 제일 많이 소비하게 된다. 행렬의 규모가 크면 열이나 행 단위로 조사하여 어떤 기준값보다 큰 요소를 제거해 나가는 것이 그나마 시간을 절약할 수 있다. 물론 다음 단계에서는 기준값을 당연히 작게 잡는다. Jacobi 방식은 시간 소비가 과도한 것이 단점이지만 이 식이 너무 간단하다는 측면에서 흔히 사용하고 있고, 그래서 이 책에서도 이를 채택했다.

결론으로, Jacobi 대각화 과정을 요약하면 다음과 같다.

1. **A**의 위쪽에 있는 비대각 요소 중에서 절대값을 기준으로 가장 큰 값을 찾는다.
2. 식 (9.15)에서 (9.17)까지를 써서 Φ, t, 그리고 c를 계산한다.
3. 식 (9.19)을 이용하여 τ를 계산한다.
4. 식 (9.18)에 따라 **A**의 위쪽에 있는 요소들을 수정한다.
5. 식 (9.20)을 이용하여 변환 행렬 **P**를 갱신한다.
6. 1에서 5의 과정을 $A_{kl} < \varepsilon$일 때까지 반복한다. 여기서 ε는 허용 오차이다.

jacobi

함수 jacobi는 $n \times n$ 대칭 행렬의 모든 고유값 λ_i와 모든 고유벡터 x_i를 Jacobi 방법을 써서 계산하고, 이때 이의 알고리즘은 **A**의 윗삼각 부분에만 적용한다. 이 결과로 **A**의 원래 요소는 모두 없어지고 대신에 **A**의 주대각 요소엔 고유값이, 그리고 변환 행렬 **P**의 열에는 정규화된 고유벡터가 자리를 차지한다.

```
function [eVals,eVecs] = jacobi(A,tol)
% 대칭 행렬 A의 고유값과 고유벡터를 Jacobi 방법으로 계산한다
% 사용법: [eVals,eVecs] = jacobi(A,tol)
% tol                      = 허용 오차(기본값은 1.0e-9).

if nargin < 2; tol = 1.0e-9; end
n = size(A,1);
maxRot = 5*(n^2);                       % 회전수의 최대값
P = eye(n);                             % 회전 행렬의 초기화
for i = 1:maxRot                        % Jacobi 회전 과정의 시작
    [Amax,k,L] = maxElem(A);
    if Amax < tol;
        eVals = diag(A); eVecs = P;
        return
    end
    [A,P] = rotate(A,P,k,L);
end
error('Too many Jacobi rotations')

function [Amax,k,L] = maxElem(A)
% A의 가장 큰 비대각 요소 Amax = A(k,L)를 찾는다
n = size(A,1);
Amax = 0;
for i = 1:n-1
    for j = i+1:n
        if abs(A(i,j)) >= Amax
            Amax = abs(A(i,j));
            k = i; L = j;
        end
    end
end

function [A,P] = rotate(A,P,k,L)
% Jacobi 회전 과정을 수행하면서 A(k,L)을 수정하고 변환 행렬 P를 갱신한다
```

```
n = size(A,1);
diff = A(L,L) - A(k,k);
if abs(A(k,L)) < abs(diff)*1.0e-36
    t = A(k,L);
else
    phi = diff/(2*A(k,L));
    t = 1/(abs(phi) + sqrt(phi^2 + 1));
    if phi < 0; t = -t; end;
end
c = 1/sqrt(t^2 + 1); s = t*c;
tau = s/(1 + c);
temp = A(k,L); A(k,L) = 0;
A(k,k) = A(k,k) - t*temp;
A(L,L) = A(L,L) + t*temp;
for i = 1:k-1                          % i < k인 경우
    temp = A(i,k);
    A(i,k) = temp -s*(A(i,L) + tau*temp);
    A(i,L) = A(i,L) + s*(temp - tau*A(i,L));
end
for i = k+1:L-1                        % k < i < L인 경우
    temp = A(k,i);
    A(k,i) = temp - s*(A(i,L) + tau*A(k,i));
    A(i,L) = A(i,L) + s*(temp - tau*A(i,L))
end
for i = L+1:n                          % i > L인 경우
    temp = A(k,i);
    A(k,i) = temp - s*(A(L,i) + tau*temp);
    A(L,i) = A(L,i) + s*(temp - tau*A(L,i));
end
for i = 1:n                            % 변환 행렬의 갱신
    temp = P(i,k);
    P(i,k) = temp - s*(P(i,L) + tau*P(i,k));
    P(i,L) = P(i,L) + s*(temp - tau*P(i,L));
end
```

■ sortEigen

함수 jacobi에서 구한 고유값/고유벡터는 순서대로 정리되지 않았다. 따라서 다음의 함수 sortEigen는 고유값의 크기를 오름차순으로 정리할 때 쓸 수 있다.

```
function [eVals,eVecs] = sortEigen(eVals,eVecs)
```

```
% 고유값과 고유벡터를 오름차순으로 정리한다
% 사용법: [eVals,eVecs] = sortEigen(eVals,eVecs)

n = length(eVals);
for i = 1:n-1
    index = i; val = eVals(i);
    for j = i+1:n
        if eVals(j) < val
            index = j; val = eVals(j);
        end
    end
    if index ~= i
        eVals = swapRows(eVals,i,index);
        eVecs = swapCols(eVecs,i,index);
    end
end
```

표준형으로 변환

물리 현상을 해석할 때 고유값 문제는 종종 다음과 같은 형태로 나타난다.

$$\mathbf{Ax} = \lambda \mathbf{Bx} \tag{9.21}$$

여기서 **A**와 **B**는 $n \times n$ 대칭 행렬이고, 또한 **B** 행렬은 이와 동시에 양의 한정 행렬이라고 여기서 가정한다. 이런 문제는 앞에서 배운 Jacobi 대각화 방법을 적용하기 전에 반드시 표준형으로 바꾸어야 한다.

행렬 **B**는 대칭이면서 양의 한정 행렬이기 때문에 Choleski 분해 즉, $\mathbf{B} = \mathbf{LL}^T$(여기서 **L**은 아랫삼각 행렬이다)로 나타낼 수 있으므로 다음과 같은 변환을 도입한다.

$$\mathbf{x} = (\mathbf{L}^{-1})^T \mathbf{z} \tag{9.22}$$

따라서 이 식을 식 (9.21)에 대입하면

$$\mathbf{A}(\mathbf{L}^{-1})^T \mathbf{z} = \lambda \mathbf{LL}^T (\mathbf{L}^{-1})^T \mathbf{z}$$

이고, 다시 양쪽 앞에 $\mathbf{L}^{-1}$을 곱하면

$$\mathbf{L}^{-1}\mathbf{A}(\mathbf{L}^{-1})^T\mathbf{z} = \lambda\mathbf{L}^{-1}\mathbf{L}\mathbf{L}^T(\mathbf{L}^{-1})^T\mathbf{z}$$

인데, 여기서 $\mathbf{L}^{-1}\mathbf{L}=\mathbf{L}^T(\mathbf{L}^{-1})^T = \mathbf{I}$이므로 다음과 같은 표준형으로 나타낼 수 있다.

$$\mathbf{H}\mathbf{z} = \lambda\mathbf{z} \tag{9.23}$$

여기서

$$\mathbf{H} = \mathbf{L}^{-1}\mathbf{A}(\mathbf{L}^{-1})^T \tag{9.24}$$

이다. 이 변환의 중요한 특징은 행렬의 대칭성을 결코 손상시키지 않는다는 것이다. 다시말하면, 대칭 행렬 $\mathbf{A}$는 고스란히 대칭 행렬 $\mathbf{H}$로 옮겨간다는 말이다.

고유값 문제인 $\mathbf{Ax} = \lambda\mathbf{Bx}$를 푸는 일반적인 과정을 요약하면 다음과 같다.

1. $\mathbf{L}$을 찾기 위해 Choleski 분해 $\mathbf{B} = \mathbf{L}\mathbf{L}^T$를 이용한다.
2. $\mathbf{L}^{-1}$을 계산한다. (윗삼각 행렬은 노력을 적게 들이고도 쉽게 역행렬로 만들 수 있다)
3. 식 (9.24)를 통해 $\mathbf{H}$를 계산한다.
4. 표준 고유값 문제 $\mathbf{Hz} = \lambda\mathbf{z}$를 푼다. (예를들어, Jacobi 방법 따위를 써서)
5. 식 (9.22)로 원래 문제의 고유벡터를 복원한다. 즉, $\mathbf{x} = (\mathbf{L}^{-1})^T\mathbf{z}$이다. 참고로 이 변환으로 고유값이 변하는 것은 결코 아니다.

중요하면서도 특별한 경우는 $\mathbf{B}$가 대각 행렬일 때이다. 즉,

$$\mathbf{B} = \begin{bmatrix} \beta_1 & 0 & \cdots & 0 \\ 0 & \beta_2 & \cdots & 0 \\ 0 & 0 & \ddots & 0 \\ 0 & 0 & 0 & \beta_n \end{bmatrix} \tag{9.25}$$

이고, 이때 Choleski 분해는

$$\mathbf{L} = \begin{bmatrix} \beta_1^{1/2} & 0 & \cdots & 0 \\ 0 & \beta_2^{1/2} & \cdots & 0 \\ 0 & 0 & \ddots & 0 \\ 0 & 0 & 0 & \beta_n^{1/2} \end{bmatrix} \qquad \mathbf{L}^{-1} = \begin{bmatrix} \beta_1^{-1/2} & 0 & \cdots & 0 \\ 0 & \beta_2^{-1/2} & \cdots & 0 \\ 0 & 0 & \ddots & 0 \\ 0 & 0 & 0 & \beta_n^{-1/2} \end{bmatrix} \tag{9.26a}$$

와 같고 또 다른 대칭 행렬 **H**는 다음과 같다.

$$H_{ij} = A_{ij}(\beta_i \beta_j)^{-1/2} \tag{9.26b}$$

■ stdForm

함수 stdForm은 **A**와 **B**가 입력으로 들어오면 **H**와 변환 행렬 **T** = $(\mathbf{L}^{-1})^T$를 돌려준다. 그리고 L의 역행렬은 부함수 invert를 통해 찾아지는데, 이때 **L**이 삼각행렬이기 때문에 이를 후방 대입으로 작업한다.

```
function [H,T] = stdForm(A,B)
% A*x = lambda*B*x를 H*z = lambda*z로 변환하고, 또 x = T*z를 위해 T를 계산한다
% 사용법: [H,T] = stdForm(A,B)

n = size(A,1);
L = choleski(B); Linv = invert(L);
H = Linv*(A*Linv'); T = Linv';

function Linv = invert(L)
% 아랫삼각 행렬 L을 역행렬로 바꾼다
n = size(L,1);
for j = 1:n-1
    L(j,j) = 1/L(j,j);
    for i = j+1:n
        L(i,j) = -dot(L(i,j:i-1), L(j:i-1,j)/L(i,i));
    end
end
L(n,n) = 1/L(n,n); Linv = L;
```

예제 9.1

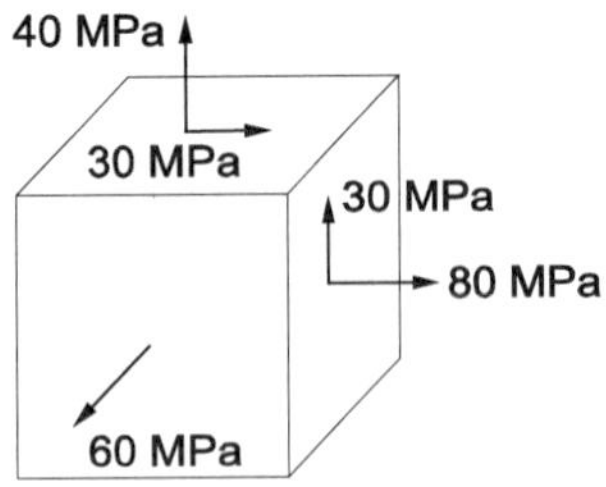

그림과 같은 응력 상태에 대한 응력 행렬(이를 텐서(tensor)라 함)은

$$\mathbf{S} = \begin{bmatrix} 80 & 30 & 0 \\ 30 & 40 & 0 \\ 0 & 0 & 60 \end{bmatrix}$$

와 같다. (이 행렬의 각 행은 3개의 응력 성분으로 구성되는데 모두 좌표 평면에 작용한다) 이 경우, **S**의 고유값은 주응력(principal stress)이고 고유벡터는 주평면(principal plane)에 수직이다. (1) Jacobi 방법으로 **S**를 대각화하여 주응력을 결정하고, 또 (2) 고유벡터를 구하라.

(1)의 풀이 S_{12}를 제거하기 위해서는 Jacobi 회전을 1-2평면에 적용해야 한다. 따라서 k = 1와 l = 2이니 식 (9.15)는

$$\phi = -\frac{S_{11} - S_{22}}{2S_{12}} = -\frac{80-40}{2(30)} = -\frac{2}{3}$$

이고, 그래서 식 (9.16)은

$$t = \frac{\mathrm{sgn}(\phi)}{|\phi| + \sqrt{\phi^2 + 1}} = \frac{-1}{2/3 + \sqrt{(2/3)^2 + 1}} = -0.53518$$

와 같다. 끝으로, 이런 회전 때문에 생기는 **S**의 변화는 식 (9.18)에 따라

$$S_{11}^* = S_{11} - tS_{12} = 80 - (-0.53518)(30) = 96.055$$
$$S_{22}^* = S_{22} + tS_{12} = 40 + (-0.53518)(30) = 23.945$$
$$S_{12}^* = S_{21}^* = 0$$

이므로 대각화된 응력 행렬은 다음과 같다.

$$S^* = \begin{bmatrix} 96.055 & 0 & 0 \\ 0 & 23.945 & 0 \\ 0 & 0 & 60 \end{bmatrix}$$

여기서 대각 요소가 주응력이다.

(2)의 풀이 고유벡터를 계산하기 위해, 우선 식 (9.17)과 (9.19)를 써서 다음을 구한다.

$$c = \frac{1}{\sqrt{1+t^2}} = \frac{1}{\sqrt{1+(-0.53518)^2}} = 0.88168$$

$$s = tc = (-0.53518)(0.88168) = -0.47186$$

$$\tau = \frac{s}{1+c} = \frac{-0.47186}{1+0.88168} = -0.25077$$

이제, 변환 행렬 **P**의 요소 변화를 식 (9.20)으로 찾는다. **P**는 처음에 단위 행렬 즉, P_{ii} = 1와 $P_{ij}(i \neq j)$ = 0이므로 첫번째 식은

$$\begin{aligned} P_{11}^* &= P_{11} - s(P_{12} + \tau P_{11}) \\ &= 1 - (-0.47186)[0 + (-0.25077)(1)] = 0.88167 \\ P_{21}^* &= P_{21} - s(P_{22} + \tau P_{21}) \\ &= 0 - (-0.47186)[1 + (-0.25077)(0)] = 0.47186 \end{aligned}$$

이고, 그리고 같은 방법으로 두 번째 식을 구하면 다음과 같다.

$$P_{12}^* = -0.47186 \qquad P_{22}^* = 0.88167$$

따라서 위에 계산한 값들과 **P**의 세번째 행과 열은 이 변환으로 아무런 영향도 받지 않는다는 것을 반영하면

$$\mathbf{P}^* = \begin{bmatrix} 0.88167 & -0.47186 & 0 \\ 0.47186 & 0.88167 & 0 \\ 0 & 0 & 1 \end{bmatrix}$$

와 같다. 여기서 $\mathbf{P}^*$의 각 열이 $\mathbf{S}$의 고유벡터이다.

예제 9.2

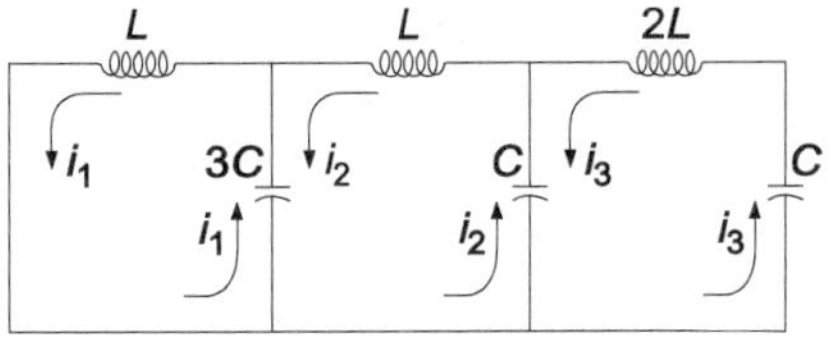

(1) 그림과 같은 전기 회로의 해석은 행렬 고유값 문제를 푸는 것과 같다는 것을 보여라.
(2) 각 전류의 회전 주파수(circular frequency)와 상대 진폭(relative amplitude)을 계산하라.

(1)의 풀이 3개의 루프에 대한 Kirchoff 방정식은 다음과 같다.

$$L\frac{di_1}{dt}+\frac{q_1-q_2}{3C}=0$$

$$L\frac{di_2}{dt}+\frac{q_2-q_1}{3C}+\frac{q_2-q_3}{C}=0$$

$$2L\frac{di_3}{dt}+\frac{q_3-q_2}{C}+\frac{q_3}{C}=0$$

이를 한번 더 미분하고, 또 $dq_k/dt = i_k$을 대입하면

$$\frac{1}{3}i_1-\frac{1}{3}i_2=-LC\frac{d^2i_1}{dt^2}$$

$$-\frac{1}{3}i_1+\frac{4}{3}i_2-i_3=-LC\frac{d^2i_2}{dt^2}$$

$$-i_2+2i_3=-2LC\frac{d^2i_3}{dt^2}$$

와 같고, 따라서 이의 해는 다음의 형식을 따른다.

$$i_k(t)=u_k\sin\omega t$$

여기서 ω는 단위가 rad/s인 회전 주파수이고, u_k는 전류의 상대 진폭이다. 그러므로 이

해를 앞의 Kirchoff 방정식에 다시 대입하여 $\sin\omega t$를 제거하고 정리하면 $\mathbf{Au} = \lambda\mathbf{Bu}$를 얻을수 있고, 이때

$$\mathbf{A} = \begin{bmatrix} 1/3 & 1/3 & 0 \\ -1/3 & 4/3 & -1 \\ 0 & -1 & 2 \end{bmatrix} \qquad \mathbf{B} = \begin{bmatrix} 1 & 0 & 0 \\ 0 & 1 & 0 \\ 0 & 0 & 2 \end{bmatrix} \qquad \lambda = LC\omega^2$$

와 같고, 이는 표준형으로 바뀌지 않은 고유값 문제를 나타낸다.

(2)의 풀이 $\mathbf{B}$는 대각 행렬이기 때문에 이 문제를 표준형 $\mathbf{Hz} = \lambda\mathbf{z}$로 쉽게 변환할 수 있다. 즉, 식 (9.26a)에서

$$\mathbf{L}^{-1} = \begin{bmatrix} 1 & 0 & 0 \\ 0 & 1 & 0 \\ 0 & 0 & 1/\sqrt{2} \end{bmatrix}$$

을 구할 수 있고, 또 식 (9.26b)에서는 다음을 얻을 수 있다.

$$\mathbf{H} = \begin{bmatrix} 1/3 & -1/3 & 0 \\ -1/3 & 4/3 & -1/\sqrt{2} \\ 0 & -1/\sqrt{2} & 1 \end{bmatrix}$$

이제, $\mathbf{H}$의 고유값과 고유벡터는 Jacobi 방법으로 구할 수 있는데 자세한 내용은 생략하고 그 결과만 표시하면 다음과 같다.

$$\lambda_1 = 0.14779 \qquad \lambda_2 = 0.58235 \qquad \lambda_3 = 1.93653$$

$$\mathbf{z}_1 = \begin{bmatrix} 0.81027 \\ 0.45102 \\ 0.37423 \end{bmatrix} \qquad \mathbf{z}_2 = \begin{bmatrix} 0.56274 \\ -0.42040 \\ -0.71176 \end{bmatrix} \qquad \mathbf{z}_3 = \begin{bmatrix} 0.16370 \\ -0.78730 \\ 0.59444 \end{bmatrix}$$

그리고 원래 문제의 고유벡터는 식 (9.22)로 다시 복원할 수 있는데 $\mathbf{y}_i = (\mathbf{L}^{-1})^T\mathbf{z}_i$을 이용하여 다음과 같이 구한다.

$$\mathbf{u}_1 = \begin{bmatrix} 0.81027 \\ 0.45102 \\ 0.26462 \end{bmatrix} \qquad \mathbf{u}_2 = \begin{bmatrix} 0.56274 \\ -0.42040 \\ -0.50329 \end{bmatrix} \qquad \mathbf{u}_3 = \begin{bmatrix} 0.16370 \\ -0.78730 \\ 0.42033 \end{bmatrix}$$

이 벡터들을 정규화하는 작업은 독자들 스스로 해보길 바란다. (앞의 $\mathbf{z}_i$는 정규화 작업을 이미 해 놓았다) 끝으로, 회전 주파수는 $\omega_i = \sqrt{\lambda_i/(LC)}$ 이므로

$$\omega_1 = \frac{0.3844}{\sqrt{LC}} \qquad \omega_2 = \frac{0.7631}{\sqrt{LC}} \qquad \omega_3 = \frac{1.3916}{\sqrt{LC}}$$

이다.

예제 9.3

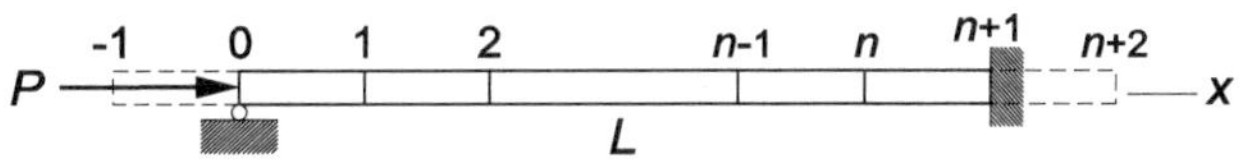

그림과 같이 지지 받고 있는 외팔보(cantilever beam)에 축력 P가 작용하고, 이때 이 보의 옆쪽 변위 $u(x)$는 다음의 미분 방정식을 만족한다.

$$u^{(4)} + \frac{P}{EI}u'' = 0 \tag{a}$$

여기서 EI는 굽힘 강성이다. 그리고 이 방정식의 경계 조건은

$$u(0) = u''(0) = 0 \qquad u(L) = u'(L) = 0 \tag{b}$$

이다. (1) 미분을 유한차분으로 근사할 수 있을 때 이 보의 변위 해석이 행렬 고유값 문제가 되는지는 밝혀라. (2) Jacobi 방법을 써서 3개의 가장 작은 굽힘 하중(buckling load)과 이와 관련한 고유벡터를 계산하라.

(1)의 풀이 먼저, 그림에서 보는 바와 같이 보를 길이가 $L/(n+1)$인 $n+1$개의 부분으로 나누고 마디 1에서 n까지 각각에 미분 방정식을 적용한다. 식 (a)에 있는 u의 미분을

양끝 마디를 제외한 마디 즉, 1에서 n까지의 안쪽 마디에서 $O(h^2)$의 중간차분 공식으로 대체하여

$$\frac{u_{i-2}-4u_{i-1}+6u_i-4u_{i+1}+u_{i+2}}{h^4}=\frac{P}{EI}\frac{-u_{i-1}+2u_i-u_{i+1}}{h^2},\quad i=1,2,\ldots,n$$

을 얻고, 여기에 다시 h^4를 곱한 후 각 i에 대해 풀어 쓰면

$$\begin{aligned}
u_{-1}-4u_0+6u_1-4u_2+u_3&=\lambda(-u_0+2u_1-u_2)\\
u_0-4u_1+6u_2-4u_3+u_4&=\lambda(-u_1+2u_2-u_3)\\
&\vdots\\
u_{n-3}-4u_{n-2}+6u_{n-1}-4u_n+u_{n+1}&=\lambda(-u_{n-2}+2u_{n-1}-u_n)\\
u_{n-2}-4u_{n-1}+6u_n-4u_{n+1}+u_{n+2}&=\lambda(-u_{n-1}+2u_n-u_{n+1})
\end{aligned}\tag{c}$$

와 같다. 여기서

$$\lambda=\frac{Ph^2}{EI}=\frac{PL^2}{(n+1)^2EI}$$

이다. 식 (c)에서 변위 u_{-1}, u_0, u_{n+1}, 그리고 u_{n+2}는 문제에서 주어진 경계 조건을 사용하여 제거하거나 다른 변수로 바꿀 수 있다. 즉, 표 8.1을 참고하여 식 (b)의 경계 조건에 대한 유한차분 근사식을 써서

$$u_0=0\qquad u_{-1}=-u_1\qquad u_{n+1}=0\qquad u_{n+2}=u_n$$

와 같이 찾을 수 있다. 따라서 이를 식 (c)에 대입하여 다시 행렬 형태로 정리하면 고유값 문제인 $\mathbf{Ax}=\lambda\mathbf{Bx}$가 되는 것을 확인할 수 있을 것이다. 여기서

$$
\mathbf{A} = \begin{bmatrix} 5 & -4 & 1 & 0 & 0 & \cdots & 0 \\ -4 & 6 & -4 & 1 & 0 & \cdots & 0 \\ 1 & -4 & 6 & -4 & 1 & \cdots & 0 \\ \vdots & \ddots & \ddots & \ddots & \ddots & \ddots & \vdots \\ 0 & \cdots & 1 & -4 & 6 & -4 & 1 \\ 0 & \cdots & 0 & 1 & -4 & 6 & -4 \\ 0 & \cdots & 0 & 0 & 1 & -4 & 7 \end{bmatrix}
$$

$$
\mathbf{B} = \begin{bmatrix} 2 & -1 & 0 & 0 & 0 & \cdots & 0 \\ -1 & 2 & -1 & 0 & 0 & \cdots & 0 \\ 0 & -1 & 2 & -1 & 0 & \cdots & 0 \\ \vdots & \ddots & \ddots & \ddots & \ddots & \ddots & \vdots \\ 0 & \cdots & 0 & -1 & 2 & -1 & 0 \\ 0 & \cdots & 0 & 0 & -1 & 2 & -1 \\ 0 & \cdots & 0 & 0 & 0 & -1 & 2 \end{bmatrix}
$$

이다.

(2)의 풀이 Jacobi 방법을 쓰면 모든 고유값 및 고유벡터를 다 찾아준다는 것이 문제라면 문제이고, 또 띠 구조의 행렬을 잘 활용할 수 없는 것도 단점이다. 따라서 다음 프로그램은 여기서 꼭 해야 할 작업보다 훨씬 더 많은 일을 하게 되는데 이를 위한 좀 더 효과적인 방법은 이 장의 뒤에서 따로 소개하기로 한다.

```
% 예제 9.3 (Jacobi 방법)
n = 10;                                  % 내부 마디의 개수
A = zeros(n); B = zeros(n);              % 행렬 A와 B의 초기화 및 생성
for i = 1:n
    A(i,i) = 6; B(i,i) = 2;
end
A(1,1) = 5; A(n,n) = 7;
for i = 1:n-1
    A(i,i+1) = -4; A(i+1,i) = -4;
    B(i,i+1) = -1; B(i+1,i) = -1;
end
for i = 1:n-2
```

```
    A(i,i+2) = 1; A(i+2,i) = 1;
end
[H,T] = stdForm(A,B);                    % 표준형으로 변환
[eVals,Z] = jacobi(H);                   % Jacobi 방법으로 풀기
X = T*Z;                                 % 원래 문제의 고유벡터
for i = 1:n                              % 고유벡터의 정규화
    xMag = sqrt(dot(X(:,i),X(:,i)));
    X(:,i) = X(:,i)/xMag;
end
[eVals,X] = sortEigen(eVals,X);          % 오름차순으로 정렬
eigenvalues = eVals(1:3)'                % 가장 작은 고유값과 고유벡터를 3개 추출
eigenvectors = X(:,1:3)
```

(프로그램의 출력)

```
eigenvalues =
    0.1641    0.4720    0.9022
eigenvectors =
    0.1641   -0.1848    0.3070
    0.3062   -0.2682    0.3640
    0.4079   -0.1968    0.1467
    0.4574    0.0099   -0.1219
    0.4515    0.2685   -0.1725
    0.3961    0.4711    0.0677
    0.3052    0.5361    0.4089
    0.1986    0.4471    0.5704
    0.0988    0.2602    0.4334
    0.0270    0.0778    0.1486
```

다음 그림은 힘을 받아 굽은 보의 상대 변위를 보이기 위해 처음 3개의 모드 형상(mode shape)을 나타내었다. (이해를 돕기 위해 고유벡터의 각 점을 그리기 전에 양쪽 끝에 모두 0을 첨가하였다)

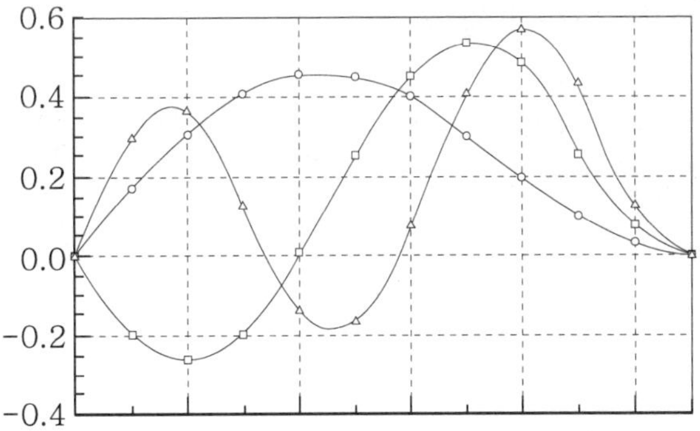

굽힘 하중의 식은 $P_i = (n+1)^2 \lambda_i EI/L^2$이므로 각각 계산하면

$$P_1 = \frac{(11)^2(0.1641)EI}{L^2} = 19.86\frac{EI}{L^2}$$
$$P_2 = \frac{(11)^2(0.4720)EI}{L^2} = 57.11\frac{EI}{L^2}$$
$$P_3 = \frac{(11)^2(0.9022)EI}{L^2} = 109.2\frac{EI}{L^2}$$

와 같고, 이때 이의 해석적인 값은 $P_1 = 20.19EI/L^2$, $P_2 = 59.68EI/L^2$, 그리고 $P_3 = 118.9EI/L^2$이다. 유한차분 근사식으로 발생하는 오차는 모드 번호가 높을수록 증가하고 있다. 즉, P_{i+1}의 오차는 P_i의 오차보다 크다. 물론 유한차분의 정확도는 마디 수 n을 키우면 높일 수 있지만 n = 20 이상인 경우에서는 Jacobi 방법이 수행하는 계산의 수가 엄청 증가할 수 있어 조심해야 한다.

9.3 역 거듭제곱 및 거듭제곱 방법

역 거듭제곱 방법

역 거듭제곱 방법(inverse power method)은 다음과 같은 고유값 문제에서 가장 작은 고유값 λ_1와 이와 관련한 고유벡터 $\mathbf{x}_1$을 반복 과정을 통해 구하는 아주 간단한 방법이다.

$$\mathbf{Ax} = \lambda\mathbf{x} \tag{9.27}$$

이 방법의 과정을 요약하면 다음과 같다.

1. 벡터 $\mathbf{v}$를 $\mathbf{x}_1$의 근사값으로 둔다. (크기가 1인 임의의 벡터도 괜찮다)
2. 다음 방정식을 벡터 $\mathbf{z}$에 대해 푼다.

$$\mathbf{Az} = \mathbf{v} \tag{9.28}$$

3. $|\mathbf{z}|$을 계산한다.
4. $\mathbf{v} = \mathbf{z}/|\mathbf{z}|$로 두고 $\mathbf{v}$의 변화를 무시할 수 있을 때까지 단계 2에서 4까지를 반복한다.

이 과정의 최종 결과는 $|\mathbf{z}| = \pm 1/\lambda_1$와 $\mathbf{v} = \mathbf{z}_1$이고, 이때 λ_1의 부호는 이렇게 정한다. 즉, 앞뒤의 반복 과정에서 $\mathbf{z}$의 부호가 바뀌면 λ_1은 음수이고 그렇지 않으면 양수로 잡는다.

이제, 이 방법의 작업 원리에 대하여 알아보기로 하자. 식 (9.27)의 고유벡터 $\mathbf{x}_i$는 서로 수직하기 때문에 임의의 n 차원 벡터에 대한 기본 좌표(basis)로 사용할 수 있다. 따라서 $\mathbf{v}$와 $\mathbf{z}$는 이런 기본 좌표를 써서 다음과 같은 꼭 하나의 표현으로 나타내는 것이 가능하다.

$$\mathbf{v} = \sum_{i=1}^{n} v_i \mathbf{x}_i \qquad \mathbf{z} = \sum_{i=1}^{n} z_i \mathbf{x}_i \tag{a}$$

여기서 v_i와 z_i는 $\mathbf{v}$와 $\mathbf{z}$의 요소가 아니라 고유벡터 $\mathbf{x}_i$에 대한 좌표 성분이라는 것에 주의해야 한다. 이 식을 식 (9.28)에 대입하면

$$\mathbf{A}\sum_{i=1}^{n} z_i \mathbf{x}_i - \sum_{i=1}^{n} v_i \mathbf{x}_i = \mathbf{0}$$

이고, 또 $\mathbf{Ax}_i = \lambda_i \mathbf{x}_i$이므로

$$\sum_{i=1}^{n} (z_i \lambda_i - v_i)\mathbf{x}_i = \mathbf{0}$$

와 같다. 따라서 다음의 관계식을 끄집어낼 수 있다.

$$z_i = \frac{v_i}{\lambda_i}$$

결국 식 (a)는

$$\begin{aligned}\mathbf{z} &= \sum_{i=1}^{n} \frac{v_i}{\lambda_i}\mathbf{x}_i = \frac{1}{\lambda_1}\sum_{i=1}^{n} v_i \frac{\lambda_1}{\lambda_i}\mathbf{x}_i \\ &= \frac{1}{\lambda_1}\left(v_1\mathbf{x}_1 + v_2\frac{\lambda_1}{\lambda_2}\mathbf{x}_2 + v_3\frac{\lambda_1}{\lambda_3}\mathbf{x}_3 + \cdots\right)\end{aligned} \tag{9.29}$$

로 다시 쓸 수 있는 것이다. 이 식을 잘 살펴볼 때 $|\lambda_1/\lambda_i| < 1(i \neq 1)$이므로 $\mathbf{z}$에서는 $\mathbf{x}_1$의 계수 즉, v_1이 $\mathbf{v}$에 있을 때보다 더 눈에 띌 정도로 중요하고, 그래서 $\mathbf{z}$의 가장 좋은 근사값은 $\mathbf{x}_1$이 된다는 것을 짐작할 수 있다. 이것이 이 과정에 대한 첫번째 반복 사이클이다.

다음 사이클에서는 $\mathbf{v} = \mathbf{z}/|\mathbf{z}|$로 두고 위의 과정을 반복하는데 이런 사이클을 반복할 때마다 식 (9.29)의 첫번째 항의 중요성이 더욱 커진다. 따라서 이런 과정은 최종적으로

$$\mathbf{z} = \frac{1}{\lambda_1}v_1\mathbf{x}_1 = \frac{1}{\lambda_1}\mathbf{x}_1$$

에 수렴한다. (이 단계에선 앞에서 설명한 역 거듭제곱 방법의 결론에 따라 $\mathbf{v} = \mathbf{x}_1$이므로 $v_1 = 1$, $v_2 = v_3 = \cdots = 0$이다)

역 거듭제곱 방법은 다음과 같은 표준형이 아닌 고유값 문제에도 적용할 수 있다.

$$\mathbf{Ax} = \lambda\mathbf{Bx} \tag{9.30}$$

다만 이 경우엔 식 (9.28)을 다음으로 교체하여야 한다.

$$\mathbf{Az} = \mathbf{Bv} \tag{9.31}$$

물론 이런 문제를 거듭제곱 방법으로 풀 때는 이를 적용하기 전에 표준형 고유값 문제로 먼저 변환하는 것도 한 방법이 되겠다.

고유값 이동

식 (9.29)를 직관으로 판단해 볼 때 수렴 속도는 부등식 $|\lambda_1/\lambda_2| < 1$(식 (9.29)의 두번째 항)이 만족하는 정도에* 따라 결정할 수 있다. 즉, $|\lambda_2|$가 $|\lambda_1|$보다 아주 많이 떨어져 있으면 이 부등식은 강하여 수렴 속도가 빠르고, 반대로 두 고유값이 서로 가까이 붙어 있으면 수렴 속도가 아주 느려진다는 말이다.

수렴 속도는 이른바 고유값 이동 기법(eigenvalue shifting technique)으로 향상시킬 수 있다. 우선, 고유값을 이동할 만큼 정하고 이를 s라 두어

$$\lambda = \lambda^* + s \tag{9.32}$$

와 같이 표시한다. 그러면 식 (9.27)의 고유값 문제는

$$\mathbf{Ax} = (\lambda^* + s)\mathbf{x}$$

또는

$$\mathbf{A}^*\mathbf{x} = \lambda^*\mathbf{x} \tag{9.33}$$

로 바꿀 수 있고, 여기서

$$\mathbf{A}^* = \mathbf{A} - s\mathbf{I} \tag{9.34}$$

이다. 따라서 이렇게 바뀐 고유값 문제를 역 거듭제곱 방법으로 풀면 λ^*_1와 $\mathbf{x}_1$를 구할 수 있고(여기서 λ^*_1는 $\mathbf{A}^*$의 가장 작은 고유값이다), 이때 이와 관련한 원래의 고유값 $\lambda = \lambda^*_1 + s$은 s에 가장 가까운 고유값이 되는 셈이다.

고유값 이동을 써먹을 수 있는 두 응용 분야가 있다. 그 중 가장 분명한 분야는 임의의 값 s에 가장 가까운 고유값을 찾아야 하는 경우가 되겠다. 예를들어, 어떤 기계나 장비의 축이 s(rpm)의 속력으로 움직이고 있다면 이 속도 근처에서는 고유 진동수(이는

---

* 부등식이 만족하는 정도란 서로 비교하는 두 수의 차가 어느 정도이냐에 따라 설명할 수 있다. 다시말하면, $x < y$에서 y가 x보다 아주 커서 $x \ll y$로 표시할 수 있으면 이 부등식을 강한 부등식(strong inequality)이라 하고 서로 비슷하면(어쨌든 y는 x보다 약간이라도 커서 $x < y$을 만족한다) 약한 부등식(weak inequality)이라 한다.

시스템의 고유값과 밀접한 관계가 있음)가 없다는 것을 확인시켜 주는 것이 아주 중요한 일이 될 것이다.

고유값 이동은 앞에서 언급한 수렴 속도를 증진시키는 데도 역시 사용할 수 있다. **A**의 가장 작은 고유값 λ_1을 계산한다고 가정해 보자. 이 기법의 기본 생각은 λ^*_1/λ^*_2이 될 수 있으면 작아지도록 하기 위해 s를 도입하여 $\lambda^*_1 = \lambda_1 - s$이니 $s \approx \lambda_1$로 선택한다는 것이다. 이때, 0으로 나누어지는 것을 막기 위해 $s = \lambda_1$을 피해야만 하고, 또 λ_1을 미리 추정해 놓는 것도 잊어서는 안 된다.

고유값 이동을 동반한 역 거듭제곱 방법은 고유벡터를 찾을 때 이미 고유값을 알고 있는 경우이면 아주 유용한 도구가 된다. 즉, 고유값에 이와 관련한 고유벡터를 아주 가깝게 이동시킴으로써 한두 번의 반복과정만 거쳐도 고유벡터를 계산할 수 있기 때문이다.

거듭제곱 방법

거듭제곱 방법(power method)은 0에서 가장 멀리 떨어진 고유값과 이와 관련한 고유벡터를 찾아주는 방법으로 앞의 역 거듭제곱 방법과 아주 흡사하다. 이 두 방법의 차이는 식 (9.28)에서 **v**와 **z**를 서로 바꾼 것밖에 없다. 다음은 이 방법을 진행하는 과정을 요약한 것이다.

1. 벡터 **v**를 $\mathbf{x}_n$의 근사값으로 둔다. (크기가 1인 임의의 벡터도 괜찮다)
2. 다음 방정식을 벡터 **z**에 대해 푼다.

$$\mathbf{z} = \mathbf{A}\mathbf{v} \tag{9.35}$$

3. $|\mathbf{z}|$을 계산한다.
4. $\mathbf{v} - \mathbf{z}/|\mathbf{z}|$로 두고 **v**의 변화를 무시할 수 있을 때까지 단계 2에서 4까지를 반복한다.

거듭제곱 방법은 $|\mathbf{z}| = \pm\lambda_n$와 $\mathbf{v} = \mathbf{x}_n$을 얻는 것이 이 과정의 최종 결과로, 이때 λ_n의 부호는 앞의 역 거듭제곱 방법과 똑같이 결정한다.

■ invPower

함수 invPower는 사용자에게 행렬 **A**와 스칼라 s를 받아 s에 가장 가까운 **A**의 고유값과 이의 고유벡터를 돌려준다. 행렬 $\mathbf{A}^* = \mathbf{A} - s\mathbf{I}$를 생성하여 즉시 분해를 해야 하기 때문에 반복 루프를 돌 때마다 전방 및 후방 대입을 써서 이의 해를 찾는 과정이 필요하다. 만약 $\mathbf{A}$가 띠 행렬(banded matrix)이면 프로그램의 효율성을 높이기 위해 함수 LUdec와 LUsol 대신에 띠 행렬을 전문으로 푸는 함수를 사용하는 것이 좋다. (예제 9.6 참조) 끝으로, $\mathbf{A}^*$를 생성하는 프로그램 코드는 $\mathbf{A}$를 위해 사용하는 메모리 기법과 호환하기 위해 반드시 수정하는 것이 필요하다.

```
function [eVal,eVec] = invPower(A,s,maxIter,tol)
% 스칼라 s에 가장 가까운 A의 고유값과 이의 고유벡터를 찾아주는 역 거듭제곱 방법
% 사용법: [eVal,eVec] = invPower(A,s,maxIter,tol)
% maxIter              = 반복 수의 최대값(기본값은 50).
% tol                  = 허용 오차(기본값은 1.0e-6).

if nargin < 4; tol = 1.0e-6; end
if nargin < 3; maxIter = 50; end
n = size(A,1);
A = A - eye(n)*s;                        % A* = A - sI를 생성
A = LUdec(A);                            % A*의 분해
x = rand(n,1);                           % 고유벡터에 대한 임의의 최초값
xMag = sqrt(dot(x,x)); x = x/xMag;       % x의 정규화
for i = 1:maxIter
    xOld = x;                            % 현재 고유벡터를 저장
    x = LUsol(A,x); % Solve A*x = xOld
    xMag = sqrt(dot(x,x)); x = x/xMag;   % x의 정규화
    xSign = sign(dot(xOld,x));           % x의 부호 변화를 감지
    x = x*xSign;
    % Check for convergence
    if sqrt(dot(xOld - x,xOld - x)) < tol
        eVal = s + xSign/xMag; eVec = x;
        return
    end
end
error('Too many iterations')
```

예제 9.4

임의의 점에서 응력 상태를 보여주는 응력 행렬은 다음과 같다. (단위는 MPa이다)

$$\mathbf{S} = \begin{bmatrix} -30 & 10 & 20 \\ 10 & 40 & -50 \\ 20 & -50 & -10 \end{bmatrix}$$

거듭제곱 방법을 써서 가장 큰 주응력(0에서 가장 멀리 떨어진 **S**의 고유값)을 구하라.

풀이 첫번째 반복 과정:

우선, $\mathbf{v} = [1\ 0\ 0]^T$을 고유벡터에 대한 초기 추정값으로 둔다. 그러면 다음과 같다.

$$\mathbf{z} = \mathbf{Sv} = \begin{bmatrix} -30 & 10 & 20 \\ 10 & 40 & -50 \\ 20 & -50 & -10 \end{bmatrix} \begin{bmatrix} 1 \\ 0 \\ 0 \end{bmatrix} = \begin{bmatrix} -30.0 \\ 10.0 \\ 20.0 \end{bmatrix}$$

$$|\mathbf{z}| = \sqrt{30^2 + 10^2 + 20^2} = 37.417$$

$$\mathbf{v} = \frac{\mathbf{z}}{|\mathbf{z}|} = \begin{bmatrix} -30.0 \\ 10.0 \\ 20.0 \end{bmatrix} \frac{1}{37.417} = \begin{bmatrix} -0.80177 \\ 0.26726 \\ 0.53452 \end{bmatrix}$$

두번째 반복 과정:

$$\mathbf{z} = \mathbf{Sv} = \begin{bmatrix} -30 & 10 & 20 \\ 10 & 40 & -50 \\ 20 & -50 & -10 \end{bmatrix} \begin{bmatrix} -0.80177 \\ 0.26726 \\ 0.53452 \end{bmatrix} = \begin{bmatrix} 37.416 \\ -24.053 \\ -34.744 \end{bmatrix}$$

$$|\mathbf{z}| = \sqrt{37.416^2 + 24.053^2 + 34.744^2} = 56.442$$

$$\mathbf{v} = \frac{\mathbf{z}}{|\mathbf{z}|} = \begin{bmatrix} 37.416 \\ -24.053 \\ -34.744 \end{bmatrix} \frac{1}{56.442} = \begin{bmatrix} 0.66291 \\ -0.42615 \\ -0.61557 \end{bmatrix}$$

세번째 반복 과정:

$$\mathbf{z} = \mathbf{S}\mathbf{v} = \begin{bmatrix} -30 & 10 & 20 \\ 10 & 40 & -50 \\ 20 & -50 & -10 \end{bmatrix} \begin{bmatrix} 0.66291 \\ -0.42615 \\ -0.61557 \end{bmatrix} = \begin{bmatrix} -36.460 \\ 20.362 \\ 40.721 \end{bmatrix}$$

$$|\mathbf{z}| = \sqrt{36.460^2 + 20.362^2 + 40.721^2} = 58.328$$

$$\mathbf{v} = \frac{\mathbf{z}}{|\mathbf{z}|} = \begin{bmatrix} -36.460 \\ 20.362 \\ 40.721 \end{bmatrix} \frac{1}{58.328} = \begin{bmatrix} -0.62509 \\ 0.34909 \\ 0.69814 \end{bmatrix}$$

이 단계를 마쳤을 때 찾아야 할 고유값은 대략 λ = −58.328(MPa)이고, 이때 음의 부호는 연속된 두 과정 사이에서 **z**의 부호가 바뀌었기 때문이다. 이 값은 실제로 두번째로 가장 큰 고유값인 λ_2 = −58.39(MPa)와 아주 가깝다. 따라서 이런 반복 과정을 계속 진행하면 결국 가장 큰 고유값인 λ_3 = 70.94(MPa)을 찾을 수 있을 것이다. 하지만 $|\lambda_2|$와 $|\lambda_3|$이 어느 정도 가깝기 때문에 위의 손으로 계산한 과정 이후에는 아주 느린 것을 볼 수 있을 것이다. 다음은 이런 과정을 수행해 주는 프로그램이다.

```
% 예제 9.4 (거듭제곱 방법)
S = [-30 10 20; 10 40 -50; 20 -50 -10];
v = [1; 0; 0];
for i = 1:100
    vOld = v; z = S*v; zMag = sqrt(dot(z,z));
    v = z/zMag; vSign = sign(dot(vOld,v));
    v = v*vSign;
    if sqrt(dot(vOld - v,vOld - v)) < 1.0e-6
        eVal = vSign*zMag
        numIter = i
        return
    end
end
error('Too many iterations')
```

(프로그램의 결과)

```
eVal =
        70.9435
```

```
numIter =
        93
```

수렴하는데 반복 과정을 93번이나 거쳤다는 것을 확인할 수 있다.

예제 9.5

다음 행렬에 대하여 가장 작은 고유값 λ_1와 이의 고유벡터를 구하는데 고유값 이동 기법과 함께 역 거듭제곱 방법을 이용하고, 이때 $\lambda_1 \approx 5$로 하라.

$$\mathbf{A} = \begin{bmatrix} 11 & 2 & 3 & 1 & 4 \\ 2 & 9 & 3 & 5 & 2 \\ 3 & 3 & 15 & 4 & 3 \\ 1 & 5 & 4 & 12 & 4 \\ 4 & 2 & 3 & 4 & 17 \end{bmatrix}$$

풀이

```
% 예제 9.5 (역 거듭제곱 방법)
s = 5;
A = [11  2  3  1  4;
      2  9  3  5  2;
      3  3 15  4  3;
      1  5  4 12  4;
      4  2  3  4 17];
[eVal,eVec] = invPower(A,s)
```

(프로그램의 결과)

```
eVal =
        4.8739
eVec =
        0.2673
       -0.7414
       -0.0502
        0.5949
       -0.1497
```

그리고 수렴은 4번의 반복 과정으로 달성되었다. 만약 고유값 이동을 하지 않았다면 26번의 반복 과정이 필요했을 것이다.

예제 9.6

Jacobi 대각화 방법과는 달리 역 거듭제곱 방법은 띠 행렬의 고유값 문제에도 쓸 수 있다. 예제 9.3의 보에 작용하는 가장 작은 굽힘 하중을 계산하는 프로그램을 띠 행렬을 적극 활용하는 방식으로 작성하고, 또 이를 내부 마디를 100개(n = 100)로 하여 실행해 보라.

풀이 다음에 나타낸 함수 invPower5는 $\mathbf{Ax} = \lambda\mathbf{Bx}$에서 가장 작은 고유값과 이와 관련된 고유벡터를 반환한다. 여기서 **A**는 5중 대각 행렬이고 B는 압축 행렬(이 문제의 경우엔 3중 대각 행렬)이다. 행렬 **A**는 2.4절의 LU 분해에서 했던 것과 같이 각 대각 요소를 벡터 **d**, **e**, 그리고 **f**에 담아 입력한다. 그리고 이 함수의 알고리즘에는 **B**를 직접 이용하지 않고 **Bv**를 돌려주는 함수 func(v)를 호출하여 목적을 달성하고, 또, 고유값 이동 기법은 채택하지 않았다.

```
function [eVal,eVec] = invPower5(func,d,e,f)
% 역 거듭제곱 방법을 써서 A*x = lambda*B*x의 가장 작은 고유값을 찾는다
% 사용법: [eVal,eVec] = invPower5(func,d,e,f)
% 여기서 행렬 A는 5중대각 행렬로 반드시 A = [f\e\d\e\f]의 형태로 저장되어 있어야 한다
% func                         = B*v을 돌려주는 함수의 함수핸들

n = length(d);
[d,e,f] = LUdec5(d,e,f);                    % A를 분해한다
x = rand(n,1);                              % x의 초기값을 임의의 벡터로 정한다
xMag = sqrt(dot(x,x)); x = x/xMag;          % x를 정규화 한다
for i = 1:50
    xOld = x;                               % 현재의 x를 저장한다
    x = LUsol5(d,e,f,feval(func,x));        % [A]{x}= [B]{xOld}을 푼다
    xMag = sqrt(dot(x,x)); x = x/xMag;      % x를 다시 정규화 한다
    xSign = sign(dot(xOld,x));              % x의 부호 변화를 조사한다
    x = x*xSign;
    % 수렴 조건 검사
    if sqrt(dot(xOld - x,xOld - x)) < 1.0e-6
        eVal = xSign/xMag; eVec = x;
```

```
        return
    end
end
error('Too many iterations')
```

그리고 **Bv**를 계산하는 함수는

```
function Bv = fex9_6(v)
% 예제 9.6의 행렬 곱 B*v을 계산한다

n = length(v);
Bv = zeros(n,1);
for i = 2:n-1
    Bv(i) = -v(i-1) + 2*v(i) - v(i+1);
end
Bv(1) = 2*v(1) - v(2);
Bv(n) = -v(n-1) + 2*v(n);
```

이고, 또 이런 여러 함수들을 이용할 수 있는 구동 프로그램은 다음과 같다.

```
% 예제 9.6 (5중대각 행렬 A에 적용하는 역 거듭제곱 방법)
n = 100;
d = ones(n,1)*6;
d(1) = 5; d(n) = 7;
e = ones(n-1,1)*(-4);
f = ones(n-2,1);
[eVal,eVec] = invPower5(@fex9_6,d,e,f);
fprintf('PL^2/EI =')
fprintf('%9.4f',eVal*(n+1)^2)
```

다음은 이 프로그램의 결과로 해석적인 해와 아주 잘 맞는다.

```
>> PL^2/EI =  20.1867
```

문제 9.1

1. 다음 두 행렬에 대하여 고유값 문제 $\mathbf{Ax} = \lambda\mathbf{Bx}$을 표준형 $\mathbf{Hz} = \lambda\mathbf{z}$로 바꾸어라. 또, $\mathbf{x}$와 $\mathbf{z}$ 사이의 관계는 어떻겠는가?

$$\mathbf{A}=\begin{bmatrix}7&3&1\\3&9&6\\1&6&8\end{bmatrix}\qquad\mathbf{B}=\begin{bmatrix}4&0&0\\0&9&0\\0&0&4\end{bmatrix}$$

2. 고유값 문제 $\mathbf{Ax} = \lambda\mathbf{Bx}$을 표준형으로 고쳐라. 여기서 **A**와 **B**는 다음과 같다.

$$\mathbf{A}=\begin{bmatrix}4&-1&0\\-1&4&-1\\0&-1&4\end{bmatrix}\qquad\mathbf{B}=\begin{bmatrix}2&-1&0\\-1&2&-1\\0&-1&1\end{bmatrix}$$

3. 문제 2번의 고유값은 대략 2.5 정도이다. 고유값 이동 기법을 동반한 역 거듭제곱 방법을 써서 이 고유값을 네 자릿수로 구하라. 단, **x**의 초기값은 $[1\ 0\ 0]^T$로 하라. <힌트> 반복 과정은 2번으로 충분하다.
4. 임의의 한 점에서 응력 행렬이 다음과 같을 때 주응력 즉, **S**의 고유값을 구하라.

$$\mathbf{S}=\begin{bmatrix}150&-60&0\\-60&120&0\\0&0&80\end{bmatrix}$$

5.

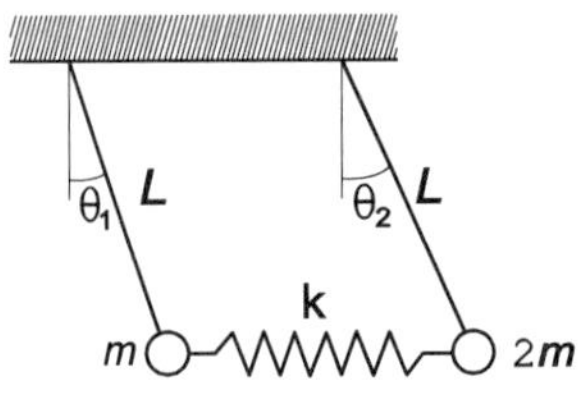

두 개의 진자가 그림과 같이 스프링으로 연결되어 있고, 이때 스프링은 진자가 수직으로 놓였을 때가 자유 길이였다. 이 시스템의 운동 방정식은

$$kL(\theta_2-\theta_1)-mg\theta_1=mL\ddot{\theta}_1$$
$$-kL(\theta_2-\theta_1)-2mg\theta_2=2mL\ddot{\theta}_2$$

이고, 여기서 θ_1와 θ_2는 각 변위이고 k는 스프링 상수이다. m = 0.25(kg), k =

20(N/m), L = 0.75(m), 그리고 g = 9.80665(m/s^2)일 때 이 시스템의 회전 주파수 (circular frequency)와 각 변위의 상대 진폭(relative amplitude)을 결정하라.

6.

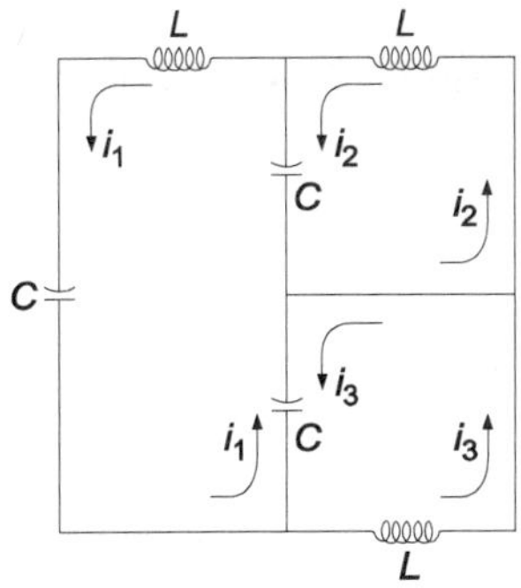

그림의 전기 회로에 대해 Kirchoff 법칙을 적용하면 다음과 같다.

$$3i_1 - i_2 - i_3 = -LC\frac{d^2 i_1}{dt^2}$$

$$-i_1 + i_2 = -LC\frac{d^2 i_2}{dt^2}$$

$$-i_1 + i_3 = -LC\frac{d^2 i_3}{dt^2}$$

이 회로의 회전 주파수와 루프 전류에 대한 상대 진폭을 구하라.

7. 다음 행렬에 대하여 Jacobi 방법을 써서 A_{14}와 A_{41}을 제거한 행렬 $\mathbf{A}^*$을 찾아라.

$$\mathbf{A} = \begin{bmatrix} 4 & -1 & 0 & 1 \\ -1 & 6 & -2 & 0 \\ 0 & -2 & 3 & 2 \\ 1 & 0 & 2 & 4 \end{bmatrix}$$

8. ■ Jacobi 방법으로 다음 행렬의 고유값과 고유벡터를 구하라.

$$\mathbf{A} = \begin{bmatrix} 4 & -1 & -2 \\ -1 & 3 & 3 \\ -2 & 3 & 1 \end{bmatrix}$$

9. ■ 다음 행렬의 고유값과 고유벡터를 Jacobi 방법을 써서 찾아라.

$$\mathbf{A} = \begin{bmatrix} 4 & -2 & 1 & -1 \\ -2 & 4 & -2 & 1 \\ 1 & -2 & 4 & -2 \\ -1 & 1 & -2 & 4 \end{bmatrix}$$

10. ■ 문제 9번의 행렬에 대해 이의 가장 큰 고유값과 이 고유값과 관련한 고유벡터를 거듭제곱 방법을 이용하여 계산하라.
11. ■ 문제 9번의 행렬에 대해 이의 가장 작은 고유값과 이 고유값과 관련한 고유벡터를 역 거듭제곱 방법을 이용하여 계산하라.
12. ■ 다음과 같은 행렬에 대하여 Jacobi 방법을 써서 $\mathbf{Ax} = \lambda\mathbf{Bx}$의 고유값과 고유벡터를 찾아라.

$$\mathbf{A} = \begin{bmatrix} 1.4 & 0.8 & 0.4 \\ 0.8 & 6.6 & 0.8 \\ 0.4 & 0.8 & 5.0 \end{bmatrix} \qquad \mathbf{B} = \begin{bmatrix} 0.4 & -0.1 & 0.0 \\ -0.1 & 0.4 & -0.1 \\ 0.0 & -0.1 & 0.4 \end{bmatrix}$$

13. ■ 문제 12번에서 가장 작은 고유값을 역 거듭제곱 방법을 이용하여 구하라.
14. ■ Jacobi 방법을 써서 다음 행렬의 고유값과 고유벡터를 계산해 보라.

$$\mathbf{A} = \begin{bmatrix} 11 & 2 & 3 & 1 & 4 & 2 \\ 2 & 9 & 3 & 5 & 2 & 1 \\ 3 & 3 & 15 & 4 & 3 & 2 \\ 1 & 5 & 4 & 12 & 4 & 3 \\ 4 & 2 & 3 & 4 & 17 & 5 \\ 2 & 1 & 2 & 3 & 5 & 8 \end{bmatrix}$$

15. ■ 다음 행렬에 대하여 $\mathbf{Ax} = \lambda\mathbf{Bx}$의 고유값을 Jacobi 방법으로 찾아라. <주의> $\mathbf{B}$는 양의 한정 행렬이 아니다.

$$\mathbf{A} = \begin{bmatrix} 6 & -4 & 1 & 0 \\ -4 & 6 & -4 & 1 \\ 1 & -4 & 6 & -4 \\ 0 & 1 & -4 & 7 \end{bmatrix} \qquad \mathbf{B} = \begin{bmatrix} 1 & -2 & 3 & -1 \\ -2 & 6 & -2 & 3 \\ 3 & -2 & 6 & -2 \\ -1 & 3 & -2 & 9 \end{bmatrix}$$

16. ■

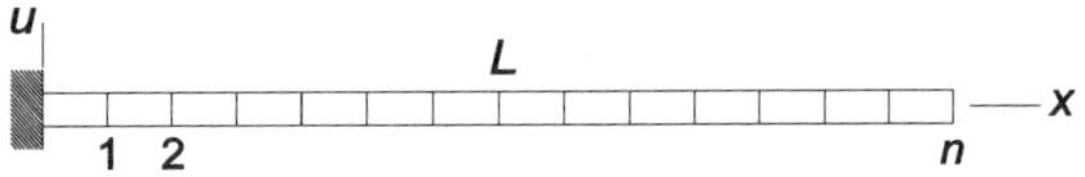

그림은 외팔보에 유한차분을 위한 그물망을 함께 그려놓은 모습을 보여주고 있고, 이때 $u(x,\ t)$를 보의 측면 변위라 할 때 굽힘 진동을 지배하는 운동 방정식은 다음과 같다.

$$\gamma\, u^{(4)} = -\frac{\gamma}{EI}\ddot{u}$$

여기서 γ는 보의 단위 길이당 질량이고 EI는 굽힘 강성이다. 그리고 이 방정식의 경계 조건은 $u(0,\ t) = u'(0,\ t) = u''(L,\ t) = u'''(L,t) = 0$이다. 이 경우 보통 $u(x,\ t) = y(x)\sin\omega t$로 둘 수 있으므로 이 문제는

$$y^{(4)} = \frac{\omega^2\gamma}{EI}y \qquad y(0) = y'(0) = y''(L) = y'''(L) = 0$$

와 같이 쓸 수 있고, 그래서 이의 유한차분 방정식은 다음과 같다.

$$\begin{bmatrix} 7 & -4 & 1 & 0 & 0 & \cdots & 0 \\ -4 & 6 & -4 & 1 & 0 & \cdots & 0 \\ 1 & -4 & 6 & -4 & 1 & \cdots & 0 \\ \vdots & \ddots & \ddots & \ddots & \ddots & \ddots & \vdots \\ 0 & \cdots & 1 & -4 & 6 & -4 & 1 \\ 0 & \cdots & 0 & 1 & -4 & 5 & -2 \\ 0 & \cdots & 0 & 0 & 1 & -2 & 1 \end{bmatrix} \begin{bmatrix} y_1 \\ y_2 \\ y_3 \\ \vdots \\ y_{n-2} \\ y_{n-1} \\ y_n \end{bmatrix} = \lambda \begin{bmatrix} y_1 \\ y_2 \\ y_3 \\ \vdots \\ y_{n-2} \\ y_{n-1} \\ y_n \end{bmatrix}$$

여기서

$$\lambda = \frac{\omega^2 \gamma}{EI}\left(\frac{L}{n}\right)^4$$

이다. (a) 표준형 $\mathbf{Hz} = \lambda\mathbf{z}$로 바꿀 때의 $\mathbf{H}$와 $\mathbf{y} = \mathbf{Pz}$로 변환할 때의 변환 행렬 $\mathbf{P}$를 찾아라. (b) 보의 가장 작은 회전 주파수 2개와 이와 관련한 모드 형상(mode shape) 즉, 고유벡터를 Jacobi 방법으로 구하는 프로그램을 작성하라. 또, 이 프로그램을 n = 10로 하여 실행해 보라. 참고로, 이 보의 가장 작은 회전 주파수를 해석적으로 풀면 $\omega_1 = (3.515/L2)\sqrt{EI/\gamma}$ 이다.

17. ■

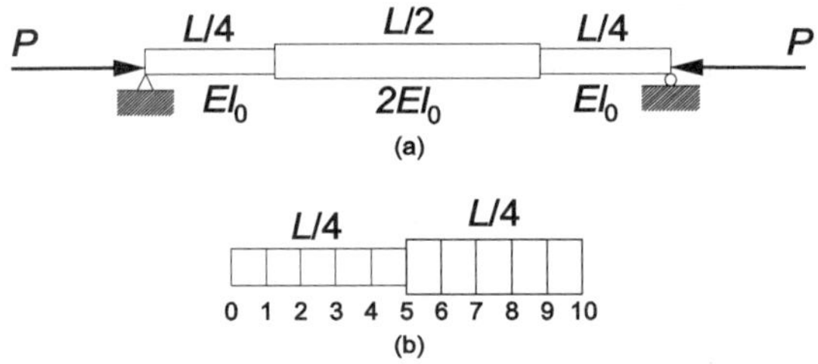

그림 (a)의 단순보는 보는 바와 같이 굽힘 강성이 각각 다른 세 부분으로 구성되어 있고, 이때 오직 첫번째 굽힘 모드(buckling mode)만 관심이 있다면 그림 (b)와 같이 보의 반만 모델링 해도 충분하다. 그래서 이렇게 하여 얻은 측면 변위 $u(x)$에 대한 미분 방정식은

$$u'' = -\frac{P}{EI}u$$

이고 이의 경계 조건은 $u(0) = u'(L/2) = 0$이다. 또한, 이의 유한차분 방정식은 다음과 같다.

$$\begin{bmatrix} 2 & -1 & 0 & 0 & 0 & 0 & 0 & \cdots & 0 \\ -1 & 2 & -1 & 0 & 0 & 0 & 0 & \cdots & 0 \\ 0 & -1 & 2 & -1 & 0 & 0 & 0 & \cdots & 0 \\ 0 & 0 & -1 & 2 & -1 & 0 & 0 & \cdots & 0 \\ 0 & 0 & 0 & -1 & 2 & -1 & 0 & \cdots & 0 \\ 0 & 0 & 0 & 0 & -1 & 2 & -1 & \cdots & 0 \\ \vdots & \vdots & \vdots & \vdots & \vdots & \ddots & \ddots & \ddots & \vdots \\ 0 & \cdots & 0 & 0 & 0 & 0 & -1 & 2 & -1 \\ 0 & \cdots & 0 & 0 & 0 & 0 & 0 & -1 & 1 \end{bmatrix} \begin{bmatrix} u_1 \\ u_2 \\ u_3 \\ u_4 \\ u_5 \\ u_6 \\ \vdots \\ u_9 \\ u_{10} \end{bmatrix} = \lambda \begin{bmatrix} u_1 \\ u_2 \\ u_3 \\ u_4 \\ u_5/1.5 \\ u_6/2 \\ \vdots \\ u_9/2 \\ u_{10}/4 \end{bmatrix}$$

여기서

$$\lambda = \frac{P}{EI_0}\left(\frac{L}{20}\right)^2$$

이다. 이 보에 작용하는 가장 작은 굽힘 하중 P를 역 거듭제곱 방법으로 계산하는 프로그램을 작성하라. 단, 위의 띠 행렬을 직접 활용할 수 있도록 하라.

18. ■

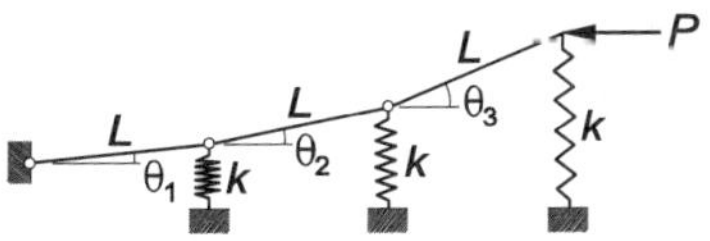

그림과 같이 세 개의 막대로 구성된 링크장치를 지지하는 스프링은 이 장치가 수평으로 있었을 때 자유 길이를 가졌다. 그리고 이 장치에 수평 힘 P가 작용하는 상태에서의 평형 방정식은 다음과 같다.

$$\begin{bmatrix} 6 & 5 & 3 \\ 3 & 3 & 2 \\ 1 & 1 & 1 \end{bmatrix}\begin{bmatrix} \theta_1 \\ \theta_2 \\ \theta_3 \end{bmatrix} = \frac{P}{kL}\begin{bmatrix} 1 & 1 & 1 \\ 0 & 1 & 1 \\ 0 & 0 & 1 \end{bmatrix}\begin{bmatrix} \theta_1 \\ \theta_2 \\ \theta_3 \end{bmatrix}$$

여기서 k는 스프링 상수이다. 가장 작은 굽힘 하중 **P**와 이와 관련한 모드 형상을 결정하라. <힌트> 이 방정식은 표준형 $\mathbf{A}\Theta = \lambda\Theta$로 쉽게 바꿀 수 있고, 이때 **A**는 대칭 행렬이다.

19. ■

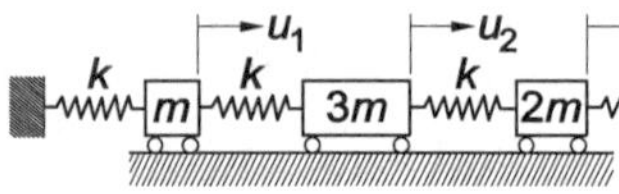

그림과 같은 질량-스프링 시스템의 운동 방정식은 다음과 같다.

$$k(-2u_1 + u_2) = m\ddot{u}_1$$
$$k(u_1 - 2u_2 + u_3) = 3m\ddot{u}_2$$
$$k(u_2 - 2u_3) = 2m\ddot{u}_3$$

여기서 $u_i(t)$는 질량 i가 평형 위치에서 벗어난 변위이고 k는 스프링 상수이다. 이 시스템의 회전 주파수와 이와 관련한 모드 형상을 구하라.

20. ■

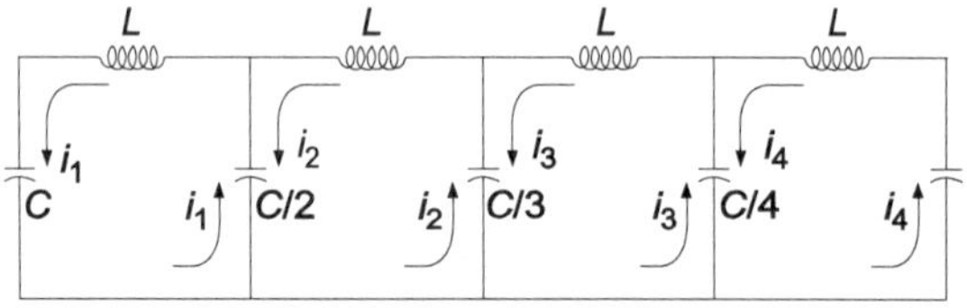

이 전기 회로에 대한 Kirchoff 방정식은 다음과 같다.

$$L\frac{d^2 i_1}{dt^2}+\frac{1}{C}i_1+\frac{2}{C}(i_1-i_2)=0$$

$$L\frac{d^2 i_2}{dt^2}+\frac{2}{C}(i_2-i_1)+\frac{3}{C}(i_2-i_3)=0$$

$$L\frac{d^2 i_3}{dt^2}+\frac{3}{C}(i_3-i_2)+\frac{4}{C}(i_3-i_4)=0$$

$$L\frac{d^2 i_4}{dt^2}+\frac{4}{C}(i_4-i_3)+\frac{5}{C}i_4=0$$

루프 전류에 대한 회전 주파수를 찾아라.

21. ■

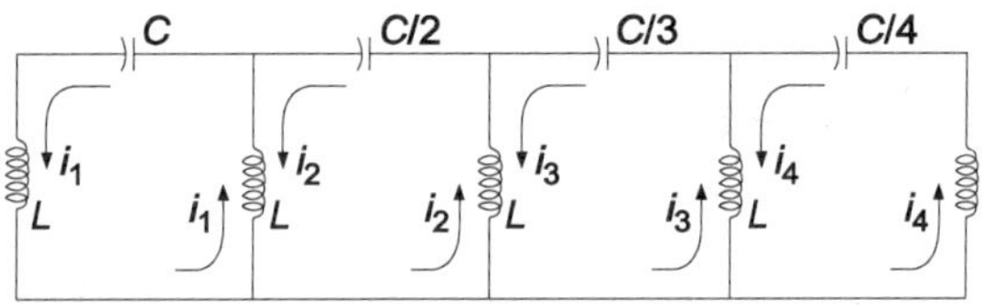

이 회로에 대한 Kirchoff 방정식이 다음과 같을 때 회전 주파수를 구하라.

$$L\frac{d^2 i_1}{dt^2}+L\left(\frac{d^2 i_1}{dt^2}-\frac{d^2 i_2}{dt^2}\right)+\frac{1}{C}i_1=0$$

$$L\left(\frac{d^2 i_2}{dt^2}-\frac{d^2 i_1}{dt^2}\right)+L\left(\frac{d^2 i_2}{dt^2}-\frac{d^2 i_3}{dt^2}\right)+\frac{2}{C}i_2=0$$

$$L\left(\frac{d^2 i_3}{dt^2}-\frac{d^2 i_2}{dt^2}\right)+L\left(\frac{d^2 i_3}{dt^2}-\frac{d^2 i_4}{dt^2}\right)+\frac{3}{C}i_3=0$$

$$L\left(\frac{d^2 i_4}{dt^2}-\frac{d^2 i_3}{dt^2}\right)+L\frac{d^2 i_4}{dt^2}+\frac{4}{C}i_4=0$$

22. ■ 임의의 행렬 **A**에 대한 고유값을 찾을 때 반복 과정을 거치는 몇몇 방법들이 있고, 이 중의 하나가 *LR* 방법인데 **A**가 대칭이고 양의 한정 행렬이 되어야 한다는 조건이 따른다. 이 방법의 알고리즘은 다음과 같이 아주 간단하다. 즉,

1. $\mathbf{A}_0$ = **A**로 둔다

2. $\mathbf{L}_i$를 계산하기 위해 Choleski 분해 $\mathbf{A}_i = \mathbf{L}_i\mathbf{L}_i^T$를 이용한다.
3. $\mathbf{A}_{i+1} = \mathbf{L}_i^T\mathbf{L}_i$를 생성한다.
4. 단계 2와 3을 반복한다.

이다. 그리고 이 과정을 다 마치면 $\mathbf{A}_{i+1}$의 대각 요소가 $\mathbf{A}$의 고유값이 되는 것이다. *LR* 방법에 대한 프로그램을 작성하고 이를 다음 행렬에 적용하여 검사해 보라.

$$\mathbf{A} = \begin{bmatrix} 4 & 3 & 1 \\ 3 & 4 & 2 \\ 1 & 2 & 3 \end{bmatrix}$$

9.4 Householder 축소 변환

앞에서 유사 변환은 고유값 문제를 이의 풀이가 훨씬 쉬운 형태로 바꿀 때 쓸 수 있다고 말한 바 있다. 여기서 "쉬운" 형태의 가장 바람직한 모습은 당연히 Jacobi 방법으로 얻는 대각 형태가 되겠다. 그러나, Jacobi 방법은 약 $10n^3$에서 $20n^3$까지의 곱셈이 필요하므로 n이 증가함에 따라 계산의 수도 급속도로 늘어난다. 그래서 이를 피하기 위해 보통 행렬을 3중 대각 행렬(tridiagonal matrix)로 축소하여 사용하는 것이 일반적인데, 이는 Householder 방법을 쓰면 정확히 n-2번의 변환으로 완전히 달성할 수 있다. 3중 대각 행렬로 바꾸고 나면 고유값과 고유벡터를 여전히 이 행렬에서 축출할 수 있을 뿐만 아니라 곧 보게 되듯이 이를 다루는 방식도 훨씬 효과적이다.

Householder 행렬

Householder 변환은 다음과 같은 Householder 행렬을 적극 활용한다.

$$\mathbf{Q} = \mathbf{I} - \frac{\mathbf{u}\mathbf{u}^T}{H} \tag{9.36}$$

여기서 $\mathbf{u}$는 임의의 벡터이고, 또

$$H = \frac{1}{2}\mathbf{u}^T\mathbf{u} = \frac{1}{2}|\mathbf{u}|^2 \tag{9.37}$$

이다. 식 (9.36)에서 $\mathbf{uu}^T$는 벡터 곱(outer product) 즉, 이의 요소를 $(\mathbf{uu}^T)_{ij} = u_i u_j$로 가지는 행렬이라는 것에 주목하길 바란다. 따라서 $\mathbf{Q}$는 대칭 행렬($\mathbf{Q}^T = \mathbf{Q}$)이 확실하기 때문에

$$\mathbf{Q}^T\mathbf{Q} = \mathbf{QQ} = \left(\mathbf{I} - \frac{\mathbf{uu}^T}{H}\right)\left(\mathbf{I} - \frac{\mathbf{uu}^T}{H}\right) = \mathbf{I} - 2\frac{\mathbf{uu}^T}{H} + \frac{\mathbf{u}(\mathbf{u}^T\mathbf{u})\mathbf{u}^T}{H^2}$$
$$= \mathbf{I} - 2\frac{\mathbf{uu}^T}{H} + \frac{\mathbf{u}(2H)\mathbf{u}^T}{H^2} = \mathbf{I}$$

와 같이 정리할 수 있고, 이는 $\mathbf{Q}$가 역시 수직 행렬(orthonormal matrix)이라는 것도 보여준다.

이제 $\mathbf{x}$를 임의의 벡터로 두고 변환 $\mathbf{Qx}$를 생각해 보자. 우선

$$\mathbf{u} = \mathbf{x} + k\mathbf{e}_1 \tag{9.38}$$

로 선택하면

$$\mathbf{Qx} = \left(\mathbf{I} - \frac{\mathbf{uu}^T}{H}\right)\mathbf{x} = \left[\mathbf{I} - \frac{\mathbf{u}(\mathbf{x} + k\mathbf{e}_1)^T}{H}\right]\mathbf{x}$$
$$= \mathbf{x} - \frac{\mathbf{u}(\mathbf{x}^T\mathbf{x} + k\mathbf{e}_1^T\mathbf{x})}{H} = \mathbf{x} - \frac{\mathbf{u}(k^2 + kx_1)}{H}$$

와 같다. 여기서

$$k = \pm|\mathbf{x}| \qquad \mathbf{e}_1 = [1\ 0\ 0 \cdots 0]^T$$

이다. 그러나

$$2H = (\mathbf{x} + k\mathbf{e}_1)^T(\mathbf{x} + k\mathbf{e}_1) = |\mathbf{x}|^2 + k(\mathbf{x}^T\mathbf{e}_1 + \mathbf{e}_1^T\mathbf{x}) + k^2\mathbf{e}_1^T\mathbf{e}_1$$
$$= k^2 + 2kx_1 + k^2 = 2(k^2 + kx_1)$$

이므로

$$\mathbf{Qx} = \mathbf{x} - \mathbf{u} = -k\mathbf{e}_1 = [-k\ 0\ 0 \cdots 0]^T \tag{9.39}$$

이다. 따라서 이 변환은 첫번째 요소를 제외한 **x**의 모든 요소를 제거한다.

대칭 행렬의 Householder 축소 변환

임의의 $n \times n$ 대칭 행렬에 다음과 같은 변환을 적용해 보기로 하자.

$$\mathbf{P}_1\mathbf{A} = \begin{bmatrix} 1 & \mathbf{0}^T \\ \mathbf{0} & \mathbf{Q} \end{bmatrix} \begin{bmatrix} A_{11} & \mathbf{x}^T \\ \mathbf{x} & \mathbf{A}' \end{bmatrix} = \begin{bmatrix} A_{11} & \mathbf{x}^T \\ \mathbf{Qx} & \mathbf{QA}' \end{bmatrix} \tag{9.40}$$

여기서 **x**는 **A**의 첫번째 열에서 첫번째 요소를 뺀 벡터이고 **A′**는 **A**에서 간단히 첫번째 열과 행을 각각 제거한 행렬이다. 그리고 차원이 (n−1) × (n−1)인 행렬 **Q**는 식 (9.36)에서 (9.38)까지를 이용하여 만들 수 있다. 따라서 식 (9.39)를 참고하면 이 변환은 **A**의 첫번째 열을 다음과 같이 줄여주는 효과가 있다.

$$\begin{bmatrix} A_{11} \\ \mathbf{Qx} \end{bmatrix} = \begin{bmatrix} A_{11} \\ -k \\ 0 \\ \vdots \\ 0 \end{bmatrix}$$

결국 다음의 변환

$$\mathbf{A} \leftarrow \mathbf{P}_1\mathbf{A}\mathbf{P}_1 = \begin{bmatrix} A_{11} & (\mathbf{Qx})^t \\ \mathbf{Qx} & \mathbf{QA}'\mathbf{Q} \end{bmatrix} \tag{9.41}$$

은 **A**의 첫번째 열 뿐만 아니라 첫번째 행도 3중대각으로 바꾸어 준다. 아래에 이 변환을 임의의 4 × 4 행렬에 대하여 수행할 때의 내부 구조를 그림으로 나타내었다.

$$\left[\begin{array}{c|ccc}1 & 0 & 0 & 0\\ \hline 0 & & & \\ 0 & & \mathrm{Q} & \\ 0 & & & \end{array}\right] \cdot \left[\begin{array}{c|ccc}A_{11} & A_{12} & A_{13} & A_{14}\\ \hline A_{21} & & & \\ A_{31} & & \mathrm{A'} & \\ A_{41} & & & \end{array}\right] \cdot \left[\begin{array}{c|ccc}1 & 0 & 0 & 0\\ \hline 0 & & & \\ 0 & & \mathrm{Q} & \\ 0 & & & \end{array}\right]$$

$$= \left[\begin{array}{c|ccc}A_{11} & -k & 0 & 0\\ \hline -k & & & \\ 0 & & \mathrm{QA'Q} & \\ 0 & & & \end{array}\right]$$

A의 두번째 열과 행은 이 행렬의 오른쪽 아랫부분을 구성하는 3 × 3 행렬에 대해 이 변환을 다시 적용하는 다음 단계에서 축소되는데 $\mathbf{A} \leftarrow \mathbf{P}_2\mathbf{A}\mathbf{P}_2$와 같이 표시할 수 있다. 여기서

$$\mathbf{P}_2 = \begin{bmatrix} \mathbf{I}_2 & \mathbf{0}^T \\ \mathbf{0} & \mathbf{Q} \end{bmatrix} \tag{9.42}$$

이고, 이때 $\mathbf{I}_2$는 2 × 2 단위 행렬이고 **Q**는 $(n-2) \times (n-2)$ 행렬로 **A**의 두번째 열에 대하여 밑에서 n - 2개의 요소를 선택하여 만들어진다. 결론적으로, 임의의 $n \times n$ 행렬을 3중 대각 행렬로 바꿀 때는 다음을 가지고 전체 n - 2번 변환하는 작업이 필요하다.

$$\mathbf{P}_i = \begin{bmatrix} \mathbf{I}_i & \mathbf{0}^T \\ \mathbf{0} & \mathbf{Q} \end{bmatrix}, \qquad i = 1, 2, \ldots, n-2$$

한편, 이 변환에서 $\mathbf{P}_i$를 만들어 행렬의 곱셈 $\mathbf{P}_i\mathbf{A}\mathbf{P}_i$을 수행하는 일은 어쩌면 시간과 노력을 낭비하는 꼴이 되기 싶다. 그래서 다음 식을 주목하여 이를 적극 이용하기로 한다.

$$\mathbf{A}'\mathbf{Q} = \mathbf{A}'\left(\mathbf{I} - \frac{\mathbf{u}\mathbf{u}^T}{H}\right) = \mathbf{A}' - \frac{\mathbf{A}'\mathbf{u}}{H}\mathbf{u}^T = \mathbf{A}' - \mathbf{v}\mathbf{u}^T$$

여기서

$$\mathbf{v} = \frac{\mathbf{A}'\mathbf{u}}{H} \tag{9.43}$$

이다. 그러므로

$$\begin{aligned}\mathbf{QA'Q} &= \left(\mathbf{I} - \frac{\mathbf{uu}^T}{H}\right)\left(\mathbf{A}' - \mathbf{vu}^T\right) = \mathbf{A}' - \mathbf{vu}^T - \frac{\mathbf{uu}^T}{H}\left(\mathbf{A}' - \mathbf{vu}^T\right) \\ &= \mathbf{A}' - \mathbf{vu}^T - \frac{\mathbf{u}\left(\mathbf{u}^T\mathbf{A}'\right)}{H} + \frac{\mathbf{u}\left(\mathbf{u}^T\mathbf{v}\right)\mathbf{u}^T}{H} \\ &= \mathbf{A}' - \mathbf{vu}^T - \mathbf{uv}^T + 2g\mathbf{uu}^T\end{aligned}$$

와 같고, 이때

$$g = \frac{\mathbf{u}^T\mathbf{v}}{2H} \tag{9.44}$$

이다. 끝으로, 새로운 벡터

$$\mathbf{w} = \mathbf{v} - g\mathbf{u} \tag{9.45}$$

을 도입하면 이 변환은 결국 다음과 같이 다시 나타낼 수 있다.

$$\mathbf{QA'Q} = \mathbf{A}' - \mathbf{wu}^T - \mathbf{uw}^T \tag{9.46}$$

식 (9.46)을 i = 1, 2, ⋯, n−2로 하여 계산할 때의 과정을 요약하면 다음과 같다.

1. $\mathbf{A}'$를 $\mathbf{A}$의 오른쪽 아랫부분에 있는 $(n-1) \times (n-1)$ 행렬이라 둔다.
2. $\mathbf{x} = [A_{i+1,i} \quad A_{i+2,i} \quad \cdots \quad A_{n,i}]^T$($\mathbf{A}'$의 왼쪽에 붙을 길이가 n - i인 열 벡터)로 둔다.
3. $|\mathbf{x}|$을 계산한다. 또한 $x_1 > 0$이면 $k = |\mathbf{x}|$로, 그리고 $x_1 < 0$이면 $k = -|\mathbf{x}|$로 둔다. (부호를 이렇게 선정하면 마무리 오차를 줄일 수 있다)
4. $\mathbf{u} = [k+x_1 \quad x_2 \quad x_3 \quad \cdots \quad x_{n-i}]^T$로 둔다.
5. $H = |\mathbf{u}|^2/2$를 계산한다.
6. $\mathbf{v} = \mathbf{A}'\mathbf{u}/H$를 계산한다.
7. $g = \mathbf{u}^T\mathbf{v}/(2H)$를 계산한다.

8. $\mathbf{w} = \mathbf{v} - g\mathbf{u}$를 계산한다.

9. 변환 $\mathbf{A} \leftarrow \mathbf{A}' - \mathbf{w}^T\mathbf{u} - \mathbf{u}^T\mathbf{w}$를 계산한다.

10. $A_{i,i+1} = A_{i+1,i} = -k$로 사용한다.

누적 변환 행렬

앞에서 유사 변환을 이용했을 때 3중 대각 행렬의 고유값은 원래 행렬 **A**의 고유값과 똑같았다. 하지만 **A**의 고유벡터는 그렇지 못하여 다른 변환 즉,

$$\mathbf{X} = \mathbf{P}\mathbf{X}_{tridiag}$$

을 반드시 사용해야만 한다. 여기서 **P**는 각각의 변환을 누적한 행렬로 다음과 같다.

$$\mathbf{P} = \mathbf{P}_1\mathbf{P}_2\cdots\mathbf{P}_{n-2}$$

누적 변환 행렬(accumulated transformation matrix)의 구성은 **P**를 크기가 $n \times n$인 단위 행렬로 먼저 초기화 한 후에 다음과 같은 변환을 적용하여 이루어진다.

$$\mathbf{P} \leftarrow \mathbf{P}\mathbf{P}_i = \begin{bmatrix} \mathbf{P}_{11} & \mathbf{P}_{12} \\ \mathbf{P}_{21} & \mathbf{P}_{22} \end{bmatrix}\begin{bmatrix} \mathbf{I}_i & \mathbf{0}^T \\ \mathbf{0} & \mathbf{Q} \end{bmatrix} = \begin{bmatrix} \mathbf{P}_{11} & \mathbf{P}_{21}\mathbf{Q} \\ \mathbf{P}_{12} & \mathbf{P}_{22}\mathbf{Q} \end{bmatrix} \tag{b}$$

여기서 $i = 1, 2, \cdots, n-2$이고, 이때 행렬의 곱셈은 P의 오른쪽에서 n-i번째 열만 영향을 준다는 것을 잊어서는 안 된다. 간단한 예로, P_{12}의 첫번째 행은 오직 0만 담고 있기에 이와의 곱셈에서도 역시 사라질 뿐이다. 그래서 다음의 기호

$$\mathbf{P}' = \begin{bmatrix} \mathbf{P}_{12} \\ \mathbf{P}_{22} \end{bmatrix}$$

을 도입하면

$$\begin{bmatrix} \mathbf{P}_{12}\mathbf{Q} \\ \mathbf{P}_{22}\mathbf{Q} \end{bmatrix} = \mathbf{P}'\mathbf{Q} = \mathbf{P}'\left(\mathbf{I} - \frac{\mathbf{u}\mathbf{u}^T}{H}\right) = \mathbf{P}' - \frac{\mathbf{P}'\mathbf{u}}{H}\mathbf{u}^T = \mathbf{P}' - \mathbf{y}\mathbf{u}^T \tag{9.47}$$

와 같이 나타낼 수 있고, 이때 다음과 같다.

$$\mathbf{y} = \frac{\mathbf{P}'\mathbf{u}}{H} \tag{9.48}$$

식 (b)에서 수행해야 할 행렬의 곱셈을 실현하는 과정을 요약하면 다음과 같다.

- **u**를 복원해 낸다. (앞의 3중 대각 행렬로 만드는 과정에서 **u**는 **A**의 아랫삼각 부분의 열에 저장되어 있다)
- $H = |\mathbf{u}|^2/2$를 계산한다.
- $\mathbf{y} = \mathbf{P}'\mathbf{u}/H$를 계산한다.
- 변환 $\mathbf{P}' \leftarrow \mathbf{P}' - \mathbf{y}\mathbf{u}^T$을 실행한다.

■ householder

이 함수는 행렬 **A**에 대한 Householder 축소 변환을 수행한다. 그리고 반환하는 값이 행렬(여기서는 입력과 같이 **A**로 표시하였음)인데, 이때 이의 주대각 요소는 **d**로, 그리고 이의 주대각에서 하나 위인 대각 요소는 **c**로 구성되어 있다. 즉, d = diag(A)와 c = diag(A, 1)인 것이다. 그리고 반환 행렬의 주대각 아래에 있는 부분은 변환 행렬 **P**를 계산할 때 필요한 벡터 **u**를 저장하는데 쓴다.

```
function A = householder(A)
% 행렬 A를 3중대각 형태인 A = [c\d\c]로 바꾸는 Housholder 축소 변환
% 사용법: A = householder(A).

n = size(A,1);
for k = 1:n-2
    u = A(k+1:n,k);
    uMag = sqrt(dot(u,u));
    if u(1) < 0; uMag = -uMag; end
    u(1) = u(1) + uMag;
    A(k+1:n,k) = u;                       % u를 A의 아랫삼각 부분에 저장
    H = dot(u,u)/2;
    v = A(k+1:n,k+1:n)*u/H;
    g = dot(u,v)/(2*H);
    v = v - g*u;
    A(k+1:n,k+1:n) = A(k+1:n,k+1:n) - v*u' - u*v';
    A(k,k+1) = -uMag;
end
```

■ householderP

함수 householderP는 누적 변환 행렬 **P**를 반환하기 때문에 고유값을 계산하는 경우에는 호출할 필요가 없다. 그리고 입력 행렬인 A는 원래 행렬이 아니라 함수 householder가 돌려주는 행렬이다.

```
function P = householderP(A)
% Householder 축소로 바뀐 행렬 A에 대한 변환 행렬 P를 계산한다
% 사용법: P = householderP(A).

n = size(A,1);
P = eye(n);
for k = 1:n-2
    u = A(k+1:n,k);
    H = dot(u,u)/2;
    v = P(1:n,k+1:n)*u/H;
    P(1:n,k+1:n) = P(1:n,k+1:n) - v*u';
end
```

예제 9.7

다음 행렬을 Householder 축소 기법을 써서 3중 대각 행렬로 바꾸어라.

$$\mathbf{A}=\begin{bmatrix} 7 & 2 & 3 & -1 \\ 2 & 8 & 5 & 1 \\ 3 & 5 & 12 & 9 \\ -1 & 1 & 9 & 7 \end{bmatrix}$$

풀이 첫번째 행과 열을 축소하는 과정을 순서대로 밝히면 다음과 같다.

$$\mathbf{A}'=\begin{bmatrix} 8 & 5 & 1 \\ 5 & 12 & 9 \\ 1 & 9 & 7 \end{bmatrix} \quad \mathbf{x}=\begin{bmatrix} 2 \\ 3 \\ -1 \end{bmatrix} \quad k=|\mathbf{x}|=3.7417$$

$$\mathbf{u} = \begin{bmatrix} k + x_1 \\ x_2 \\ x_3 \end{bmatrix} = \begin{bmatrix} 5.7417 \\ 3 \\ -1 \end{bmatrix} \qquad H = \frac{1}{2}|\mathbf{u}|^2 = 21.484$$

$$\mathbf{uu}^T = \begin{bmatrix} 32.967 & 17.225 & -5.7417 \\ 17.225 & 9 & -3 \\ -5.7417 & -3 & 1 \end{bmatrix}$$

$$\mathbf{Q} = \mathbf{I} - \frac{\mathbf{uu}^T}{H} = \begin{bmatrix} -0.53450 & -0.80176 & 0.26725 \\ -0.80176 & 0.58108 & 0.13964 \\ 0.26725 & 0.13964 & 0.95345 \end{bmatrix}$$

$$\mathbf{QA'Q} = \begin{bmatrix} 10.642 & -0.1388 & -9.1294 \\ -0.1388 & 5.9087 & 4.8429 \\ -9.1294 & 4.8429 & 10.4480 \end{bmatrix}$$

$$\mathbf{A} \leftarrow \begin{bmatrix} A_{11} & (\mathbf{Qx})^T \\ \mathbf{Qx} & \mathbf{QA'Q} \end{bmatrix} = \begin{bmatrix} 7 & -3.7417 & 0 & 0 \\ -3.7417 & 10.642 & -0.1388 & -9.1294 \\ 0 & -0.1388 & 5.9087 & 4.8429 \\ 0 & -9.1294 & 4.8429 & 10.4480 \end{bmatrix}$$

위의 마지막 단계에서는 공식 $\mathbf{Qx} = [-k \quad 0 \quad \cdots \quad 0]^T$을 사용했다. 두번째 행과 열에도 똑같이 적용하면 다음과 같다.

$$\mathbf{A}' = \begin{bmatrix} 5.9087 & 4.8429 \\ 4.8429 & 10.4480 \end{bmatrix} \quad \mathbf{x} = \begin{bmatrix} -0.1388 \\ -9.1294 \end{bmatrix} \quad k = -|\mathbf{x}| = -9.1305$$

여기서 k에 음의 부호를 붙인 것은 x_1의 부호에 따라 결정되기 때문이다.

$$\mathbf{u} = \begin{bmatrix} k + x_1 \\ x_2 \end{bmatrix} = \begin{bmatrix} -9.2693 \\ -9.1294 \end{bmatrix} \qquad H = \frac{1}{2}|\mathbf{u}|^2 = 84.633$$

$$\mathbf{uu}^T = \begin{bmatrix} 85.920 & 84.623 \\ 84.623 & 83.346 \end{bmatrix}$$

$$\mathbf{Q} = \mathbf{I} - \frac{\mathbf{uu}^T}{H} = \begin{bmatrix} 0.01521 & -0.99988 \\ -0.99988 & 0.01521 \end{bmatrix}$$

$$\mathbf{QA'Q} = \begin{bmatrix} 10.594 & 4.772 \\ 4.772 & 5.762 \end{bmatrix}$$

$$\mathbf{A} \leftarrow \begin{bmatrix} A_{11} & A_{12} & \mathbf{0}^T \\ A_{21} & A_{22} & (\mathbf{Qx})^T \\ \mathbf{0} & \mathbf{Qx} & \mathbf{QA'Q} \end{bmatrix} = \begin{bmatrix} 7 & -3.742 & 0 & 0 \\ -3.742 & 10.642 & 9.131 & 0 \\ 0 & 9.131 & 10.594 & 4.772 \\ 0 & 0 & 4.772 & 5.762 \end{bmatrix}$$

예제 9.8

예제 9.7의 행렬을 3중 대각 형태로 바꾸면서 함수 householder를 사용하라. 또한, 변환 행렬 P도 결정해 보라.

풀이

```
% 예제 9.8 (Householder 축소 변환)
A = [7  2  3 -1;
     2  8  5  1;
     3  5 12  9;
    -1  1  9  7];
A = householder(A);
d = diag(A)'
c = diag(A,1)'
P = householderP(A)
```

(프로그램의 결과)

```
d =
    7.0000    10.6429    10.5942    5.7629
c =
   -3.7417     9.1309     4.7716
```

```
P =
    1.0000         0         0         0
         0   -0.5345   -0.2551    0.8057
         0   -0.8018   -0.1484   -0.5789
         0    0.2673   -0.9555   -0.1252
```

9.5 대칭 3중대각 행렬의 고유값

Sturm 수열

기본 원리에 따르면, 행렬 **A**의 고유값은 특성 방정식 $|\mathbf{A}-\lambda\mathbf{I}|=0$의 근을 찾아서 결정할 수 있다. 하지만 이 방법은 행렬의 크기가 클 때는 행렬식을 평가하는데 $n^3/3$의 곱셈을 해야 하기 때문에 실용적이지 못하여 마땅하지 않다. 그렇지만 이 경우라도 행렬이 3중대각 형태이면(역시 대칭 행렬로도 가정) 나름대로 효과적인 방법으로 탈바꿈할 수 있다. 즉, 이의 특성 방정식

$$P_n(\lambda)=|\mathbf{A}-\lambda\mathbf{I}|=\begin{vmatrix} d_1-\lambda & c_1 & 0 & 0 & \cdots & 0 \\ c_1 & d_2-\lambda & c_2 & 0 & \cdots & 0 \\ 0 & c_2 & d_3-\lambda & c_3 & \cdots & 0 \\ 0 & 0 & c_3 & d_4-\lambda & \cdots & 0 \\ \vdots & \vdots & \vdots & \vdots & \ddots & \vdots \\ 0 & 0 & \cdots & 0 & c_{n-1} & d_n-\lambda \end{vmatrix}$$

은 다음과 같은 계산 과정을 밟을 때 오직 $3(n-1)$번의 곱셈만으로도 계산할 수 있다.

$$\begin{aligned} &P_0(\lambda)=1 \\ &P_1(\lambda)=d_1-\lambda \\ &P_i(\lambda)=(d_i-\lambda)P_{i-1}(\lambda)-c_{i-1}^2P_{i-2}(\lambda), \quad i=1,2,\ldots,n \end{aligned} \tag{9.49}$$

식 (9.49)의 다항식 집합 $P_0(\lambda)$, $P_1(\lambda)$, ..., $P_n(\lambda)$는 Sturm 수열(Sturm sequence)을 이루고 있는데 다음과 같은 특징을 갖는다.

- 수열 $P_0(a)$, $P_1(a)$, ..., $P_n(a)$에서 부호 변화의 수는 $P_n(\lambda)$의 근 중에서 a보다 작은

근의 개수와 같다. 그리고 이 수열의 요소인 $P_i(a)$가 0이면 이의 부호는 $P_{i-1}(a)$의 부호와는 반대가 된다.

곧 살펴보겠지만, Sturm 수열의 특징은 3중대각 행렬의 고유값이 어느 범위에 있는지를 아주 쉽게 밝혀준다.

■ sturmSeq

이 함수는 행렬 $\mathbf{A} = [\mathbf{c}\backslash\mathbf{d}\backslash\mathbf{c}]$의 대각 요소인 **c**와 **d**, 그리고 고유값 λ이 있을 때 Sturm 수열인 $P_0(\lambda)$, $P_1(\lambda)$, ..., $P_n(\lambda)$을 찾아주고, 이때 $P_n(\lambda) = |\mathbf{A} - \lambda\mathbf{I}|$이다.

```
function p = sturmSeq(c,d,lambda)
% 3중대각 행렬 A = [c\d\c]와 λ에 맞는 Sturm 수열을 돌려주고, 이때 |A - λ*I| = p(n)이다
% 사용법: p = sturmSeq(c,d,lambda).

n = length(d) + 1;
p = ones(n,1);
p(2) = d(1) - lambda;
for i = 2:n-1
    p(i+1) = (d(i) - lambda)*p(i) - (c(i-1)^2 )*p(i-1);
end
```

■ count_eVals

이 함수는 Sturm 수열에서 일어나는 부호 변화의 수를 세어 행렬 $\mathbf{A} = [\mathbf{c}\backslash\mathbf{d}\backslash\mathbf{c}]$의 고유값 중에서 λ보다 작은 고유값의 개수를 돌려준다.

```
function num_eVals = count_eVals(c,d,lambda)
% 행렬 A = [c\d\c]의 λ보다 작은 고유값을 Sturm 수열을 이용하여 센다
% 사용법: num_eVals = count_eVals(c,d,lambda).

p = sturmSeq(c,d,lambda);
n = length(p);
oldSign = 1; num_eVals = 0;
for i = 2:n
    pSign = sign(p(i));
    if pSign == 0; pSign = -oldSign; end
    if pSign*oldSign < 0
        num_eVals = num_eVals + 1;
```

```
    end
    oldSign = pSign;
end
```

예제 9.9

Sturm 수열의 특징을 이용하여 다음 행렬 **A**의 가장 작은 고유값이 구간 (0.25, 0.5) 사이에 있다는 것을 보여라.

$$\mathbf{A} = \begin{bmatrix} 2 & -1 & 0 & 0 \\ -1 & 2 & -1 & 0 \\ 0 & -1 & 2 & -1 \\ 0 & 0 & -1 & 2 \end{bmatrix}$$

풀이 $\lambda = 0.5$로 두면 $d_i - \lambda = 1.5$와 $c^2_{i-1} = 1$이므로 식 (9.49)의 Sturm 수열은

$$\begin{aligned} P_0(0.5) &= 1 \\ P_1(0.5) &= 1.5 \\ P_2(0.5) &= 1.5(1.5) - 1 = 1.25 \\ P_3(0.5) &= 1.5(1.25) - 1.5 = 0.375 \\ P_4(0.5) &= 1.5(0.375) - 1.25 = -0.6875 \end{aligned}$$

이다. 따라서 이 수열은 부호 변화가 딱 1번밖에 없기 때문에 0.5보다 작은 고유값은 1개만 존재한다. 이 과정을 $\lambda = 0.25(d_i - \lambda = 1.75$와 $c^2_{i-1} = 1)$로 두고 다시 밟으면

$$\begin{aligned} P_0(0.25) &= 1 \\ P_1(0.25) &= 1.75 \\ P_2(0.25) &= 1.75(1.75) - 1 = 2.0625 \\ P_3(0.25) &= 1.75(2.0625) - 1.75 = 1.8594 \\ P_4(0.25) &= 1.75(1.8594) - 2.0625 = 1.1915 \end{aligned}$$

와 같고, 이때 부호 변화가 하나도 없기에 **A**의 고유값은 모두 0.25보다 크다. 그러므로 $0.25 < \lambda_1 < 0.5$이다.

Gerschgorin의 정리

Gerschgorin의 정리(Gerschgorin's theorem)는 임의의 $n \times n$ 행렬 **A**의 고유값에 대한 전체 범위를 결정하는데 아주 유용하다. 여기서 "전체(global)"라는 말은 당연히 모든 고유값을 감싼다는 뜻이 되겠다. 이 정리를 간단히 임의의 대칭 행렬에 적용한다면 다음과 같다.

● 행렬 **A**의 고유값이 λ이면

$$a_i - r_i \le \lambda \le a_i + r_i, \qquad i = 1, 2, \ldots, n$$

이고, 여기서

$$a_i = A_{ii} \qquad r_i = \sum_{\substack{j=1 \\ j \ne i}}^{n} | A_{ij} | \tag{9.50}$$

이다. 따라서 고유값의 전체 범위는 다음과 같다.

$$\lambda_{\min} \ge \min_i (a_i - r_i) \qquad \lambda_{\max} \le \max_i (a_i + r_i) \tag{9.51}$$

■ gerschgorin

함수 gerschgorin은 대칭이면서 3중대각 행렬인 **A** = [**c\d\c**]의 고유값에 대한 전체 범위를 위쪽과 아래쪽의 값으로 돌려준다.

```
function [eValMin,eValMax]= gerschgorin(c,d)
% 행렬 A = [c\d\c]의 고유값에 대한 전체 범위를 평가한다
% 사용법: [eValMin,eValMax]= gerschgorin(c,d).

n = length(d);
eValMin = d(1) - abs(c(1));
eValMax = d(1) + abs(c(1));
for i = 2:n-1
    eVal = d(i) - abs(c(i)) - abs(c(i-1));
    if eVal < eValMin; eValMin = eVal; end
    eVal = d(i) + abs(c(i)) + abs(c(i-1));
```

```
    if eVal > eValMax; eValMax = eVal; end
end
eVal = d(n) - abs(c(n-1));
if eVal < eValMin; eValMin = eVal; end
eVal = d(n) + abs(c(n-1));
if eVal > eValMax; eValMax = eVal; end
```

예제 9.10

Gerschgorin의 정리를 이용하여 다음 행렬의 고유값에 대한 전체 범위를 정하라.

$$\mathbf{A} = \begin{bmatrix} 4 & -2 & 0 \\ -2 & 4 & -2 \\ 0 & -2 & 5 \end{bmatrix}$$

풀이 식 (9.50)을 참조하면

$$a_1 = 4 \qquad a_2 = 4 \qquad a_3 = 5$$
$$r_1 = 2 \qquad r_2 = 4 \qquad r_3 = 2$$

이고, 따라서 다음과 같다.

$$\lambda_{\min} \geq \min(a_i - r_i) = 4 - 4 = 0$$
$$\lambda_{\max} \leq \max(a_i + r_i) = 4 + 4 = 8$$

고유값의 범위 잡기

Sturm 수열의 특징에 Gerschgorin의 정리를 보태면 대칭이면서 3중대각 행렬의 고유값 각각에 대한 범위를 아주 편하게 잡을 수 있다.

■ eValBrackets

함수 eValBrackets은 대칭이면서 3중대각 행렬인 **A** = [**c****d****c**]에 대한 m개의 가장 작은 고유값의 범위를 r_1, r_2, ..., r_{m+1}와 같이 찾아주는데, 이때 고유값은 구간 (r_i, r_{i+1})에

꼭 한 개만 있게 된다. 이 알고리즘은 먼저 Gerschgorin의 정리를 써서 고유값의 전체 범위를 찾은 다음에 Sturm 수열의 특징과 함께 이분법(method of bisection)을 이용하여 고유값 λ_m, λ_{m-1}, ..., λ_1의 위쪽 범위를 이 순서대로 결정한다.

```
function r = eValBrackets(c,d,m)
% 행렬 A = [c\d\c]의 가장 작은 m개의 고유값 각각에 대한 범위를 정하고,
% 이때 고유값은 구간 [r(i), r(i+1)]에 꼭 하나만 들어간다
% 사용법: r = eValBrackets(c,d,m).

[eValMin,eValMax]= gerschgorin(c,d);  % 전체 범위 찾기
r = ones(m+1,1); r(1) = eValMin;
% 고유값을 내림차순으로 탐색한다
for k = m:-1:1
    % 구간 (eValMin,eValMax)에서 이분법을 시도한다
    eVal = (eValMax + eValMin)/2;
    h = (eValMax - eValMin)/2;
    for i = 1:100
        % eVal보다 작은 고유값의 개수를 조사한다
        num_eVals = count_eVals(c,d,eVal);
        % 이분법을 다시 적용하여 eVal이 포함된 구간의 반을 찾는다
        h = h/2;
        if num_eVals < k ; eVal = eVal + h;
        elseif num_eVals > k ; eVal = eVal - h;
        else; break
        end
    end
    % 고유값의 위치가 파악되면 탐색의 위쪽 구간을 변경하고 이를 {r}에 저장한다
    ValMax = eVal; r(k+1) = eVal;
end
```

예제 9.11

예제 9.10의 행렬에 대해 각 고유값의 범위를 정하라.

풀이 예제 9.10에서 모든 고유값은 (0, 8) 사이에 있다는 것을 보였다. 이제 이 구간을 반으로 쪼개어 (0, 4) 사이에 몇 개의 고유값이 있는지 Sturm 수열의 특징을 써서 조사한다. $\lambda = 4$로 두면 이 수열은(식 (9.49) 참조)

$$P_0(4) = 1$$
$$P_1(4) = 4 - 4 = 0$$
$$P_3(4) = (4-4)(0) - 2^2(1) = -4$$
$$P_4(4) = (5-4)(-4) - 2^2(0) = -4$$

와 같고, 이때 0이 할당된 요소의 부호는 앞 요소의 부호와 반대로 놓아야 하므로 전체 수열의 부호는 (+, -, -, -)이다. 따라서 한 번의 부호 변화를 보였기에 구간 (0, 4) 사이에는 고유값이 1개 있는 셈이다.

다음, 구간 (4, 8)을 또다시 반으로 나누고 λ = 6로 하여 Sturm 수열을 구한다. 즉,

$$P_0(6) = 1$$
$$P_1(6) = 4 - 6 = -2$$
$$P_3(6) = (4-6)(-2) - 2^2(1) = 0$$
$$P_4(6) = (5-6)(0) - 2^2(-2) = 8$$

이고, 이의 부호 변화는 (+, -, +, +)이므로 (0, 6) 사이에는 고유값이 2개 있다는 것을 알 수 있다. 그러므로

$$0 \le \lambda_1 \le 4 \qquad 4 \le \lambda_2 \le 6 \qquad 6 \le \lambda_3 \le 8$$

와 같다.

고유값의 계산

바라는 고유값의 범위가 정해졌다면 이분법이나 Brent 방법을 써서 $P_n(\lambda)$ = 0의 근을 찾아 이의 정확한 값을 계산할 수 있다.

■ 함수 **eigenvals3**은 대칭이면서 3중 대각인 행렬의 가장 작은 *m*개의 고유값을 Brent 방법을 써서 찾아준다.

```
function eVals = eigenvals3(C,D,m)
% 행렬 A = [C\D\C]의 가장 작은 m개의 고유값을 계산한다
```

```
% 사용법: eVals = eigenvals3(C,D,m)
% 여기서 C와 D는 호출하는 함수에서 반드시 "전역 변수"로 선언되어야 한다

eVals = zeros(m,1);
r = eValBrackets(C,D,m);                % 고유값의 범위 잡기
for i=1:m
    % Brent 방법을 써서 |A - eVal*I|을eVal에 대해 푼다
    eVals(i) = brent(@func,r(i),r(i+1));
end

function f = func(eVal);
% Sturm 수열의 마지막 요소인 |A - eVal*I|을 돌여준다
global C D
p = sturmSeq(C,D,eVal);
f = p(length(p));
```

예제 9.12

다음의 100 × 100 행렬(대칭이면서 3중대각 행렬)에 대해 가장 작은 고유값 3개를 구하라.

$$\mathbf{A} = \begin{bmatrix} 2 & -1 & 0 & \cdots & 0 \\ -1 & 2 & -1 & \cdots & 0 \\ 0 & -1 & 2 & \cdots & 0 \\ \vdots & \vdots & \vdots & \ddots & \vdots \\ 0 & 0 & \cdots & -1 & 2 \end{bmatrix}$$

풀이

```
% 예제 9.12 (3중대각 행렬의 고유값)
format short e
global C D
m =3; n = 100;
D = ones(n,1)*2;
C = -ones(n-1,1);
eigenvalues = eigenvals3(C,D,m)'
```

(프로그램의 결과)

```
eigenvalues =
  9.6744e-004   3.8688e-003   8.7013e-003
```

고유벡터의 계산

고유값을 알고 있다면(물론 이의 추정값도 괜찮다) 이와 관련한 고유벡터는 고유값 이동 기법을 동반한 역 거듭제곱 방법을 써서 찾는 것이 가장 좋다. 하지만, 이 방법은 앞에서 설명했듯이 띠 행렬의 효과를 충분히 활용하지 못한다는 것이 단점이었다. 다음 함수는 이 방법을 대칭이면서 3중대각 행렬에 요긴하게 쓸 수 있도록 짠 것이다.

■ invPower3

이 함수는 9.3절의 invPower와 아주 흡사하지만 행렬의 3중대각 구조를 충분히 활용하기 때문에 속도 면에서 훨씬 빠르다.

```
function [eVal,eVec] = invPower3(c,d,s,maxIter,tol)
% 행렬 A =[c\d\c]에 대해 s에 가장 가까운 고유값과 이와 관련한 고유벡터를
% 역 거듭제곱 방법을 써서 계산한다
% 사용법: [eVal,eVec] = invPower3(c,d,s,maxIter,tol).
% maxIter                         = 반복 횟수의 최대값(기본값은 50).
% tol                             = 허용 오차(기본값은 1.0e-6).

if nargin < 5; tol = 1.0e-6; end
if nargin < 4; maxIter = 50; end
n = length(d);
e = c; d = d - s;                       % A의 대각 요소를 이동한다
[c,d,e] = LUdec3(c,d,e);                % A* = A - sI을 분해한다
x = rand(n,1);                          % x에 임의의 수를 대입한다
xMag = sqrt(dot(x,x)); x = x/xMag;      % x를 정규화 한다
for i = 1:maxIter
    xOld = x;                           % 현재의 x값을 저장한다
    x = LUsol3(c,d,e,x);                % A*x = xOld을 푼다
    xMag = sqrt(dot(x,x)); x = x/xMag;  % x를 다시 정규화 한다
    xSign = sign(dot(xOld,x));          % x의 부호 변화를 조사한다
    x = x*xSign;
    % 수렴 조건을 확인한다
    if sqrt(dot(xOld - x,xOld - x)) < tol
        eVal = s + xSign/xMag; eVec = x;
        return
    end
end
error('Too many iterations')
```

예제 9.13

예제 9.12의 행렬에 대하여 10번째 가장 작은 고유값을 찾아라.

풀이 다음 프로그램은 행렬 **A**의 10번째 가장 작은 고유값을 고유값 이동 기법을 동반한 역 거듭제곱 방법으로 뽑아낸다.

```
% 예제 9.13 (3중대각 행렬의 고유값)
format short e
m = 10
n = 100;
d = ones(n,1)*2; c = -ones(n-1,1);
r = eValBrackets(c,d,m);
s =(r(m) + r(m+1))/2;
[eVal,eVec] = invPower3(c,d,s);
mth_eigenvalue = eVal
```

(프로그램의 결과)

```
m =
    10
mth_eigenvalue =
  9.5974e-002
```

예제 9.14

예제 9.5의 행렬 **A**에 대해 가장 작은 고유값 3개와 이의 고유벡터를 계산하라.

풀이

```
% 예제 9.14 (고유값 문제)
global C D
m = 3;
A = [11  2  3  1  4;
      2  9  3  5  2;
      3  3 15  4  3;
      1  5  4 12  4;
      4  2  3  4 17];
eVecMat = zeros(size(A,1),m);        % 초기 고유벡터 행렬
A = householder(A);                  % A의 3중대각화 작업
D = diag(A); C = diag(A,1);          % A의 대각 요소를 추출
```

```
P = householderP(A);                % 변환 행렬 P를 계산
eVals = eigenvals3(C,D,m);          % 가장 작은 m개의 고유값을 찾음
for i = 1:m                         % 고유값 이동 기법을 동반한 역 거듭제곱 방법을
    s = eVals(i)*1.0000001;         % 써서 고유값과 관련한 고유벡터를 계산
    [eVal,eVec] = invPower3(C,D,s);
    eVecMat(:,i) = eVec;
end
eVecMat = P*eVecMat;                % 원래 행렬 A의 고유벡터
eigenvalues = eVals'
eigenvectors = eVecMat
```

(프로그램의 결과)

```
eigenvalues =
  4.8739e+000   8.6636e+000   1.0937e+001
eigenvectors =
  2.6727e-001   7.2910e-001   5.0579e-001
 -7.4143e-001   4.1391e-001  -3.1882e-001
 -5.0173e-002  -4.2986e-001   5.2078e-001
  5.9491e-001   6.9556e-002  -6.0291e-001
 -1.4971e-001  -3.2782e-001  -8.8440e-002
```

문제 9.2

1. 다음 행렬의 고유값에 대한 각각의 전체 범위를 Gerschgorin의 정리를 이용하여 구하라.

$$(a)\ \mathbf{A}=\begin{bmatrix} 10 & 4 & -1 \\ 4 & 2 & 3 \\ -1 & 3 & 6 \end{bmatrix} \qquad (b)\ \mathbf{B}=\begin{bmatrix} 4 & 2 & -2 \\ 2 & 5 & 3 \\ -2 & 3 & 4 \end{bmatrix}$$

2. Sturm 수열의 특징을 이용하여 다음 행렬이 구간 (2, 4) 사이에 고유값이 1개 있음을 밝혀라.

$$\mathbf{A}=\begin{bmatrix} 5 & -2 & 0 & 0 \\ -2 & 4 & -1 & 0 \\ 0 & -1 & 4 & -2 \\ 0 & 0 & -2 & 5 \end{bmatrix}$$

3. 다음 행렬의 각 고유값에 대한 범위를 정하라.

$$\mathbf{A}=\begin{bmatrix} 4 & -1 & 0 \\ -1 & 4 & -1 \\ 0 & -1 & 4 \end{bmatrix}$$

4. 다음 행렬의 각 고유값에 대한 범위를 잡아라.

$$\mathbf{A}=\begin{bmatrix} 6 & 1 & 0 \\ 1 & 8 & 2 \\ 0 & 2 & 9 \end{bmatrix}$$

5. 다음 행렬의 모든 고유값에 대한 범위를 찾아라.

$$\mathbf{A}=\begin{bmatrix} 2 & -1 & 0 & 0 \\ -1 & 2 & -1 & 0 \\ 0 & -1 & 2 & -1 \\ 0 & 0 & -1 & 1 \end{bmatrix}$$

6. 다음 행렬을 Householder 축소 기법을 써서 3중대각 행렬로 바꾸어라.

$$\mathbf{A}=\begin{bmatrix} 12 & 4 & 3 \\ 4 & 9 & 3 \\ 3 & 3 & 15 \end{bmatrix}$$

7. Householder 축소 기법을 이용하여 다음 행렬을 3중대각 형태로 변환하라.

$$\mathbf{A}=\begin{bmatrix} 4 & -2 & 1 & -1 \\ -2 & 4 & -2 & 1 \\ 1 & -2 & 4 & -2 \\ -1 & 1 & -2 & 4 \end{bmatrix}$$

8. ■ 다음 행렬의 모든 고유값을 구하라.

$$\mathbf{A} = \begin{bmatrix} 6 & 2 & 0 & 0 & 0 \\ 2 & 5 & 2 & 0 & 0 \\ 0 & 2 & 7 & 4 & 0 \\ 0 & 0 & 4 & 6 & 1 \\ 0 & 0 & 0 & 1 & 3 \end{bmatrix}$$

9. ■ 다음 행렬에 대하여 가장 작은 고유값 2개를 구하라.

$$\mathbf{A} = \begin{bmatrix} 4 & -1 & 0 & 1 \\ -1 & 6 & -2 & 0 \\ 0 & -2 & 3 & 2 \\ 1 & 0 & 2 & 4 \end{bmatrix}$$

10. ■ 다음 행렬을 보고 가장 작은 고유값 3개와 이와 관련한 고유벡터를 찾아라.

$$\mathbf{A} = \begin{bmatrix} 7 & -4 & 3 & -2 & 1 & 0 \\ -4 & 8 & -4 & 3 & -2 & 1 \\ 3 & -4 & 9 & -4 & 3 & -2 \\ -2 & 3 & -4 & 10 & -4 & 3 \\ 1 & -2 & 3 & -4 & 11 & -4 \\ 0 & 1 & -2 & 3 & -4 & 12 \end{bmatrix}$$

11. ■ 다음과 같은 6 × 6의 Hilbert 행렬에 대하여 가장 작은 고유값 2개를 찾아라. 참고로 이 행렬은 허약 조건(ill condition)이 특징이다.

$$\mathbf{A} = \begin{bmatrix} 1 & 1/2 & 1/3 & \cdots & 1/6 \\ 1/2 & 1/3 & 1/4 & \cdots & 1/7 \\ 1/3 & 1/4 & 1/5 & \cdots & 1/8 \\ \vdots & \vdots & \vdots & \ddots & \vdots \\ 1/6 & 1/7 & 1/8 & \cdots & 1/11 \end{bmatrix}$$

12. ■ 본문에 있는 함수 eValBrackets을 고쳐서 임의의 3중대각 행렬에 대하여 가장 큰 고유값 *m*개의 범위를 계산할 수 있도록 하라. 또, 이 함수를 사용하여 문제 11번의 Hilbert 행렬에 대하여 가장 큰 고유값 2개의 범위를 찾아보아라.

13. ■

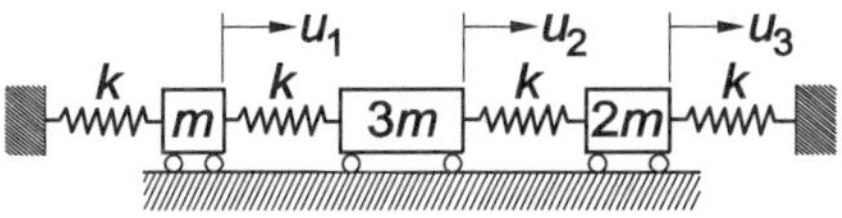

그림의 질량-스프링 시스템에 대한 미분 방정식은 다음과 같다.

$$k(-2u_1+u_2)=m\ddot{u}_1$$
$$k(u_1-2u_2+u_3)=3m\ddot{u}_2$$
$$k(u_2-2u_3)=2m\ddot{u}_3$$

여기서 $u_i(t)$는 질량 i가 평형 위치에서 떨어진 변위이고 k는 스프링 상수이다. 이때, $u_i(t)$에 $y_i\sin\omega t$를 대입하면 행렬 고유값 문제로 다음과 같이 얻을 수 있다.

$$\begin{bmatrix} 2 & -1 & 0 \\ -1 & 2 & -1 \\ 0 & -1 & 2 \end{bmatrix}\begin{bmatrix} y_1 \\ y_2 \\ y_3 \end{bmatrix}=\frac{m\omega^2}{k}\begin{bmatrix} 1 & 0 & 0 \\ 0 & 3 & 0 \\ 0 & 0 & 2 \end{bmatrix}\begin{bmatrix} y_1 \\ y_2 \\ y_3 \end{bmatrix}$$

이 시스템의 회전 주파수 ω와 이의 상대 진폭 y_i를 구하라.

14. ■

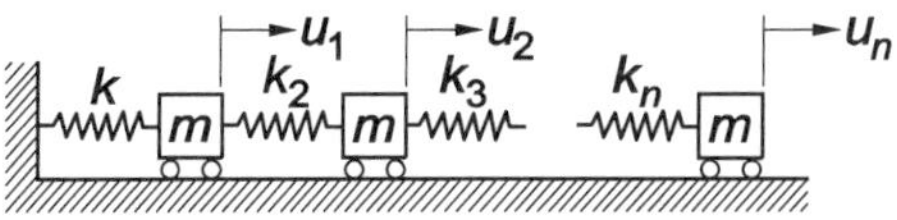

그림은 크기가 같은 *n*개의 질량이 상수가 서로 다른 스프링으로 연결되어 있는 모습을 보여주고, 이때 이 시스템의 자유 진동을 지배하는 운동 방정식은 $\mathbf{Au} = m\omega^2\mathbf{u}$이다. 여기서 ω는 회전 주파수이고, 또

$$\mathbf{A}=\begin{bmatrix} k_1+k_2 & -k_2 & 0 & 0 & \cdots & 0 \\ -k_2 & k_2+k_3 & -k_3 & 0 & \cdots & 0 \\ 0 & -k_3 & k_3+k_4 & -k_4 & \cdots & 0 \\ \vdots & \vdots & \ddots & \ddots & \ddots & \vdots \\ 0 & \cdots & 0 & -k_{n-1} & k_{n-1}+k_n & -k_n \\ 0 & \cdots & 0 & 0 & -k_n & k_n \end{bmatrix}$$

이다. 스프링 상수가 $k = [k_1 \quad k_2 \quad \cdots \quad k_n]^T$(kN/m)일 때 N개의 가장 작은 고유값 $\lambda = m\omega^2$와 이의 고유벡터를 찾아주는 프로그램을 작성하라. 그리고 이 프로그램을 $N = 4$와

$$\mathbf{k}=[400 \ 400 \ 400 \ 0.2 \ 400 \ 400 \ 200]^T$$

로 두고 실행해 보라. 이 시스템은 k_4가 다른 것과 견주어 아주 작은 만큼 약하게 연결되어 있는 것에 주의하여 이것이 어떤 결과를 이끌지도 생각해 보라.

15. ■

그림과 같이 축 방향으로 진동하는 막대의 미분 방정식은 다음과 같다.

$$u'' = \frac{\rho}{E}\ddot{u}$$

여기서 $u(x, t)$는 축 방향의 변위, ρ는 질량의 밀도, E는 탄성 계수, 그리고 이 방정식의 경계 조건은 $u(0, t) = u'(L, t) = 0$이다. $u(x, t) = y(x)\sin\omega t$를 대입하면

$$y'' = -\omega^2 \frac{\rho}{E} y \qquad y(0) = y'(L) = 0$$

이고, 이의 유한차분 방정식은 다음과 같다.

$$\begin{bmatrix} 2 & -1 & 0 & 0 & \cdots & 0 \\ -1 & 2 & -1 & 0 & \cdots & 0 \\ 0 & -1 & 2 & -1 & \cdots & 0 \\ \vdots & \vdots & \ddots & \ddots & \ddots & \vdots \\ 0 & 0 & \cdots & -1 & 2 & -1 \\ 0 & 0 & \cdots & 0 & -1 & 1 \end{bmatrix} \begin{bmatrix} y_1 \\ y_2 \\ y_3 \\ \vdots \\ y_{n-1} \\ y_n \end{bmatrix} = \left(\frac{\omega L}{n}\right)^2 \frac{\rho}{E} \begin{bmatrix} y_1 \\ y_2 \\ y_3 \\ \vdots \\ y_{n-1} \\ y_n/2 \end{bmatrix}$$

(a) 이 방정식의 표준형을 $\mathbf{Hz} = \lambda\mathbf{z}$라 할 때 $\mathbf{H}$와 $\mathbf{y} = \mathbf{Pz}$를 만족하는 변환 행렬 $\mathbf{P}$를 찾아라. (b) 함수 inversePower3을 활용하여 막대의 회전 주파수 중에 가장 작은 것을 계산하라. 이때, n = 10, 100, 그리고 1000으로 각각 해 보라. 참고로, 이 문제의 해석적인 해는 $\omega_1 = \pi\sqrt{E/\rho}/(2L)$ 이다.

16. ■

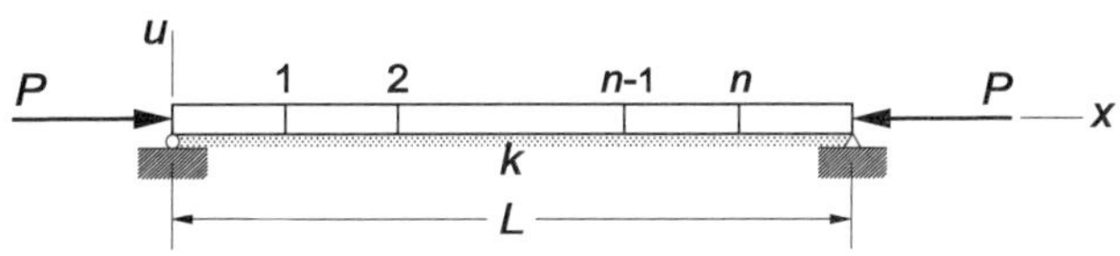

그림과 같은 단순지지보가 강도가 k(단위 길이당 N/m)인 탄성 기초물에 놓여 있고, 이때 축 방향 힘 P가 작용하고 있다. 측면 변위 u에 대한 미분 방정식과 경계 조건은 각각 다음과 같다.

$$u^{(4)} = \frac{E}{EI}u'' + \frac{k}{EI}u = 0$$
$$u(0) = u''(0) = u(L) = u''(L) = 0$$

그림에 보인 그물망을 사용할 때 이 방정식의 유한차분 근사식은

$$\begin{aligned} (5+\alpha)u_1 - 4u_2 + u_3 &= \lambda(2u_1 - u_2) \\ -4u_1 + (6+\alpha)u_2 - 4u_3 + u_4 &= \lambda(-u_1 + 2u_2 + u_3) \\ u_1 - 4u_2 + (6+\alpha)u_3 - 4u_4 + u_5 &= \lambda(-u_2 + 2u_3 - u_4) \\ &\vdots \end{aligned}$$

$$u_{n-3} - 4u_{n-2} + (6+\alpha)u_{n-1} - 4u_n = \lambda(-u_{n-2} + 2u_{n-1} - u_n)$$
$$u_{n-2} - 4u_{n-1} + (5+\alpha)u_n = \lambda(-u_{n-1} + 2u_n)$$

이고, 이때

$$\alpha = \frac{kh^4}{EI} = \frac{1}{(n+1)^4}\frac{kL^4}{EI} \qquad \lambda = \frac{Ph^2}{EI} = \frac{1}{(n+1)^2}\frac{PL^2}{EI}$$

이다. 3개의 가장 작은 축 방향 힘 P와 이의 모드 형상(mode shape)을 계산하는 프로그램을 작성하라. 그리고 이 프로그램을 n = 25와 $kL^4/(EI)$ = 1000로 하여 실행해 보라.

17. ■ 다음의 20 × 20 행렬에 대하여 가장 작은 고유값 5개를 찾아라. 참고로, 이 행렬은 이중 고유값(double eigenvalue)이 많이 포함된 다루기 어려운 행렬이다.

$$\mathbf{A} = \begin{bmatrix} 2 & 1 & 0 & 0 & \cdots & 0 & 1 \\ 1 & 2 & 1 & 0 & \cdots & 0 & 0 \\ 0 & 1 & 2 & 1 & \cdots & 0 & 0 \\ \vdots & \vdots & \ddots & \ddots & \ddots & \vdots & \vdots \\ 0 & 0 & \cdots & 1 & 2 & 1 & 0 \\ 0 & 0 & \cdots & 0 & 1 & 2 & 1 \\ 1 & 0 & \cdots & 0 & 0 & 1 & 2 \end{bmatrix}$$

MATLAB® 함수

고유값 문제를 푸는 MATLAB® 함수는 **eig**이다. 표준 고유값 문제인 $\mathbf{Ax} = \lambda\mathbf{x}$에 이 함수는 다음과 같이 이용할 수 있다.

eVals = eig(A) 행렬 A(대칭 행렬이 아니어도 된다)에 대한 고유값을 돌려준다.

[X,D] = eig(A) 고유벡터 행렬 X와 대각 요소에 고유값을 담은 대각 행렬 D를 돌려주는데, 이때 즉, **eVals = diag(D)**이다.

표준형이 아닌 고유값 문제 $\mathbf{Ax} = \lambda\mathbf{Bx}$에 대해서는 이 함수의 호출을 다음과 같이 한다.

```
eVals = eig(A, B)
[X,D] = eig(A, B)
```

이 함수의 알고리즘은 Schur의 인수분해법(Schur's factorization) 즉, $\mathbf{PAP}^T = \mathbf{T}$을 기본으로 하고 있다. 여기서 **P**와 **T**는 각각 일원 및 삼각 행렬이다. 그런데 이 방법은 이 책의 범위를 벗어나기에 다루지 않았다.

10. 최적화의 기초

구속 조건이 $g(\mathbf{x}) = 0$ 혹은 $h(\mathbf{x}) \geq 0$일 때 $F(\mathbf{x})$를 최소화 하는 $\mathbf{x}$를 찾는다

10.1 개요

최적화(optimization)란 어떤 함수를 최소화 하거나 최대화 할 때 흔히 쓰는 용어이지만 최소화 하는 문제만을 생각한다 해도 별 무리가 없다. 왜냐하면 함수 $F(\mathbf{x})$의 최대화는 $-F(\mathbf{x})$를 간단히 최소화 하는 일로 충분히 달성할 수 있기 때문이다. 공학에서 최적화는 설계와 아주 밀접하게 연결되어 있다. 이른바 가치 함수(merit function) 혹은 목적 함수(objective function)라고 하는 $F(\mathbf{x})$는 비용이나 무게 따위와 같이 될 수 있으면 작게 유지하고 싶은 어떤 양이다. 그리고 설계 변수(design variable)인 $\mathbf{x}$도 역시 상황에 따라 자유롭게 바꿀 수 있는 어떤 양(예를 들어, 길이나 면적, 각도 따위)을 요소로 갖는다.

최적화는 다룰 주제가 아주 방대하고, 또 지금까지 많은 책들이 이를 파헤쳐 왔다. 하지만 이 책의 제한된 공간에서 할 수 있는 최선의 일은 최적화 문제의 좋은 예가 되면서 설계 변수도 많이 포함하지 않는 경우에 적용할 수 있는 몇몇 기본적인 방법들을 소개하는 것이다. 좀더 복잡한 방법들을 아예 생략하는 것이 어려워서 아무 것도 하지 않는 것보다 그래도 했던 만큼은 얻을 수 있다는 측면에서 좋다고 보았다. 모든 최적화 알고리즘은 어느 정도 신뢰하지 못하는 경우가 대부분이고, 이는 어떤 문제에서는 잘 맞는 알고리즘이지만 다른 문제에서는 완전히 실패하기도 한다는 말이다. 그래서 경험에 따라 판단해 보면 알고리즘에 여러 기교를 섞어 복잡하게 하면 할수록 계산의 효율성은 높아질 수 있겠지만 오히려 신뢰성은 떨어지는 결과를 낳는다는 것이다.

최소화 알고리즘은 설계 변수 $\mathbf{x}$의 시작값을 처음에 가정하여 여러 반복 과정을 거쳐

야 한다. $F(\mathbf{x})$가 부분적으로 몇몇 최소값을 갖는다고 할 때 $\mathbf{x}$의 초기값을 선정하는 일은 바로 이런 최소값 중에서 어떤 것을 알고 싶은지를 정하는 것과 같다. 그렇다고 이 경우의 전체적인 최적점(global optimal-point)을 찾아주는 확실한 방법은 아무것도 없다. 굳이 하나의 방법을 제안할 수 있다면 시작값을 달리하면서 여러 번 컴퓨터를 실행하여 그 중에서 제일 좋은 결과를 선택하는 것이다.

설계도 역시 등식이나 부등식의 형태로 제시되는 여러 조건 즉, 구속 조건(constraint)에 걸리는 경우가 허다하다. 하나의 예로, 얼마만큼의 하중을 운반해야 하는 천장 트러스(roof truss)의 최소 무게를 설계한다고 해보자. 이 트러스를 구성하는 각 부재의 위치가 이미 정해졌다고 가정하면 설계 변수는 당연히 각 부재의 단면적이 될 것이므로 이미 한계로 잡은 허용 응력과 허용 변위 따위로 만들어진 구속 조건에 집중하여 설계를 진행하여야 한다.

이 분야에서 쓸 수 있는 대부분의 방법은 비구속 최적화(unconstrained optimization)의 문제에 해당한다. 즉, 설계 변수에 구속 조건이 붙지 않는 경우이고, 이때의 최소값(만약 있다면)은 정지점(stationary point) – $F(\mathbf{x})$의 구배 벡터가 0인 점이다. 좀더 어려운 문제인 구속 최적화(constrained optimization)인 경우에서는 보통 $F(\mathbf{x})$가 만드는 면이 구속 조건과 만나는 점에 최소값이 존재하고, 이를 위해 특별히 마련된 알고리즘이 있긴 하지만 이의 복잡성과 전문성 때문에 쉽게 접근할 수 있는 것도 아니다. 그래서 구속 조건이 있는 경우의 문제를 다루는 한 가지 방법은 잘 정의된 비구속 최적화의 방법을 쓰는 것인데, 이때는 가치 함수를 수정하여 구속 조건을 만족하지 않을 때마다 엄격하게 제재를 가할 수 있도록 한다.

다음과 같은 설계 변수에 대한 구속 조건이 있을 때 $F(\mathbf{x})$를 최소화 하는 문제를 생각해 보자.

$$g_i(\mathbf{x}) = 0, \qquad i = 1, 2, \ldots, M \tag{10.1a}$$

$$h_j(\mathbf{x}) \le 0, \qquad j = 1, 2, \ldots, N \tag{10.1b}$$

우선, 새로운 가치 함수를 다음과 같이 선정한다.

$$F^*(\mathbf{x}) = F(\mathbf{x}) + \lambda P(\mathbf{x}) \tag{10.2a}$$

여기서

$$P(\mathbf{x}) = \sum_{i=1}^{M}[g_i(\mathbf{x})]^2 + \sum_{j=1}^{N}\{\max[0, h_j(\mathbf{x})]\}^2 \qquad (10.2b)$$

은 제재 함수(penalty function)이고 λ는 임의의 곱수이며, 또 max(a, b)는 a와 b 중에서 큰 값을 돌려주는 함수이다. 구속 조건에 대한 어떤 부정도 없다면 당연히 $P(\mathbf{x})$ = 0인 것을 확인할 수 있다. 구속 조건을 부정하면 어긋난 값의 제곱에 비례하는 제재를 부과하다. 따라서 최소화 알고리즘은 이런 부정을 피하려고 하는 경우가 많고, 이때 얼마만큼 피할 것이냐 하는 정도는 λ의 크기에 따라 다르다. λ가 작으면 최적화는 이 과정을 실시할 여유 "공간"이 많기 때문에 아주 빨리 진행되지만 구속 조건을 심각하게 부정할 때가 있을 수 있고, 다른 한편으로 λ가 크면 반대로 구속 최적화 과정을 망칠 수 있지만 구속 조건은 아무런 부정도 없이 만족하게 될 것이다. 그래서 최적화 프로그램을 처음엔 λ을 작게 하여 실행해 보고 만약 결과가 받아들일 수 없을 만큼 구속 조건을 부정하면 λ을 조금 키워 앞서 얻은 결과와 함께 다시 프로그램을 돌려 보는 것이 좋다.

구속 조건이 서로 아주 다른 크기일 때는 최적화 과정 역시 허약 조건(ill condition)일 가능성이 많고, 이 문제는 이런 성가신 구속 조건을 크기 조정(scaling)을 통해 어느 정도 완화시킬 수 있다. 다시 말하면, 구속 방정식에 적당한 상수를 곱하여 취급한다는 말이다.

10.2 선을 따르는 최소화

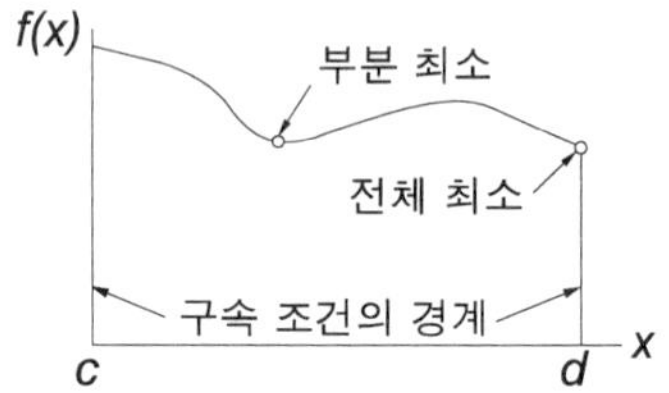

그림 10.1 부분 및 전체 최소값의 예

변수 x를 하나 갖는 함수 $f(x)$를 구속 조건 $c \le x \le d$에 대하여 최소화 하는 문제를 생각해 보자. 이 함수의 개념적인 모습은 그림 10.1에 나타내었다. 그림에서 확인할 수 있듯이 여기엔 두 개의 최소값 즉, 하나는 부분 최소값(local minimum)으로 $f'(x)$ = 0을 만족하는 정지점이고 구속 조건의 경계점에 있는 전체 최소값(global minimum)이 또다른 하나이다. 모든 정지점이고 위치는 df/dx = 0의 근을 찾으면 알 수 있고, 또 전체 최소값을 검사해 보려고 $f(c)$와$f(d)$를 평가해 볼 수도 있겠다. 결론으로 이 경우엔 최소값을 찾는 일이 아주 간단하다는 말이다. 그렇다면 왜 최적화 알고리즘이 필요할까? 대답 역시 간단하다. 함수 $f(x)$의 미분이 어렵거나 거의 불가능할 때가 그 답이다.

범위 잡기

최소화 알고리즘을 시작하기 전에 먼저 최소점에 대한 범위를 반드시 잡아야 하는데, 이런 범위 잡기(bracketing)는 비교적 간단한 절차로 이룰 수 있다. 즉, 처음 x_0라는 초기값으로 시작하여 $f(x)$가 처음으로 크지는 점 x_n에 도달할 때까지 x_1, x_2, ...에서 함수를 계속 계산해 나가고, 이 과정이 끝나면 최소점의 범위는 구간 (x_{n-2}, x_n)에 있게 되는 것이다. 그러면 증분(혹은 스텝 크기(step size)) $h_i = x_{i+1} - x_i$의 크기는 얼마이어야 할까? h_i를 상수로 쓰는 것은 좋은 생각이 아니고, 이는 종종 계산 단계를 너무 많이 밟아야 하기 때문이다. 최소값에 빨리 도달하려는 목적을 살린 좀더 효과적인 방법은 각 단계마다 증분의 크기를 키워가는 것이다. 설사 범위가 아주 멀리 떨어지게 된다 하더라도. 여기서는 증분에 일정한 수를 곱하여 계속 키워가는 방법을 택했다. 즉, $h_{i+1} = ch_i (c > 1)$로 한다.

황금 분할 탐색

황금 분할 탐색(golden section search)은 방정식의 근을 찾는데 썼던 이분분과 비슷하다. 함수 $f(x)$의 최소값이 길이가 h인 구간 (a, b) 사이로 이미 정해졌다고 가정하고, 우선 이 구간을 줄이기 위해 그림 10.2(a)에서와 같이 $x_1 = b - Rh$와 $x_2 = a + Rh$에서 함수를 평가한다. 여기서 R은 곧 결정될 상수이다. 따라서 그림에 보인 바와 같이 $f_1 > f_2$이면 최소값은 (x_1, b)에, 그렇지 않으면 (a, x_2)에 있을 것이다.

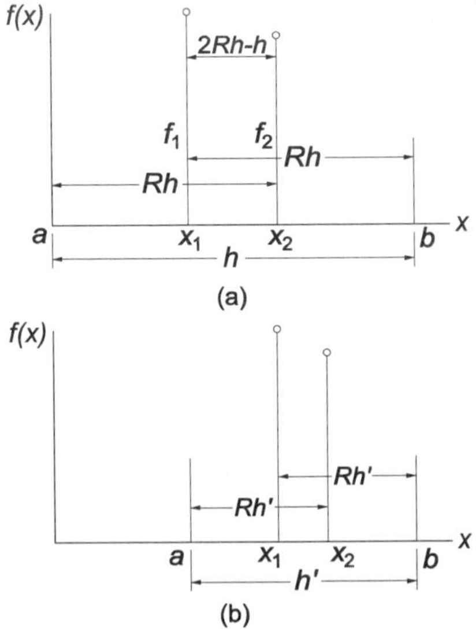

그림 10.2 황금 분할 탐색

만약 $f_1 > f_2$이라면 $a \leftarrow x_1$와 $x_1 \leftarrow x_2$로 두게 되는데, 이는 그림 10.2(b)에 나타낸 것과 같이 길이가 $h' = Rh$인 새로운 구간 (a, b)를 생성한 셈이다. 다음 구간 나누기에서는 $x_2 = a + Rh'$에서 함수를 평가하는 식으로 하여 계속 이 과정을 반복해 간다.

이 작업 과정은 그림 10.2(a)와 (b)가 같은 방식으로 나누어질 때 즉, 두 그림에서 똑같은 상수 R이 x_1과 x_2의 위치를 잡을 때 제대로 이루어진다. 그림 10.2(a)를 참조하면 $x_2 - x_1 = 2Rh - h$이고, 이와 같은 길이를 그림 10.2(b)에서 찾으면 $x_1 - a = h' - Rh'$이다. 따라서 두 길이를 같게 놓으면

$$2Rh - h = h' - Rh'$$

이고, 여기에 $h' = Rh$을 대입하여 h를 제거하면

$$2R - 1 = R(1 - R)$$

와 같은데, 이의 해가 바로 황금비(golden ratio)가 되는 것이다. 즉,

$$R = \frac{-1 + \sqrt{5}}{2} = 0.618033989\cdots \tag{10.3}$$

이다.

구간 나누기를 할 때마다 최소값이 포함된 구간을 일정한 비율 R로 줄인다는 것을 잘 기억해 두어야 하고, 이는 이분법이 정확히 0.5의 비율을 사용하는 것과는 다르다는 것도 아울러 알아두길 바란다. 또한, 황금 탐색법은 이렇게 구간을 줄여갈 때 함수의 평가를 오직 한번 하는데 반해 이분법은 두 번의 평가를 거쳐야 한다는 것도 다르다.

구간 나누기를 허용 오차 ε까지 진행해 갈 때 필요한 횟수는

$$|b-a|R^n = \varepsilon$$

와 같은 관계식에서 구할 수 있고, 이를 풀면 다음과 같다.

$$n = \frac{\ln(\varepsilon/|b-a|)}{\ln R} = -2.078087\ln\frac{\varepsilon}{|b-a|} \tag{10.4}$$

■ goldBracket

이 함수는 범위 나누기를 위한 알고리즘을 탑재하였는데, 이때 이어지는 탐색 구간에 곱해지는 상수는 $c = 1 + R$로 하였다.

```
function [a,b] = goldBracket(func,x1,h)
% 함수 f(x)의 최소점을 찾기 위한 범위 나누기
% 사용법: [a,b] = goldBracket(func,xStart,h)
% 입력:
% func              = f(x)를 돌려주는 함수의 함수핸들
% x1                = x의 시작값
% h                 = 증분의 초기값
% 출력:
% a, b              = 최소점에서 x의 범위

c = 1.618033989;
f1 = feval(func,x1);
x2 = x1 + h; f2 = feval(func,x2);
% 탐색 방향 및 (필요하면) h의 부호까지결정
if f2 > f1
    h = -h;
    x2 = x1 + h; f2 = feval(func,x2);
    % 최소값이 x1 - h와 x1 + h 사이에 있는지 검사
    if f2 > f1
```

```
        a = x2; b = x1 - h; return
    end
end
% 탐색 루프
for i = 1:100
    h = c*h;
    x3 = x2 + h; f3 = feval(func,x3);
    if f3 > f2
        a = x1; b = x3; return
    end
    x1 = x2; f1 = f2; x2 = x3; f2 = f3;
end
error('goldbracket did not find minimum')
```

■ goldSearch

이 함수는 황금 분할 알고리즘을 프로그램 코드로 구현하였다.

```
function [xMin,fMin] = goldSearch(func,a,b,tol)
% 함수 f(x)의 최소값을 위한 황금 분할법으로 최소값은 반드시 a <= x <= b와 같다
% 사용법: [fMin,xMin] = goldSearch(func,xStart,h)
% 입력:
% func                    = f(x)를 돌려주는 함수의 함수핸들
% a, b                    = 최소값을 포함하는 구간에 적용되는 범위
% tol                     = 허용 오차(기본값은 1.0e-6).
% 출력:
% fMin                    = 함수 f(x)의 최소값
% xMin                    = 최소점에서의 x값

if nargin < 4; tol = 1.0e-6; end
nIter = ceil(-2.078087*log(tol/abs(b-a)));
R = 0.618033989;
C = 1.0 - R;
% 범위 나누기의 준비
x1 = R*a + C*b;
x2 = C*a + R*b;
f1 = feval(func,x1);
f2 = feval(func,x2);
% 범위 나누기의 루프
for i =1:nIter
    if f1 > f2
        a = x1; x1 = x2; f1 = f2;
```

```
            x2 = C*a + R*b;
            f2 = feval(func,x2);
        else
            b = x2; x2 = x1; f2 = f1;
            x1 = R*a + C*b;
            f1 = feval(func,x1);
        end
    end
    if f1 < f2; fMin = f1; xMin = x1;
    else; fMin = f2; xMin = x2;
    end
```

예제 10.1

본문에서 소개한 **goldSearch** 알고리즘을 이용하여 다음 함수의 최소값 x를 찾고, 또 이 결과를 해석적인 해와 비교해 보라. 단, 이 함수의 구속 조건은 $x \geq 0$이다.

$$f(x) = 1.6x^3 + 3x^2 - 2x$$

풀이 구속 최소화 문제이기 때문에 $f(x)$의 최소값은 $x \geq 0$인 곳에 나타나는 정지점이거나 구속 조건의 경계점인 $x = 0$이 될 것이다. 제재 함수를 써서 이 문제를 $f(x) + \lambda [\min(0, x)]^2$을 최소화 하는 문제로 바꾸어 풀기로 한다.

$x = 1$을 시작점으로 하고, 또 함수 **goldBracket**에 필요한 증분의 첫번째 값을 $h = 0.1$로 두면 다음과 같은 프로그램으로 작성할 수 있다. 여기서 x와 h의 선정은 임의로 한 것이다.

```
% 예제 10.1 (황금 분할 최소화)
x = 1.0; h = 0.1;
[a,b] = goldBracket(@fex10_1,x,h);
[xMin,fMin] = goldSearch(@fex10_1,a,b)
```

그리고 최소화 할 함수는

```
function y = fex10_1(x)
% 예제 10.1에서 사용하는 함수
lam = 1.0;          % 제재 함수의 곱수
c = min(0.0,x);  % 제재 함수가 포함된 구속 조건식
```

```
y = 1.6*x^3 + 3.0*x^2 - 2.0*x + lam*c^2;
```
이고, 이 프로그램의 결과는 다음과 같다.

```
xMin =
     0.2735
fMin =
    -0.2899
```

최소값이 정지점이기에 이를 찾는 과정에 구속 조건이 아무런 영향도 미치지 못했다. 그래서 프로그램에 삽입한 제재 함수는 없어도 되지만 이 문제를 풀기 시작할 때에는 모르는 사실이기에 할 수 없는 일이다.

이런 정지점을 해석적으로 얻으려면 다음 함수를 풀면 된다.

$$f'(x) = 4.8x^2 + 6x - 2 = 0$$

이 방정식은 x = 0.273494에서 양의 근을 갖고, 이것이 유일한 양의 근이므로 $x \geq 0$에서는 다른 정지점이 없는 것을 확인할 수 있다. 그리고 최소값이 있을 또다른 가능한 점은 구속 조건의 경계점인 x = 0인데, 이 경우엔 $f(0)$ = 0이 앞에서 구한 정지점에서의 함수값보다 더 크기 때문에 최소값이 될 수 없다. 따라서 전체 최소값은 x = 0.273494에서 발생한다고 결론 내릴 수 있다.

예제 10.2

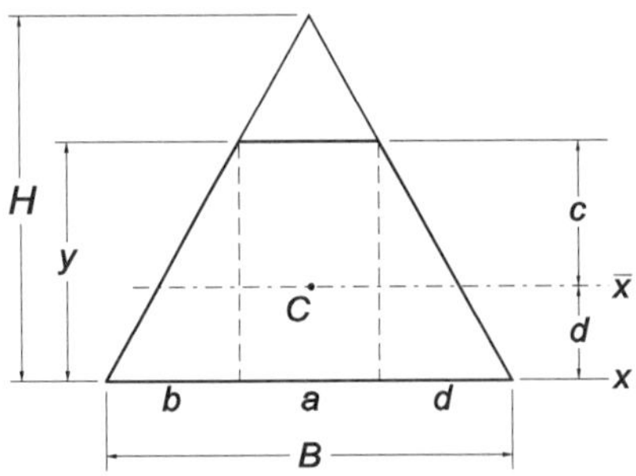

그림의 사각형은 어떤 보의 단면적인데, 이는 밑변이 B = 48(mm)이고 높이가 H = 60(mm)인 삼각형에서 위 부분을 제거한 꼴이다. 이때, 다음의 식으로 표현되는 단면계수(section modulus)를 최대로 하는 사각형의 높이 y를 찾는 것이 문제이다.

$$S = I_{\bar{x}} / c$$

여기서 $I_{\bar{x}}$는 단면적의 중심점 C를 지나는 축에 대한 단면 2차 모멘트이다. 단면 계수를 최적화하는 것은 보의 최대 굽힘 응력 $\sigma_{max} = M/S$을 최소로 하려는 것이 목적이다. 여기서 M은 굽힘 모멘트이다.

풀이 그림의 사각형 면적을 직사각형 1개와 2개의 삼각형이 합쳐진 것으로 생각할 때 단면 계수는 다음의 계산 과정을 통해 알 수 있다.

직사각형의 밑변	$a = B(H-y)/H$
삼각형의 밑변	$b = (B-a)/2$
면적	$A = (B+a)y/2$
x축에 대한 단면 1차 모멘트	$Q_x = (ay)y/2 + 2(by/2)y/3$
중심점의 위치	$d = Q_x/A$
S의 식에 포함된 거리	$c = y - d$
x축에 대한 단면 2차 모멘트	$I_x = ay^3/3 + 2(by^3/12)$
평행축 정리	$I_{\bar{x}} = I_x - Ad^2$
단면 계수	$S = I_{\bar{x}}/c$

이 표에 있는 여러 공식들을 이용하여 S를 y의 함수로 찾을 수 있지만 계산 과정을 진행할수록 아주 복잡하게 되어 잘못된 표현을 얻을 수도 있을 것이다. 그래서 이 일을 컴퓨터에 맞기는 것이 훨씬 현명하다고 본다.

이 문제를 위한 프로그램은 다음과 같다. 최소화 알고리즘으로 S를 최대화 하는 문제이니 가치 함수를 $-S$로 두는 것은 당연하고, 또 이 경우엔 어떤 구속 조건도 없다.

```
% 예제 10.2 (황금 분활법으로 근 찾기)
yStart = 60.0; h = 1.0;
```

```
[a,b] = goldBracket(@fex10_2,yStart,h);
[yopt,Sopt] = goldSearch(@fex10_2,a,b);
fprintf('optimal y = %7.4f\n',yopt)
fprintf('optimal S = %7.2f',-Sopt)
```

그리고 단면 계수를 계산하는 함수는

```
function S = fex10_2(y)
% 예제 10.2에 사용하는 함수
B = 48.0; H = 60.0;
a = B*(H - y)/H; b = (B - a)/2.0;
A = (B + a)*y/2.0;
Q = (a*y^2)/2.0 + (b*y^2)/3.0;
d = Q/A; c = y - d;
I = (a*y^3)/3.0 + (b*y^3)/6.0;
Ibar = I - A*d^2; S = -Ibar/c;
```

이고, 전체 프로그램의 결과는 다음과 같다.

```
optimal y = 52.1763
optimal S = 7864.43
```

처음에 있던 삼각형의 단면 계수가 7200이었던 점을 고려하면 최적화 한 단면 계수는 원래 삼각형에 견주어 9.2% 좋아졌다.

10.3 켤레*구배법

개요

이제 최적화의 문제를 n 차원의 설계 공간에서 살펴보도록 하자. 이의 목적은 $\mathbf{x}$가 n개의 독립된 설계 변수를 가질 때 $F(\mathbf{x})$를 최소화 하는 것이다. 이 문제를 다루는 한 가지 방법은 앞서 배운 1차원 최소화 방법을 최적점에 도달할 때까지 연속적으로 사용하는것인데, 이의 기본적인 절차는 다음과 같다.

- 설계 공간에서 한 점 $\mathbf{x}_0$를 선택한다.
- i = 1, 2, 3,…로 하여 루프를 돌려 다음을 반복한다.

  임의의 벡터 $\mathbf{v}_i$를 선정한다.

  $\mathbf{x}_{i-1}$이 지나는 선을 따라 $\mathbf{v}_i$의 방향으로 $F(\mathbf{x})$를 최소화 하고 이 최소값을 $\mathbf{x}_i$로 둔다.

  $|\mathbf{x}_i - \mathbf{x}_{i-1}| < \varepsilon$이면 루프를 탈출한다.

선을 따라 수행하는 최소화는 1차원 최적화 알고리즘(예를 들어, 황금 분할 탐색법 따위)을 그대로 쓸 수 있는데, 한 가지 풀어야 할 숙제는 벡터 $\mathbf{v}_i$를 어떻게 선정하느냐 하는 것이다.

켤레 방향

다음의 2차 함수를 생각해 보자

---

* 켤레로 번역한 원 영문은 "conjugate"이다. 이는 공학에서 보통 "공액(共軛)" 따위로 번역을 하지만 뜻을 분명히 파악할 수 있는 말이 아니어서 순수한 우리말로 바꾸었고, 이렇게 하니 2개 이상이 짝을 이룬다는 어감을 살릴 수 있어 오히려 좋은 것 같다. 이런 짝은 모두 어떤 것을 완전하게 이룰 때 각각 독립된 개체로 꼭 필요하므로 개체 측면에서 보면 서로 간섭하지 않는다는 말도 된다. 아마 공학에서 쓰는 "공액" 혹은 "conjugate"는 대부분 이런 뜻을 내포하고 있고 이 책의 경우도 마찬가지여서 이를 다른 말로 다시 쓰면 "비간섭" 혹은 "noninterfering"이 더 어울린다.

$$F(\mathbf{x}) = c - \sum_i b_i x_i + \frac{1}{2}\sum_i \sum_j A_{ij} x_i x_j$$

$$= c - \mathbf{b}^T \mathbf{x} + \frac{1}{2}\mathbf{x}^T \mathbf{A}\mathbf{x} \qquad (10.5)$$

그리고 이를 $\mathbf{x}_i$에 대해 미분하면

$$\frac{\partial F}{\partial x_i} = -b_i + \sum_j A_{ij} x_j$$

로 벡터 기호로 쓰면 다음과 같다.

$$\nabla F = -\mathbf{b} + \mathbf{A}\mathbf{x} \qquad (10.6)$$

여기서 ∇F는 F의 구배(gradient)이다.

점 $\mathbf{x}_0$에서 임의의 벡터 $\mathbf{u}$의 방향을 따라 이동해 갈 때 구배는 어떻게 변할까? 우선, 이런 움직임은 선을 따라 일어나므로 이 선을 다음과 같이 나타낸다.

$$\mathbf{x} = \mathbf{x}_0 + s\mathbf{u}$$

여기서 s는 움직인 거리이다. 이 선의 식을 식 (10.6)에 대입하면

$$\nabla F\big|_{\mathbf{x}_0 + s\mathbf{u}} = -\mathbf{b} + \mathbf{A}(\mathbf{x}_0 + s\mathbf{u}) = \nabla F\big|_{\mathbf{x}_0} + s\mathbf{A}\mathbf{u}$$

와 같이 $\mathbf{u}$에 따라 변하는 구배의 표현식을 얻을 수 있고, 이때 이 구배의 변화는 $s\mathbf{Au}$인 것을 주목할 필요가 있다. 만약 이 변화가 임의의 벡터 $\mathbf{v}$에 수직이라면 즉,

$$\mathbf{v}^T \mathbf{A}\mathbf{u} = 0 \qquad (10.7)$$

이라면 $\mathbf{u}$와 $\mathbf{v}$의 방향은 서로 켤레(혹은 비간섭)인 관계가 된다. 이의 속뜻은 $F(\mathbf{x})$를 $\mathbf{v}$의 방향으로 이미 최소화 하였다면 이 결과를 보존하면서 $\mathbf{u}$의 방향으로 최소화 작업을 다시 할 수 있다는 말이다.

n개의 독립된 변수를 갖는 2차 함수인 경우엔 n개의 서로 켤레인 방향을 구축하는

것이 가능하고, 그래서 최소점에 도달하기 위해 각 방향으로 n개의 최소화 과정을 적용할 수 있다. $F(\mathbf{x})$가 2차 함수가 아니면 식 (10.5)를 가치 함수의 부분 근사식으로 취급하면 되는데, 이는 $\mathbf{x}_0$ 근방에서 수행한 $F(\mathbf{x})$의 Taylor 전개를 필요한 만큼 절단하여 다음과 같이 쓰면 된다. (부록 A1 참조)

$$F(\mathbf{x}) \approx F(\mathbf{x}_0) + \nabla F(\mathbf{x}_0)(\mathbf{x}-\mathbf{x}_0) + \frac{1}{2}(\mathbf{x}-\mathbf{x}_0)^T H(\mathbf{x}_0)(\mathbf{x}-\mathbf{x}_0)$$

이제 2차 형태에 기초한 켤레 방향은 오직 근사식으로 $\mathbf{x}_0$와 아주 가까운 곳에서만 제 기능을 발휘한다. 결론으로, 최적점을 찾으려면 선을 따라 행하는 n번의 최소화 과정을 여러 사이클로 거치는 것이 필요하다.

여러 켤레 구배법 중에서 각각은 켤레 방향을 구축할 때 서로 다른 기법을 사용한다. 이른바 0차 법(zero-order method)은 오직 $F(\mathbf{x})$만 사용하는 반면에 1차 법(first-order method)은 $F(\mathbf{x})$와 ∇F 모두 이용한다. 1차 법이 계산의 효율적인 측면에서 당연히 우수하지만 ∇F를 입력하는 일이 상당히 번거롭다.

Powell 방법

Powell 방법은 $F(\mathbf{x})$만 평가하여 사용하는 0차 법의 하나이다. n개의 설계 변수가 포함된 문제를 푸는 기본 알고리즘은 다음과 같다.

- 설계 공간에서 한 점 $\mathbf{x}_0$를 선택한다.
- 시작 벡터 $\mathbf{v}_i (i = 1, 2, \cdots, n)$를 선택하는데, 보통 $\mathbf{v}_i = \mathbf{e}_i$로 한다. 여기서 $\mathbf{e}_i$는 x_i 좌표 방향의 단위 벡터이다.
- 사이클의 시작

  $i = 1, 2, \cdots, n$에 대하여 아래를 반복한다.

    $\mathbf{x}_{i-1}$을 지나는 선을 따라 $\mathbf{v}_i$의 방향으로 $F(\mathbf{x})$를 최소화 하고, 이 최소점을 $\mathbf{x}_i$로 둔다.

  $\mathbf{v}_{n+1} \leftarrow \mathbf{x}_0 - \mathbf{x}_n$로 둔다. (이 벡터는 앞 사이클에서 생성된 $\mathbf{v}_{n+1}$와 켤레 관계이다)

  $\mathbf{x}_0$를 지나는 선을 따라 $\mathbf{v}_{n+1}$의 방향으로 $F(\mathbf{x})$를 최소화 하고, 이 최소점을 $\mathbf{x}_{n+1}$로 둔다.

  $|\mathbf{x}_{n+1} - \mathbf{x}_0| < \varepsilon$이면 사이클을 탈출한다.

  $i = 1, 2, \cdots, n$에 대하여 아래를 반복한다.

$\mathbf{v}_i \leftarrow \mathbf{v}_{i+1}$로 둔다. ($v_1$는 버리고 다른 벡터는 다시 사용한다)

- 사이클의 끝

Powell은 연속된 사이클에서 생성한 벡터 $\mathbf{v}_{n+1}$은 서로 켤레 관계이기에 임의 평면에서의 최소점은 정확히 n번의 사이클을 수행하여 도달할 수 있다는 것을 보였다. 실제 사용하는데 있어서 가치 함수는 결코 2차가 될 수 없지만 이를 식 (10.5)로 부분 근사화 할 수만 있다면 Powell 방법은 제대로 작동할 것이다. 물론 2차 함수가 아닌 경우에는 최소점에 도달하기 위해 보통 사이클을 n번 이상 돌려야 한다. 하지만 이 경우라도 켤레 방향을 구축하는 일은 선을 따라 n번의 최소화 과정만 필요하다.

그림 10.3(a)는 2차원 설계 공간(n = 2)에서 이루어지는 Powell 방법의 전형적인 사이클을 보여주고 있다. 점 $\mathbf{x}_0$와 벡터 $\mathbf{v}_1$과 $\mathbf{v}_2$로 시작하여 $F(\mathbf{x}_0 + s\mathbf{v}_1)$을 최소화 하는 거리 s_1을 찾고 점 $\mathbf{x}_1 = \mathbf{x}_0 + s_1\mathbf{v}_1$을 찾는 것으로 마무리한다. 다음, $F(\mathbf{x}_1 + s\mathbf{v}_2)$를 최소화 하는 s_2를 결정하여 $\mathbf{x}_2 = \mathbf{x}_1 + s_2\mathbf{v}_2$를 얻는다. 이때, 마지막으로 적용하는 탐색 방향은 $\mathbf{v}_3 = \mathbf{x}_2 - \mathbf{x}_0$이고, 또 $F(\mathbf{x}_0 + s\mathbf{v}_3)$를 최소화 하는 s_3를 찾으면 결국 이 사이클의 끝에선 $\mathbf{x}_3 = \mathbf{x}_0 + s_3\mathbf{v}_3$를 결정할 수 있게 된다.

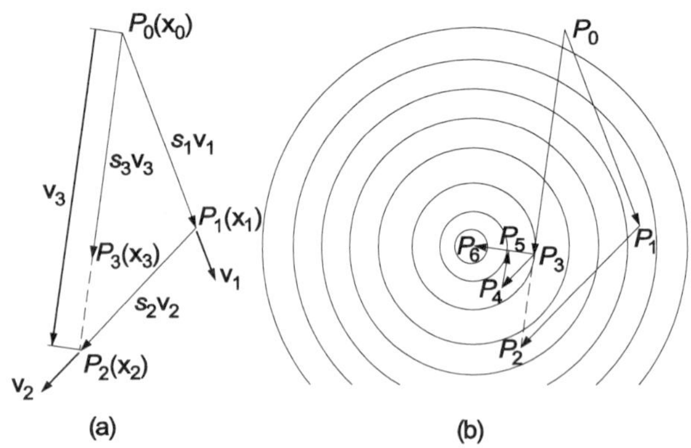

그림 10.3 Powell 방법

그림10.3(b)는 등고선 지도 평면에 두 개의 사이클을 중첩하여 경로 이동을 수행하는 모습이다. 앞에서 설명했듯이 첫번째 사이클은 점 P_0에서 시작하여 P_3에서 마치고, 두번째 사이클을 통해 P_6 즉, 최적점에 도착한다. 이때 방향 P_0P_3와 P_3P_6는 서로 켤레의 관계에 있다.

Powell 방법은 반드시 치료해야 할 중요한 단점을 하나 갖고 있다. 즉, $F(\mathbf{x})$가 2차가 아닐 때는 이 알고리즘이 사이클을 돌면 돌수록 탐색 경로를 점점 서로 종속이 되게 만들므로 최소점을 향한 과정이 심한 방해를 받게 된다는 것이다. 각 사이클의 끝에서 $\mathbf{v}_1$을 자동으로 제거하는 것이 이런 문제가 일어나는 까닭이다. 그래서 $F(\mathbf{x})$가 가장 크게 감소하는 방향은 빼고 나머지 방향으로 이 작업을 계속하는 것이 훨씬 낫다고 예전부터 보아 왔기에 여기서도 이를 채택한다. 가장 최선이라고 생각되는 방향을 무시하는 것은 어찌 보면 직관에 위배되기도 하지만 탐색 경로의 종속성을 유발한다는 측면에서 보면 참을 만도 하다.

■ powell

Powell 방법의 알고리즘은 두 개의 배열을 활용한다. 즉, df는 한 사이클에서 처음 n번의 움직임 동안 일어나는 가치 함수의 감소분을 담고 있고, 행렬 u는 이와 관련된 방향 벡터 $\mathbf{v}_i$를 이의 열(column)에 저장한다.

```
function [xMin,fMin,nCyc] = powell(h,tol)
% 함수 f(x1,x2,...,xn)를 최소화 하는 Powell 방법
% 사용법: [xMin,fMin,nCyc] = powell(h,tol)
% 입력:
% h            = 탐색 증분의 초기값(기본값은 = 0.1).
% tol          = 허용 오차(기본값은 = 1.0e-6).
% 호출하는 프로그램에 전역 변수로 선언해야 할 변수들:
% X            = 시작점
% FUNC         = f를 돌려주는 함수의 함수핸들
% 출력:
% xMin         = 최소점
% fMin         = f의 최소값
% nCyc         = 수렴에 도달하는 사이클의 수

global X FUNC V
if nargin < 2; tol = 1.0e-6; end
if nargin < 1; h = 0.1; end
if size(X,2) > 1; X = X'; end  % X는 반드시 열 벡터
n = length(X);          % 설계 변수의 개수
df = zeros(n,1);        % f의 감소분을 여기에 저장
u = eye(n);             % u의 열에 탐색 방향 V를 저장
```

```
for j = 1:30             % 허용 사이클의 수를 30으로 제한
    xOld = X;
    fOld = feval(FUNC,xOld);
    % 선을 따른 n번의 탐색을 시작하고 여기서 f의 감소분을 저장한다
    for i = 1:n
        V = u(1:n,i);
        [a,b] = goldBracket(@fLine,0.0,h);
        [s,fMin] = goldSearch(@fLine,a,b);
        df(i) = fOld - fMin;
        fOld = fMin;
        X = X + s*V;
    end
    % 사이클에서 선을 따르는 마지막 탐색
    V = X - xOld;
    [a,b] = goldBracket(@fLine,0.0,h);
    [s,fMin] = goldSearch(@fLine,a,b);
    X = X + s*V;
    % 수렴 조건을 검사
    if sqrt(dot(X-xOld,X-xOld)/n) < tol
        xMin = X; nCyc = j; return
    end
    % f의 가장 큰 감소분을 확인하고 탐색 방향을 갱신한다
iMax = 1; dfMax = df(1);
    for i = 2:n
        if df(i) > dfMax
            iMax = i; dfMax = df(i);
        end
    end
    for i = iMax:n-1
        u(1:n,i) = u(1:n,i+1);
    end
    u(1:n,n) = V;
end
error('Powell method did not converge')

function z = fLine(s)      % 탐색 방향 V에 있는 F
global X FUNC V
z = feval(FUNC,X+s*V);
```

예제 10.3

다음 함수의 최소값을 Powell 방법으로 찾되 시작점을 (-1, 1)로 하라.

$$F = 100(y - x^2)^2 + (1 - x)^2$$

이 함수(Shoup, T.E., and Mistree, F., *Optimization Methods with Applications for Personal Computers*, Prentice-Hall, 1987)는 (1, 1)에 F의 최소값이 있고 그림에서 보는 것처럼 흥미로운 형상을 갖는다. 즉, 시작점과 최소점 사이에 둥근 언덕이 하나 생겨 있다. 아마 이 부분을 알고리즘이 잘 처리해야 할 것이다.

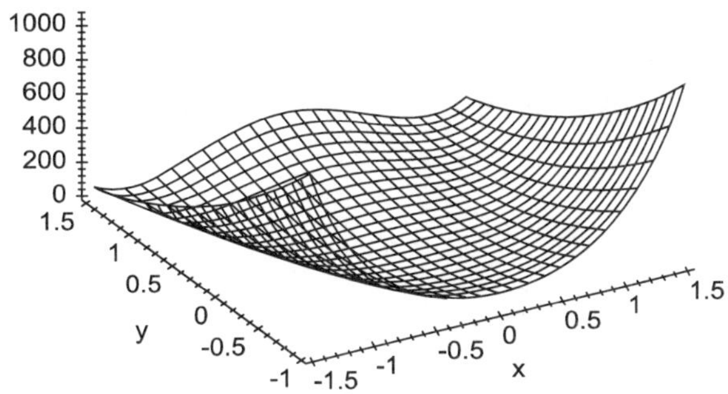

풀이 이 문제는 비구속 최적화 문제로 이를 푸는 프로그램은 다음과 같다.

```
% 예제 10.3 (Powell의 최소화 방법)
global X FUNC
FUNC = @fex10_3;
X = [-1.0; 1.0];
[xMin,fMin,numCycles] = powell
```

함수 powell은 전역 변수 X를 입력으로 받고 FUNC 역시 전역 변수로 취급하는 것에 주의해야 한다. 이 최소화 문제에 사용될 함수는

```
function y = fex10_3(X)
y = 100.0*(X(2) - X(1)^2)^2 + (1.0 -X(1))^2;
```

이고, 이 프로그램의 결과는 다음과 같다.

```
xMin =
    1.0000
    1.0000
fMin =
```

```
  1.0072e-024
numCycles =
    12
```

예제 10.4

함수 powell을 사용하여 점 (5, 8)와 곡선 $xy = 5$ 사이의 가장 작은 거리를 계산해 보라.

풀이 이 문제는 구속 최적화 문제이다. 즉, 구속 조건이 $xy - 5 = 0$인 가운데 함수 $F(x, y) = (x - 5)^2 + (y - 8)^2$(함수를 거리의 제곱으로 나타냄)을 최소화 하는 문제이다. 다음 프로그램은 Powell 방법을 제재 함수와 함께 이용하였다.

```
% 예제 10.4 (Powell의 최소화 방법)
global X FUNC
FUNC = @fex10_4
X = [1.0; 5.0];
[xMin,fMin,nCyc] = powell;
fprintf('Intersection point = %8.5f %8.5f\n',X(1),X(2))
xy = X(1)*X(2);
fprintf('Constraint x*y = %8.5f\n',xy)
dist = sqrt((X(1) - 5.0)^2 + (X(2) - 8.0)^2);
fprintf('Distance = %8.5f\n',dist)
fprintf('Number of cycles = %2.0f',nCyc)
```

그리고 제재 함수는 다음과 같이 최소화 될 함수의 M-파일에 함께 삽입해 놓았다.

```
function y = fex10_4(X)
% 예제 10.4에 쓰는 함수
lam = 1.0;                          % 제재 함수의곱수
c = X(1)*X(2) - 5.0;                % 구속 조건식
distSq = (X(1) - 5.0)^2 + (X(2) - 8.0)^2;
y = distSq + lam*c^2;
```

앞에서 언급했듯이 제재 함수의 곱수 λ(프로그램에서는 lam으로 표시)의 값은 결과에 큰 영향을 준다. 프로그램에 있는 것과 같이 $\lambda = 1$로 하면 결과는

```
Intersection point =  0.73307   7.58776
Constraint x*y =  5.56234
```

Distance = 4.28680
Number of cycles = 5

이다. λ의 값을 작게 한 것은 정확도보다 수렴 속도를 빨리 하려는 뜻이었다. 하지만 구속 조건식인 $xy = 5$에 위배한 것을 받아들일 수 없기에 $\lambda = 10000$로 하고, 또 시작점도 처음 실행한 결과의 끝점인 (0.73307, 7.58776)로 바꾸어 다시 실행해 보았다. 이 결과는 다음과 같아서 수용할 수 있다.

Intersection point = 0.65561 7.62654
Constraint x*y = 5.00006
Distance = 4.36041
Number of cycles = 4

첫번째 실행부터 바로 $\lambda = 10000$을 사용했다면 어땠을까? 이 경우엔 운 좋게도 17번 사이클에 답이 나왔다.(직접 실행해 보길 바람) 하지만, 그래도 두 번 나누어 실행한 것이 여전히 사이클 횟수를 6번이나 줄인 효과가 있다. 보통 λ을 크게 하면 알고리즘이 먹통이 되는 경우가 종종 있기에 될 수 있으면 처음엔 작게 사용하는 것이 좋다.

Fletcher-Reeves 방법

가치 함수가 식 (10.5)의 경우처럼 2차 형태라고 가정하고, 또 임의의 탐색 방향 $\mathbf{v}$가 주어졌다고 생각해 보자. 이 문제에 Powell 방법을 적용한다면 서로 켤레인 방향을 구축하기 위해 n개의 선을 이용한 최소화 작업을 해야 할 것이다. 이를 하나의 선을 이용한 최소화 작업으로 바꾸는 방법이 있다. Fletcher-Reeves 방법이 그것인데, 이의 과정을 요약하면 다음과 같다.

- 시작점 $\mathbf{x}_0$를 선택한다.
- $\mathbf{g}_0 \leftarrow \nabla F(\mathbf{x}_0)$로 둔다.
- $\mathbf{v}_0 \leftarrow \mathbf{g}_0$로 둔다. (이전의 탐색 방향에 대한 정보가 없기 때문에 가장 가파르게 감소하는 방향을 선택한다)
- $i = 0, 1, 2, \cdots$로 하여 다음을 반복한다.

  $\mathbf{g}_{i+1} \leftarrow \nabla F(\mathbf{x}_{i+1})$로 둔다.

$|\mathbf{g}_{i+1}| < \varepsilon$이거나 $|F(\mathbf{x}_{i+1}) - F(\mathbf{x}_i)| < \varepsilon$이면 반복 루프를 탈출한다.
$\gamma \leftarrow (\mathbf{g}_{i+1} \cdot \mathbf{g}_{i+1})/(\mathbf{g}_i \cdot \mathbf{g}_i)$로 둔다.
$\mathbf{v}_{i+1} \leftarrow \mathbf{g}_{i+1} + \gamma\mathbf{v}_i$로 둔다.

이 알고리즘에서 $\mathbf{v}_i$와 $\mathbf{v}_{i+1}$은 서로 켤레인 관계이기 때문에 $\mathbf{v}_i^T\mathbf{A}\mathbf{v}_{i+1} = 0$을 만족하고, 또 $\mathbf{g}_i \cdot \mathbf{g}_{i+1} = 0$도 마찬가지다.

Fletcher-Reeves 방법은 2차 함수의 최소값을 n번 반복 과정을 거쳐 찾는다. 만약 $F(\mathbf{x})$가 2차 함수가 아니면 n번 반복 과정을 마친 후에 이 과정을 다시 진행해야만 한다. 이 방법은 γ에 대한 표현을 다음의 식으로 바꾸어서 Fletcher-Reeves의 또다른 변형 형태로 써도 좋다.

$$\gamma = \frac{(\mathbf{g}_{i+1} - \mathbf{g}_i) \cdot \mathbf{g}_{i+1}}{\mathbf{g}_i \cdot \mathbf{g}_i gg} \qquad (10.6)$$

$F(\mathbf{x})$가 2차인 경우는 이렇게 식을 변경해도 $\mathbf{g}_i$와 $\mathbf{g}_{i+1}$이 서로 수직한 벡터이기 때문에 아무런 영향도 없다. 하지만, 가치 함수가 2차가 아닌 경우에 식 (10.6)을 쓰면 n번의 반복 과정 후에 다시 시작해야 하는 부담을 덜어 주는 효과가 있다.

■ fletcherReeves

```
function [xMin,fMin,nCyc] = fletcherReeves(h,tol)
% 함수 f(x1,x2,...,xn)을 최소화 하는 Fletcher-Reeves 방법
% 사용법: [xMin,fMin,nCyc] = fletcherReeves(h,tol)
% 입력:
% h            = 탐색 증분의초기값(기본값은 = 0.1).
% tol          = 허용 오차(기본값은 = 1.0e-6).
% 호출하는 함수에서 반드시 전역 변수로 선언해야만 하는 변수들:
% X            = 시작점
% FUNC         = f를 돌려주는 함수의 함수핸들
% DFUNC        = grad(f)을 돌려주는함수의 함수핸들
% 출력:
% xMin         = 최소점
% fMin         = f의 최소값
% nCyc         = 수렴을 위한사이클의 수

global X FUNC DFUNC V
```

```
if nargin < 2; tol = 1.0e-6; end
if nargin < 1; h = 0.1; end
if size(X,2) > 1; X = X'; end          % X는 반드시 열 벡터
n = length(X);                         % 설계 변수의개수
g0 = -feval(DFUNC,X);
V = g0;
for i = 1:50
    [a,b] = goldBracket(@fLine,0.0,h);
    [s,fMin] = goldSearch(@fLine,a,b);
    X = X + s*V;
    g1 = -feval(DFUNC,X);
    if sqrt(dot(g1,g1)) <= tol
        xMin = X; nCyc = i; return
    end
    gamma = dot((g1 - g0),g1)/dot(g0,g0);
    V = g1 + gamma*V;
    g0 = g1;
end
error('Fletcer-Reeves method did not converge')

function z = fLine(s)                  % 탐색 방향에 있는 F
global X FUNC V
z = feval(FUNC,X+s*V);
```

예제 10.5

Fletcher-Reeves 방법으로 다음 함수의 최소값의 위치를 찾되 시작점은 $[0\ 0]^T$로 하라.

$$F(\mathbf{x}) = 10x_1^2 + 3x_2^2 - 10x_1x_2 + 2x_1$$

풀이 $F(\mathbf{x})$가 2차이기 때문에 오직 2번의 반복만 필요하다. 우선, F의 구배는 다음과 같다.

$$\nabla F(\mathbf{x}) = \begin{bmatrix} 20x_1 - 10x_2 + 2 \\ -10x_1 + 6x_2 \end{bmatrix}$$

첫번째 반복:

$$\mathbf{g}_0 = -\nabla F(\mathbf{x}_0) = \begin{bmatrix} -2 \\ 0 \end{bmatrix} \quad \mathbf{v}_0 = \mathbf{g}_0 = \begin{bmatrix} -2 \\ 0 \end{bmatrix} \quad \mathbf{x}_0 + s\mathbf{v}_0 = \begin{bmatrix} -2s \\ 0 \end{bmatrix}$$

$$f(s) = F(\mathbf{x}_0 + s\mathbf{v}_0) = 10(-2s)^2 + 3(0)^2 - 10(-2s)(0) + 2(-2s)$$
$$= 40s^2 - 4s$$

$$f'(s) = 80s - 4 = 0 \qquad s = 0.05$$

$$\mathbf{x}_1 = \mathbf{x}_0 + s\mathbf{v}_0 = \begin{bmatrix} 0 \\ 0 \end{bmatrix} + 0.05\begin{bmatrix} -2 \\ 0 \end{bmatrix} = \begin{bmatrix} -0.1 \\ 0 \end{bmatrix}$$

두번째 반복:

$$\mathbf{g}_1 = -\nabla F(\mathbf{x}_1) = \begin{bmatrix} -20(-0.1) + 10(0) - 2 \\ 10(-0.1) - 6(0) \end{bmatrix} = \begin{bmatrix} 0 \\ -1.0 \end{bmatrix}$$

$$\gamma = \frac{\mathbf{g}_1 \cdot \mathbf{g}_1}{\mathbf{g}_0 \cdot \mathbf{g}_0} = \frac{1.0}{4} = 0.25$$

$$\mathbf{v}_1 = \mathbf{g}_1 + \gamma\mathbf{v}_0 = \begin{bmatrix} 0 \\ -1.0 \end{bmatrix} + 0.25\begin{bmatrix} -2 \\ 0 \end{bmatrix} = \begin{bmatrix} -0.5 \\ -1.0 \end{bmatrix}$$

$$\mathbf{x}_1 + s\mathbf{v}_1 = \begin{bmatrix} -0.1 \\ 0 \end{bmatrix} + s\begin{bmatrix} -0.5 \\ -1.0 \end{bmatrix} = \begin{bmatrix} -0.1 - 0.5s \\ -s \end{bmatrix}$$

$$f(s) = F(\mathbf{x}_1 + s\mathbf{v}_1)$$
$$= 10(-0.1 - 0.5s)^2 + 3(-s)^2 - 10(-0.1 - 0.5s)(-s) + 2(-0.1 - 0.5s)$$
$$= 0.5s^2 - s - 0.1$$

$$f'(s) = s - 1 = 0 \qquad s = 1.0$$

$$\mathbf{x}_2 = \mathbf{x}_1 + s\mathbf{v}_1 = \begin{bmatrix} -0.1 \\ 0 \end{bmatrix} + 1.0\begin{bmatrix} -0.5 \\ -1.0 \end{bmatrix} = \begin{bmatrix} -0.6 \\ -1.0 \end{bmatrix}$$

두번째 반복 후에 나온 위의 결과가 최소점이다.

예제 10.6

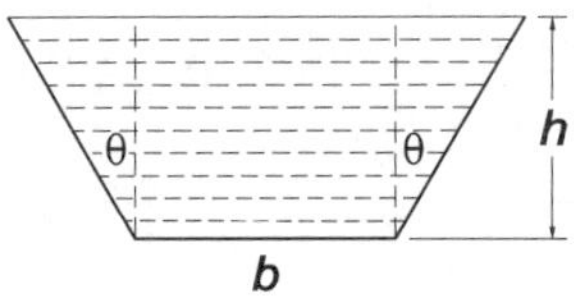

그림은 물을 운반하는 어떤 수로의 단면적이다. Fletcher-Reeves 방법을 써서 단면적을 8(m^2)로 일정하게 유지하면서 물이 닿는 외곽선의 길이를 최소화 하는 h, b, 그리고 θ를 결정하라. (이를 최소화 하는 까닭은 유체 흐름에 대한 저항을 최소로 하기 위함이다.)

풀이 이 수로의 단면적은

$$A = \frac{1}{2}[b + (b + 2h\tan\theta)]h = (b + h\tan\theta)h$$

이고 물에 닿는 외곽선의 길이는

$$S = b + 2(h\sec\theta)$$

이다. 따라서 이 최적화 문제는 $b + 2h\sec\theta$을 최소화 하는 문제로 고쳐 쓸 수 있고, 이때 구속 조건은 $(b + h\tan\theta)h = 8$이다.

등식으로 표시되는 구속 조건은 때때로 몇몇 설계 변수를 제거하는데도 이용할 수 있다. 이 경우엔 면적 구속 조건식을 b에 대해 풀어

$$b = \frac{8}{h} - h\tan\theta$$

을 얻고 이를 S에 대한 식에 넣어 다음과 같이 표현한다.

$$S = \frac{8}{h} - h\tan\theta + 2h\sec\theta$$

그러므로 원래 문제는 다시 S를 최소화 하는 h와 θ을 찾는 비구속 최적화 문제로 바뀐다. 가치 함수의 구배는

$$\nabla S = \begin{bmatrix} \partial S / \partial h \\ \partial S / \partial \theta \end{bmatrix} = \begin{bmatrix} -8/h^2 - \tan\theta + 2\sec\theta \\ -h\sec^2\theta + 2h\sec\theta\tan\theta \end{bmatrix}$$

이고, 또 $\mathbf{x} = [h\ \theta]^T$와 같이 두고 시작점을 $\mathbf{x}_0 = [2\ 0]^T$로 하면 다음과 같은 프로그램을 짤 수 있다.

```
% 예제 10.6 (Fletcher-Reeves의 최소화 법)
global X FUNC DFUNC
FUNC = @fex10_6; DFUNC = @dfex10_6;
X = [2.0;0.0];
[xMin,fMin,nCyc] = fletcherReeves;
b = 8.0/X(1) - X(1)*tan(X(2));
theta = X(2)*180.0/pi;                    % rad을 도(degree)로 바꿈
fprintf('b = %8.5f\n',b)
fprintf('h = %8.5f\n',X(1))
fprintf('theta = %8.5f\n',theta)
fprintf('perimeter = %8.5f\n',fMin)
fprintf('number of cycles = %2.0f',nCyc)
```

시작점 $\mathbf{x}$와 함수핸들 FUNC(F를 정의하는 함수)와 DFUNC(∇F를 정의하는 함수)이 전역 변수로 선언되어 있는 점에 주목하길 바라고, 이 두 함수에 대한 M-파일은 다음과 같다.

```
function y = fex10_6(X)
% 예제 10.6의 F를 정의하는함수
y = 8.0/X(1) - X(1)*(tan(X(2)) - 2.0/cos(X(2)));

function g = dfex10_6(X)
% 예제 10.6의 del(F)를 정의하는함수
g = zeros(2,1);
g(1) = -8.0/(X(1)^2) - tan(X(2)) + 2.0/cos(X(2));
g(2) = X(1)*(-1.0/cos(X(2)) + 2.0*tan(X(2)))/cos(X(2));
```

(프로그램의 결과)

```
b =  2.48161
h =  2.14914
theta = 30.00000
perimeter =  7.44484
number of cycles =  5
```

문제 10.1

1. ■ 두 분자 사이의 Lennard-Jones 포텐셜(potential) 함수는 다음과 같다.

$$V = 4\varepsilon\left[\left(\frac{\sigma}{r}\right)^{12} - \left(\frac{\sigma}{r}\right)^{6}\right]$$

여기서 ε와 σ는 상수이고, 그리고 r은 두 분자 사이의 거리이다. 본문에서 소개한 함수 **goldBracket**와 **goldSearch**를 써서 이 포텐셜 함수를 최소화 하는 σ/r를 찾고 이 결과를 해석적으로 검증해 보라.

2. ■ 수소 원자의 파장 함수(wave function) 중의 하나는 다음과 같다.

$$\psi = C(27-18\sigma+2\sigma^2)e^{-\sigma/3}$$

여기서 $\sigma = zr/a_0$이고, 이때 z는 핵전하(nuclear charge), a_0는 Bohr 반경, 그리고 r은 반지름이다. 또한,

$$C = \frac{1}{81\sqrt{3\pi}}\left(\frac{z}{a_0}\right)^{2/3}$$

이다. ψ이 최소점에 있을 때의 σ를 찾고 이의 결과를 해석적으로 검증하라.

3. ■ 다음 적분을 최소화 하는 파라미터 p의 값을 정하라. <힌트> 적분을 평가할 때 수치적인 구적법(quadrature)을 사용하라.

$$\int_0^{\pi} \sin x \cos px \, dx$$

4. ■

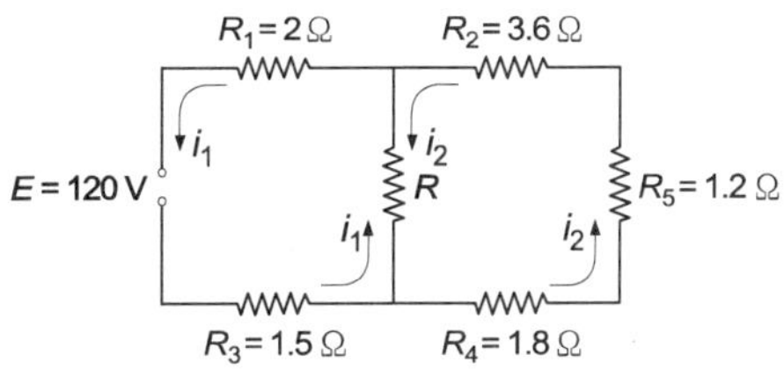

그림과 같은 전기 회로의 두 루프에 대한 Kirchoff 방정식은 다음과 같다.

$$R_1 i_i + R_3 i_1 + R(i_1 - i_2) = E$$
$$R_2 i_2 + R_4 i_2 + R_5 i_2 + R(i_2 - i_1) = 0$$

저항 R이 소비하는 전력을 최소화 하는 R의 값을 찾아라. <힌트> Kirchoff 방정식을 2장에서 설명한 여러 방법 중의 하나를 써서 수치적으로 풀어라.

5. ■

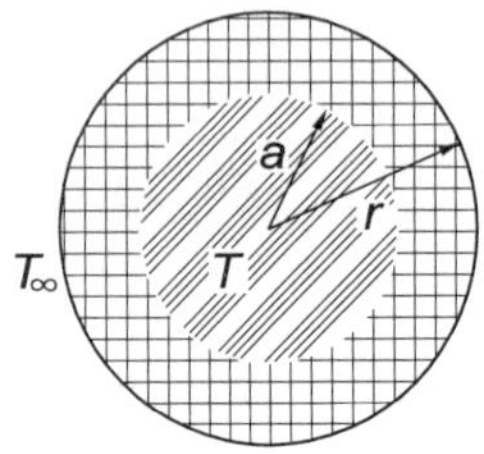

그림은 전류를 운반하는 전선이 외경의 반지름이 r인 고무 절연체로 감싸진 모습을 보여주고 있다. 이 전선이 발생하는 열은 절연체를 통한 전도(conduction)와 주위 공기에 의한 대류(convection)를 경험하고, 이때 전선의 온도 분포식은 다음과 같다.

$$T = \frac{q}{2\pi}\left(\frac{\ln(r/a)}{k} + \frac{1}{hr}\right) + T_\infty$$

여기서 q는 전선의 열 발생률로 50(W/m)이고, a는 전선의 반지름으로 5(mm), k는 고무의 열전도도로 0.16(W/m·K), h는 대류열전달 계수로 20(W/m^2·K), 그리고 T_∞는 주위 온도로 180(K)이다. T를 최소화 하는 r을 구하라.

6. ■ 다음 함수를 최소화 하라. 단, 구속 조건은 $x + y \le 1$와 $x \ge 0.6$이다.

$$F(x, y) = (x-1)^2 + (y-1)^2$$

7. ■ 다음 함수의 최소값을 $y \ge 0$에서 찾고 이의 결과를 해석적으로 검증하라.

$$F(x, y) = 6x^2 + y^3 + xy$$

8. ■ 문제 7번을 구속 조건을 $y \geq -2$로 바꿔 다시 풀어라.

9. ■ 점 (1,2)와 포물선 $y = x^2$ 사이의 가장 짧은 거리를 구하라.

10. ■

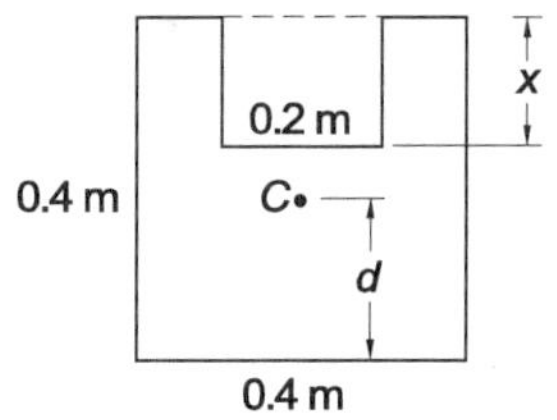

그림에 보인 면적의 밑변과 면적의 중심점 C 사이의 거리 d를 최소화 하는 x를 찾아라.

11. ■

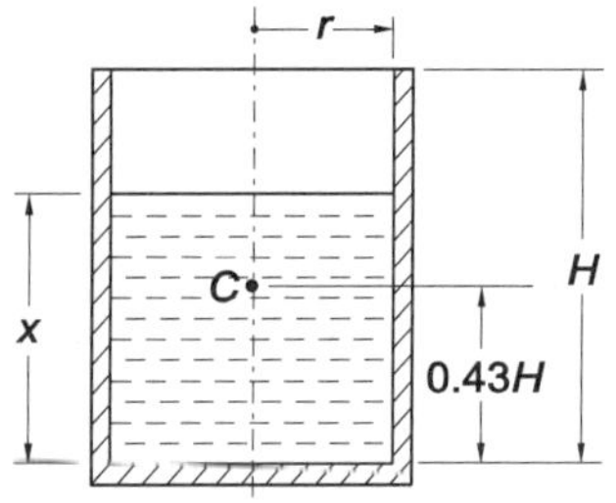

질량이 M인 원통 용기는 무게 중심이 C이고, 또 용기속에 들어있는 물의 깊이는 x이다. 용기와 물을 합친 무게 중심이 될 수 있으면 가장 낮아지도록 하는 x의 값을 구하라. 단, M = 115(kg), H = 0.8(m), 그리고 r = 0.25(m)이다.

12. ■

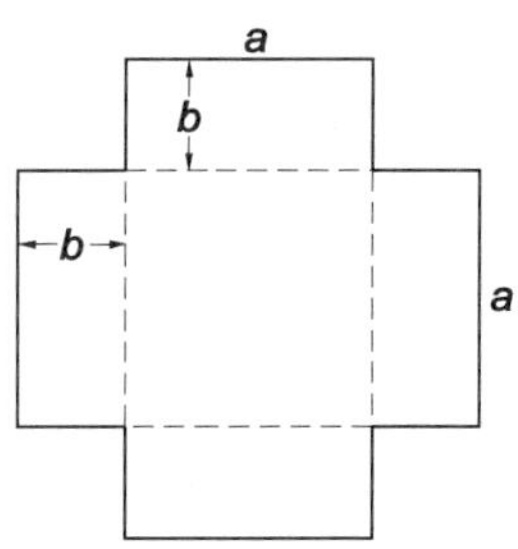

그림과 같은 종이를 점선을 따라 접어서 뚜껑이 없는 카드함을 만들려고 한다. 이

함의 체적을 1.0(m^3)로 제한할 때 길이 a와 b를 구하고 이의 결과를 해석적으로 검증해 보라.

13. ■

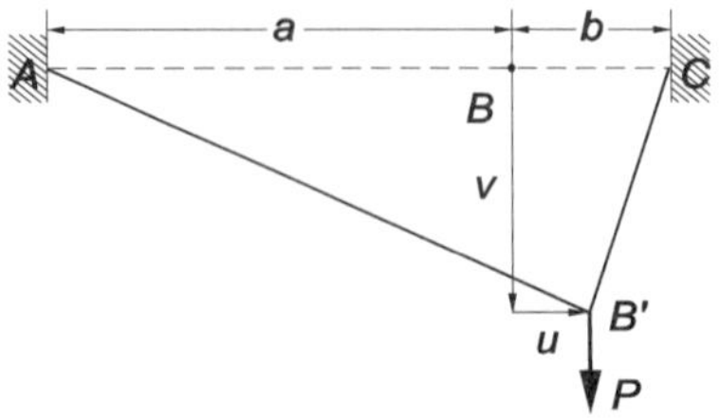

처음 ABC로 있던 인장 탄성 계수가 k인 탄성줄(elastic cord)이 수직 힘 P가 B에 작용하여 $AB'C$로 형상이 바뀌었고, 이때 이와 같이 변형된 위치에서의 위치 에너지는 다음과 같다.

$$V = -Pv + \frac{k(a+b)}{2a}\delta_{AB}^2 + \frac{k(a+b)}{2b}\delta_{BC}^2$$

여기서

$$\delta_{AB} = \sqrt{(a+u)^2 + v^2} - a$$
$$\delta_{BC} = \sqrt{(b-u)^2 + v^2} - b$$

은 각각 AB와 BC의 늘어난 길이이다. V를 최소화 하는 변위 u와 v를 결정하라. (이 문제는 최소 위치 에너지의 원리(principle of minimum potential energy)을 응용한 문제로 위치 에너지가 최소일 때 시스템이 안정한 평형 상태가 된다는 것이다)

14. ■

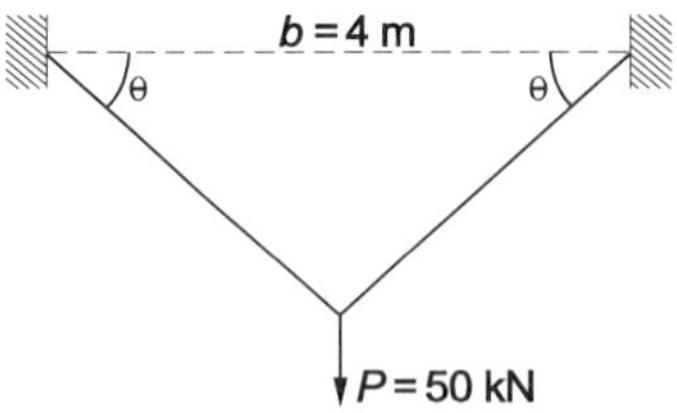

그림과 같은 트러스의 각 부재는 단면적이 모두 A이다. 이 트러스를 구성하는 부재

의 전체 체적이 다음과 같을 때 이를 최소화 하는 A와 각 θ을 찾아라.

$$V = \frac{bA}{\cos\theta}$$

단, 이 경우의 구속 조건은 $\sigma \le 150$(MPa)와 $\delta \le 5$(mm)인데 앞은 각 부재의 응력이고 뒤는 하중 P가 작용하는 점에서의 변위인데 이를 관계식으로 표현하면 다음과 같다.

$$\sigma = \frac{P}{2A\sin\theta}$$

$$\delta = \frac{Pb}{2EA\sin 2\theta \sin\theta}$$

그리고 $E = 200 \times 10^9$(Pa)이다.

15. ■ 문제 14번에서 허용 변위를 2.5(mm)로 고쳐 다시 풀어라.

16. ■

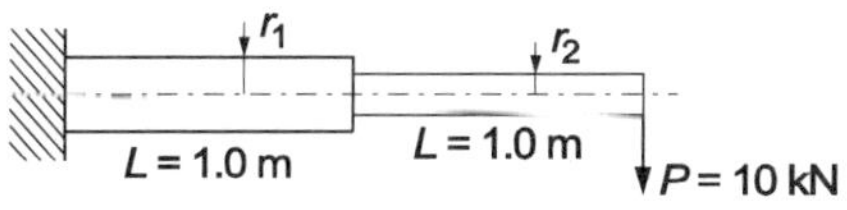

그림과 같은 단면이 원형인 외팔보를 다음과 같은 구속 조건에서 체적이 가능한 한 가장 작아지도록 할 때 r_1과 r_2를 구하라.

$$\sigma_1 \le 180(\text{MPa}) \qquad \sigma_2 \le 180(\text{MPa}) \qquad \delta \le 25(\text{mm})$$

여기서 σ_1은 왼쪽 보의 최대 응력, σ_2는 오른쪽 보의 최대 응력, 그리고 δ는 자유단에서의 변위로 각각 다음의 관계식을 갖는다.

$$\sigma_1 = \frac{8PL}{\pi r_1^3} \qquad \sigma_2 = \frac{4PL}{\pi r_2^3} \qquad \delta = \frac{4PL^3}{3\pi E}\left(\frac{7}{r_1^4} + \frac{1}{r_2^4}\right)$$

그리고 $E = 200$(GPa)이다.

17. ■ 다음 함수의 최소값을 찾고 결과를 해석적으로 확인하라.

$$F(x,y,z) = 2x^2 + 3y^2 + z^2 + xy + xz - 2y$$

18. ■

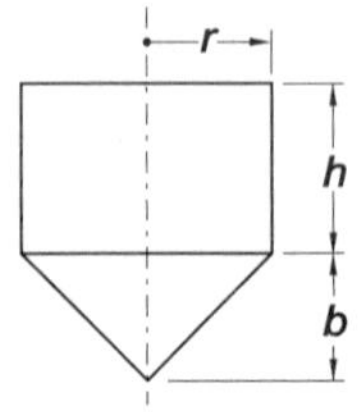

원통형 용기가 그림처럼 위는 열려 있지만 아래는 뿔 모습으로 막혀 있다. 이 용기의 체적 V를 1.0(m^3)로 할 때 표면적 S를 최소화 하는 r, h, 그리고 b를 찾아라. 여기서

$$V = \pi r^2 \left(\frac{b}{3} + h \right)$$

$$S = \pi r \left(2h + \sqrt{b^2 + r^2} \right)$$

이다.

19. ■

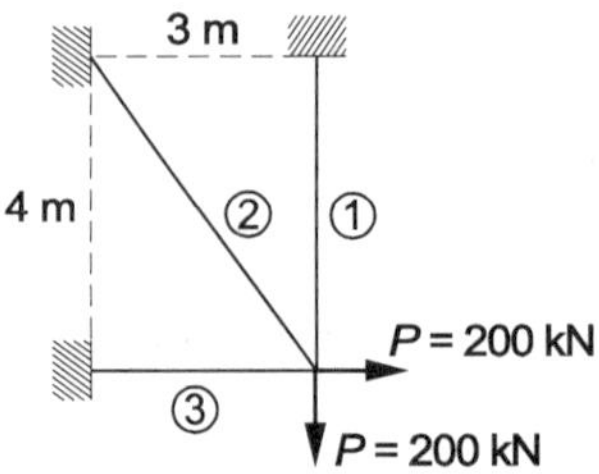

그림의 트러스에 대한 평형 방정식은 다음과 같다.

$$\sigma_1 A_1 + \frac{4}{5}\sigma_2 A_2 = P \qquad \frac{3}{5}\sigma_2 A_2 + \sigma_3 A_3 = P$$

여기서 σ_i는 부재 i의 축 응력이고 A_i는 이의 단면적이다. 그리고 이 경우엔 세번째 식인 적합성(compatibility) 즉, 부재의 늘어난 길이에 대한 기하학적 구속 조건이 다음과 같이 주어진다.

$$\frac{16}{5}\sigma_1 - 5\sigma_2 + \frac{9}{5}\sigma_3 = 0$$

각 응력이 150(MPa)을 넘지 않도록 하는 가운데 트러스의 무게를 최소화 하는 각 부재의 단면적을 구하라.

20. ■

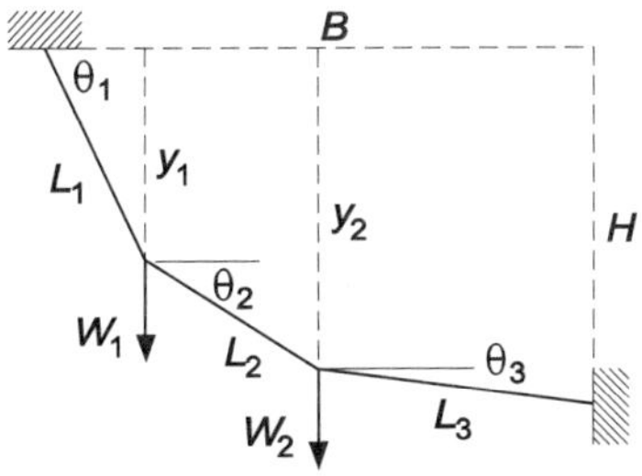

양 끝이 그림과 같이 지지된 강철 줄이 무게 W_1와 W_2를 전달하고 있고, 이때 이 시스템의 위치 에너지는

$$\begin{aligned} V &= -W_1 y_1 - W_2 y_2 \\ &= -W_1 L_1 \sin\theta_1 - W_2(L_1 \sin\theta_1 + L_2 \sin\theta_2) \end{aligned}$$

이고, 또 기하학적 구속 조건식은 다음과 같다.

$$\begin{aligned} L_1 \cos\theta_1 + L_2 \cos\theta_2 + L_3 \cos\theta_3 &= B \\ L_1 \sin\theta_1 + L_2 \sin\theta_2 + L_3 \sin\theta_3 &= H \end{aligned}$$

최소 위치 에너지의 원리에 따르면 시스템의 평형 상태는 기하학적 구속 조건식을 만족하면서 위치 에너지를 최소화 한다. L_1 = 1.2(m), L_2 = 1.5(m), L_3 = 1.0(m), B = 3.5(m), H = 0, W_1 = 20(kN), 그리고 W_2 = 30(kN)일 때 평형점에서의 θ_1, θ_2 및 θ_3를 결정하라.

MATLAB® 함수

x = fmnbnd(@func, a, b) 변수가 하나인 함수 func을 최소화 하는 x를 돌려주는데, 이 때 이 최소점은 (a, b) 사이에 있어야 한다. 이 함수에서 사용하는 알고리즘은 황금 분할법과 2차 보간법을 함께 섞어서 만든 Brent 방법으로 황금 분할법만 사용한 함수 goldSearch보다 더 효율이 좋다.

x = fminsearch(@func, xStart) 다변수 함수 func를 최소화 하는 각 독립된 변수를 요소로 갖는 벡터를 돌려준다. 벡터 xStart는 x의 시작값들을 담고 있다. 이 함수에서 사용하는 알고리즘은 Nelder-Mead 방법인데 아주 신뢰가 높지만 Powell 방법보다는 효과적이지 못하다.

이 두 함수는 모두 호출할 때 최적화 파라미터(즉, 허용 오차 따위)를 초기화 하고 결과를 여러 형태로 선택하여 나타내도록 할 수 있는 여분의 입력 변수(이를 보통 선택 제어 변수(control option variable)라 한다)를 가질 수 있다. 또, 다음 예와 같이 여분의 출력 변수를 함께 써서 필요한 정보를 덤으로 얻을 수도 있다. (이 예의 데이터는 예제 10.4에서 가져 왔다)

```
>> [x,fmin,exitflag,output] = fminsearch(@fex10_4, [1 5])
x =
    0.7331    7.5878
fmin =
   18.6929
exitflag =
     1
output =
    iterations: 38
     funcCount: 72
     algorithm: 'Nelder-Mead simplex direct search'
       message: [1x196 char]
```

부 록

A1. Taylor 급수

단변수 함수

함수 $f(x)$를 점 $x = a$에서 수행한 Taylor 급수 전개는 항이 엄청 많은 무한급수이다. 즉,

$$f(x) = f(a) + f'(a)(x-a) + f''(a)\frac{(x-a)^2}{2!} + f'''(a)\frac{(x-a)^3}{3!} + \cdots \tag{A1}$$

이다. 이때, 특별한 경우로 $a = 0$일 때를 MacLaurin 급수라고도 한다. Taylor 급수 전개는 임의의 두 함수가 똑같은 Taylor 급수를 갖지 않는다는 점에서 유일성(uniqueness)을 보장한다.

Taylor 급수는 $f(x)$의 모든 미분이 $x = a$에서 존재하고 수렴 조건도 만족할 때에만 제 기능을 발휘한다. 일반적인 측면에서 보면, 수렴성은 x가 a에 충분히 가까울 때 즉, $|x - a| \le \varepsilon$일 때에만 보장되고, 이때 ε을 수렴 반경(radius of convergence)이라 하고 이를 선택하는 방법에는 대부분의 경우 제한이 없다.

Taylor 급수의 또다른 유용한 형태는 x의 임의의 값에서 수행한 전개이다. 즉,

$$f(x+h) = f(x) + f'(x)h + f''(x)\frac{h^2}{2!} + f'''(x)\frac{h^3}{3!} + \cdots \tag{A2}$$

이다. 하지만, 이런 무한급수의 모든 항을 평가하는 것은 사실 불가능하기 때문에 이 급수를 필요한 곳에 절단하여 사용하는 것이 일반적이고 이런 절단하는 효과는 실제로 중요하게 나타난다. 처음 $n+1$ 항만 살리면

$$f(x+h) = f(x) + f'(x)h + f''(x)\frac{h^2}{2!} + f'''(x)\frac{h^3}{3!} + \cdots + f^{(n)}(x)\frac{h^n}{n!} + E_n \tag{A3}$$

와 같고, 여기서 E_n이 절단된 항을 다 합한 절단 오차(truncation error)이고 이의 범위는 다음과 같은 Taylor 정리에 따라 어느 정도 짐작할 수 있다.

$$E_n = f^{(n+1)}(\xi)\frac{h^{n+1}}{(n+1)!} \tag{A4}$$

여기서 ξ는 구간 $(x, x+h)$ 사이에 있는 어떤 점이다. 한 가지 살펴야 할 것은 E_n의 표현식은 급수에서 생략된 항의 첫번째 항에 x 대신에 ξ을 사용했다는 것이다. 따라서 ξ은 결정할 수 없는 값(단지 이의 범위만 안다)이기 때문에 식 (A4)에서 최선으로 얻을 수 있는 정보는 절단 오차의 위와 아래의 범위라는 사실이다.

만약 $f^{(n+1)}(\xi)$의 표현을 찾을 수 없는 환경이라면 식 (A4)를

$$E_n = O(h^{n+1}) \tag{A5}$$

와 같이 줄여 쓸 수 있고, 이는 "절단 오차는 h^{n+1}의 차수이다" 혹은 "절단 오차는 h^{n+1}과 같이 거동한다" 라고 쉽게 말할 수 있도록 해주는 아주 간편한 표현 방식이다. 이 때, h가 수렴 반경의 범위 안에 있으면

$$O(h^n) > O(h^{n+1})$$

이므로 절단하는 급수에 항이 새로 첨가될 때마다 오차는 항상 감소한다는 것을 알 수 있다. (이 내용은 급수의 앞에 있는 처음 몇몇 항에 대해서는 옳지 않을 수도 있다)

n = 1인 특별한 경우의 Taylor 정리를 평균값 정리(mean value theorem)라고도 한다. 즉,

$$f(x+h) = f(x) + f'(\xi)h \qquad x \le \xi \le x+h \tag{A6}$$

이다.

다변수 함수

함수 f가 m개의 변수 $x_1, x_2, \ldots, x_m$의 함수이면 점 $\mathrm{x} = [x_1\ x_2\ \ldots\ x_m]^T$에서 수행한 이의 Taylor 급수 전개는

$$f(\mathbf{x}+\mathbf{h}) = f(\mathbf{x}) + \sum_{i=1}^{m} \frac{\partial f}{\partial x_i}\bigg|_{\mathbf{x}} h_i + \frac{1}{2!}\sum_{i=1}^{m}\sum_{j=1}^{m} \frac{\partial^2 f}{\partial x_i \partial x_j}\bigg|_{\mathbf{x}} h_i h_j + \cdots \tag{A7}$$

와 같고, 이는 때때로 다음과 같이 나타내기도 한다.

$$f(\mathbf{x}+\mathbf{h}) = f(\mathbf{x}) + \nabla f(\mathbf{x}) \cdot \mathbf{h} + \frac{1}{2}\mathbf{h}^T \mathbf{H}(\mathbf{x})\mathbf{h} + \cdots \tag{A8}$$

여기서 벡터 ∇f는 f의 구배이고 행렬 **H**는 f의 Hesse 행렬이라 한다.

예제 A1

함수 $f(x) = \ln(x)$를 $x = 1$에서 Taylor 급수 전개를 하라.

풀이 f의 미분은 다음과 같다.

$$f'(x) = \frac{1}{x} \quad f''(x) = -\frac{1}{x^2} \quad f'''(x) = \frac{2!}{x^3} \quad f^{(4)} = -\frac{3!}{x^4} \quad \cdots$$

그리고 이 미분을 $x = 1$에서 평가하면 각각

$$f'(x) = 1 \quad f''(x) = -1 \quad f'''(x) = 2! \quad f^{(4)} = -3! \quad \cdots$$

이고 이를 식 (A1)에 $a = 1$과 함께 대입하면 다음과 같다.

$$\begin{aligned}\ln(x) &= 0 + (x-1) - \frac{(x-1)^2}{2!} + 2!\frac{(x-1)^3}{3!} - 3!\frac{(x-1)^4}{4!} + \cdots \\ &= (x-1) - \frac{1}{2}(x-1)^2 + \frac{1}{3}(x-1)^3 - \frac{1}{4}(x-1)^4 + \cdots\end{aligned}$$

예제 A2

함수 e^x를 $x = 0$에서 Taylor 급수 전개하여 얻은 다음과 같은 다섯 항을 이용하여 오차를 추정함과 동시에 e의 범위를 찾아라.

$$e^x = 1 + x + \frac{x^2}{2!} + \frac{x^3}{3!} + \frac{x^4}{4!} + \cdots$$

풀이 우선, 다음을 계산한다.

$$e = 1 + 1 + \frac{1}{2} + \frac{1}{6} + \frac{1}{24} + E_4 = \frac{65}{24} + E_4$$

$$E_4 = f^{(5)}(\xi)\frac{h^5}{5!} = \frac{e^{\xi}}{5!}, \qquad 0 \le \xi \le 1$$

따라서 절단 오차의 범위는

$$(E_4)_{\min} = \frac{e^0}{5!} = \frac{1}{120} \qquad (E_4)_{\max} = \frac{e^1}{5!} = \frac{e}{120}$$

이므로 e의 아래쪽 범위는

$$e_{\min} = \frac{65}{24} + \frac{1}{120} = \frac{163}{60}$$

이고 위쪽 범위는

$$e_{\max} = \frac{65}{24} + \frac{e_{\max}}{120}$$

을 정리하여

$$\frac{119}{120}e_{\max} = \frac{65}{24} \qquad e_{\max} = \frac{325}{119}$$

와 같다. 즉,

$$\frac{163}{60} \le e \le \frac{325}{119}$$

이다.

예제 A3

다음 함수를 $x = -2$와 $y = 1$에서 구배와 Hesse 행렬을 구하라.

$$f(x,y) = \ln\sqrt{x^2 + y^2}$$

풀이

$$\frac{\partial f}{\partial x} = \frac{1}{\sqrt{x^2+y^2}}\left(\frac{1}{2}\frac{2x}{\sqrt{x^2+y^2}}\right) = \frac{x}{\sqrt{x^2+y^2}} \qquad \frac{\partial f}{\partial y} = \frac{y}{\sqrt{x^2+y^2}}$$

$$\nabla f(x,y) = \left[x/(x^2+y^2) \;\; y/(x^2+y^2)\right]^T \qquad \nabla f(-2,1) = \left[-0.4\;0.2\right]^T$$

$$\frac{\partial^2 f}{\partial x^2} = \frac{(x^2+y^2) - x(2x)}{(x^2+y^2)^2} = \frac{-x^2+y^2}{(x^2+y^2)^2}$$

$$\frac{\partial^2 f}{\partial y^2} = \frac{x^2-y^2}{(x^2+y^2)^2}$$

$$\frac{\partial^2 f}{\partial x \partial y} = \frac{\partial^2 f}{\partial y \partial x} = \frac{-2xy}{(x^2+y^2)^2}$$

$$H(x,y) = \begin{bmatrix} -x^2+y^2 & -2xy \\ -2xy & x^2-y^2 \end{bmatrix}\frac{1}{(x^2+y^2)^2} \qquad H(-2,1) = \begin{bmatrix} -0.12 & 0.16 \\ 0.16 & 0.12 \end{bmatrix}$$

A2. 행렬 대수학

행렬은 수들을 직각 배열로 모아 놓은 것이고, 이의 크기는 행(row)과 열(column)의 개수로 결정하는데 행렬의 차원(dimension)이라고도 한다. 따라서 m개의 행과 n개의 열을 갖는 행렬은 크기를 $m \times n$와 같이 나타낸다. (행의 개수를 항상 먼저 놓는다) 그리고 공학에서 특별히 중요한 행렬은 정방 행렬(square matrix)인데, 이는 열과 행의 개수가 같은 행렬이다.

하나의 열에 모아 놓은 수의 배열을 열 벡터(column vector) 혹은 그냥 벡터라고 한다. 물론 수가 행으로 정리되어 있으면 행 벡터(row vector)라는 용어를 쓴다. 그러므로 열 벡터는 차원이 $n \times 1$, 그리고 행 벡터는 차원이 $1 \times n$인 행렬로 보면 되겠다.

보통 행렬은 대문자로 굵게, 그리고 벡터는 소문자로 굵게 나타낸다. 이런 기호에 대한 예는 다음과 같다.

$$\mathbf{A} = \begin{bmatrix} A_{11} & A_{12} & A_{13} \\ A_{21} & A_{22} & A_{23} \\ A_{31} & A_{32} & A_{33} \end{bmatrix} \qquad \mathbf{b} = \begin{bmatrix} b_1 \\ b_2 \\ b_3 \end{bmatrix} \tag{A9}$$

행렬 요소의 첨자는 이의 차원과 같은 순서로 쓴다. 즉, 행의 개수가 먼저 나오고 그 다음에 열의 개수를 쓴다. 첨자가 하나인 것은 벡터의 요소를 뜻한다.

전치

임의의 행렬 $\mathbf{A}$에 대한 전치(transpose)는 $\mathbf{A}^T$로 표시하고 정의는 다음과 같다.

$$A_{ij}^T = A_{ji}$$

따라서 전치 연산은 행렬의 행과 열을 서로 바꾸는 것이다. 이런 연산을 벡터에 적용한다면 열 벡터는 행 벡터로, 또는 이와는 반대로 만들어 준다. 하나의 예로, 식 (A9)를 전치하면 다음과 같다.

$$\mathbf{A}^T = \begin{bmatrix} A_{11} & A_{21} & A_{31} \\ A_{12} & A_{22} & A_{32} \\ A_{13} & A_{23} & A_{33} \end{bmatrix} \qquad \mathbf{b}^T = \begin{bmatrix} b_1 & b_2 & b_3 \end{bmatrix}$$

임의의 $n \times n$ 행렬이 $\mathbf{A}^T = \mathbf{A}$의 관계가 성립하면 대칭이라 하고, 이는 이 대칭 행렬(symmetric matrix)의 윗삼각 부분(A_{11}과 A_{nn}을 연결하는 대각선의 위쪽 부분)이 아랫삼각 부분과 서로 거울 상이 된다는 뜻이다.

덧셈

두 개의 $m \times n$ 행렬 **A**와 **B**의 합 **C** = **A** + **B**의 정의는 다음과 같다.

$$C_{ij} = A_{ij} + B_{ij}, \qquad i = 1,2,\ldots,m; \quad j = 1,2,\ldots,n \tag{A10}$$

따라서 **C**의 요소는 **A**의 요소를 **B**의 요소에 그대로 더하면 된다. 덧셈은 차원이 같은 두 행렬에 대해서만 성립한다.

곱셈

크기가 각각 m인 두 벡터 **a**와 **b**의 스칼라 곱(scalar product) 혹은 내적(dot product) c = **a**·**b**를 다음과 같이 정의한다.

$$c = \sum_{k=1}^{m} a_k b_k \tag{A11}$$

또는 $c = \mathbf{a}^T\mathbf{b}$의 형태로도 쓸 수 있다.

임의의 $l \times m$ 행렬 **A**와 $m \times n$ 행렬 **B**의 행렬 곱(matrix product) **C** = **AB**는 다음과 같이 정의된다.

$$C_{ij} = \sum_{k=1}^{m} A_{ik} B_{kj}, \qquad i = 1,2,\ldots,l; \quad j = 1,2,\ldots,n \tag{A12}$$

이 정의는 **A**의 열 개수는 반드시 **B**의 행 개수와 같아야 하는 것을 요구한다. 행렬 곱을 스칼라 곱으로도 표시할 수 있다. 즉, **A**의 i번째 행을 벡터 $\mathbf{a}_i$로, 그리고 **B**의 j번째 열의 벡터 $\mathbf{b}_j$로 나타내면

$$C_{ij} = \mathbf{a}_i \cdot \mathbf{b}_j \tag{A13}$$

와 같다.

특별히 중요한 뜻을 지닌 정방 행렬에는 다음과 같이 정의되는 단위 행렬(identity or unit matrix)이 있고, 이는 **AI** = **IA** = **A**의 성질을 갖는다.

$$\mathbf{A}=\begin{bmatrix}1&0&0&\cdots&0\\0&1&0&\cdots&0\\0&0&1&\cdots&0\\\vdots&\vdots&\vdots&\ddots&\vdots\\0&0&0&\cdots&1\end{bmatrix} \tag{A14}$$

역행렬

임의의 n × n 행렬 $\mathbf{A}$의 역행렬(inverse matrix) 즉, 기호로 표시할 때 $\mathbf{A}^{-1}$는 역시 n × n 행렬로 다음과 같은 성질을 갖는다.

$$\mathbf{A}^{-1}\mathbf{A}=\mathbf{A}\mathbf{A}^{-1}=\mathbf{I} \tag{A15}$$

행렬식

정방 행렬 $\mathbf{A}$의 행렬식(determinant)은 값이 스칼라이며 $|\mathbf{A}|$ 혹은 det($\mathbf{A}$)로 표시하고, 임의의 크기를 갖는 행렬에 대한 행렬식을 정의하고 계산하는 깔끔한 방법은 없다. 먼저, 2 × 2 행렬의 행렬식을 살펴보면 다음과 같이 정의한다.

$$\begin{vmatrix}A_{11}&A_{12}\\A_{21}&A_{22}\end{vmatrix}=A_{11}A_{22}-A_{12}A_{21} \tag{A16}$$

행렬이 3 × 3이면 정의는

$$\begin{vmatrix}A_{11}&A_{12}&A_{13}\\A_{21}&A_{22}&A_{23}\\A_{31}&A_{32}&A_{33}\end{vmatrix}=A_{11}\begin{vmatrix}A_{22}&A_{23}\\A_{32}&A_{33}\end{vmatrix}-A_{12}\begin{vmatrix}A_{21}&A_{23}\\A_{31}&A_{33}\end{vmatrix}+A_{13}\begin{vmatrix}A_{21}&A_{22}\\A_{31}&A_{32}\end{vmatrix}$$

와 같고, 이 형식을 잘 조사하고 체계화 해서 임의의 n × n 행렬 $\mathbf{A}$의 행렬식을 (n-1) × (n-1) 행렬의 행렬식으로 다음과 같이 정의할 수 있다.

$$|\mathbf{A}|=\sum_{k=1}^{n}(-1)^{k+1}A_{1k}M_{1k} \tag{A17}$$

여기서 M_{ik}는 **A**의 i번째 행과 k번째 열을 제거하여 만든 $(n-1) \times (n-1)$ 행렬의 행렬식이다.

식 (A17)를 **A**의 첫번째 행에 대한 행렬식의 Laplace 전개(Laplace's development)라 하고, 이는 실제로 사용자가 편하게 생각하는 행 중에서 아무 행에 적용해도 상관없다. 그래서 i번째 행을 선택하면

$$|\mathbf{A}| = \sum_{k=1}^{n} (-1)^{k+i} A_{ik} M_{ik} \tag{A18}$$

와 같다.

행렬 **A**가 $|\mathbf{A}| = 0$일 때를 특이 행렬(singular matrix)이라 한다.

양의 한정

임의의 $n \times n$ 행렬이 요소가 모두 0이 아닌 벡터 $\mathbf{x}$에 대해 다음 조건을 만족하면 양의 한정 행렬(positive definite matrix)이다.

$$\mathbf{x}^T \mathbf{A} \mathbf{x} > 0 \tag{A19}$$

행렬이 양의 한정이라는 것은 이의 앞서 나오는 소행렬(leading minor matrix) 모두의 행렬식이 양수일 때도 마찬가지이다. 여기서 **A**의 앞서 나오는 소행렬은 n개의 정방 행렬로 다음과 같다.

$$\begin{bmatrix} A_{11} & A_{12} & \cdots & A_{1k} \\ A_{12} & A_{22} & \cdots & A_{2k} \\ \vdots & \vdots & \ddots & \vdots \\ A_{k1} & A_{k2} & \cdots & A_{kk} \end{bmatrix}, \quad k = 1, 2, \ldots, n$$

따라서 양의 한정 행렬의 요구 조건은

$$A_{11} > 0 \quad \begin{vmatrix} A_{11} & A_{12} \\ A_{21} & A_{22} \end{vmatrix} > 0 \quad \begin{vmatrix} A_{11} & A_{12} & A_{13} \\ A_{21} & A_{22} & A_{23} \\ A_{31} & A_{32} & A_{33} \end{vmatrix} > 0, \ldots, |A| > 0 \tag{A20}$$

이다.

유용한 여러 정리들

이 책의 본문에 유용하게 활용된 몇몇 정리들을 증명을 생략한 채 여기에 나타낸다. 이런 증명은 대부분 쉽게 해볼 수 있으며 행렬 대수학의 연습 문제로 충분히 시도해 볼만하다.

$$(\mathbf{AB})^T = \mathbf{B}^T \mathbf{A}^T \tag{A21a}$$

$$(\mathbf{AB})^{-1} = \mathbf{B}^{-1} \mathbf{A}^{-1} \tag{A21b}$$

$$|\mathbf{A}^T| = |\mathbf{A}| \tag{A21c}$$

$$|\mathbf{AB}| = |\mathbf{A}||\mathbf{B}| \tag{A21d}$$

$$\mathbf{C} = \mathbf{A}^T\mathbf{BA}(\text{여기서 } \mathbf{B} = \mathbf{B}^T)\text{이면} \quad \mathbf{C} = \mathbf{C}^T \tag{A21e}$$

예제 A4

다음과 같은 행렬과 벡터에 대해 $\mathbf{u} + \mathbf{v}$, $\mathbf{u} \cdot \mathbf{v}$, $\mathbf{Av}$, 그리고 $\mathbf{u}^T\mathbf{Av}$를 각각 계산해 보라.

$$\mathbf{A} = \begin{bmatrix} 1 & 2 & 3 \\ 1 & 2 & 1 \\ 0 & 1 & 2 \end{bmatrix} \qquad \mathbf{u} = \begin{bmatrix} 1 \\ 6 \\ -2 \end{bmatrix} \qquad \mathbf{v} = \begin{bmatrix} 8 \\ 0 \\ -3 \end{bmatrix}$$

풀이

$$\mathbf{u} + \mathbf{v} = \begin{bmatrix} 1+8 \\ 6+0 \\ -2-3 \end{bmatrix} = \begin{bmatrix} 9 \\ 6 \\ -5 \end{bmatrix}$$

$$\mathbf{u} \cdot \mathbf{v} = 1(8) + 6(0) + (-2)(-3) = 14$$

$$\mathbf{Av} = \begin{bmatrix} a_1 \cdot \mathbf{v} \\ a_2 \cdot \mathbf{v} \\ a_3 \cdot \mathbf{v} \end{bmatrix} = \begin{bmatrix} 1(8) + 2(0) + 3(-3) \\ 1(8) + 2(0) + 1(-3) \\ 0(8) + 1(0) + 2(-3) \end{bmatrix} = \begin{bmatrix} 9 \\ 6 \\ -5 \end{bmatrix}$$

$$\mathbf{u}^T\mathbf{A}\mathbf{v} = \mathbf{u}\cdot(\mathbf{A}\mathbf{v}) = 1(-1)+6(5)+(-2)(-6) = 41$$

예제 A5

예제 A4의 **A**에 대하여 |**A**|를 계산하고, 이 행렬이 양의 한정인지 조사하라.

풀이 첫번째 행에 대한 행렬식을 써서 Laplace 전개를 수행하면

$$|\mathbf{A}| = 1\begin{vmatrix}2 & 1\\1 & 2\end{vmatrix} - 2\begin{vmatrix}1 & 1\\0 & 2\end{vmatrix} + 3\begin{vmatrix}1 & 2\\0 & 1\end{vmatrix} = 1(3)-2(2)+3(1) = 2$$

이고, 또 Laplace 전개를 세번째 행에 적용하면 같은 답이라도 0인 요소가 있어서 다음과 같이 좀더 쉽게 얻을 수 있다.

$$|\mathbf{A}| = 0\begin{vmatrix}2 & 3\\2 & 1\end{vmatrix} - 1\begin{vmatrix}1 & 3\\1 & 1\end{vmatrix} + 2\begin{vmatrix}1 & 2\\1 & 2\end{vmatrix} = 0(-4)-2(-2)+2(0) = 2$$

양의 한정 행렬인지 조사하기 위해 앞서 나오는 소행렬의 행렬식을 계산해 본다. 즉,

$$A_{11} = 1$$

$$\begin{vmatrix}A_{11} & A_{12}\\A_{21} & A_{22}\end{vmatrix} = \begin{vmatrix}1 & 2\\1 & 2\end{vmatrix} = 0$$

와 같이 행렬식이 0인 소행렬이 있기 때문에 **A**는 양의 한정 행렬이 아니다.

예제 A6

예제 A4에 있는 행렬 **A**와 다음 행렬 **B**에 대하여 행렬 곱 **AB**를 계산하라.

$$\mathbf{B} = \begin{bmatrix}-4 & 1\\1 & -4\\2 & -2\end{bmatrix}$$

풀이

$$\mathbf{AB}=\begin{bmatrix}\mathbf{a}_1\cdot\mathbf{b}_1 & \mathbf{a}_1\cdot\mathbf{b}_2\\ \mathbf{a}_2\cdot\mathbf{b}_1 & \mathbf{a}_2\cdot\mathbf{b}_2\\ \mathbf{a}_3\cdot\mathbf{b}_1 & \mathbf{a}_3\cdot\mathbf{b}_2\end{bmatrix}$$

$$=\begin{bmatrix}1(-4)+2(1)+3(2) & 1(1)+2(-4)+3(-2)\\ 1(-4)+2(1)+1(2) & 1(1)+2(-4)+1(-2)\\ 0(-4)+1(1)+2(2) & 0(1)+1(-4)+2(-2)\end{bmatrix}=\begin{bmatrix}4 & -13\\ 0 & -9\\ 5 & -8\end{bmatrix}$$

-- 찾아보기 --

숫자 >>

< 1 >

< 2 >

< 3 >

< 4 >

< 5 >

영어 >>

< B >

< C >

< D >

< E >

< F >

< G >

< H >

< I >

< J >

< L >

< M >

< N >

< O >

< P >

< R >

< S >

< T >

< W >

한글 >>

< ㄱ >

< ㄴ >

< ㄷ >

< ㅁ >

< ㅂ >

< ㅅ >

< ㅇ >

< ㅈ >

< ㅊ >

역자약력 • 박 전 수

1996. 2 부산대학교 대학원(공학박사)
1999. 2 창원대학교 메카트로닉스 공학과
2001. 2 부산대학교 기계공학부
2006. 2 대덕대학교 전자기계 공학과
현 재 부산대학교 기계기술 연구소

주요저서
MATLAB® 프로그래밍 언어(아진출판사)
Simulink® 프로그래밍 언어(아진출판사)

공학 설계를 위한
MATLAB® 수치해석 입문

A-JIN

지은이와 협의 인지 생략

인 쇄 : 2007년 10월 5일
발 행 : 2007년 10월 10일
역 자 : 박전수
발 행 처 : 도서출판 아진
135-010
서울시 강남구 논현동 148-9
한미빌딩 201호
TEL:02-737-0663 FAX:02-737-0664
Homepage:ajin.to
E-mail:kgb@ajin.to
발 행 인 : 김 근 배
등록번호 : 제300-1995-56호
ISBN : 978-89-5761-229-3 93560

가격 25,000원